夏寿荣　编著

混凝土外加剂配方手册

The Second Edition
第二版

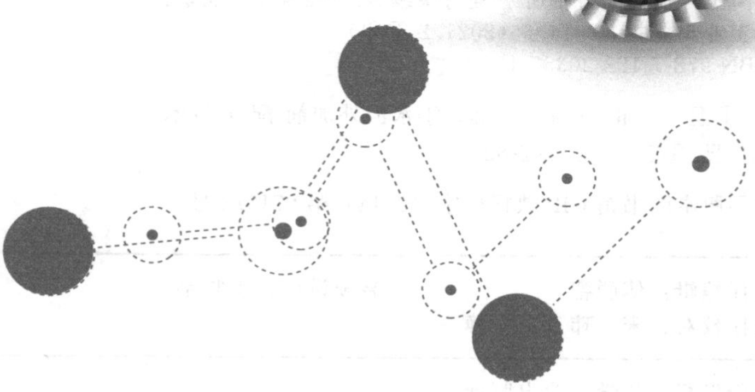

·北京·

内容简介

本书以最新的技术资料和科研成果为依据，以绿色、环保、高性能为导向，从施工实用出发，共收载选编了新型混凝土外加剂产品配方290例，内容包括普通减水剂、高效减水剂、缓凝剂、早强剂、防冻剂、膨胀剂、引气剂、速凝剂、防水剂、絮凝剂、砂浆外加剂、聚合物胶乳外加剂、矿物外加剂及其它混凝土外加剂。第二版较第一版新增了聚羧酸盐系高性能减水剂、商品干混砂浆外加剂、再生骨料混凝土外加剂配方。各配方中，对每个产品的性能特点、用途、配方组成、制备工艺、产品技术性能、施工方法都做了系统介绍。

本书所选配方资料真实，具有生产工艺简单、原料来源广、商品实用性强、设备投资小、应用效果好等特点，可供外加剂企业开发新产品时直接采用，通过试制投产。

本书可供混凝土工程及外加剂领域的研发人员、生产人员和施工技术人员参考，同时也可作为投资者办企业选择项目的技术指南。

图书在版编目（CIP）数据

混凝土外加剂配方手册/夏寿荣编著. —2版. —北京：化学工业出版社，2014.6（2021.2重印）

ISBN 978-7-122-20357-1

Ⅰ.①混… Ⅱ.①夏… Ⅲ.①水泥外加剂-配方-技术手册 Ⅳ.①TU528.042-62

中国版本图书馆CIP数据核字（2014）第071573号

责任编辑：傅聪智　　装帧设计：王晓宇

责任校对：宋　玮　王　静

出版发行：化学工业出版社

（北京市东城区青年湖南街13号　邮政编码100011）

印　　装：北京盛通数码印刷有限公司

850mm×1168mm　1/32　印张16　字数485千字

2021年2月北京第2版第2次印刷

购书咨询：010-64518888　　售后服务：010-64518899

网　　址：http://www.cip.com.cn

凡购买本书，如有缺损质量问题，本社销售中心负责调换。

定　　价：80.00元

随着混凝土技术进入了新的高速发展阶段，新结构、新工艺要求混凝土具有降低水化热、大流动度、早强、高强、轻质和高耐久性等性能。同时，要求制备能耗低、成本低，适用于快速施工的混凝土。混凝土材料实现高性能化和高功能化的最重要技术途径是使用优质的混凝土外加剂。近几年来，我国混凝土工程技术取得了很大进步。混凝土拌合物性能从干硬性、塑性到大流动性，混凝土强度从中低强度到高强度，混凝土的综合性能从普通性能开始向绿色、环保、高性能方向发展。混凝土工程技术的巨大进步与混凝土外加剂，尤其是高性能减水剂的开发应用密切相关。混凝土施工技术的发展促进了混凝土外加剂的升级换代。

《混凝土外加剂配方手册》第一版自2010年1月出版以来，由于配方内容实用性强而深受读者的喜爱，曾多次重印。这几年间，编者多次接到读者来电，咨询和讨论有关技术问题。由于第一版部分章节配方内容有些存旧，不适应当前绿色高性能混凝土发展的需要，为了更好地满足市场和读者的需求，我们对本书进行了修订。

第二版删去了配方中的原料介绍，对各章的配方作了大幅度调整，共删除旧配方100余例，精选新增配方200余例，配方总数由第一版的179例增至290例，第二版进一步增强了实用性，篇幅增为

16 章，前 15 章保持了第一版的架构，高效减水剂和砂浆外加剂是修订重点；第 16 章是新增内容，以绿色、环保、高性能为导向，重点介绍多功能复合型聚羧酸盐系高性能减水剂、建筑垃圾再生骨料混凝土外加剂。

第二版新增配方以 2011—2013 年的新配方为主，在这些配方后均列出了相应的配方来源，便于读者进一步查阅了解配方细节。

本书资料新颖，实用性强，可供从事混凝土外加剂产品研制、开发及新型建材生产企业的工程技术人员、生产管理人员阅读参考，也是投资者办企业选择项目的技术指南。

在本书修订过程中曾参考了很多技术文献，在此，谨向各位原著作者致以诚挚的谢意。同时，也感谢梁明珍、夏财富、张泽琴在本书编写过程中给予的关心与支持。本书虽经修订，但因水平所限，书中的疏漏与不足之处，恳请广大读者批评指正。

编　者

2014 年 2 月于南京

第一版前言

随着新型化学建材工业的发展，混凝土外加剂技术逐渐成为混凝土向高科技领域发展的关键技术。从20世纪60年代开始，性能优越、品种多样的新型混凝土外加剂产品，给混凝土的性能带来了新的飞跃。使混凝土在工作性、匀质性、稳定性、耐久性、多样性等方面达到了一个新高度。混凝土科学发展的主要方向——高强、轻质、耐久、经济、快硬和高流动均与外加剂的应用紧密相关。混凝土外加剂是水泥混凝土组分中除水泥、水、砂、石、混合材料（磨细掺合料）以外的第六种组分，它是一种复合型化学建材。大量的工程实践证明，应用外加剂可以改善混凝土的性能，节省水泥和能源，提高施工速度和工程质量，改善工艺和劳动条件，具有投资少、见效快、技术经济效益显著的特点。它的掺入可以提高混凝土的和易性，减少用水量及水泥用量，改变混凝土的物化性能，提高混凝土的密实性，耐久性和水泥强度。混凝土外加剂起到了混凝土工艺不能起的作用，推动了混凝土技术的发展，促使高性能混凝土将作为跨世纪的新型高效建筑材料而被大量采用。

本书共分15章。内容以较新的技术资料及科技成果为依据，结合作者从事混凝土外加剂三十余年的生产实践、新产品研制开发的心得与经验，通过分类、筛选、生产试验论证，共收载选编了新型混凝土外加剂产品配方 179 例，对每个产品的性能特点、作用机理、用途、原材料性质及生产厂家、配方组成、制备工艺流程、产品技术标准及施工应用技术规范都作了全面系统的阐述。并对聚羧酸盐、氨基磺酸盐、丙烯酸接枝共聚型等新型高效减水剂和近年来发展迅速的高性能混凝土外加剂品种作了充分的介绍。本书可供从事混凝土施工及混凝土外加剂生产的技术人员阅读，也可作为混凝土外加剂产品开发、试验、生产和管理人员的参考资料。

本书编写过程中，借鉴并参考了不少技术文献。在此，谨向各位原著作者致以衷心的感谢！

由于水平有限，时间仓促，书中不妥之处敬请读者指正。

编　者

2009 年 7 月于南京

目 录

第1章 绪论

混凝土外加剂是水泥混凝土中除水泥、砂、石、混合材料、水以外的第六种组分。混凝土外加剂是一种复合型化学建材。大量的工程实践证明，在混凝土中掺入适量的外加剂，可以改善混凝土的性能，提高混凝土强度，节省水泥和能源，改善工艺和劳动条件，提高施工速度和工程质量，保护环境，具有显著的经济效益和社会效益。

世界上工业发达国家一半以上的混凝土中应用了外加剂。水泥混凝土是重要的工程材料。尤其是钢筋混凝土的出现，使这一工程材料兼具有较高的拉伸性能，这是混凝土工艺上的一次飞跃，而各种外加剂的掺用，可以提高混凝土的和易性，减少用水量，使混凝土更具有抗水、防冻、防各种化学侵蚀的优点，大大提高了混凝土的耐久性，改变混凝土的物理化学性能。混凝土科学技术发展的主要方向——高强、轻质、耐久、经济、快硬和高流动均与外加剂的应用密切相关。20 世纪 30 年代开始采用的以引气剂与塑化剂为主的混凝土外加剂技术，对优质混凝土的四大要素（即耐久性、强度、工作性与经济性），产生了十分明显甚至是决定性的作用。外加剂已成为现代混凝土不可缺少的组分；掺加优质外加剂已成为混凝土改性的一条必经技术途径。

随着建筑工程向高层化、大荷载、大跨度、大体积、快速、经济、节能方向发展，新型高性能混凝土的大量采用，在混凝土材料向高新技术领域发展的同时，也促进了混凝土外加剂向高效、多功能和复合化的方向发展。因此，如何提高混凝土外加剂的减水率，以便在保持工作度情况下最大限度地减少拌合用水；如何更大地提高混凝土的密实性，减少收缩，提高抗冻融性能等，使混凝土的物理力学性能进一步地提高。发展和研制新的高效、多功能、复合型、绿色化外加剂产品是混凝土外加剂工业面临的新课题。

1.1 混凝土外加剂的分类

按国家标准 GB/T 8075—2005《混凝土外加剂定义、分类、命名与术语》中的分类方法，混凝土外加剂按其主要使用功能分为以下4类。

(1) 改善混凝土拌合物流变性能的外加剂，包括各种减水剂和泵送剂等。

(2) 调节混凝土凝结时间、硬化性能的外加剂，包括缓凝剂、促凝剂和速凝剂等。

(3) 改善混凝土耐久性的外加剂，包括引气剂、防水剂、阻锈剂和矿物外加剂等。

(4) 改善混凝土其它性能的外加剂，包括膨胀剂、防冻剂、着色剂等。

1.2 混凝土外加剂的品种及定义

(1) 普通减水剂（塑化剂） 普通减水剂是在保证混凝土坍落度及强度不变的条件下，可节约水泥和减少用水量的外加剂，在保证混凝土坍落度及水泥用量不变的条件下，一般可减少用水量5%～12%，提高混凝土强度约10%～15%。在保证混凝土用水量及水泥用量不变的条件下，可增大混凝土的流动性，适用于最低气温5℃以上的各种预制及现浇混凝土、钢筋混凝土、预应力混凝土及大模板、泵送混凝土和流动性混凝土等。

(2) 高效减水剂（超塑化剂） 高效减水剂是在保证混凝土坍落度及水泥用量不变的条件下，有较高的减水效果和增加混凝土强度效果的外加剂，可减少用水量12%以上，提高混凝土强度15%以上。在保证混凝土用水量及水泥用量不变的条件下，可以将混凝土的坍落度增加到20cm以上，大大提高混凝土的流动性。适用于最低气温0℃以上的混凝土施工。通常用于配制高强（抗压强度≥80MPa）、大流动度、泵送、耐久性高的混凝土。也可用于干硬性、塑性混凝土和预应力构件，以及用于滑模施工自流灌浆和自密实混凝土等。

(3) 早强减水剂 早强减水剂是兼有加速混凝土早期强度发展和

减水功能的外加剂。早强减水剂除有普通（或高强）减水剂的功能外，还可缩短混凝土的凝结时间，即可缩短混凝土的养护时间，加速自然养护的混凝土的硬化，提高25%的混凝土早期抗压强度，适用于日最低气温+5～-5℃时自然气温正负交替的亚寒地区混凝土的施工，在有早强要求的普通混凝土、钢筋混凝土、预应力混凝土中，早强减水剂可用于锚固地脚螺栓、设备基础、二次灌浆、修补接缝等采用砂浆及细砂混凝土中。

(4) 缓凝减水剂 缓凝减水剂是兼有延长混凝土凝结时间和减水功能的外加剂。它除具有普通（或高强）减水剂的一般性能外，能使新拌混凝土在较长时间内保持其塑性，以有利于浇灌、成型，提高施工质量，降低水化热。适用于大体积混凝土、水工混凝土及炎热地区夏季施工的混凝土。也可用于泵送混凝土、预拌混凝土以及滑模施工。

(5) 引气减水剂 引气减水剂是能在混凝土拌合时引入大量均匀而稳定的微小气泡，并具有减水功能的外加剂。引气减水剂能在混凝土中兼有引气和缩小气泡对水泥颗粒起分散润湿的双重作用。还可增加硬化混凝土的抗冻性，改善新拌混凝土的和易性，减少混凝土泌水离析，适用于工业、民用建筑中有防水、防渗、抗冻融要求的混凝土。即用于港工、水工、地下、防水、道路、桥梁等有耐久要求的混凝土中。

(6) 速凝剂 速凝剂是能使混凝土迅速硬化的外加剂。它可使混凝土在很短时间（3～5min）内急速凝结、硬化，可用于工业和民用建筑工程中要求速凝的混凝土及坑道喷锚支护等工程施工用的喷射混凝土。

(7) 防冻剂 防冻剂是通过降低混凝土中拌合水的冰点，使混凝土能在负低温条件下硬化，并在规定时间内达到足够防冻强度的外加剂，适用于工业、民用建筑工程中有抗冻要求的混凝土及冬期施工的混凝土。

(8) 防水剂 防水剂是能降低混凝土在静水压力下透水性，使砂浆致密，达到抗渗、防水效果的外加剂。通常的防水剂都兼有早强、塑化、抑制碱质反应作用等综合效应，适用于地下工程和有防水要求的建筑物。

(9) 膨胀剂 膨胀剂是能使混凝土在硬化过程中因化学作用使

混凝土产生一定体积膨胀，减少因混凝土收缩引起开裂的一种外加剂。适用于地下防水工程、自防水混凝土层面及混凝土的后浇缝、接头、地脚螺栓和补偿收缩砂浆等。

(10) 防锈剂 防锈剂是能抑制或减轻混凝土中钢筋或其它预埋金属锈蚀的外加剂。防锈剂具有较强的缓凝性。

1.3 混凝土外加剂的主要功能及适用范围

外加剂除了能提高混凝土的质量和施工工艺外，还在于应用不同类型的外加剂，可获得如下的一种或几种效果。

(1) 改善混凝土或砂浆拌合物的施工和易性，提高施工速度和质量，减少噪声及劳动强度，满足泵送混凝土、水下混凝土等特种施工要求。

(2) 提高混凝土或砂浆的强度及其它物理力学性能，提高混凝土的强度等级或用较低标号水泥配制较高强度的混凝土。

(3) 加速混凝土或砂浆早期强度的发展，缩短工期，加速模板及场地周转，提高产量。

(4) 缩短热养护时间或降低热养护温度，节省能源。

(5) 节约水泥及代替特种水泥。

(6) 调节混凝土或砂浆的凝结硬化速度。

(7) 调节混凝土或砂浆的空气含量，改善混凝土内部结构，提高混凝土的抗渗性和耐久性。

(8) 降低水泥初期水化热或延缓水化放热。

(9) 提高新拌混凝土的抗冻害功能，促使负温下混凝土强度增长。

(10) 提高混凝土耐侵蚀性盐类的腐蚀。

(11) 减弱碱-骨料反应。

(12) 减少或补偿混凝土的收缩，提高混凝土的抗裂性。

(13) 提高钢筋的抗锈蚀能力。

(14) 提高骨料与砂浆界面的黏结力，提高钢筋与混凝土的握裹力，提高新老混凝土界面的黏结力。

(15) 改变砂浆及混凝土的颜色。

外加剂的主要功能及适用范围见表1-1。

表 1-1 外加剂的主要功能及适用范围

外加剂类型	主 要 功 能	适 用 范 围
普通减水剂	1. 在混凝土和易性及强度不变的条件下，可节省水泥 5%～10% 2. 在保证混凝土工作性及水泥用量不变的条件下，可减少用水量 10%左右，混凝土强度提高 10%左右 3. 在保持混凝土用水量及水泥用量不变条件下，可增大混凝土流动性	1. 用于日最低气温＋5℃以上的混凝土施工 2. 各种预制及现浇混凝土、钢筋混凝土及预应力混凝土 3. 大模板施工、滑模施工、大体积混凝土、泵送混凝土及商品混凝土
高效减水剂	1. 在保证混凝土工作性及水泥用量不变的条件下，减少用水量 15%左右，混凝土强度提高 20%左右 2. 在保持混凝土用水量及水泥用量不变条件下，可大幅度提高混凝土拌合物流动性 3. 可节省水泥 10%～20%	1. 用于日最低气温 0℃以上的混凝土施工 2. 高强混凝土、高流动性混凝土、早强混凝土、蒸养混凝土
引气剂及引气减水剂	1. 提高混凝土耐久性和抗渗性 2. 提高混凝土拌合物和易性，减少混凝土泌水离析 3. 引气减水剂还有减水剂的功能	1. 有抗冻融要求的混凝土，防水混凝土 2. 抗盐类结晶破坏及耐碱混凝土 3. 泵送混凝土、流态混凝土、普通混凝土 4. 骨料质量差以及轻集料混凝土
早强剂及早强高效减水剂	1. 提高混凝土的早期强度 2. 缩短混凝土的蒸养时间 3. 早强减水剂还具有减水剂功能	1. 用于日最低温度－5℃以上及有早强或防冻要求的混凝土 2. 用于常温或低温下有早强要求的混凝土、蒸养混凝土
缓凝剂及缓凝高效减水剂	1. 延缓混凝土的凝结时间 2. 降低水泥初期水化热 3. 缓凝减水剂还具有减水剂功能	1. 大体积混凝土 2. 夏季和炎热地区的混凝土施工 3. 有缓凝要求的混凝土，如商品混凝土、泵送混凝土以及滑模施工 4. 用于日最低气温 5℃以上的混凝土施工
防冻剂	能在一定的负温条件下浇筑混凝土而不受冻害，并达到预期强度	负温条件下混凝土施工
膨胀剂	使混凝土体积，在水化、硬化过程中产生一定膨胀，减少混凝土干缩裂缝，提高抗裂性和抗渗性能	1. 用于防水屋面、地下防水、基础后浇缝、防水堵漏等 2. 设备底座灌浆、地脚螺栓固定等
速凝剂	能使砂浆或混凝土在 1～5min 之间初凝，2～10min 终凝	喷射混凝土、喷射砂浆、临时性堵漏用砂浆及混凝土
防水剂	混凝土的抗渗性能显著提高	地下防水、贮水构筑物、防潮工程等

1.4 混凝土外加剂的用途

(1) 一般普通混凝土及制品、构筑物，使用减水剂能改善和易性，减少水泥用量，提高强度，节约水泥。从而加速构件厂的模型周转，缩短工期，在不扩充场地的条件下成倍提高构件产量。

(2) 冬季施工混凝土，必须加入早强剂、防冻剂以保证混凝土强度和施工质量，提高混凝土抗冻能力，在负温条件下达到预期强度。

(3) 使用钢模板、木模板，为脱模干净、保证混凝土质量、保护延长模板使用寿命必须使用脱模剂。

(4) 对路面混凝土、机场、广场、码头、岸坡、坝体、梁、柱、异型构件等不易养护的混凝土，应当使用养护剂。喷涂在混凝土表面，使新浇混凝土表面含薄膜，保持水分达到自养，从而避免水分蒸发，达到保温保湿的养护效果。

(5) 对有防水、防渗要求的混凝土，如地下室、游泳池、地下防水工程等混凝土要求加膨胀（防水）剂。对有膨胀要求以抵消混凝土收缩的混凝土，如混凝土后浇缝、设备地脚螺栓灌浆、钢丝网水泥结构、混凝土补强以及补偿收缩混凝土都必须加膨胀剂。

(6) 泵送混凝土、商品混凝土要掺用减水剂、引气减水剂、缓凝减水剂。在不增加用水量情况下，通过提高流动性为泵送混凝土制造条件。同时，可提高混凝土水浆的可灌性，生产专用的灌浆水泥进行海底混凝土作业。

(7) 港工、水工混凝土可掺用引气剂、缓凝减水剂，用以提高抗渗性、降低水化热，减少混凝土的分离与泌水，可提高混凝土抗各种侵蚀盐及酸的破坏力，从而在海水或其它能侵蚀水中提高耐久性。

(8) 高标号、超高标号混凝土（$400^{\#}\sim800^{\#}$以上）必须掺用高效减水剂。

(9) 构件厂的预制构件为缩短养护时间，应当掺用早强剂及早强减水剂。

(10) 夏季滑模施工、水坝坝体等大体积混凝土，应当使用缓凝减水剂或缓凝剂。

(11) 喷射混凝土、防水堵漏工程应掺用速凝剂或堵漏剂。

(12) 专门用于清理钢模板上混凝土残留物的外加剂称模板清洗剂。

1.5 我国混凝土外加剂的现状及今后发展趋势

我国混凝土外加剂品种很多，如能够降低混凝土用水量、提高混凝土强度的高效减水剂，用于调整混凝土凝结时间的缓凝剂、促凝剂，减少混凝土收缩开裂时使用的混凝土膨胀剂、减缩剂，能提高混凝土的抗冻融性能、延长混凝土的使用寿命的引气剂，在冬季负温条件下施工时使用的防冻剂等，基本能够满足我国现有条件下施工的各种混凝土性能的要求。国外有的品种在国内几乎都有，目前在国家标准和行业标准里已经对14种外加剂产品的性能有了明确规定。混凝土施工技术的发展促进了各种外加剂的升级换代。

据中国建筑材料联合会混凝土外加剂协会不完全统计，由于泵送商品混凝土和商品干混砂浆的高速发展，截至2013年底，我国混凝土外加剂总产量已达950万吨，总体来看，我国复合型混凝土外加剂的配制技术和生产技术都在不断地完善和提高。

近几年来混凝土外加剂的复配技术伴随聚羧酸盐高性能减水剂的发展，为聚羧酸系高性能减水剂的推广与应用起到了积极的作用。绿色高性能混凝土是混凝土未来发展的方向。开发掺量低、叠加效果明显、多功能复合型的高性能混凝土外加剂，按施工使用要求设计外加剂，降低掺量，加强混凝土外加剂绿色化生产技术管理是我国混凝土外加剂今后的发展方向。

为适应绿色高性能混凝土发展的需要，混凝土外加剂也应向绿色化方向努力。在生产混凝土外加剂所用的有机化工原料中，很多成分具有毒性，如工业萘、蒽、马来酸酐、苯酚、水杨酸、甲醛等。由于生产工艺及设备条件的限制，外加剂产品中必然含有某些上述游离材料，挥发到空气中将对人体和环境产生危害。无机矿物原料也可能因重金属元素含量超标，在用于饮水工程时危及人体健康。今后应加强研究降低外加剂产品中游离有机物质的合成技术，尤其要控制游离甲醛、游离苯酚含量和氨释放量在安全界限内，外加剂生产企业应加强废气、废水、粉尘处理，改善生产条件，争取零排放，保障工人安全。要研究如何利用工、农业副产品、工业废料生产外加剂，改善外加剂的生产工艺，降低外加剂的生产成本，提高经济效益。

1.6 混凝土外加剂的主要质量指标及试验方法

1.6.1 掺外加剂混凝土性能指标

掺外加剂混凝土性能指标应符合 GB 8076—2008 的要求（见表 1-2）。

1.6.2 混凝土外加剂匀质性指标

混凝土外加剂的匀质性指标应符合 GB 8076—2008 的要求（见表 1-3）。

1.6.3 混凝土外加剂性能试验方法要点

我国现有 14 种混凝土外加剂产品有相应的国家标准（GB/T 8077—2012），其中 9 种的技术指标见表 1-2。另外，还有几种建材系统的产品标准，同时也制定了相应的实验方法。常用的 5 项性能试验方法如下。

(1) 坍落度 坍落度是表示混凝土和易性的一项指标，按《普通混凝土拌合物性能试验方法》（GB J80）测定，主要仪器是坍落度筒。坍落度和坍落度损失示意见图 1-1。

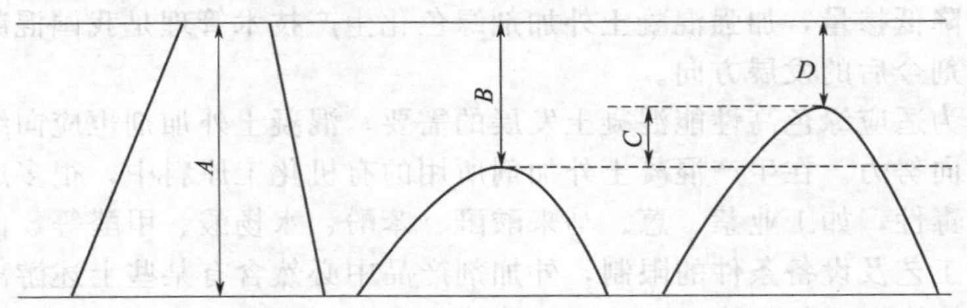

图 1-1 坍落度及其损失示意

图中 A 为坍落度筒的高度，即混凝土拌合物刚拌好时的高度，B 为立即提筒坍落度后的拌合物最高点与筒的高度差；C 为拌合物在筒内停放不同时间后提筒时拌合物最高点与筒的高度差（一般取 20min、30min、60min、90min）；D 为不同时间间隔坍落值的绝对变

表 1-2 掺外加剂混凝土性能指标

试验项目		外加剂品种																	
		普通减水剂		高效减水剂		早强减水剂		缓凝高效减水剂		缓凝减水剂		引气减水剂		早强剂		缓凝剂		引气剂	
		一等品	合格品	一等品	合格品	一等品	合格品	一等品	合格品	一等品	合格品	一等品	合格品	一等品	合格品	一等品	合格品	一等品	合格品
减水率/%	≥	8	5	12	10	8	5	12	10	8	5	10	10	—	—	—	—	6	6
泌水率比/%	≤	95	100	90	95	95	100	100		100		70	80	100		100	110	70	80
含气量/%		≤3.0	≤4.0	≤3.0	≤4.0	≤3.0	≤4.0	<4.5		<5.5		>3.0						>3.0	
凝结时间之差/min	初凝	−90～+120		−90～+120		−90～+90		>+90		>+90		−90～+120		−90～+90		>+90		−90～+120	
	终凝							—		—									
抗压强度比/% ≥	1d	—	—	140	130	140	130	—		—		—		135	125				
	3d	115	110	130	120	130	120	125	120	100		115	110	130	120	100	90	95	80
	7d	115	110	125	115	115	110	125	115	110		110		110	105	100	90	95	80
	28d	110	105	120	110	105	100	120	110	110	105	100		100	95	100	90	90	80

续表

试验项目		外加剂品种																	
		普通减水剂		高效减水剂		早强减水剂		缓凝高效减水剂		缓凝减水剂		引气减水剂		早强剂		缓凝剂		引气剂	
		一等品	合格品	一等品	合格品	一等品	合格品	一等品	合格品	一等品	合格品	一等品	合格品	一等品	合格品	一等品	合格品	一等品	合格品
收缩率比/% ≤	28d	135		135		135		135		135		135		135		135		135	
相对耐久性指标/% 200次,≥		—		—		—		—		—		80	60	—		—		80	60
对钢筋锈蚀作用		应说明对钢筋有无锈蚀危害																	

注：1. 除含气量外，表中所列数据为掺外加剂混凝土与基准混凝土的差值或比值。

2. 凝结时间指标，“－”号表示提前，“＋”号表示延缓。

3. 相对耐久性指标一栏中，“200次≥80和60”表示将28d龄期的掺外加剂混凝土试件冻融循环200次后，动弹性模量保留值≥80%或≥60%。

4. 对于可以用高频振捣排除的，由外加剂所引入的气泡的产品，允许用高频振捣，达到某类型性能指标要求的外加剂，可按本表进行命名和分类，但须在产品说明书和包装上注明“用于高频振捣的××剂”。

化量，即坍落度损失，其相对变化量，称为坍落度损失率；

$$坍落度损失率(\%)=(A-C)/A\times100$$

表1-3 匀质性指标

试验项目	指标
含固量或含水量	a. 对液体外加剂,应在生产厂所控制值的相对量的3%之内 b. 对固体外加剂,应在生产厂所控制值的相对量的5%之内
密度	对液体外加剂,应在生产厂所控制值的±0.02g/cm³之内
氯离子含量	应在生产厂所控制值相对量的5%之内
水泥净浆流动度	应不小于生产控制值的95%
细度	0.315mm筛筛余应小于15%
pH值	应在生产厂控制值±1之内
表面张力	应在生产厂控制值±1.5之内
还原糖	应在生产厂控制值±3%
总碱量($Na_2O+0.658K_2O$)	应在生产厂控制值的相对量的5%之内
硫酸钠	应在生产厂控制值的相对量的5%之内
泡沫性能	应在生产厂控制值的相对量的5%之内
砂浆减水率	应在生产厂控制值±1.5%之内

(2) 减水率 减水率指在坍落度基本相同的条件下，掺外加剂的与不掺外加剂的（基准混凝土）混凝土单方用水量之差与基准混凝土单方用水量的比率为减水率（%）。

$$W_R=(W_0-W_1)/W_0\times100$$

式中，W_R 为减水率；W_0 为基准混凝土单位用水量（kg/m^3）；W_1 为掺外加剂混凝土的单位用水量（kg/m^3），其中减水率 W_R 是衡量外加剂塑化和增强功能的主要指标之一。

(3) 含气量 按GB J80，采用混合式含气量仪测定，它可评价外加剂对混凝土的引气量。

(4) 泌水量 用一定量的混凝土拌合物，经振动后，将泌出的水吸出称量后，计算泌水率，它可判断混凝土的保水性能。

(5) 凝结时间 利用贯入阻力仪测定从拌合物中筛出砂浆的初凝和终凝时间。

第2章 普通减水剂

普通减水剂又称塑化剂或水泥分散剂，是在混凝土坍落度基本相同的条件下，能减少拌合水量的外加剂。要求减水率≥5%，龄期3~7天的混凝土抗压强度提高10%，28天强度提高5%以上。常用的普通减水剂如国外的普蜀里及国产的木质素磺酸盐类、羟基羟酸盐类、多元醇类、聚氧乙烯烷基醚类、腐植酸类减水剂等。普通减水剂是一种价格低廉，能够有效地改变混凝土性能的外加剂。最初是由一些工业下脚料加工而成。从化学结构来看基本上是一些天然的或人工合成的有机高分子化合物。从20世纪50年代以来一直到80年代初期，我国用量最大的就是普通减水剂。即使在出现了高效减水剂和高性能混凝土以后，普通减水剂仍然具有它不可取代的作用。特别是混凝土减水剂发展到现在，已很少单独使用某单一组分的外加剂，多用复合型多功能外加剂。普通减水剂的主要作用如下。

(1) 在不减少单位用水量情况下，改善新拌混凝土的和易性，提高流动度和工作度；

(2) 在保持相同流动度下，减少用水量，提高混凝土的强度；

(3) 在保持一定强度情况下，减少单位水泥用量，节约水泥。

普通减水剂的减水率按国标GB 8076—2008规定范围在5%~8%。普通减水剂经过复配可分为普通型、早强型、缓凝型。普通减水剂在许多复合型外加剂中是必不可少的重要组成部分。

2.1 普通减水剂的组成及化学性质

按我国目前的生产和使用情况，普通减水剂分为以下几种：木质素磺酸盐减水剂、羟基羧酸盐减水剂、糖钙减水剂、腐植酸减水剂。其中使用最多的是木质素磺酸盐减水剂。

(1) 木质素的来源与结构 木质素英文名称Lignin，是由拉丁文

Lignum 衍生而来，其意为木材。木质素是植物世界中仅次于糖类的最丰富的有机高分子聚合物。从其化学组成来看，它是由 3 个苯基丙烯烃单体：3-(4-羟基苯基)-2-丙烯-1-醇（对香豆醇）、3-(3-甲氧基-4-羟苯基)-2-丙烯-1-醇（松柏醇）、3-(3,5-二甲氧基-4-羟苯基)-2-丙烯-1-醇（芥子醇）经脱氢聚合而成的天然高分子聚合物。

组成木质素的 3 种单体结构如下：

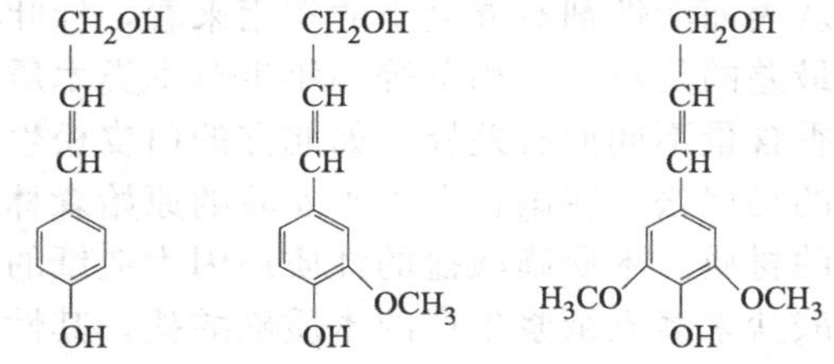

1 对香豆醇　　2 松柏醇　　3 芥子醇

这 3 种单体经过生化酶的催化脱氢后又产生了不规则的任意偶合而形成了具有三维空间结构的非结晶质聚合物。它不像其它有机大分子那样由一些单元物质重复规则的聚合而成。木质素由于其结构的多相性，它是一类最复杂的天然聚合物。木质素存在于木质化的植物中，它在木材中起粘接作用。木质素在木材中主要起提高强度的作用。

(2) 木质素磺酸盐的性质　木质素磺酸盐是亚硫酸盐法生产化纤浆或纸浆后被分离的木质素磺酸盐。

木质素磺酸盐同木质素一样，它们的分子结构十分复杂。其主体反应为丙苯基，在亚硫酸盐制浆条件下被磺化，磺酸基取代 α 位的羟基，可形成水溶性的磺酸盐。

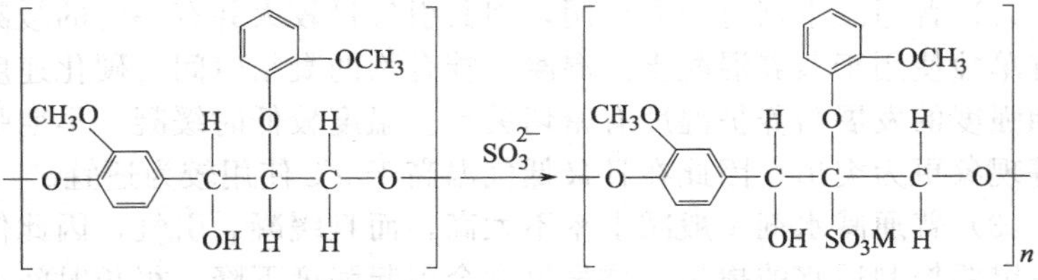

式中，M 为 Na^+、Ca^{2+}、Mg^{2+}、NH_4^+、K^+ 等。

其相对分子质量范围在 20000～50000 之间。由于磺化过程既有断链又有缩合，因此生成的木质磺酸盐分子是一些分子量范围很宽的多聚物分散体。它的性质属于阴离子表面活性剂。

木质磺酸盐的性质因生产纤维浆或纸浆原料不同而性能有很大不同，如软木（针叶树）与硬木（阔叶木）。这主要是因为它们的木质素含量不同。针叶树木质素含量为16%～19%，其成分主要是对豆香醇加松柏醇；苇浆、草浆中木质素的含量更低些，且其中主要为芥子醇型单体。从表面活性剂对混凝土的作用来看，针叶树木质磺酸盐优于阔叶树，最差的是芦苇与稻草等一年生草本类木质素。同是针叶树，又因其松香含量不同而有差异，如北方的白皮松生产的木质磺酸盐要优于南方的马尾松。我国长白山兴安岭的原始森林中白皮松是生产纤维浆最好的材质。木质磺酸盐的性质还因为造纸的工艺不同而不同。采用亚硫酸盐来蒸煮纸浆生产的木质磺酸盐，其性能好于碱法造纸生产的碱木素。

用于混凝土减水剂产量最大的是木质素磺酸钙，简称木钙，木钙使用最早。近年来由于复合型液体减水剂的使用，木钠（木质素磺酸钠）用量逐渐增加。碱木素主要是木镁（木质素磺酸镁）。

2.2 普通减水剂的适应范围及工程应用

2.2.1 普通减水剂应用技术要点

（1）普通减水剂可广泛用于普通混凝土、大体积混凝土、大坝混凝土、水工混凝土、泵送混凝土、滑模施工用混凝土及防水混凝土。因其不含氯盐而可用于现浇混凝土、预制混凝土、钢筋混凝土及预应力混凝土。

（2）普通减水剂有缓凝作用，因其引气量较大并有一定的缓凝性不宜单独使用于蒸养混凝土。混凝土拌合物的凝结时间、硬化速度和早期强度的发展与养护温度有密切关系。温度较低时缓凝、早期强度低等现象更为突出。因此在日最低气温高于5℃使用较为适宜。

（3）普通减水剂一般减水率不太高，而且缓凝、引气，因此使用中一定要控制适宜的掺量。掺量过大会引起强度下降，很长时间不凝结，造成工程事故。一般适宜掺量，在单独使用时以0.25%为宜，不可超过0.3%。

(4) 混凝土拌合物从出机运输到浇筑的时间，与混凝土的坍落度损失及凝结时间有关。应根据保证浇筑的时间，与混凝土的坍落度损失及凝结时间有关。应根据保证浇筑时的和易性来控制，否则影响工程质量。一般夏季不超过1h，冬季不超过2h为适宜。对商品混凝土尤为重要，须严格控制。

(5) 减水剂与胶结料及其它外加剂的相容性问题，如用硬石膏或氟石膏做水泥调凝剂，在掺用木钙时会引起假凝以致速凝。加引气剂时不要同时加氯化钙，后者有消泡作用。复合外加剂中也须注意相容性问题，如木钙与高效减水剂在配制成溶液时就会产生沉淀。

(6) 使用普通减水剂应加强养护。因为有缓凝作用，需防止水分过早蒸发而影响混凝土强度的发展。可采用在混凝土表面喷涂养护剂或加盖塑料薄膜的方法。

2.2.2 普通减水剂的工程应用

普通减水剂是我国20世纪50年代在外加剂发展初级阶段就开始使用的外加剂。在全国许多有影响的大型工程中都使用了木钙。

(1) 葛洲坝水利工程 从1974年到1985年主体和附属工程共浇筑混凝土1250多万立方米。是当时国内混凝土用量最大的工程。该工程共计使用木钙4692t，浇筑混凝土总量为1000万立方米左右，共节约水泥18万吨，节约工程投资900万元。技术经济效果显著。

(2) 宝钢工程 宝钢工程的商品混凝土使用木钙减水剂，混凝土强度C25，混凝土坍落度为13～16cm，掺用木钙后强度完全达到要求。

(3) 深圳国贸大厦 深圳国贸大厦高53层，是当时国内最高的高层建筑。国贸中心大厦主楼从五层起采用泵送混凝土，内外筒体整体同步滑模施工工艺。混凝土设计标号为C30～C45，同一层楼每一混凝土浇灌层（一般为200cm）的出模时间可相差2～3h，混凝土坍落度为12～16cm。施工期间，操作平台最高气温33℃，最低气温5℃，混凝土入模温度最高曾达34℃，在这种情况下主要使用木钙减水剂，利用其减水、缓凝、引气的性能很好地保证了工程质量。

(4) 三峡一期工程 三峡一期工程混凝土约300万立方米，主要使用缓凝、引气、复合型减水剂。其中主要成分为木钙。

在普通减水剂中，目前使用最多的仍然是木钙减水剂，木钠的使用量要少得多。木质素磺酸盐类减水剂由于掺量少，价格低，既引气又缓凝，这些都是高效减水剂所不具备的，从目前混凝土外加剂制造技术发展来看，复合型多功能减水剂越来越受到重视，复合型的减水剂中大多数都要使用木质磺酸盐，如泵送剂、高效缓凝减水剂、早强减水剂、防冻剂等。

2.3 普通减水剂配方

配方 1 木质素磺酸盐减水剂

木质素磺酸盐简称木钙、木钠，是由木材生产纤维浆或纸浆后的副产品。本品以针叶树马尾松为原料，用亚硫酸氢钙法生产化学木浆，其废液综合利用，经石灰乳中和，生物发酵除糖之后，蒸发浓缩到固含量达 50%，再经 200℃以下热风喷雾干燥制成。

(1) 木钙的生产过程

木钙的质量以亚硫酸盐制浆法得到的产品为最好。在亚硫酸盐制浆情况下，把木片与亚硫酸盐蒸煮，木质素发生磺化反应，转化为水溶性。根据亚硫酸制浆蒸煮液的酸碱度（即 pH 值），亚硫酸盐法又可分为碱法、中性法、酸性法、酸碱度对木质素磺酸盐分子量的影响较大。酸性亚硫酸盐制浆法所生产的木质素磺酸盐比中性法的分子量要高，木钙质量最好，而碱性法生产的木质素磺酸盐分子量最小。一般亚硫酸盐制浆法均采用酸性亚硫酸制浆法。

木钙的制备工艺流程如下：

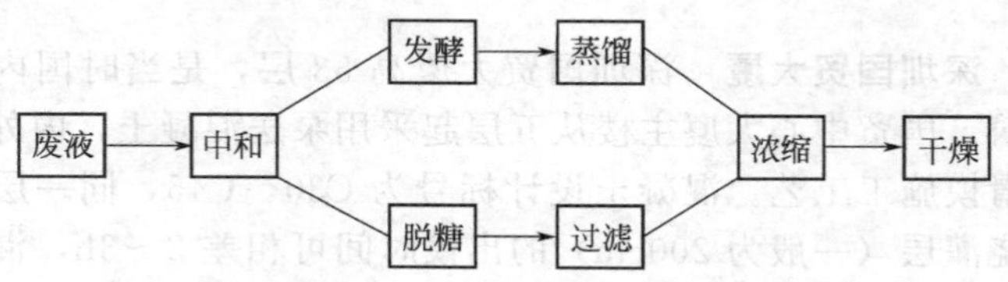

废液中含有木质素 40%～55%，还原糖（己糖+戊糖）14%～20%。

木质素磺酸钙为阴离子表面活性剂，分子的基本结构是苯基丙烷衍生物，在水溶液中电解成木质素磺酸钙的阴离子和钙的阳离子。

木质素磺酸钙减水剂质量指标见表 2-1。木质素磺酸盐含量为 55%～67%时对混凝土性能无影响；还原物含量小于 6%时对水泥的凝结硬化影响较小，大于14%时缓凝明显及早期强度降低；水不溶物中80%为饱和的$CaSO_4 \cdot 2H_2O$，含量2.5%～4.5%时对混凝土性能影响较小。

表2-1 木质素磺酸钙减水剂物化指标

项目名称	指 标	项目名称	指 标
外观	黄褐色粉末	水分含量	<9%
木质素磺酸钙	>55%	pH值	4～6
还原物质	<9%	水泥浆流动度	>150mm
水不溶物质	<1.5%		

(2) 木钠的生产工艺

木钠即木质素磺酸钠盐。分子结构与木钙相同，只是在木钙大分子中的磺酸基团形成的不是钙盐而是钠盐，因此在生产过程中只需用NaOH代替$Ca(OH)_2$来中和废液。其生产工艺流程如下：

废液⟶中和（置换）⟶发酵⟶超精滤⟶浓缩⟶喷粉

木钠因分子量不同而分成几类，但木钠生产成本高，混凝土中多使用低分子量普通木钠，分子量含量较高的木钠主要用于染料工业作分散剂。

(3) 木质素磺酸盐减水剂生产的质量控制

水分：控制值<7%。水分太高影响有效成分含量，同时木钙易吸潮，故必须控制水分。

水不溶物：控制值<2%。水不溶物是杂质或非有效成分，应控制小于一定范围。

pH值：控制在4.5～5.5间。

还原糖：控制值<8%。糖分高对混凝土缓凝作用影响大，且糖分太高势必降低有效成分含量，因此要控制在较低值。

(4) 木质素磺酸盐减水剂的主要性能及用途

① 主要性能

a. 节省水泥。当混凝土强度及坍落度与基准混凝土相近时，可节省水泥10%左右，1t减水剂可节省水泥30～40t。

b. 改善混凝土的性能。当水泥用量及坍落度与基准混凝土相近时，减水率为10%左右，混凝土3～28d的强度提高15%左右，后期强度也有所增加。同时抗渗、抗冻、耐久性等性能也明显提高。

c. 改善混凝土的和易性。低塑性混凝土坍落度可增大两倍左右，由3～5cm提高到8～18cm，混凝土保水性、黏聚性和可泵性显著改善。

d. 具有一定的引气性。当木钙掺量为0.25%时，混凝土含气量增加2%～3%，掺量为0.3%～0.5%时，含气量增加4%～5%，从而可显著地提高混凝土的抗渗、抗冻融等性能。

e. 具有缓凝及降低水泥初期水化热作用。初凝延长3～6h，终凝延长2～8h，水化热峰推迟5h以上，从而有利于提高夏季施工、商品混凝土及大体积混凝土的工程质量。

② 主要用途

a. 适用于水利、港口、交通、工业与民用建筑的各种现浇及预制混凝土、钢筋混凝土、预应力混凝土，尤其是适用于商品混凝土、耐冻融混凝土、大体积混凝土、泵送混凝土、大模板施工用混凝土、滑模施工用混凝土、防水混凝土。

b. 用于配制早强减水剂、防冻剂、泵送剂等。

③ 掺量　严格控制掺量，切忌过量。其掺量视不同用途可参考下列范围选用：作为普通减水剂使用时的掺量约为0.20%；作为缓凝引气减水剂使用时的掺量为0.2%～0.3%；作为超缓凝引气减水剂使用时的掺量为0.3%～0.5%；作为早强减水剂复合使用时的掺量为0.05%～0.2%。

配方2　CH-R型混凝土减水剂

(1) 产品特点与用途

CH-R型混凝土减水剂性能优良，使用方便，直接掺入混凝土中而不影响其性能，本品具有较大的减水、增强作用，能大幅度提高混凝土的流动性，可使水泥净浆流动性良好，达到泵送混凝土的要求，制造方法简单，易于掌握，在整个反应中无降温过程，节约能源，缩短了生产周期，且无三废排放，有利于保护环境。成品为固态，运输方便。本品适用于大流动性混凝土、高强混凝土、泵送混凝土和蒸养混凝土等工程。

(2) 配方

① CH-R混凝土减水剂配合比　见表2-2。

表 2-2 CH-R 混凝土减水剂配合比

原料名称	质量份		
	1# 配方	2# 配方	3# 配方
苯酚	20	33	27.5
甲醛	36	45	40.8
丙烯酰胺	0.3	4.5	6.5
氨基磺酸	39.8	38	26
水	200	180	140
尿素	0.4	0.5	0.5

② 配制方法　按配比将苯酚、甲醛和丙烯酰胺加入带有回流冷凝器、温度计和搅拌器的反应釜中，在搅拌情况下加入氢氧化钠调节 pH 为 7～11，升温至回流温度反应 2～3h 后，加入氨基磺酸、水，于回流温度反应 1～3h，再加入交联抑制剂尿素，然后升温至回流温度继续反应 1～5h，获得的缩合物采用真空脱出低分子物，可得液态产品，再将液态产品于 160～250℃ 条件下，喷雾干燥制得固态粉状成品。

(3) 产品技术性能

① 技术指标

a. 外观　黄褐色粉末。

b. pH 值　7～11。

c. 消泡时间　≤50s。

d. 表面张力　$>72\times10^{-5}$ N/cm（10%水溶液）。

e. 水泥净浆流动度　≥240mm。

f. Na_2SO_4 含量　<5%。

② 主要技术性能

a. 减水率为 15%～20%，3d 混凝土强度提高 50%左右，7d 强度接近设计标号，28d 提高 15%～30%；抗折强度及弹性模量有所提高。

b. 使混凝土坍落度由 3～5cm 提高到 15～20cm。

c. 节约水泥 10%～20%。

d. 混凝土含气量增加到 3%～5%，泌水率小，耐久性及抗渗性提高。

e. 对钢筋无锈蚀作用。

(4) 施工方法

① 掺量　常用掺量0.3%～1%（以水泥质量计）。

② 本产品呈粉末状，可直接使用，也可预先配制成水溶液使用。

③ 本产品可采用同掺法或后掺法、滞水法。

④ 本品易溶于水，在贮存、运输中，应注意防潮。受潮结块后产品性能不变，但必须配制成水溶液使用。本产品保质期两年。

配方3　FN混凝土减水剂

(1) 产品特点与用途

本品主要成分为萘磺酸甲醛缩合物钠盐，原料消耗少，生产成本低，能耗小，工艺时间短，产品合格率高。它具有对水泥分散性好，降低水泥水化热以及常用掺量小、低引气性、早期缓凝等特点，减水率高，早强、增强效果好，适用于配制大流动性混凝土、泵送混凝土、防水混凝土、滑模施工混凝土和商品混凝土。FN萘磺酸甲醛缩合物钠盐混凝土减水剂对水泥适应性好。不外加氯盐和硫酸盐，对钢筋无锈蚀作用。可广泛用于基础混凝土工程、矿山、码头、水坝、预制构件、大体积混凝土等。

(2) 配方

① 配合比　见表2-3。

表2-3　FN萘磺酸甲醛缩合物钠盐混凝土减水剂配合比

原料名称	质量份		
	1# 配方	2# 配方	3# 配方
萘	1.2	1.2	0.8
硫酸(98%)	1.4	1.4	1
水	0.2	0.2	0.5
甲醛(37%)	0.6	0.6	0.6

② 配制方法　按配比量将工业萘投入磺化反应釜进行加热，在150～175℃时加入硫酸进行磺化，恒温120～210min使其充分反应；再加水降温至90～120℃，恒温18～25min使其产生水解；然后在70～110℃下，加入甲醛，恒温180～210min以进行缩合；最后，在80～120℃下，加入氢氧化钠进行中和，恒温10～20min，pH控制为7～10。对所得液态产品进行干燥烘干除去水分可得粉状产品。

(3) 产品技术性能

① 在同配合比、同坍落度条件下，FN的减水率随掺量的增加而增大。掺量为水泥用量的0.4%时，减水率可达15%左右。

② 常温情况下，掺用FN的混凝土，其初凝时间比不掺的略有延长，可在炎热气候下使用。

③ 在同配合比、坍落度条件下，掺加FN减水剂，可使3d、7d混凝土强度均提高30%～60%，28d强度能提高20%以上。在同强度条件下可节约水泥用量10%～15%。

④ 掺用FN可使混凝土的内部温升有所降低而延缓温峰的出现。大体积混凝土中掺用FN，可降低混凝土的温度应力，提高其抗裂性能。

⑤ 掺用FN混凝土拌合物，在一般混凝土施工规范要求时间内坍落度损失较小，有利于解决集中搅拌、长距离运输以及施工中层间交接等问题。

(4) 施工方法

① FN的掺量范围为0.2%～0.6%，常用掺量为0.3%～0.4%。

② FN粉剂可先与水泥混合，然后再与骨料、水一起拌合。也可把该粉剂按量直接与混凝土骨料一起投入搅拌机进行干拌，待干拌均匀后再加入拌合水进行搅拌。

③ 把FN粉剂预先溶解成溶液，再与拌合水一起加入。注意减水剂溶液中的水量应计入混凝土总用水量中。

④ 搅拌过程中，FN粉剂或其溶液略滞后于拌合水1～2min加入。

⑤ 搅拌运输车运送的商品混凝土可采用减水剂后掺法。

⑥ FN粉剂应存放于干燥处，注意防潮，但受潮后不影响使用效果。本品保质期两年。

配方4 可再生型植物纤维素水泥减水剂

(1) 产品特点与用途

本品所使用的主要材料植物纤维素是从苹果渣、旧棉花等废旧植物纤维中提取而来，生产成本低且可再生，减水剂配方组成材料所使用的高浓度碱、溶剂与氧化剂无毒，不污染环境，制备减水剂的生产工艺过程低碳节能，无需高温高压等苛刻条件，合成工艺及设备简单，使用可再生型植物纤维素制备的水泥减水剂吸水效率高，减水率可达30%～40%，减水性能远大于同类，木质素磺酸钠的减水率不到10%。可再生型植物纤维素水泥减水剂是一种低碳、高效、节能、绿色环保新型水泥减水剂，可广泛用于普通混凝土、大体积混凝土、大坝混凝土、水工混凝土、泵送混凝土、滑模施工用混凝土及防水混凝土。

(2) 配方

① 配合比 见表2-4。

表2-4 可再生型植物纤维素水泥减水剂配合比（质量份）

配方序号	植物纤维素	95%乙醇（溶剂）	45%氢氧化钾（高浓度碱）	过氧乙酸（氧化剂）	固体碱
A	1	10～15	1.5～3	—	—
B	1	0.8～1.2	—	0.8～1.2	—
C	1	—	—	—	0.8～1.2

② 配制方法

a. 将植物纤维素加入溶剂与高浓度碱的混合液体系中，室温条件下搅拌50～120min，植物纤维素与溶剂及高浓度碱质量配比见表2-4配方A。

b. 在步骤a. 混合液体系中加入溶剂与氧化剂，在50～80℃温度条件下搅拌反应30～60min，植物纤维素与溶剂及氧化剂质量配比见表2-4配方B。

c. 加入固体碱，搅拌20～50min，然后再加入步骤（b）溶剂与氧化剂的混合液，植物纤维素与固体碱质量配比见表2-4配方C。

d. 重复步骤c. 2～4遍，用浓度为60%～90%乙醇溶液在40～60℃条件下搅拌溶解步骤c. 所制得的产物，经过滤、喷雾干燥、粉碎球磨，即制得固态粉状可再生型植物纤维素水泥减水剂。

③ 配方实例

【实例1】

将从苹果渣中提取的10g植物纤维素加入100g浓度为95%乙醇中，然后加浓度为45%的氢氧化钾溶液，在室温条件下搅拌60min，然后分别加入8g浓度为45%的氢氧化钾溶液，在室温条件下搅拌60min，然后分别加入8g浓度为80%的乙醇溶液与氧乙酸，在55℃温度条件下搅拌反应40min；之后加入10g固体氢氧化钾，继续搅拌30min，并分别加入8g浓度为80%的乙醇溶液与过氧乙酸，重复前一步骤 2 次，用 100g 乙醇在 50℃下溶解所获得的产物，过滤并蒸干，制得固态粉状可再生型植物纤维素水泥减水剂。

【实例 2】

将从旧棉花中提取的 10g 植物纤维素加入 135g 浓度为 95%乙醇中，然后加浓度为 50%的氢氧化钾溶液，在室温条件下搅拌 100min，然后分别加入 10g 浓度为 80%的乙醇溶液与氧乙酸，在 45℃温度条件下搅拌反应 30min，之后加入 11g 固体氢氧化钠，继续搅拌 40min，并分别加入 10g 浓度为 80%的乙醇溶液与氧乙酸，重复前一步骤 3 次，用 150g 乙醇在 50℃下溶解所获得的产物，过滤并蒸干，制得固态粉状可再生型植物纤维素水泥减水剂。

(3) 产品技术性能

① 减水率为 30%～40%，3～28d 的混凝土强度提高 15%～30%，抗折强度及弹性模量有所提高；

② 改善混凝土的和易性，低塑性混凝土坍落度可增大两倍左右，使混凝土坍落度由 3～5cm 提高到 8～18cm；

③ 节约水泥 10%～20%；

④ 混凝土含气量增加到 3%～5%，泌水率小，耐久性及抗渗、抗冻融性能提高；

⑤ 对钢筋无锈蚀作用。

(4) 施工方法

① 掺量　常用掺量 0.2%～1%（以水泥质量计）。

② 本产品呈粉末状，可直接使用，也可预先配制成水溶液使用。

③ 本产品可采用同掺法或后掺法、滞水法。

④ 本品易溶于水，在贮存、运输中，应注意防潮。受潮结块后产品性能不变，但必须配制成水溶液使用。

配方来源：李军代等．一种可再生型植物纤维素水泥减水剂及其制备方法．CN 103058575. A. 2013.

配方 5　低引气型木质素磺酸钠减水剂

(1) 产品特点与用途

本品原料易得，生产工艺简单，生产过程在常压低温下进行，易于操作控制，磺化效率高，生产成本低，产品性能优异。本品对各种水泥具有良好的适应性，当掺量为水泥用量的 0.4%时，减水率可高达20%～30%，产品水溶性和分散性优良，在很低的水灰比时混凝土依然具有优良的流动性，坍落度损失小，混凝土2h坍落度损失小于10%，能够解决混凝土受温度因素的影响坍落度损失较快的问题。本品适用于水利、港口、交通、工业与民用建筑的各种现浇及预制混凝土、钢筋混凝土、预应力混凝土，尤其适用于商品混凝土、大体积混凝土、泵送混凝土等。

(2) 配方

① 配合比　见表2-5。

表2-5　低引气型木质素磺酸钠减水剂配合比

原料名称	质量份	原料名称	质量份
低分子量木质素磺酸钠(25%水溶液)	200	水	60
过硫酸铵(氧化剂)	6	醋酸和碳酸钠	适量

② 配制方法　先用醋酸和碳酸钠把低分子量木质素磺酸钠25%水溶液的pH值调至6，然后开始滴加过硫酸铵的水溶液。滴加完后，保持温度30～40℃，反应3～4h即可制得深褐色液体产品，将液体产品经蒸发浓缩喷雾干燥工序可制得粉状产品。

(3) 施工方法

① 掺量　本品掺量为水泥质量的0.5%～1.0%，常用掺量为0.3%～0.75%。

② 本品可采用同掺法、后掺法或滞水法。

③ 本品易溶于水，粉状产品在贮存、运输中应注意防潮。受潮结块后，产品性能不变，但必须配成水溶液使用。

配方6　ASN混凝土减水剂

(1) 产品特点与用途

掺用本剂可以调整混凝土的初终凝时间，有效地控制坍落度损失，能达到2h基本无坍落度损失。ASN减水剂对各种水泥均有良好的适应性，具有改善新拌混凝土抗冻、抗碳化、抗腐蚀、抑制碱-骨料反应等性能。本品制作过程大大缩短了原有的生产工艺，能够优化最终产品的相对分子质量构成，降低了生产成本，简化了生产工艺，反应条件容易控制。本品不含氯离子、氨等有害物质，对环境无污染，对钢筋无锈蚀危害，属绿色环保产品。ASN减水剂适用于配制气温在5℃以上的大体积、泵送、自流平和自密实及滑模、大模板施工的混凝土。

(2) 配方

① 配合比 见表2-6。

表2-6 ASN混凝土减水剂配合比

原料名称	质量份	原料名称	质量份
对氨基苯磺酸钠	40	氢氧化钠	4.5
羟基苯	15.6	水	18.6
甲醛	23.5		

② 配制方法

a. 将水、对氨基苯磺酸钠加入反应釜中，搅拌升温30～40℃，投入羟基苯。当羟基苯完全溶解后检测溶液的pH值，用氢氧化钠将溶液pH值调节到7～9，使溶液呈弱碱性。

b. 调节好pH值后开始滴加甲醛，控制滴加速度，在1.5～2h内滴加完毕，保温55～65℃。甲醛溶液滴加完毕后，加热升温至90～100℃，保温反应2.5～3.5h，经降温冷却至40～50℃放料即可制得深褐色液体产品，将液体产品经过喷雾干燥粉碎工序，可制得粉状产品。

(3) 产品技术性能

① 减水率：8%～20%。

② 7d、28d强度提高≥25%。

③ 可节约水泥8%～15%。

④ 对钢筋无锈蚀作用。

(4) 施工方法

本品掺量为水泥质量的0.5%～1.2%。用于泵送混凝土掺量为水泥质量的0.5%～2%，施工可采用同掺法、后掺法或滞水法。

配方7 磺化淀粉混凝土减水剂

(1) 产品特点与用途

本品原料易得，加工成本低，生产工艺简单，产品质量优异，减水效果与聚羧酸系高性能减水剂相当，减水率可达25%～30%。掺量低，混凝土拌合物的流动性好，坍落度损失小，2h坍落度基本不损失。由于磺化淀粉本身为表面活性剂，与水泥、掺合料及其它外加剂的相容性好。磺化淀粉混凝土减水剂制备过程中不使用甲醛，不会对环境造成污染。磺化淀粉制备混凝土减水剂工艺为天然高分子材料应用于绿色高性能混凝土外加剂开辟了全新的应用领域，对贯彻节能减排，可持续发展战略目标具有重要的现实意义，是一种值得大力推广应用的新型绿色化学建材产品。

(2) 配方

① 配合比　见表 2-7。

表 2-7　磺化淀粉混凝土减水剂配合比

原料名称	质量份	原料名称	质量份
淀粉	42	氢氧化钠	调节 pH=7
硫酸	26	水	32

② 配制方法

a. 把淀粉放入搅拌机中，加水搅拌 15min，将淀粉润湿。

b. 用硫酸对淀粉进行磺化。首先，用硫酸总量的 16%将淀粉调成酥状，加入硫酸总量的 22%，将酥状淀粉变成面团状，搅拌 15min，加入硫酸总量的 15%，搅拌 15min，加入硫酸总量的 18.4%，搅拌 15min，加入余量硫酸，搅拌 15min，磺化完成。

c. 把经磺化的淀粉放到中和罐内，用 10%的氢氧化钠溶液将经磺化的淀粉中和至中性。

d. 再加入余量的水，即成本减水剂。

(3) 产品技术性能

① 减水率高：25%～30%。

② 3d、28d 强度提高 20%～40%。

③ 坍落度可由 50mm 提高到 250mm。

④ 节约水泥 15%～20%。

(4) 施工方法

本品适用于配制现浇、商品、泵送、轻质、市政及道路混凝土，掺量为水泥质量的 0.3%～1.0%，常用掺量为 0.3%～0.8%。

配方8 氨基磺酸盐混凝土减水剂

(1) 产品特点与用途

本品对各种水泥具有较好的适应性，可与其它外加剂复配，初始流动度较大，减水率高，可达15%～20%，坍落度经时损失小。氨基磺酸盐混凝土减水剂碱含量低，对钢筋无锈蚀危害，加入尿素后，可以有效降低最终产品中游离甲醛的含量，减少对环境的污染，可改善和提高混凝土的各项物理力学性能，适用于配制预制、现浇、钢筋、预应力钢筋混凝土及防水砂浆等。

(2) 配方

① 配合比 见表2-8。

表2-8 氨基磺酸盐混凝土减水剂配合比

原料名称	质量份	原料名称	质量份
水	200	甲醛(缩合剂)	70
苯酚	30	氢氧化钠(碱性调节剂)	8
对氨基苯磺酸盐	80	三乙醇胺	1
尿素	5		

② 配制方法 在反应釜中加入配方量水、苯酚、对氨基苯磺酸盐、尿素升温50～95℃，加入缩合剂甲醛并继续搅拌反应4～8h后利用碱性调节剂30%氢氧化钠水溶液调节pH值至8～9，并加入三乙醇胺在75～100℃条件下反应0.5～3h，冷却搅拌至室温，即可制得红棕色液体氨基磺酸盐混凝土减水剂。

(3) 产品技术性能

① 减水率：15%～20%。

② 3d、28d强度分别提高40%～70%、10%。

③ 可节约水泥15%～20%。

④ 改善和易性。

⑤ 对钢筋无锈蚀。

(4) 施工方法

本品掺量为水泥质量的0.5%～1.2%，常用掺量为0.4%～0.8%，施工可采用同掺法、后掺法或滞水法。

配方 9　磺化酚醛树脂混凝土减水剂

(1) 产品特点与用途

磺化酚醛树脂混凝土减水剂属于一种水溶性聚合物树脂，无色，热稳定性好，直接掺入混凝土拌合物中使用时，具有对水泥分散性好，减水率高，早强效果显著，可使得水泥净浆流动性良好，达到泵送混凝土的要求，基本不影响混凝土凝结时间和含气量等特点。磺化酚醛树脂混凝土减水剂减水率高，在掺量范围内，可达 15%～25%，混凝土的耐久性能显著提高。本产品生产工艺简单，易于掌握，在整个磺化反应中无降温过程，节约能源，缩短了生产周期，无三废排放，有利于保护环境，对环境无污染，成品为固态，运输、使用方便，适用于配制大流动性混凝土、泵送混凝土、砂浆、水泥浆以及自然养护水泥预制构件混凝土和道路混凝土等工程。

(2) 配方

① 磺化酚醛树脂混凝土减水剂配合比　见表 2-9。

表 2-9　磺化酚醛树脂混凝土减水剂配合比

原料名称	质量份		
	1# 配方	2# 配方	3# 配方
苯酚(酚类物)	20	33	27.5
甲醛(36%～37%)(醛类物)	36	45	40.8
氨基磺酸(磺化物)	0.3	4.5	6.5
六次甲基四胺(黏度调节剂)	39.8	38	26
水	200	180	140
苯甲酸(交联抑制剂)	0.4	0.5	0.5

② 配制方法　将酚类物、醛类物和黏度调节剂加入带有回流冷凝器、温度计和搅拌器的反应釜中，在搅拌情况下加入氢氧化钠调节 pH 值为 7～11，升温至回流温度反应 2～3h 后，加入磺化物、水，于回流温度反应 1～3h，再加入交联抑制剂，然后升温至回流温度继续反应 1～5h，获得的缩合物采用真空脱出低分子聚合物，可得液态产品，再将液态产品于 160～250℃条件下，喷雾干燥制得固态粉剂产品。

原料配比范围（质量份）：酚类物 10～70，醛类物 15～95，磺化物 10～80，黏度调节剂 0.1～40，交联抑制剂 0.1～30。

酚类物可用苯酚、苯二酚、甲酚和萘酚中的一种。

醛类物为配制成一定浓度的水溶液，可用甲醛、乙醛、乙二醛、丙醛、丙二醛、丁醛、异丁醛、戊二醛和糖醛中的一种。

磺化物可用亚硫酸盐、过硫酸盐、氨基磺酸、氨基磺酸盐、氨基苯基磺酸和氨基苯基磺酸盐中的一种。

黏度调节剂可用乙二胺、二亚乙基三胺、三亚乙基四胺、四甲基氢氧化铵、六次甲基四胺、乙酰胺和丙烯酰胺中的至少一种。

交联抑制剂可用甲酸、苯甲酸、柠檬酸、尿素、路易斯酸和四甲基氢氧化铵中的一种。其作用是控制本品在生产过程尤其是在喷雾干燥过程中不发生或少发生交联作用。

(3) 产品技术性能

① 在同配合比、同坍落度条件下，对水泥分散性好，减水率高，早强效果显著。掺量为水泥用量的 0.3%～1%时，减水率可达 15%～25%，混凝土的耐久性能提高。

② 能显著地提高混凝土的流动性、黏聚性和保水性。

③ 可节省水泥 10%～15%，改善混凝土的和易性。

④ 延缓温峰。掺用本品可使混凝土的内部温升有所降低而延缓温峰的出现。道路混凝土中掺用本品可降低混凝土的温度应力，提高其抗裂性能。

⑤ 对钢筋无锈蚀作用。

(4) 施工方法

本品掺量范围为水泥质量的 0.3%～1%，常用掺量为 0.5%～0.8%，气温低时，掺量应适当减少。磺化酚醛树脂减水剂粉剂可先与水泥混合，然后再与骨料、水一起拌合，也可把该粉剂按量直接与混凝土骨料一起投入搅拌机内，干拌均匀后再加入拌合水，进行搅拌。搅拌运输车运送的泵送商品混凝土可采用减水剂后掺法。

配方 10 WRDA 普通混凝土减水剂

WRDA 普通混凝土减水剂的主要成分为木质磺酸钙，相对分子质量 2000～100000，属阴离子表面活性剂。

(1) 产品特点与用途

WRDA 混凝土减水剂的主要成分为木质素磺酸钙，属阴离子表面活性剂，对混凝土中水泥颗粒具有扩散作用。WRDA 减水剂不含氯盐，无腐蚀性，对混凝土减水率达 15%，并保持混凝土良好的工作性，增加混凝土的强度，降低渗透性，提高耐久性。减水率高，易于振捣密实，易于浇筑、抹光，增加混凝土的黏聚性和保水性，降低分层，在标准掺量范围内，对初凝和终凝时间影响很小。提高混凝土各龄期的强度，早期强度提高50%左右，28d强度提高25%以上。抗拉、抗折强度和弹性模量均有不同程度的提高，优于常规外加剂。WRDA减水剂密度大，耐久性好，对多种水泥包括含有粉煤灰及高炉矿渣混合物的水泥都起作用。可用于预拌混凝土产品、预制混凝土构件、预应力构件、现场浇筑等。

(2) 配方

① WRDA混凝土减水剂配合比　见表2-10。

表2-10　WRDA混凝土减水剂配合比

	原料名称	质量份
A	碱法竹子和稻麦秆混合料制浆浓黑液	825
B	氨基磺酸：水杨酸(9：1)	4.4
C	过硫酸铵：氯化铝(3：1)	0.6
D	α-羟乙基磺酸钠溶液(含量20%)	120
E	红糖溶液(含量30%)	50

竹子和稻麦秆混合料中质量配比为4：1，浓黑液固含量为45%。

② 配制方法

a. 蒸发浓缩：用浓缩器将制浆稀黑液浓缩至固含量为30%～60%的浓黑液。

b. 磺化：将浓黑液泵送入反应器中，加入酸性调节剂将反应体系的pH值调节至10.5～13.5，然后加入催化剂和磺化剂，在80～120℃的反应温度下反应1～6h后，加入添加剂，反应0.5～3h后降温出料，产品为棕褐色液体，再经热风喷雾干燥后成棕色粉末，即为WRDA混凝土减水剂。

原料配比范围（质量份）：制浆浓黑液60～98，酸性调节剂0.1～5，催化剂0.05～2.5，磺化剂1.5～20，添加剂1～20。

制浆黑液主要来自竹子、稻麦秆等原材料及其按一定配比组成的两种或两种以上的混合原材料的碱法或硫酸盐法制浆废液，稀黑液的固含量为5%～10%，密度为1.02～1.08g/mL；浓黑液的固含量为30%～60%，其中木质素含量为9.5%～35%，密度为1.2～1.65g/mL。

酸性调节剂为氨基磺酸、苯甲酸、硫酸、磷酸、水杨酸、柠檬酸、酒石酸、苹果酸、马来酸、琥珀酸其中的一种或两种以上的混合物。

催化剂为过氧化氢/硫酸亚铁/氯化铝、过氧化氢/硫酸亚铁铵、过氧化氢/硝酸铜/硫代硫酸钠、过氧化氢/焦亚硫酸钠、过氧化氢/亚硫酸钠、过氧化氢/亚硫酸氢钠、高锰酸钾/硫酸亚铁、次氯酸钠、过硫酸钾/氯化铝、过硫酸铵/氯化铝，最好使用其中一种或两种以上的混合物。

磺化剂最好为α-羟甲基磺酸钠、α-羟乙基磺酸钠、α-羟丙基磺酸钠、α-羟异丙基磺酸钠、α-羟丁基磺酸钠中的一种或两种以上的混合物，其浓度为8%～70%（质量分数）。

添加剂最好为废糖蜜（固含量为40%～70%）、糖钙、红糖、蔗糖、麦芽糖发酵废液（固含量为35%～65%）中的一种或两种以上的混合物。

(3) 产品技术性能 见表2-11。

表2-11 WRDA混凝土减水剂性能指标

指标名称	一等品	合格品
外观	深棕色液体或棕色粉末	
对钢筋锈蚀作用	对钢筋无锈蚀危害	
相对密度(20℃)	1.15±0.01	
固含量/%	32～34	
减水率/%	8	5
含气量/%	≤3.0	≤4.0
泌水率比/%	95	100
收缩率比(28d)/%	≤135	
凝结时间差/min	−90～+120	
抗压强度比/%		
3d	115	110
7d	115	110
28d	110	105
引气作用	取决于配比及骨料，最大增加2%	
氯离子含量(占外加剂的质量分数)/%		0.2
木质素磺酸钙/%		>55
还原物/%		≤12
水不溶物/%		≤2～5
pH值		4～6
水分/%		≤9

(4) 施工方法

WRDA减水剂应严格控制掺量，切忌过量。其掺量视不同用途可参考下列范围选用：作为普通减水剂使用时的掺量约为0.20%；作为缓凝引气减水剂使用时的掺量为0.2%～0.3%；作为超缓凝引气减水剂使用时的掺量为0.3%～0.5%；作为早强减水剂复合使用时的掺量为0.05%～0.2%。

配方11 VS羧酸聚合物混凝土减水剂

(1) 产品特点与用途

本品原料来源丰富，生产成本较柢，聚合反应易于控制，工艺流程简单，不污染环境，产品性能优异，减水率高；由于其梳状聚合物，使得羧酸聚合物减水剂流动度的保持性，混凝土坍落度损失小，后期强度高，掺量较小，可以完全替代萘系高效减水剂。VS减水剂适用于多种规格、型号的水泥，尤其适宜与优质粉煤灰、矿渣等活性掺合料相配伍，制备高强、高耐久性、自密实的高性能绿色混凝土。本品可作为绿色高性能混凝土的重要组成部分，广泛应用于工业与民用建筑、水利、道路交通混凝土工程。

(2) 配方

① VS羧酸聚合物混凝土减水剂配合比　见表2-12。

表2-12　VS羧酸聚合物混凝土减水剂配合比

原料名称	质量份			
	1# 配方	2# 配方	3# 配方	4# 配方
顺丁烯二酸酐	6.5	6.5	6.5	6.5
乙烯基单体	25	25	25	25
引发剂占乙烯基单体的比例	30%	20%	25%	28%

注：引发剂过硫酸铵或过硫酸钠的质量浓度1#配方为20%，2#配方为10%，3#配方为15%，4#配方为18%。

② 配制方法　将顺丁烯二酸酐加入到反应釜内，升温至85～95℃时用2个滴液漏斗分别滴加乙烯基单体和引发剂过硫酸铵，加料时间为1～1.5h，保温反应2～2.5h，降温冷却40℃，用30%氢氧化钠碱液调节反应物的pH值为8～9，将析出的沉淀物过滤即可。

原料配比范围（质量份）：顺丁烯二酸酐6.5，乙烯基单体25，引发剂：乙烯基单体=(20～30)：100。

乙烯基单体各组分质量配比：丙烯酸∶甲基丙烯酸∶丙烯腈∶丙烯酰胺∶丙烯酸甲酯∶丙烯酸羟乙酯＝30∶15∶15∶20∶15∶8。

引发剂为质量分数为10％～20％的过硫酸铵或过硫酸钠水溶液。

(3) 产品技术性能

① 掺量小。在与基准混凝土同坍落度和等水泥用量的前提下，掺量为水泥质量的0.5％～1.0％，减水率可达20％～25％，混凝土各龄期强度均有显著提高，3～7d可提高50％～90％，28d强度仍可提高20％左右。

② 能显著增大混凝土的流动性，混凝土坍落度损失小，2h坍落度损失率＜15％，扩展度＞500mm。

③ 具有显著改善新拌混凝土的和易性、保水性和泌水性等操作性能。

④ 对水泥适应性好，能用于多种规格、型号的硅酸盐水泥。VS减水剂尤其适应与优质粉煤灰、矿渣等活性掺和料相配伍，制备高强、高性能混凝土，在相同水灰比、同等强度条件下，可节省水泥10％～15％。

⑤ 本品不含氯盐，对钢筋无锈蚀危害。

(4) 施工方法

本品的适宜掺量为水泥质量的0.5％～1.0％，常用掺量为0.4％～0.8％，根据对混凝土性能的不同要求、气温的变化和混凝土坍落度等要求，在推荐范围内掺量可适当调整。VS减水剂可按计量与拌合水同时加入。如有条件，建议后于拌合水加入，效果更佳。

配方12 聚丙烯酸酯混凝土减水剂

(1) 产品特点与用途

本品以聚乙二醇单丙烯酸酯为酯化反应产物与丙烯酸、甲基丙烯磺酸钠进行共聚制得的混凝土减水剂具有以下特点：

① 加料程序简单，反应温度恒定，反应条件易于控制，无需氮气保护。

② 塑化功能高。高保坍，混凝土2h坍落度基本无损失，且不受气温变化的影响。

③ 和易性好，抗泌水、抗离析性能好，混凝土保水性、黏聚性和可泵性改善，混凝土泵送阻力小，便于输送。

④ 混凝土表面无泌水线、无大气泡，色差小，混凝土外观质量好，泌水率减小，混凝土耐久性及抗渗性提高。

⑤ 碱含量低，不含氯离子，对钢筋无腐蚀。

⑥ 抗冻融能力和抗碳化能力较普通混凝土显著提高，混凝土28d收缩率较萘系类高效减水剂降低20%以上。

(2) 配方

① 聚丙烯酸酯混凝土减水剂配合比 见表2-13。

表 2-13 聚丙烯酸酯混凝土减水剂配合比

原料名称		质量份	
		1#配方	2#配方
酯化反应	聚乙二醇(相对分子质量400)	40	40
	丙烯酸	8.4	8.4
	对苯二酚	0.25	0.25
	对甲苯磺酸	1.5	1.51
	环已烷	200	200
共聚反应	水	54.41×3	60.92×3
	聚乙二醇单丙烯酸酯	46.8	46.8
	丙烯酸	14	22.36
	2-丙烯酰胺-2-甲基丙烯磺酸钠	9.16	9.16
	过硫酸铵	1.19	1.19
	巯基乙醇	1.62	1.62
	氢氧化钠	适量	适量

注：聚乙二醇单丙烯酸酯为酯化反应产物。

② 配制方法

a. 酯化　将聚合度为5～40的聚乙二醇和丙烯酸、阻聚剂对苯二酚、催化剂对甲苯磺酸或浓硫酸、除水剂环已烷加入反应釜内并搅拌，待对苯二酚和对甲苯磺酸完全溶解后，保持温度80～90℃进行酯化反应8h±0.5h，再经过滤，抽真空除去环已烷，制得聚乙二醇单丙烯酸酯，酯化反应产物。

b. 共聚　以水为溶剂，过硫酸铵为促进引发剂、巯基乙醇为链转移剂，使以上反应产物聚乙二醇单丙烯酸酯与丙烯酸和2-丙烯酰胺-2-甲基丙烯磺酸钠在85℃±5℃下进行共聚反应，聚乙二醇单丙烯酸与丙烯酸和2-丙烯酰胺-2-甲基丙烯磺酸钠混合液以及过硫酸铵和巯基乙醇混合液分别在2h±0.5h内徐徐加完，继续保温反应6h，然后冷却至室温，用氢氧化钠碱液（30%浓度）或氧化钙中和至pH值为7，即可制得其重均分子量为20000～60000聚丙烯酸混凝土减水剂。

③ 原料配比范围

a. 酯化反应中各组分质量份配比范围：聚乙二醇与丙烯酸的摩尔比为1∶(1～1.5)，最佳为1∶1.2；对甲苯磺酸用量为丙烯酸用量的1%～5%，最佳为3%；对苯二酚用量为总量的0.2%～1%，最佳为0.5%；环己烷用量为所有原料总质量的50%～80%，最佳为80%。

b. 聚合反应中各组分的摩尔比如下：聚乙二醇单体15～45，最佳为25；丙烯酸50～75，最佳为65；2-丙烯酰胺-2-甲基丙烯磺酸钠或甲基丙烯磺酸钠或丙烯磺酸钠5～25，最佳为10；过硫酸铵用量为丙烯酸用量的1%～3%，最佳为2%；巯基乙醇用量为丙烯酸用量的3%～15%，最佳为8%。

(3) 产品技术性能

① 外观：棕色液状物（浓度40%）。

② 对水泥适应性强，能适用于多种规格、型号的硅酸盐水泥，尤其适宜与优质粉煤灰、矿渣等活性掺合料相配伍，制备高强、高耐久性、自密实等高性能混凝土。

③ 30%浓度的聚丙烯酸减水剂掺量为水泥质量的0.6%时，混凝土拌合物坍落度可达180cm，当掺量为1.2%时，减水率可达30%，混凝土3d抗压强度提高50%～120%，28d抗压强度提高40%～80%，90d抗压强度提高30%～50%。

④ 节约水泥15%～25%。

(4) 施工及使用方法

① 本品掺量范围为水泥质量的0.6%～1.4%，可根据与水泥的适应性、气温的变化和混凝土坍落度等要求，在推荐范围内调整确定最佳掺量。

② 按计量，直接掺入混凝土搅拌机中使用。

③ 在使用本产品时，应按混凝土试配事先检验与水泥的适应性。

配方 13 磺化重质洗油混凝土减水剂

(1) 产品特点与用途

磺化重质洗油混凝土减水剂原料易得，成本低廉，生产工艺设计合理，产品性能优异，减水率可达 20%～30%，使得制成的混凝土的抗折强度和抗压强度大幅度提高，有利于解决重质洗油污染问题，符合环保要求。

(2) 配方

① 磺化重质洗油混凝土减水剂配合比　见表 2-14。

表 2-14　磺化重质洗油混凝土减水剂配合比

原料名称	质量份	
	1#配方	2#配方
重质洗油	100	100
浓硫酸(92%～96%)	46	16
水	20	10
甲醛溶液(30%～37%)	33.3	33.3
氢氧化钠溶液(40%浓度)	适量	适量

② 配制方法

a. 磺化反应　将重质洗油放入反应釜中加热，再将浓硫酸加入到 80～90℃的重质洗油中，然后升温至 115～125℃进行磺化，保温 2～3h。

b. 水解反应　磺化后冷却至 105～115℃，加水水解 20～40min，补加水调节水解总酸度为 26%～29%。

c. 缩合反应　补加硫酸调整缩合酸度为 28%～32%，或者补加缩合酸，当温度降至 95～85℃时，加入浓度为 35%～37%的甲醛溶液，缩合温度控制在 90～100℃，反应 2～3h。

d. 中和反应　加入浓度为 40%～30%的氢氧化钠溶液，调节 pH 值至 7～9，最后冷却至 40℃，经过滤即得棕褐色磺化重质洗油混凝土减水剂。

③ 原料配比范围　将重质洗油中芴、氧芴、甲基氧芴、蒽菲和芘等含量大于 2%的组分的质量转化为各自的摩尔数，并对其求和累加得出重质洗油的统计摩尔数。

磺化反应中重质洗油统计摩尔数与浓硫酸摩尔数的比为 1∶(1.3～1.4)。

水解反应中按重质洗油统计摩尔数与水摩尔数的比为1∶(1～2)补加水。

缩合反应中按重质洗油统计摩尔数与浓硫酸摩尔数的比为1∶(0.133～0.1) 补加缩合酸；重质洗油统计摩尔数与甲醛摩尔数的比为1∶(0.7～0.9)。

(3) 产品技术性能

① 改善混凝土的性能。本产品为非引气型减水剂，当掺量为水泥质量的1.2%时减水率为20%～30%，早期强度提高50%左右，28d强度提高25%以上。抗拉、抗折强度和抗压强度及弹性模量均有大幅度提高。

② 能显著地提高混凝土的流动性、黏聚性和保水性。

③ 泌水率低，含气量少，对混凝土干缩变形和钢筋锈蚀无不良影响。

④ 在同强度条件下可节约水泥用量10%～15%，改善混凝土的和易性。

(4) 施工方法

本品适用于现浇钢筋混凝土、预制混凝土、蒸养混凝土和高强混凝土工程，适宜掺量为水泥质量的0.5%～1.2%，配制低标号混凝土或采用矿渣水泥时，宜选用0.4%～1.0%的掺量。磺化重质洗油减水剂溶液可与拌合水一起加入。搅拌过程中，减水剂溶液略滞后于拌合水1～2min加入。

配方14 磺化三聚氰胺混凝土减水剂

(1) 产品特点与用途

本品配方设计组成合理，用磺酸代替大部分三聚氰胺，大幅度降低了产品成本，工艺设计科学，产品质量易于控制；减水性能优于萘磺酸盐甲醛缩合物高效减水剂，减水率可达15%～25%。使用后混凝土强度增长快，早强效果显著，后期强度有较大幅度提高，混凝土的耐久性能显著提高。本品的表面张力几乎和纯水接近，因此所配制的混凝土含气量特别低，甚至不到0.5%，特别适用于高强、超高强混凝土；本品不含硫酸盐和氯盐，不会对钢筋产生腐蚀作用。

(2) 配方

① 磺化三聚氰胺混凝土减水剂配合比　见表2-15。

表 2-15　磺化三聚氰胺混凝土减水剂配合比

原料名称	质量份	
	1#配方	2#配方
水	95	90
磺酸	405	400
氢氧化钠溶液(30%)	503	500
三聚氰胺	150	168
甲醛	780	790
液碱	调节 pH 值=9.5	调节 pH 值=9.5

② 配制方法　在带搅拌器的反应釜中先加入配方量水、磺酸，在搅拌下加入30%氢氧化钠水溶液并缓慢加热升温至80℃进行反应，当温度升至70～80℃时开始降温冷却，待温度降至60～65℃时，加入三聚氰胺进行保温磺化反应。当温度升至80℃时开始冷却。温度降至65～70℃时快速加完全部甲醛，并升温至80℃，保温1.5～2.5h进行缩合反应。升温至83～87℃，保温60～100min，并快速降温冷却至70℃，加入液碱，用30%氢氧化钠溶液中和，调节反应物pH值至9.5，降温，将析出的沉淀物经过滤，即制成以三聚氰胺甲醛树脂磺酸钠为主要成分的无色透明液体混凝土减水剂。

(3) 施工方法

本品适用于水泥、混凝土以及砂浆，特别适用于高强、超高强混凝土及大流动度泵送混凝土，掺量为水泥质量的0.4%～1.0%，常用掺量以0.4%～0.8%为佳，减水剂溶液可与拌合水一起掺加，搅拌均匀。本品可采用同掺法、后掺法或滞水法，采用后掺法的拌合时间不得少于30min。

配方15　NF改性萘系普通混凝土减水剂

(1) 产品特点与用途

NF改性萘系普通混凝土减水剂主要成分为β-萘磺酸甲醛缩合物钠盐，是一种非引气型表面活性剂，对水泥具有较强的分散性，掺用本品可以改善混凝土的和易性，具有改善新拌混凝土各种物理力学性能指标，在保证混凝土坍落度及水泥用量不变的条件下可减少用水量

10%～15%，提高混凝土强度约 25%～30%，节约水泥 10%～15%。NF 改性萘系普通混凝土减水剂适宜于配制普通钢筋混凝土及预应力混凝土，适宜外加剂生产厂配制各类复合型混凝土外加剂。

(2) 配方

① 配合比　见表 2-16。

表 2-16　NF 改性萘系普通混凝土减水剂配合比

原料名称	质量份	原料名称	质量份
萘	115	异氰酸三(2-羟乙基)酯	46
浓硫酸	115	水	100
甲醛(37%)	73		

② 配制方法　将萘放入反应釜中，升温到 120～130℃后，缓缓加入浓硫酸并同时搅拌；加完后，在 1h 内升温至 160℃，保持温度在155～160℃之间，进行磺化反应 4h。磺化反应完成后，温度降至 100℃时，开始添加异氰酸三酯，然后保持温度在 80～90℃，添加甲醛反应 2h，随后通入氯气，使温度升为 115～120℃，压力为 30～50kPa，反应 7h，同时搅拌。当反应液黏稠时，适当加水稀释。直至大约有 95%异氰酸三（2-羟乙基）酯参与反应时，加水（约 100g）降低反应釜压力至常压，去除游离硫酸盐后，加水得到固体含量为 42%的深褐色液体产品，再经浓缩干燥除去水分制得固体粉状产品。

(3) 产品技术性能

① 减水率：10%～15%。

② 3～7d、28d 强度分别提高 30%～50%、15%～25%。

③ 可节约水泥 10%～15%。

④ 改善混凝土和易性。

⑤ 对钢筋无锈蚀。

(4) 施工方法

NF 改性萘系减水剂掺量为水泥质量的 0.5%～1.5%，施工可采用同掺法、后掺法或滞水法。粉状产品在贮存、运输中应注意防潮。受潮结块后，产品性能不变，但必须配成水溶液使用。

配方16 亚甲基二磺酸钠混凝土减水剂

(1) 产品特点与用途

本品对不同品种的水泥有较好的适应性，减水率高，控制水泥浆及混凝土流动性损失的塑化功能好，能达到 2h 基本无坍落度损失，能显著改善黏聚性、泌水性，适用于现浇混凝土、商品混凝土、泵送混凝土、大体积混凝土、滑模施工混凝土和防水抗渗混凝土。

(2) 配方

① 配合比　见表 2-17。

表 2-17　亚甲基二磺酸钠混凝土减水剂配合比

原料名称	质量份	原料名称	质量份
亚甲基二磺酸钠	1	无水硫酸钠	0.5
三乙醇胺	0.03		

② 配制方法　按配方计量将上述各组分混合均匀。

(3) 产品技术性能

① 减水率：10%～15%。

② 3～7d、28d 强度分别提高 20%～30%、15%～20%。

③ 改善和易性。

④ 可节约水泥 10%～15%。

(4) 施工方法

本产品呈粉末状，可直接使用，也可预先制配成水溶液使用。掺量为水泥质量的 1.0%～1.5%，本品施工可采用同掺法、后掺法或滞水法。

第3章 高效减水剂

高效减水剂又称超塑化剂或分散剂。高效减水剂是一种在不改变混凝土工作度、混凝土坍落度基本相同的条件下能减少拌合用水量，显著提高混凝土强度的外加剂。高效减水剂适用于配制高强或超高强混凝土、自密实（或称免振捣）混凝土、密实性耐久性优良的混凝土、超高程泵送或超长距离泵送混凝土、大掺量或特大掺量矿物外加剂混凝土。高效减水剂还适用于蒸养工艺的预制混凝土构件，并在配制各种复合型外加剂时作减水增强组分母料。

3.1 高效减水剂的品种与性能

(1) 高效减水剂的品种

高效减水剂多系化工合成产品，属阴离子表面活性剂。根据生产原料不同，品种分为：萘系减水剂、蒽系减水剂、甲基萘系减水剂、古马隆系减水剂、三聚氰胺系减水剂、氨基磺酸盐系减水剂、磺化煤焦油减水剂、脂肪酸系减水剂、丙烯酸接枝共聚物减水剂。

① 煤焦油系减水剂　煤焦油系减水剂因其生产原料来自煤焦油中的不同馏分，主要包括：萘系、甲基萘系、蒽系、古马隆系、煤焦油混合物系。

萘系，化学名称为聚次甲基萘磺酸钠，其结构式为：

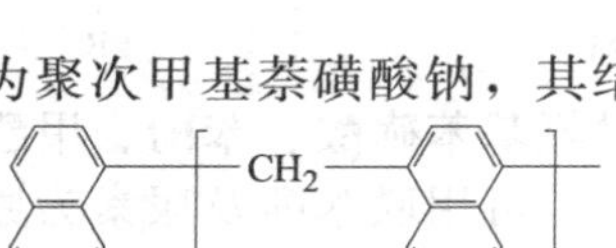

CH_2 $n-1$ SO_3Na SO_3Na

甲基萘系，化学名称为聚次甲基甲基萘磺酸钠，结构式为：

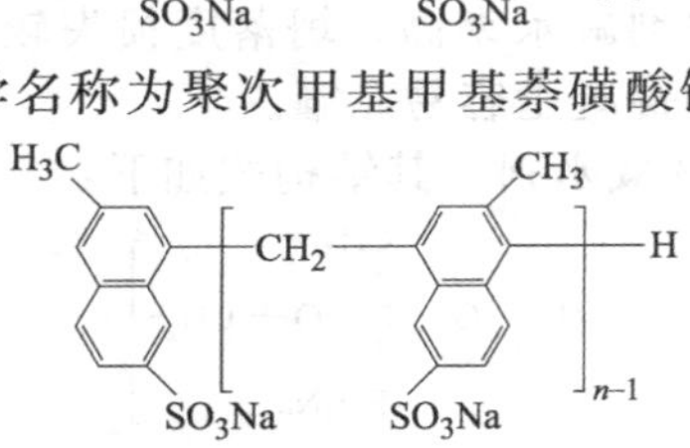

H_3C CH_3 CH_2 H $n-1$ SO_3Na SO_3Na

蒽系，化学名称为聚次甲基蒽磺酸钠，结构式为：

$$\left[\ \cdots -CH_2- \cdots\ \right]_{n-1} \quad SO_3Na \qquad SO_3Na$$

古马隆系，化学名称为聚氧茚树脂磺酸钠，结构式为：

$$\left[\ \cdots\ O\ \cdots\ \right]_{n} \quad SO_3Na \qquad SO_3Na$$

煤焦油系减水剂均属大分子阴离子表面活性剂类物质。

② 三聚氰胺系高效减水剂　化学名称为磺化三聚氰胺甲醛树脂，结构式为：

$$HO-CH_2-NH-C(N_3C_2)(NHCH_2SO_3Na)-NHCH_2O\left[CH_2NH-C(N_3C_2)(NHCH_2SO_3Na)-NHCH_2O\right]_{n-1}H$$

三聚氰胺是一种高分子聚合物表面活性剂，属阴离子型表面活性剂。三聚氰胺减水剂与萘系同样是非引气型，无缓凝作用。

③ 氨基磺酸盐系高效减水剂　其结构式如下：

$$H\left[\left[(NH_2)(SO_3M)C_6H_2-CH_2\right]_x-C_6H_3(OH)\left[-CH_2-C_6H_2(OH)(R)-CH_2\right]_y\right]_n OH$$

氨基磺酸盐是以对氨基苯磺酸、苯酚、甲醛为主要原料，在一定温度条件下缩合而成，也可用联苯酚及尿素为原料加成缩合，工艺较萘系减水剂简单，产品为35%左右棕红色液体。

氨基磺酸盐减水剂减水率高，坍落度损失较小，对水泥较敏感，掺量过大容易泌水使混凝土容易黏罐。

④ 脂肪酸系高效减水剂　其结构式如下：

$$H\left[O-C(CH_3)(SO_3Na)-O-CH_2\right]_n$$

脂肪族羟基磺酸盐缩合物是以羰基化合物为主要原料。在碱性条件下通过缩合得到的一种脂肪族高分子聚合物。并且通过亚硫酸盐对羰基的加成从而引入亲水的磺酸基团，形成一端亲水一端憎水的具有表面活性剂分子特征的高分子减水剂。

脂肪族减水剂掺量较小，一般掺 0.5%即可减水 22%，属早强型非引气减水剂，因此有一定的坍落度损失。

⑤ 聚羧酸盐接枝共聚型减水剂　聚羧酸盐接枝共聚型高效减水剂多是三元共聚物，是一类全新的高性能减水剂。它的特点如下：a. 减水率高，一般可以达到 30%以上；b. 坍落度损失很小，2～3h 内坍落度基本无损失；c. 后期强度较高；d. 掺量较小，一般在 0.3%以下。

它的结构特点是在较长的高分子主链上具有一些活性基团，如磺酸基团（$—SO_3H$）、羧酸基团（—COOH）、羟基基团（—OH）、聚氧烷基烯类基团［$\left(CH_2CH_2O\right)_m R$］等。接枝共聚原料：丙烯酸、马来酸酐、甲基丙烯酸、丙烯酸羟乙酯等。反应基本上分两步进行：首先合成有一定侧链长度的聚合物单体，并用这些单体与含羧酸类及磺酸类单体再发生共聚反应；第二步在引发剂作用下再将两种或两种以上的共聚物聚合成二元或多元共聚物，最终形成一个大分子的聚合物减水剂。

主键的长度、活性基团的品种和数量决定了产品的性能。掺此类高效减水剂，在水泥浆体中，水泥表面的电位值虽然比萘系或三聚氰胺小，但它的坍落度经过 60～90min，基本不损失。其原因是羧酸根离子会与浆液体系中的 Ca^{2+} 结合，减慢了初始水化速度，水化产物也少，不致很快降低液相减水剂浓度；另外，由于在水泥分子表面的吸附方式不同，萘系是水平式吸附，而多羧酸盐分子是立体的呈锯齿吸附，因此具有更显著的立体保护作用。

(2) 高效减水剂的主要性能

① 减水作用　混凝土中掺入高效减水剂后，可在保持流动性的条件下显著地降低水灰比。高效减水剂的减水率可达 10%～25%，而普通减水剂的减水率为 5%～15%。产生减水作用的原因主要是由于混凝土对减水剂的吸附和分散作用。

由于表面活性剂分子的定向吸附，使水泥质点表面上带有相同符号的电荷，于是在电性斥力的作用下，不但使水泥-水体系处于相对稳定的悬浮状态，并使水泥在加水初期所形成的絮凝状结构分散解体，使絮凝状凝聚体内的游离水释放出来，从而达到减水的目的。

② 塑化作用　混凝土中掺入减水剂后，可在保持水灰比不变的情况下增加流动性。一般的减水剂在保持水泥用量不变情况下，使新拌混凝土坍落度增大 10cm 以上，高效减水剂可配制出坍落度达到 25cm 的混凝土。

③ 湿润作用　水泥加水拌合后，颗粒表面被水所湿润，其湿润状况对新拌混凝土的性能影响很大。

④ 润滑作用　减水剂中的极性亲水基团定向吸附于水泥颗粒表面，很容易和水分子结合。当水泥颗粒吸附足够的减水剂后，使水泥颗粒表面形成一层稳定的溶剂化水膜，这层膜起到了立体保护作用，阻止了水泥颗粒间的直接接触，并在颗粒间起润滑作用。

减水剂加入的同时引入一定量的微气泡，这些气泡被减水剂定向吸附的分子膜所包围，并与水泥质点吸附膜带有相同符号的电荷，因而气泡与水泥颗粒间也因电性斥力而使水泥颗粒分散，从而增加了水泥颗粒间的滑动能力（见图 3-1）。

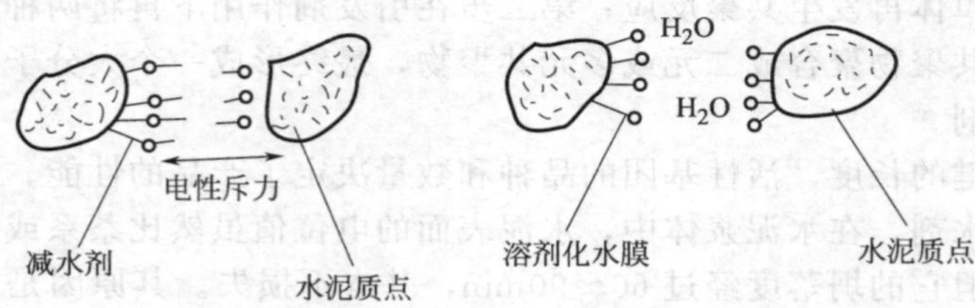

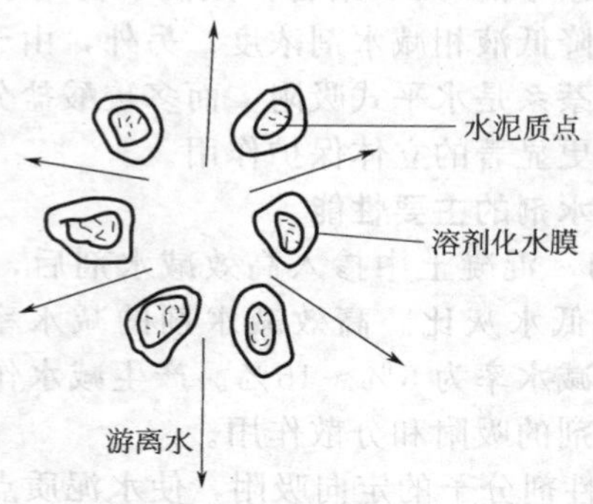

图 3-1　减水剂作用简图

由于减水剂的吸附分散作用、湿润作用和润滑作用，只要使用少量的水就能容易地将混凝土拌合均匀，从而改善了新拌混凝土的和易性。

3.2 高效减水剂的工程应用

高效减水剂对水泥具有强烈分散作用，能大大提高水泥拌合物流动性和混凝土坍落度，同时大幅度降低用水量，显著改善提高混凝土工作性。高效减水剂不缓凝、不引气，早期强度好。在保持混凝土强度恒定值时能节约水泥10%～20%，每1t产品节省水泥30t以上。

高效减水剂能够产生较大的技术经济效益，随着建筑工程质量的提高、混凝土施工新工艺的发展，因此目前世界各国都普遍使用。高效减水剂主要用于以下各种混凝土。

(1) 高流态自密实混凝土

高流态自密实混凝土又称自流平混凝土或超塑性混凝土。高流态自密实混凝土是指一般（8±1）cm的混凝土经加入高效减水剂后坍落度达到20cm以上，黏聚性和保水性良好，又具有塑性混凝土物理力学性能的新型混凝土。这种混凝土基本可以做到自流平、自密实，混凝土不泌水、不离析，混凝土的水密性和气密性高、干缩小、强度高、耐久性好。是一种节能、施工性好、技术经济效益俱佳的混凝土。高流态自密实混凝土应用于：

① 设备基础灌浆混凝土，这种混凝土不便振捣，又要求整齐密实；

② 钢筋密实，不易振捣的部位；

③ 用导管法浇筑混凝土，如水下混凝土、高层及超高层的泵送混凝土。

(2) 泵送混凝土

泵送混凝土是通过混凝土泵和管道，靠泵压力将混凝土直接输送到灌筑地点，一次完成水平和垂直运输的混凝土。泵送混凝土多是商品混凝土。目前随着商品混凝土的普及，各种性能要求不同的混凝土均可以泵送，如高性能混凝土、防水混凝土、防冻混凝土、膨胀混凝土、大体积混凝土、泵送水下混凝土等。除了特殊的性能要求外，泵送混凝土应具有以下特点。

① 好的和易性、较大的坍落度，为了便于泵送，混凝土坍落度不应小于8cm，不宜大于20cm，水平泵送也应大于12cm。

② 混凝土拌合物匀质性好，骨料与水泥浆必须不能离析及泌水。

③ 后期强度及其它物理力学性能必须保证。

为了满足以上要求，单靠增加单位用水量是不行的，因为用水量增加后，骨料与水泥浆容易离析、堵塞泵送管，强度也会下降。增加水泥用量会增加收缩，同时也不经济。因此，除了在石子粒径及砂率上进行调整外，必须使用减水率高的高效减水剂。用于泵送混凝土的减水剂和高效减水剂有木质素磺酸钙、木质素磺酸钠减水剂、萘基和三聚氰胺基高效减水剂、氨基磺酸盐高效减水剂、引气缓凝高效减水剂、聚羧酸基高效减水剂等。

(3) 蒸养混凝土

为使混凝土构件达到早强快硬的目的，常用蒸气养护来提高其强度。如果在蒸养混凝土中使用外加剂，可以达到取消或缩短蒸养时间，节约能耗，节省水泥，缩短生产周期，提高产品质量等效果。如因养护设施紧张、产量又要增加时可以利用高效减水剂来提高早期强度。如无产量要求则加入高效减水剂可以降低养护温度或缩短通气时间来节省能耗，有时在夏秋季节可以用加高效减水剂来代替蒸养。

之所以用高效减水剂是因为用于蒸养混凝土的外加剂应是早强和非引气型的减水剂。如果使用了非早强或引气型减水剂（如木钙），在蒸养时因温度升高而引起拌合物中的水分和气体产生膨胀，在混凝土初期强度增长还不足以抵抗膨胀应力时就会出现质量问题，因此不宜使用普通减水剂。而高效减水剂既早强又高减水，且不引气，很适合蒸养混凝土。

(4) 高强混凝土

一般将抗压强度大于50MPa的混凝土称为高强混凝土，100MPa以上的称为超高强混凝土。

应用高强混凝土可缩小构件断面，降低材料用量，有效地利用高强钢筋应力，加快施工速度及满足特种工程要求，具有显著的技术经济效益。如将混凝土强度等级从C30提高到C60，结构体积及相应的自重可减少三分之一；从C40提高到C80，构件的承载能力可提高一倍，自身质量减少25%。

适宜配制高强混凝土的外加剂有非引气型高效减水剂、煤焦油系减水剂（NF、FDN、UNF-5、AF）、三聚氰胺甲醛树脂磺酸盐（SM、德国的Melment、日本的NL-4000）、缓凝高效减水剂（AT、FDN440）、萘系高效减水剂等。

3.3 高效减水剂应用技术要点

3.3.1 外加剂的适宜掺量

氨基高效减水剂的最佳掺量为0.50%～0.75%（粉剂），复配时掺量可按工艺配方调整。萘系高效减水剂的最佳掺量为0.60%～0.90%，由于水泥标准的变化，最佳适宜掺量是0.3%～1.2%。以萘磺酸甲醛缩合物为原料的MF减水剂掺量不宜超过0.75%。多环芳羟磺酸盐缩合物、磺化煤焦油系蒽基减水剂最佳掺量为0.6%～0.8%（粉剂），超过此量混凝土气泡明显增多。

磺化三聚氰胺水溶性树脂、氨基磺酸盐系三聚氰胺基减水剂都以水剂供应，最佳掺量为2.0%，适宜掺量范围在1.8%～2.5%。马来酸共聚物系氧茚树脂基减水剂，最佳掺量为0.5%～0.9%。酮基减水剂最佳掺量为0.5%～0.7%，复配时可以低于此量。聚丙烯酸盐接枝共聚物聚羧酸基高效减水剂最佳掺量为0.2%～0.35%（粉剂），适宜掺量为0.02%～0.4%。

3.3.2 各类高效减水剂适用混凝土种类

氨基减水剂干粉用于外加剂的复配。水剂多用于高强混凝土、超高强混凝土、免振捣自密实混凝土、冬季施工混凝土，以复配为多。

萘基减水剂与其它各类减水剂、化学外加剂有很好的相容性，可用于所有复配型外加剂作为减水组分。

蒽基、氧茚树脂基减水剂多用在低温早强减水剂和复配防冻剂（粉剂）时使用。

三聚氰胺基高效减水剂多用于复配液体高效减水剂、泵送剂、防冻剂中的减水组分，用作清水混凝土的减水剂。在水泥彩砖光亮剂及耐火混凝土、硫铝酸盐和铁铝酸盐混凝土、矾土水泥混凝土中作为减水剂。

酮基减水剂用于生产高强混凝土和高强预制构件（如管桩等）。

也可用于配制冬季施工的液体防冻剂作为减水剂，有很好的早强作用。

聚羧酸基减水剂用于各种钢筋混凝土和要求耐久性特好的硅酸盐水泥混凝土，如城市高架桥、表面不加修饰的清水混凝土等。

3.3.3 各类高效减水剂施工使用中需注意的几个问题

（1）氨基减水剂对掺量敏感，掺量＜0.5％（粉剂）时坍落度损失大，使用最高掺量又易泌水、离析，不能单独使用。氨基减水剂缓凝较大，对引气剂相容性差，与引气剂复配后含气量损失较快。

（2）萘基、三聚氰胺基减水剂的水泥流动度、混凝土坍落度损失较大，对以煤矸石、凝灰岩、硫铁矿渣、沸石等作掺合料的水泥应加大掺量。萘基、三聚氰胺基减水剂超掺后混凝土泌水明显。萘基减水剂遇到钙离子会产生沉淀，对复配物有选择性，不宜作水剂使用。

（3）蒽基减水剂硫酸钠含量最高，低温时易析出结晶产生沉淀。蒽基减水剂引气性不高，但气泡直径较大，稳定性差，在表面质量要求高的混凝土中使用时需复配少量消泡剂。

（4）酮基减水剂混凝土坍落度损失较大，需用调凝剂复配。酮基减水剂施工使用时会使混凝土在硬化早期产生黄褐斑纹，混凝土泌水会加重颜色污染，不适宜用于配制表面不做最终装修的结构混凝土。掺量减小可以避免上述缺点。

（5）聚羧酸基减水剂系化学合成外加剂，使用时应根据施工需要复配消泡剂。

3.3.4 高效减水剂的掺入方法

高效减水剂最常使用的方法是与拌合水一起加入（稍后于最初一部分拌合用水加入）。高效减水剂的掺入方法需经试验确定，即比较减水剂掺加方法在水泥净浆、砂浆或混凝土拌合物中的塑化效果。

3.4 高效减水剂产品配方

配方17 FE高效减水剂

（1）产品特点与用途

FE高效减水剂的化学成分为萘磺酸甲醛缩合物。结构式为：

FE 高效减水剂由萘经浓硫酸磺化后用甲醛缩合、液碱中和而成，主要成分是 β-萘磺酸甲醛缩合物，硫酸钠的含量≤30%，属非引气型减水剂，其特点是减水率高，不引气，适合配制各种早强、高强、蒸养、流态混凝土。FE 高效减水剂适用于所有钢筋混凝土和预应力混凝土结构，可单独使用，也可与其它外加剂复合使用。

(2) 配方

① 配合比　见表 3-1。

表 3-1　FE 高效减水剂配合比

原料名称	作　用	质量份
萘 94%～99%	主剂	30
硫酸 92%～96%	磺化剂	39
甲醛 30%～37%	缩合剂	30
氢氧化钠(30%溶液)	中和剂	45.3
石灰	中和剂	适量
水		33

② 生产工艺及配制方法　FE 高效减水剂由萘与浓硫酸在160～165℃下，经磺化后得到 α-萘磺酸和 β-萘磺酸，然后在 120℃ 水解，除去 α-萘磺酸。β-萘磺酸在酸催化下与甲醛缩合，最后用碱中和得 FE 高效减水剂。

生产工艺流程如下：

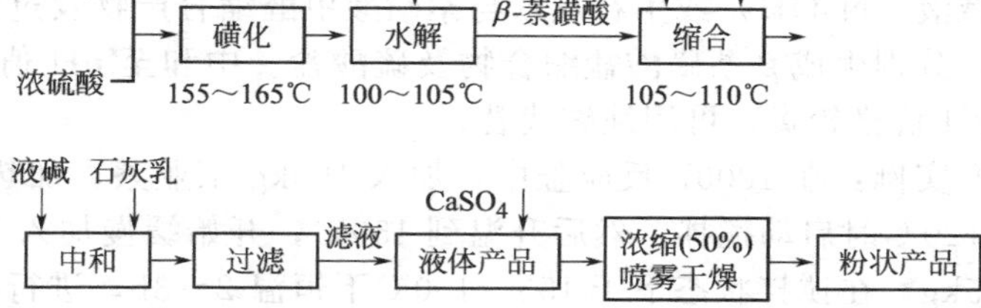

a. 磺化反应　工业萘或萘渣经过浓硫酸磺化后，在萘环上的氢原子被磺酸基所取代，形成磺酸衍生物，如 α-萘磺酸，β-萘磺酸、二

磺酸及多酸等。萘的磺化是可逆反应，且磺酸基进入萘的位置与反应条件有关。在较低温度（如 35～60℃）磺化时，易生成 α-萘磺酸；而在较高温度（如 160～165℃）磺化时，则主要生成较为稳定的 β-萘磺酸。

萘完全熔化后，开始加入硫酸时的温度对磺化效果的影响也较大，加酸温度高些较好，一般控制在 155～160℃的范围。磺化时间 2.5h，磺化温度控制在 160～163℃。

b. 水解反应　磺化反应会生成二磺酸，水解的目的就是要将二磺酸中的 α-萘磺酸经水解除去。水解反应是一个可逆平衡反应，水解用水量越多，越有利于反应向正向进行，但水解反应后的缩合反应需要一定的酸度。若水解加水量过多，势必会降低酸度，不利于缩合反应的进行。水解反应的温度不宜太高，水解反应的加水量为每摩尔萘水解用 20g，反应温度 100～105℃，为了缩短生产周期及节约能源，水解时间为 0.5h。

c. 缩合反应　由于萘磺酸与甲醛的缩合反应是亲电反应，而磺酸基是一种吸电子基团，它会降低萘环的反应活性，不利于缩合反应的进行。

缩合反应是由 β-萘磺酸与甲醛在酸性介质中，通过烷基将萘磺酸连接成为含有 2 个或多个萘环混合物的过程。为了得到长链型减水剂，甲醛与 β-萘磺酸的物质的量之比应尽可能接近 1∶1。缩合反应需要在一定酸度下进行，故在缩合初期补加浓硫酸，最好是发烟硫酸，加酸量为每摩尔萘添加 0.25mol，温度对缩合过程影响不大，缩合温度应控制在 105～110℃为宜。缩合时间为 3h。

d. 中和反应　在磺化和缩合过程中均有过量的未反应的硫酸，这些残余硫酸在合成的最后阶段需要采用碱液将它们中和成盐类。中和是用碱液（NaOH）或生石灰水与萘磺酸甲醛缩合产物及过量的硫酸反应，分别生成 β-萘磺酸盐缩合物及硫酸盐。中和至 pH 值为 7～9。NaOH 价格较贵，可用纯碱代替。

生产实例：在 1000L 反应釜中，加入 150kg 工业萘，加热熔化，升温到 120℃时启动搅拌。然后升温到 150℃，开始缓慢加入 98%浓硫酸 195kg，在搅拌状态下于 155～160℃下恒温 2～3h，进行磺化反应，反应结束后，降温至 120℃，加水 115kg，于 100～105℃水解 50min，然后补加硫酸，使总酸度在 30%左右，反应物降温至 90℃左右时，在2h内滴加完37%甲醛95kg后，在105～110℃下进行缩合反应2h，缩合反应完毕时加入100kg冷水搅拌均匀，再加300g/L的NaOH溶液236L，搅拌均匀，用石灰水调pH值至7～9。进行真空抽滤，将滤液浓缩到50%，喷雾干燥即制得棕色粉末状产品。

(3) 产品技术性能

本产品为非引气型高效减水剂，其适宜掺量为水泥质量的0.5%～1.0%。

① 外观　淡黄色粉末状物或米棕色粉末状物。

② 减水率　15%～20%。3d混凝土抗压强度提高50%以上，28d强度提高20%～40%。

③ 泌水率比　≤100%。

④ 含气量　≤3%。

⑤ 可使低塑性混凝土及塑性混凝土的坍落度提高10～15cm左右，保水性、黏聚性和可泵性改善。抗渗性、抗冻融性、抗盐类结晶腐蚀等性能显著提高，抗渗标号可达S15。

⑥ 混凝土凝结时间（min）　初凝－60～＋90，终凝－60～＋90。

⑦ 混凝土抗压强度比　1d≥140%，3d≥130%，7d≥125%，28d≥120%，90d≥100%。

⑧ 收缩率比　≤135%。

⑨ 可节约水泥15%～20%左右。

⑩ FE不含氯盐，对混凝土收缩无不良影响，对钢筋无锈蚀性。

(4) 施工方法

① FE高效减水剂为固体粉末状物质，使用前，应先用热水化成一定浓度的溶液，浓度一般为25%～35%，与拌合水一起加入混凝土拌合物中，也可直接将干粉掺入水泥中先干拌，再加水与砂湿拌，搅拌时间≥3min，注意不得掺入已结块的减水剂，搅拌应保证均匀。

② FE高效减水剂掺量幅度较大，主要是由于它的性能优良，缓凝性小，所以一般配制C40以上标号混凝土时，掺量以水泥质量0.5%～0.7%计，配制C80以上标号混凝土时，掺量为0.7%～1.0%。如为改善混凝土和易性，掺量为0.3%～0.5%即可。使用单位在施工前可通过试验确定。

③ 为使混凝土早强、高强、高抗渗、高耐久，使用FE减水剂时

应按减水剂扣除一定的用水量方能达到预期效果。

④ 由于 FE 减水剂与其它高效减水剂一样，坍落度损失较不掺者快。因此，掺 FE 减水剂的混凝土要注意缩短运输和放置时间。

⑤ FE 高效减水剂热稳定性良好，长期保存不会失效。如有结块，可化成溶液使用，性能不变。

配方 18 NL-2 型高效减水剂

(1) 产品特点与用途

本品属三聚氰胺树脂磺化物类非引气型高效减水剂。属阴离子型表面活性剂。NL-2 减水剂外观为无色透明稠状液体，对混凝土具有超塑化、高效减水、增强等功能和提高工作性等作用；无缓凝作用，减水率≥12%，具有改善新拌混凝土各种性能指标，在保证混凝土坍落度及水泥用量不变的条件下，一般可减少用水量 8%～12%，提高混凝土强度约 10%～15%，可改善混凝土和易性，节约水泥，降低工程造价，适用于高强混凝土、早强混凝土、路面混凝土、耐火混凝土、流态混凝土、蒸养混凝土及混凝土预制构件厂生产等。适宜外加剂厂配制各类复合型混凝土外加剂。

(2) 配方

① 配合比　见表 3-2。

表 3-2　NL-2 型高效减水剂配合比

原料名称	作用	质量份	原料名称	作用	质量份
三聚氰胺	主剂	112	37%甲醛	缩合剂	590
水杨酸	助剂	138	氢氧化钾(固体)	中和剂	142
氨基磺酸	磺化剂	256	水	分散剂	300

② 配制方法　在带搅拌器的反应釜中加入氨基磺酸 180kg、水杨酸 138kg、水 300kg 和氢氧化钾 100kg，开动搅拌机搅拌，然后加入三聚氰胺 112kg 和甲醛 590kg，生成透明的溶液，在 80℃下加热反应 2h，用余下的氨基磺酸 76kg 调反应液的 pH 值为 5.5，在 85℃下再加热反应 2h。冷却到 20℃，将余下的氢氧化钾 42kg 调 pH 值为 9，即得无色透明减水剂。

(3) 产品技术性能

产品物化指标见表 3-3。

表 3-3 NL-2 型高效减水剂物化指标

项　　目	指　　标	项　　目	指　　标
外观	无色透明稠状液体	1d	≥130
固含量/%	≥55	3d	≥120
减水率/%	≥12	7d	≥115
泌水率比/%	≥100	28d	≥110
含气量/%	<4.5	收缩率比	≤135
凝结时间差/min	−90～+12	对钢筋锈蚀作用	对钢筋无锈蚀危害
抗压强度比/%			

(4) 施工方法

① 本产品适宜掺量范围为水泥用量的 0.5%～1%，可根据与水泥的适应性、气温的变化和混凝土坍落度等要求，在推荐范围内调整确定最佳掺量。

② 本产品可采用同掺法或后掺法或滞水法。按计量，直接掺入混凝土搅拌机中使用。

③ 在计算混凝土用水量时，应扣除液剂中的水量。

④ 当低温、负温使用时，混凝土入模温度不得低于+5℃。

⑤ 在使用本产品时，应按混凝土配合比事先检验与水泥的适应性。

⑥ 在与其它外加剂复配时，宜先检验其兼容性。

⑦ 配制蒸气养护混凝土时，应通过试验确定最合理的养护制度。

配方 19 ASR 高效减水剂

(1) 产品特点与用途

ASR 高效减水剂属氨基苯磺酸酚醛树脂，基本结构为：

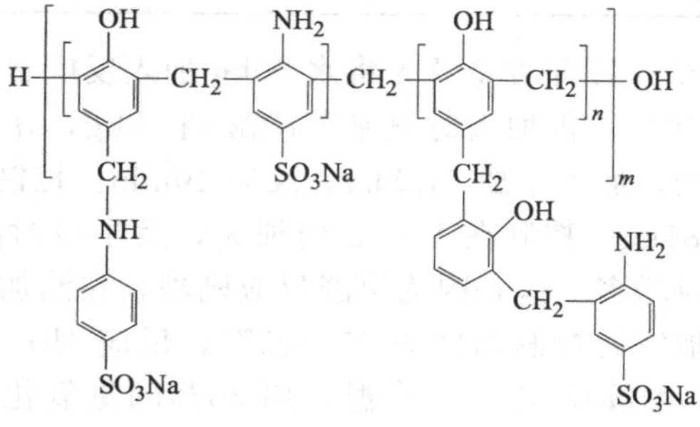

ASR 高效减水剂是以氨基苯磺酸及苯酚为主要原料，在含水条

件下与甲醛加热聚合而成，其主要成分为苯酚氨基磺酸钠甲醛缩合物，是混凝土工程中综合性能很好的非引气型高效减水剂。ASR高效减水剂对水泥粒子具有强烈的分散作用，减水率高，能控制混凝土坍落度损失，大幅度提高砂浆及混凝土的流动性和工作度，早强和增强效果显著，对各种水泥适应性好。它不含氯盐，对钢筋无锈蚀，无毒无污染，使混凝土具有良好的工作性和耐久性，是当前最具有发展前途的新型高效减水剂之一。

ASR高效减水剂适用于基础混凝土、大体积混凝土、高强混凝土、蒸养混凝土、路面混凝土及泵送混凝土。

(2) 配方

① 生产工艺流程

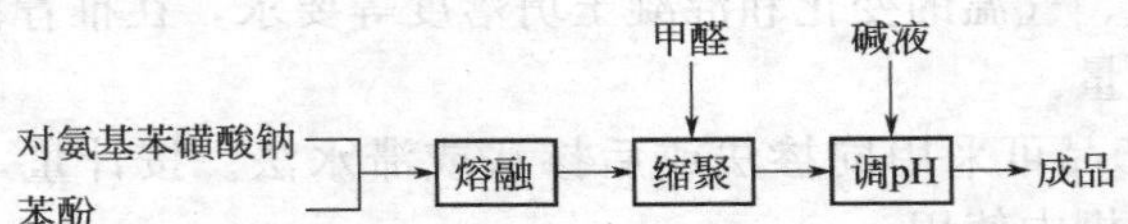

② 原料配比　对氨基苯磺酸钠：苯酚＝1：1.16；甲醛：(对氨基苯磺酸钠＋苯酚)＝1.25：1。

③ 配合比　见表3-4。

表3-4　ASR高效减水剂配合比

原料名称	作用	质量份
对氨基苯磺酸钠	主剂	30
水	分散剂	50
苯酚	催化剂	34.8
甲醛	缩合剂	81
尿素	改性剂	6
30%氢氧化钠溶液	中和剂	适量

④ 配制方法　按配方量首先将水50kg加入反应釜中，并控制恒温水浴锅50～60℃，再加入对氨基苯磺酸钠30kg，并开动搅拌机搅拌，待溶解完全，加入苯酚34.8kg，反应40min。控制升温到68℃，滴加甲醛溶液81kg，控制在1～2h内加完，后半段时间每10min滴加一次且量相应增多，这是因为甲醛反应剧烈，在滴加甲醛时搅拌速度要加快；滴加完后控制温度为90～95℃，反应4h；然后加入尿素6kg，控温80℃继续反应4h，降温，用30%的氢氧化钠调节pH值为7～9，即为成品ASR高效减水剂。

⑤ 配制注意事项

a. ASR高效减水剂最佳原料配比：n(对氨基苯磺酸钠)∶n(苯酚)=1∶1.16；n(甲醛)∶n(对氨基苯磺酸钠+苯酚)=1.25∶1。

b. 在缩聚反应中，对氨基苯磺酸钠与苯酚的比例（简称酸酚比）显著影响产品性能。在甲醛用量一定时，酸酚比从1∶1.0增至1∶2.0，水泥净浆流动度逐渐增大，以1∶2.0为最佳。

c. 缩合反应的n（酸+酚）∶n（甲醛）比在（1∶1）～(1∶1.5)范围内，产品分散性能较好，其中以1∶1.25最佳。

d. 缩合反应体系的酸碱度对产品的性能影响明显，在酸性条件下产品的分散性能很差，产品pH值以达到7.5时，分散性能显著提高。

e. 由于反应体中同时存在苯酚、氨基苯磺酸与甲醛的反应，因此反应物加料顺序直接影响产品性能。反应初始是在酸性条件下，由于苯酚和甲醛容易缩合成线形酚醛树脂，所以单体苯酚和甲醛不宜同时投放。如果滴加苯酚，反应中甲醛过量，甲醛容易发生自聚，苯酚也容易在邻位和对位羟甲基化而交联，不能达到预期的分子结构，影响产品性能，因此必须采用滴加甲醛溶液的方法。

f. 缩合反应的分子量随反应时间的延长而增大，而减水剂的性能又与其分子量密切相关，因此需要控制合适的缩合时间。缩合反应时间增长，水泥净浆流动度增大；缩合时间控制在4h左右，产品的分散性能最好。

(3) 产品技术性能

ASR高效减水剂技术性能指标见表3-5。

(4) 施工方法

① 掺量范围　为水泥质量的0.5%～1.2%。掺量以0.5%～0.8%效果为佳。

表3-5 ASR高效减水剂物化指标

项目	指标	
	一等品	合格品
减水率/%	≥12	≥10
泌水率比/%	≤90	≤95
含气量/%	≥3.0	≥4.0
凝结时间差/min	－90～＋120	

续表

项目	指标	
	一等品	合格品
抗压强度比/%		
1d	≥140	≥130
3d	≥130	≥120
7d	≥125	≥115
28d	≥120	≥110
收缩率比/%	≤135	
对钢筋锈蚀作用	对钢筋无锈蚀危害	
含固量或含水量	液体外加剂应在生产厂控制值的相对量3%之内	
水泥净浆流动度	应不小于生产厂控制值的95%	
pH	应在生产厂控制值的±1之内	
表面张力	应在生产厂控制值的1.5之内	
还原糖	应在生产厂控制值的±3%	
总碱量	应在生产厂控制值的相对量5%之内	
Na_2SO_4	应在生产厂控制值的相对量5%之内	
泡沫性能	应在生产厂控制值的±1.5%之内	
砂浆减水率	应在生产厂控制值的±1.5%之内	

② 把ASR减水剂溶液直接与混凝土骨料和拌合水一起投入搅拌机内，应注意减水剂溶液中的水量应计入混凝土总用水量中。

为保证得到最佳的使用效果，建议用户在初次使用本产品或改换水泥品种时，根据工程要求及具体条件，参照上述说明对减水剂掺量、掺合方法及搅拌时间等做必要的混凝土试配试验，并在施工过程中，严格控制好减水剂及拌合水的用量。

配方20 SAF高效减水剂

(1) 产品特点与用途

SAF高效减水剂的化学成分为磺化丙酮-甲醛缩合物。SAF减水剂减水效果不受温度影响，具有掺量小，硫酸钠含量<1%，生产方法简单，对环境污染小等特点。对水泥品种适应性优于萘系高效减水剂。SAF高效减水剂属非引气型减水剂，适用于所有钢筋混凝土和预应力混凝土结构，适用于现浇混凝土、预制混凝土、蒸养混凝土和高强混凝土。

(2) 配方

① 配制方法　将磺化剂亚硫酸氢钠溶于一定量的水，放入反应

釜中，加入催化剂氢氧化钠调至碱性。在常温下滴加丙酮，温度不超过 56℃。随着丙酮加入，有白色不溶物出现，直至滴加结束。在低温反应 2h 后，滴加 37%的甲醛，白色不溶物逐渐溶解，变为黄色，最后成为深红色溶液，即得 SAF 高效减水剂。

② 配制注意事项

a. 甲醛与丙酮的摩尔比对 SAF 减水剂性能有直接影响。当甲醛与丙酮摩尔比在 2.0 附近时，SAF 黏度最大，分散性能达到最大值，进一步增大甲醛和丙酮的摩尔比，黏度和分散性能都降低。

b. 磺化剂用量对 SAF 减水剂性能的影响，当磺化剂与丙酮的摩尔比为 0.45 时，水泥净浆流动度达到最大值，再增加磺化剂用量分散性能反而下降。同时摩尔比为 0.45 时，SAF 减水剂的黏度也达到最大。当摩尔比为 0.55，产物的黏度反而下降，说明磺化剂用量不仅决定磺化缩聚物的水溶性，而且直接影响 SAF 的分散性能与产品的黏度。

c. 反应温度是控制反应进程的关键，提高反应温度可以缩短反应时间，最佳反应温度为 70～80℃，不宜超过 80℃。

③ 参考配方实例　见表 3-6。

表 3-6　SAF 高效减水剂参考配合比

原料名称	作　用	质　量　份
亚硫酸氢钠	磺化剂	40
水	分散剂	350
30%氢氧化钠溶液	催化剂	2
丙酮	主剂	68～83
37%甲醛	缩合剂	220～240

(3) 产品技术性能　见表 3-7。

表 3-7　SAF 高效减水剂物化指标

项　　目	指　　标	
	一等品	合格品
固含量/%	≥30	
硫酸钠含量/%	≤1	
减水率/%	≥12	≥10
泌水率比/%	≤90	≤95
含气量/%	≥3.0	≥4.0
凝结时间差/min	−90～+120	

续表

项　　目	指　　标	
	一等品	合格品
抗压强度比/%		
1d	≥140	≥130
3d	≥130	≥120
7d	≥125	≥115
28d	≥120	≥110
收缩率比/%	≤135	
对钢筋锈蚀作用	对钢筋无锈蚀危害	
相对密度	应在生产厂控制值的±0.2之内	
水泥净浆流动度	应不小于生产厂控制值的95%	
pH	应在生产厂控制值的±1之内	
表面张力	应在生产厂控制值的±1.5之内	
还原糖	应在生产厂控制值的±3%	
总碱量	应在生产厂控制值的相对量5%之内	
Na_2SO_4	应在生产厂控制值的相对量5%之内	
泡沫性能	应在生产厂控制值的相对量5%之内	
砂浆减水率	应在生产厂控制值的±1.5%之内	

(4) 施工方法

① SAF高效减水剂掺量范围为0.5%～1.2%，常用掺量为0.5%，蒸养混凝土适宜掺量为0.1%～0.4%。

② 把SAF高效减水剂溶液与拌合水一齐加入搅拌机内进行搅拌。注意减水剂溶液中的水量应计入混凝土总用水量中。

③ 搅拌过程中，SAF减水剂溶液略滞后于拌合水1～2min加入。

④ 搅拌运输车运送的商品混凝土可采用减水剂后掺法。

配方21　MF高效减水剂

(1) 产品特点与用途

MF高效减水剂的化学成分为聚亚甲基萘磺酸钠。结构式为：

（结构式：含 CH_3 与 SO_3Na 取代的萘环 —[CH_2 —萘环]$_{n-1}$— H）

MF高效减水剂具有扩散性和减水性。属引气型减水剂，在适宜掺量下混凝土的含气量为6%～8%，混凝土的抗渗性及耐久性均有所提高。对于混凝土的其它物理力学性能，如抗折强度、弹性模量略有提高，干缩率有所增加，对钢筋无锈蚀作用。

使用本品后，在保持相同的混凝土强度下，可节约水泥10%～20%，混凝土拌合水量可降低15%～20%。混凝土1～3天抗压强度同比提高50%～100%，28天抗压强度同比提高8%～30%，两年强度仍有不同程度的提高。混凝土的各项施工性能可得到改善，如提高和易性、减少泌水率等，从而可以减轻操作工人的劳动强度，减少混凝土施工机具和设备的损耗，加快施工设备的周转，提高劳动生产率。

MF高效减水剂适用于大体积混凝土，滑模施工用混凝土，泵送混凝土，长时间停放或长距离运输的混凝土。MF减水剂对水泥适应性好，不外加氯盐和硫酸盐，对钢筋无锈蚀作用，可广泛用于基础工程、矿山、码头、水坝、商品混凝土等。

(2) 配方

① 生产工艺流程 β-甲基萘与浓硫酸磺化后，水解，α-磺化物与甲醛缩合，缩合物经碱中和，制得MF减水剂。

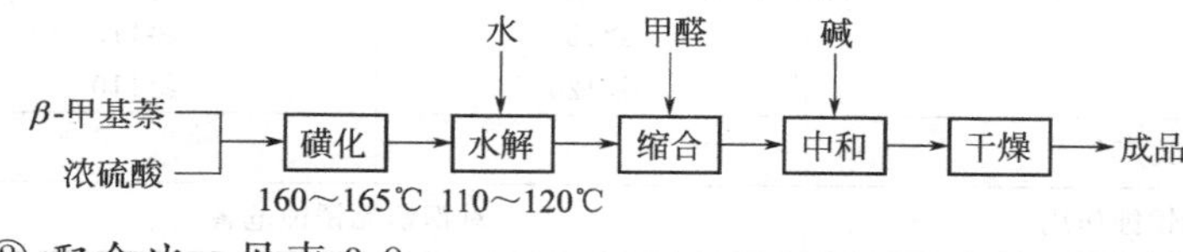

② 配合比 见表3-8。

表3-8 MF高效减水剂配合比

原料名称	作用	质量份
β-甲基萘(含量99%以上)	主剂	30
硫酸(92%～96%)	磺化剂	39
甲醛(30%～37%)	缩合剂	12
氢氧化钠(30%溶液)	中和剂	36
水	分散剂	适量

③ 配制方法 将β-甲基萘按配比量加入磺化反应釜中，升温80℃时开机搅拌，在150～160℃条件下，于40min内加完浓度为

92%～96%定量的浓硫酸，慢慢加入适量水搅拌30～40min，使反应物总酸度控制在24%～27%，如总酸度达不到此要求时，可再加水调节酸度，158～162℃保温磺化2h。降温120℃下加水水解0.5h。降温至85～95℃，2.5h内加完甲醛，恒温缩合2h，用30%液碱中和，调节反应物pH值为7～9。将析出的沉淀物经过滤、烘干、粉碎后，就制得米黄色粉末状成品。

(3) 产品技术性能 见表3-9。

表3-9 MF高效减水剂物化指标

项目	指标	
	一等品	合格品
外观	褐黄色粉末	褐黄色粉末
减水率/%	≥12	≥10
泌水率比/%	≤90	≤95
pH值	7～9	7～9
含气量/%	≤3.0	≤4.0
凝结时间差/min	−90～+120	
抗压强度比/%		
1d	≥140	≥130
3d	≥130	≥120
7d	≥125	≥115
28d	≥120	≥110
收缩率比/%	≤135	
对钢筋锈蚀作用	对钢锈无锈蚀危害	

(4) 施工方法

① 掺量范围为水泥质量的0.4%～1.2%。掺量以0.5%～0.8%效果为佳。

② 本产品呈粉末状，可直接使用，也可预先配制成水溶液使用。

③ 本产品可采用同掺法或后掺法、滞水法。

④ 本品易溶于水，在贮存、运输中，应注意防潮。受潮结块后产品性能不变，但必须配制成水溶液使用。产品保质期两年。

配方22 SMF-1型高效减水剂

(1) 产品特点与用途

SMF-1型高效减水剂的化学成分为磺化三聚氰胺甲醛树脂。

SMF-1型高效减水剂属于一种水溶性聚合物树脂，无色，热稳定性好，在混凝土拌合物中使用时，具有对水泥分散性好、减水率高、早强效果显著，基本不影响混凝土凝结时间和含气量的特点。SMF型减水剂在掺量范围内，减水率可达15%～25%。混凝土的耐久性能显著提高。由于具有引气组分，使加入该产品混凝土具有良好的抗渗、抗冻性能，不含氯盐，不会对钢筋产生腐蚀。早强效果明显，后期强度有较大幅度提高。3天、7天强度增长迅速，与基准混凝土对比可提高20%～25%，28d强度与基准混凝土对比可达120%～135%。

SMF-1型高效减水剂作为分散剂，适用于工业、民用、国防工程，预制、现浇、早强、高强、超高强混凝土，蒸养混凝土，超抗渗混凝土，超1000℃的耐高温混凝土，大体积及深层基础的混凝土以及利于布筋较密、立面、斜面浇注及炎热条件下施工的混凝土。

(2) 配方

① 生产流程

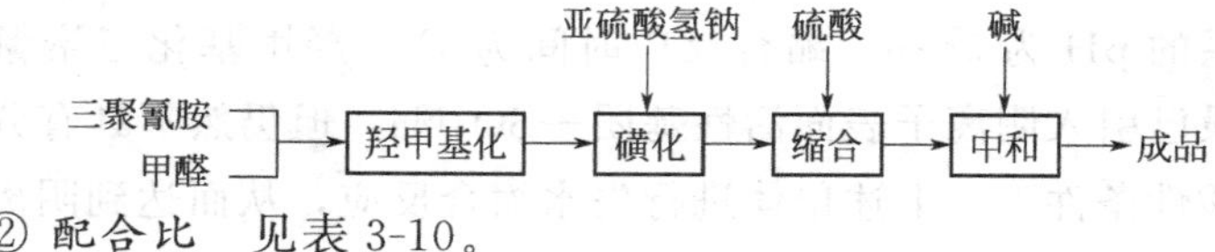

② 配合比　见表3-10。

表3-10　SMF-1型高效减水剂配合比

原料名称	作用	质量份
三聚氰胺	主剂	50
甲醛	缩合剂	125
亚硫酸氢钠	磺化剂	12
硫酸	磺化剂	240
水	分散剂	80

③ 配制方法

三聚氰胺与甲醛的摩尔比为(1∶2.5)～(1∶3)。

a. 羟甲基化反应　在装有温度计、冷凝器和搅拌机的反应釜中按配方量加入三聚氰胺、水、37%的甲醛溶液，搅拌下升温60℃。开始时溶液为乳白色混浊状，反应20min后，溶液变为无色透明溶液，再反应20min后，羟甲基化反应结束。用30% NaOH溶液将体系的 pH 调到 10～11。在 60℃时，三聚氰胺溶解度较低，溶液呈乳白色，当反应基本完成时，溶液变清。当反应液的 pH＝7～8，形成稳定的羟甲基三聚氰胺；反应温度 60℃为最佳。

b. 磺化反应　将羟甲基化产物和配方量亚硫酸氢钠投入反应釜中，升温到 80℃，维持溶液的 pH 在 10～11，反应 2h。磺化反应目标是将—NH—CH_2OH 转变化—NH—CH_2SO_3Na，在羟甲基化三聚氰胺分子中引入阴离子表面活性基团—SO_3Na。羟甲基化三聚氰胺磺化反应由在碱性介质中，体系中的过量甲醛在高 pH 下会发生歧化反应，生成甲醇和甲酸，使反应体系 pH 下降，易过早地发生羟甲基之间的缩聚反应，体系的黏度增大。为确保磺化反应的顺利进行，在反应过程中应不断地检测体系的 pH，及时用 30% NaOH 溶液将体系的 pH 调到 10～11。

c. 缩合反应　将反应体系的反应温度降低到 50℃，用 30%硫酸调整体系的 pH 为 5～6，缩合反应时间为 1h。羟甲基化三聚氰胺单体分子虽已引入阴离子表面活性基团—SO_3Na，但仍然不具有分散能力。在酸性条件下，上述单体进行失水缩合反应，从而达到阴离子小分子链增长和分子量增加的目的。由于磺化羟甲基化三聚氰胺单体平均官能度为 2 左右，缩合反应的产物应为线形高分子，由于仍有少量未磺化的羟甲基化三聚氰胺单体参与反应，因而生成带支链的线形大分子。在 pH 5～6 条件下得到的缩合物的活性基为磺酸基。缩合反应温度超过 75℃一般均会产生凝胶，合成得到产品减水率也很差，达不到高效减水剂的要求。反应温度通常控制在 50～60℃。反应物的浓度过低，反应体系的反应分子碰撞几率降低，反应时间很长；浓度过高，缩聚很快，极易凝胶，反应不易控制。通常浓度在 20%～50%较好。

d. 中和反应　将反应体系温度升到 85℃，用 30% NaOH 溶液将反应体系的 pH 值调到 8～9，缩合反应时间维持 1～2h。高 pH 缩合反应可以提高产品的贮存稳定性。最后得到浓度为 40%的水溶液产品或经真空脱水浓缩后，喷雾干燥得白色粉状产品，即 SMF-1 型减水剂。

(3) 产品技术性能 见表3-11。

表3-11 SMF-1型高效减水剂物化指标

项目	指标	
	一等品	合格品
减水率/%	≥12	≥10
泌水率比/%	≤90	≤95
含气量/%	≥3.0	≥4.0
凝结时间差/min	−90～+120	
抗压强度比/%		
1d	≥140	≥130
3d	≥130	≥120
7d	≥125	≥115
28d	≥120	≥110
收缩率比/%	≤135	
对钢筋锈蚀作用	对钢筋无锈蚀危害	
含固量或含水量	液体外加剂应在生产厂控制值的相对量3%之内 固体外加剂应在生产厂控制值的相对量5%之内	
相对密度	应在生产厂控制值的±0.2之内	
水泥净浆流动度	应不小于生产厂控制值的95%	
细度(0.315mm筛)	筛余<15%	
pH	应在生产厂控制值的±1之内	
表面张力	应在生产厂控制值的±1.5之内	
还原糖	应在生产厂控制值的±3%	
总碱量	应在生产厂控制值的相对量5%之内	
Na_2SO_4	应在生产厂控制值的相对量5%之内	
泡沫性能	应在生产厂控制值的相对量5%之内	
砂浆减水率	应在生产厂控制值的±1.5%之内	

(4) 施工方法

① 本产品的适宜掺量为水泥质量的0.5%～1%，可根据与水泥的适应性、气温的变化和混凝土坍落度等要求，在推荐范围内调整确定最佳掺量。

② 按计量，直接掺入混凝土搅拌机中使用。

③ 搅拌过程中，SMF-1型减水剂溶液略滞后于拌合水1～2min加入。

④ 在计算混凝土用水量时，应扣除液剂中的水量。

⑤ 在使用本产品时，应按混凝土配合比事先检验与水泥的适

应性。

⑥ 在与其它外加剂复配时，宜先检验其兼容性。

配方 23 SMF-2 型高效减水剂

(1) 产品特点与用途

SMF-2 型高效减水剂是磺化三聚氰胺树脂水溶性阴离子型高聚物。对水泥有大体系强烈吸附、分散作用，具有减水率高、匀质性好、触变性好、坍落度损失小等特点，可明显改善混凝土和易性，大幅度提高混凝土流动性，有显著早强、增强效果，可节约水泥，可配制早强、高强、超高强混凝土和流态泵送混凝土，对多种水泥适应性好。可增加密实度，可提高混凝土抗渗性 2～6 倍，混凝土其它性能可大幅度改善。本品无毒、不燃烧，对钢筋无锈蚀。在适宜掺量下，可使砂浆混凝土 1 天强度提高 30%～60%，7 天强度超过空白的 28 天强度，28 天强度提高 30%左右，1 年后强度仍有所提高，为 20%左右，可使混凝土坍落度净增值 12～20cm，节约水泥 15%～20%，双掺可节省水泥 20%以上，缩短蒸养周期 1/3，减水率可达 12%～25%。

使用 SMF-2 型减水剂用普通方法可配制 50～80MPa 的高强混凝土。掺 SMF-2 型减水剂用普通硫酸盐水泥可配制 1000℃以上的耐高温混凝土。

SMF-2 型减水剂适用于工业、民用、国防工程，预制、现浇、早强、高强、超高强混凝土，蒸养混凝土，超抗渗混凝土，超 1000℃的耐高温混凝土，大体积及深层基础的混凝土以及利于布筋较密、立面、斜面浇注及炎热条件下施工的混凝土工程。

(2) 配方

① 配合比　见表 3-12。

表 3-12　SMF-2 型高效减水剂配合比

原料名称	作用	质量份
三聚氰胺	主剂	112
甲醛(37%)	缩合剂	435
氨基磺酸	磺化剂	256
氢氧化钾	中和剂	105(以固体计)
水	分散剂	200

② 配制方法　按配方量把氨基磺酸溶于水中，分次少量添加氢

氧化钾，再加入三聚氰胺和甲醛，在75℃加热40min，然后用氨基磺酸把pH值调节到5.8，继续在80℃下加热1h，再用氢氧化钾把pH值调节到9得固体含量为53%，黏度为55mPa·s（常温）的无色透明溶液。

(3) 产品技术性能 见表3-13。

表3-13 SMF-2型高效减水剂物化指标

项目	指标	
	一等品	合格品
减水率/%	≥12	≥10
泌水率比/%	≤90	≤95
含气量/%	≥3.0	≥4.0
凝结时间差/min	−90～+120	
抗压强度比/%		
1d	≥140	≥130
3d	≥130	≥120
7d	≥125	≥115
28d	≥120	≥110
收缩率比/%	≤135	
对钢筋锈蚀作用	对钢筋无锈蚀危害	
固体含量/%	53	
密度/(g/mL)(常温)	1.20±0.02	
pH	7～9	
黏度/mPa·s	55(常温)	
表面张力(20℃溶液)/(N/m)	$(71.0\pm0.5)\times10^{-3}$	
净浆流动度(1%溶液)/mm	220～240(无色或淡黄色)	
稳定性	保质期1年以上	

(4) 施工方法

① 掺量范围　为水泥质量的0.5%～1.2%。掺量以0.5%～1%效果为佳。

② SMF-2型减水剂溶液，可与拌合水一起加入。应注意减水剂溶液中的水量应计入混凝土总用水量中。

③ 搅拌过程中，SMF-2型减水剂溶液略滞后于拌合水1～2min加入。

④ 搅拌运输车运送的商品混凝土可采用减水剂后掺法。

配方 24 SMF-3 型高效减水剂

(1) 产品特点与用途

SMF-3 型高效减水剂以甲醛、氨基磺酸、三聚氰胺为主要原料，通过羟甲基化、缩聚、磺化等反应制成，其主要成分为三聚氰胺甲醛树脂磺酸盐，系非引气型高效减水剂。本品对混凝土具有超塑化、高效减水和增强等功能。同时具有改善新拌混凝土各种性能指标和提高工作性等作用。减水率≥12%，早期强度提高 30%～40%，28d 强度提高 15%以上，能显著地提高混凝土的流动性，黏聚性及保水性，对凝结时间影响不大，混凝土的含气量 3%左右。使用 SMF-3 型高效减水剂可节省水泥 10%～15%以上。SMF-3 型高效减水剂适用于配制高强混凝土、泵送混凝土、流态混凝土、早强混凝土、耐火混凝土、蒸养混凝土等。

(2) 配方

① 配合比　见表 3-14。

表 3-14　SMF-3 型高效减水剂配合比

原料名称	作用	质量份	原料名称	作用	质量份
三聚氰胺	主剂	112	甲醛(37%)	缩合剂	671
氨基磺酸	磺化剂	256	氢氧化钾(以固体计)	中和剂	105
水杨酸	助剂	138	水	分散剂	300

② 配制方法　把氨基磺酸添加在水中，加入水杨酸，分次少量加入氢氧化钾，然后加入三聚氰胺和甲醛，生成透明的溶液，在 80℃加热 2h，用氨基磺酸把 pH 值调节到 5.5，在 85℃加热 2h，冷却到 20℃，加入氢氧化钾把 pH 值调节到 9.0，得固体含量为 55%的无色透明液体，黏度为 70mPa·s（常温)。

(3) 产品技术性能　见表 3-15。

表 3-15　SMF-3 型高效减水剂物化指标

项目	指标	
	一等品	合格品
减水率/%	≥12	≥10
泌水率比/%	≤90	≤95
含气量/%	≥3.0	≥4.0
凝结时间差/min	−90～+120	

续表

项目	指标	
	一等品	合格品
抗压强度比/%		
1d	≥140	≥130
3d	≥130	≥120
7d	≥125	≥115
28d	≥120	≥110
收缩率比/%	≤135	
对钢筋锈蚀作用	对钢筋无锈蚀危害	
固体含量/%	55	
密度(常温)/(g/mL)	1.2±0.02	
pH	7～9	
黏度	10～14	
表面张力(20℃溶液)/(N/m)	$(71.0\pm0.5)\times10^{-3}$	
水泥净浆流动度(1%溶液)/mm	220～240	
稳定性	保质期1年	

(4) 施工方法

① 本产品掺量范围0.5%～1%（以胶凝材料量计），可根据与水泥的适应性、气温的变化和混凝土坍落度等要求，在推荐范围内调整确定最佳掺量。

② 按计量，直接掺入混凝土搅拌机中使用。

③ 在计算混凝土用水量时，应扣除液剂中的水量。

④ 在使用本产品时，应按混凝土配合比事先检验与水泥的适应性。

⑤ 在与其它外加剂复配时，宜先检验其兼容性。

配方25 SMF-4型高效减水剂

(1) 产品特点与用途

SMF-4型高效减水剂，对水泥分散性好，减水率高，早强效果显著，基本不影响混凝土凝结时间和含气量，在高性能混凝土中有着广阔的用途。SMF-4型减水剂除适用于预制、现浇、早强、高强、超高强混凝土外，还可用于石膏制品、彩色水泥制品及耐火混凝土等特殊工程中。

(2) 配方

① 配合比 见表3-16。

表 3-16　SMF-4 型高效减水剂配合比

原料名称	作用	质量份	原料名称	作用	质量份
三聚氰胺	主剂	112	苯酚	催化剂	94
甲醛	缩合剂	671	氢氧化钾(以固体计)	中和剂	105
氨基磺酸	磺化剂	256	水	分散剂	300

② 配制方法　把氨基磺酸和苯酚加到水中，依次添加氢氧化钾、三聚氰胺和甲醛，在 80℃加热 3h，然后冷却到 20℃，添加氢氧化钾把 pH 值调节到 9.0。得固体含量为 52%的褐色透明溶液，黏度为 60mPa·s（常温）。

(3) 产品技术性能

① 主要性能

a. SMF-4 型系非引气型高效减水剂，掺量为水泥质量的0.6%～1.0%，减水率为 15%～25%，1d 强度提高 30%～40%，7d 强度提高 30%～70%，(可达基准混凝土 28d 的强度)，28d 强度提高30%～60%。

b. 能显著地提高混凝土的流动性、黏聚性及保水性，对凝结时间影响不大，混凝土的含气量 3%左右。对混凝土其它物理力学性能无不利影响。

c. 可节省水泥 15%～20%。

d. 对铝酸盐耐火混凝土有较好适应性。

e. 对钢筋无锈蚀危害。

② SMF-4 型高效减水剂物化指标　见表 3-17。

表 3-17　SMF-4 型高效减水剂物化指标

项目名称	指标	项目名称	指标
外观	褐色透明液体	硫酸钠含量/%	3.0～4.0
含固量/%	52	氯离子含量/%	0.30～0.40
pH 值	8～9	水泥浆流动度	≥230mm
表面张力/(N/cm)	$(65\sim70)\times10^{-5}$		

(4) 施工方法

① 掺量范围为水泥质量的 0.6%～1.0%。掺量以 0.5%～0.8%效果为佳。

② SMF-4减水剂溶液可与拌合水一起掺加，应注意减水剂溶液中的水量应计入混凝土总用水量中。

配方26 NF-2型高效减水剂

(1) 产品特点与用途

本品是以萘为原料，由萘和烷基萘的混合物，经磺酸化与中和后，再和甲醛缩合制成缩聚物高效减水剂，外观呈棕褐色粉末，主要成分为β-萘磺酸甲醛缩合物钠盐，是一种非引气型高效减水剂。混凝土中掺入适量烷基萘磺酸盐减水剂，可在保持新拌混凝土工作性不变的情况下，显著地降低水灰比，减少用水量，减水率可达12%～25%，或在水灰比不变的条件下，大大改善混凝土的工作性，当水泥用量相同和强度相近时，可使坍落度增加100～200mm，从而提高混凝土的强度，改善混凝土抗冻、抗渗、收缩等物理力学性能。

在混凝土的工作性和强度相近的条件下，可节约水泥10%～20%。用525～725号水泥，提高掺量，可配制C60～C80高强混凝土。烷基萘磺酸盐高效减水剂适用于配制普通混凝土、高强混凝土、流态混凝土、预应力混凝土、蒸养混凝土及特种混凝土，适用于复配各类复合型混凝土外加剂产品。

(2) 配方

① 配合比 见表3-18。

表3-18 NF-2型高效减水剂配合比

原料名称	作用	质量份	摩尔比
萘	主剂	1.0	30
硫酸(98%)	磺化剂	1.4	42
甲醛(37%)	缩合剂	0.8	24
氢氧化钠(30%溶液)	中和剂	0.3	适量
水	分散剂	适量	

② 配制方法 将萘按配比量加入磺化反应釜和硫酸发生磺化反应，在120～130℃添加浓度为98%的硫酸，再在30min内升温到160℃，在155～160℃反应4h以上，添加水，再添加甲醛（预先加少量硫酸使甲醛酸化），在110～120℃反应5h，缩聚产品用30%氢氧化钠溶液中和，冷却，过滤以除去副产品硫酸钠。得固体分为43%的棕褐色液体萘磺酸-甲醛缩聚物钠盐，作为减水剂。

(3) 产品技术性能 见表 3-19。

表 3-19 NF-2 型高效减水剂物化指标

项目	指标	
	一等品	合格品
外观	棕褐色液体	棕褐色液体
固含量/%	43	40
水泥净浆流动度/mm	≥240	≥230
表面张力/(mN/m)	70±1	71±1
硫酸钠含量/%	≤5	≤7
减水率/%	≥12	≥10
泌水率比/%	≤90	≤95
含气量/%	≤3	≤4.0
凝结时间差/min	−90～+120	−90～+120
抗压强度比/%		
1d	≥140	≥130
3d	≥130	≥120
7d	≥125	≥115
28d	≥120	≥110
收缩率比(28d)/%	≤135	≤135
对钢筋锈蚀作用	无锈蚀	

(4) 施工方法

① 推荐掺量为0.5%～1%(按水泥质量计)，使用前应通过试验，确定最佳配合比。配制高强混凝土时，应优选高标号水泥，并注意养护。

② 把 NF-2 型高效减水剂溶液直接与混凝土骨料和拌合水一起投入搅拌机内，应注意减水剂溶液中的水量应计入混凝土总用水量中。

③ 搅拌过程中，NF-2 型减水剂溶液略滞后于拌合水 1～2min 加入。

④ 搅拌运输车运送的商品混凝土可采用减水剂后掺法。

配方 27 NF-3 型高效减水剂

(1) 产品特点与用途

NF-3 型高效减水剂属萘系高缩合物非引气型减水剂，主要成分为 β-萘磺酸甲醛缩聚物。其特点是减水率高，增强高，不引气，具有高分散性和低起泡性的特点；适合配制各种高强混凝土，可单独使用，也可与其它外加剂复合使用，经测试证明，其性能达到国内外同类产品先进水平。

NF-3 型高效减水剂根据其技术性能，它可适用于所有钢筋混凝土和预应力混凝土结构，适用于现浇混凝土、预制混凝土、蒸养混凝土和高强混凝土。NF-3 型减水剂对混凝土的减水增强作用显著。早强效果尤佳，可以大大加快模板和场地周转，缩短工期，加快工程进度，可用于节省工程水泥用量；可大大增加混凝土的流动性，改善混凝土的和易性。NF-3 减水剂不含氯盐，对钢筋无锈蚀作用。

(2) 配方

① 配合比　见表 3-20。

表 3-20　NF-3 型高效减水剂配合比

原料名称	作用	摩尔比
萘	主剂	0.8
β-甲基萘	主剂	0.2
硫酸(98%)	磺化剂	1.5
甲醛(37%)	缩合剂	0.9
氢氧化钙(石灰乳)		加到 pH 值为 7

② 配制方法　按配比量将萘和 β-甲基萘加入磺化反应釜，和硫酸发生磺化反应，在 120～130℃添加浓度为 98%的硫酸，在 30min 内升温到 160℃，在 155～160℃磺化反应 4h 以上，在磺化物中加水后，滴入硫酸酸化的甲醛进行缩合反应，在 110～120℃反应 5h，缩合物用氢氧化钠中和冷却，过滤除去副产品石膏。得固体分为 40%的褐色混合萘磺酸-甲醛缩聚物钙盐水溶液，作为减水剂。

(3) 产品技术性能

① 掺量为水泥用量的 0.4%～1.0%时，可减少拌合用水量 14%～25%，早强作用明显，1d、3d 混凝土强度可以提高 50%～80%，7d 混凝土强度提高 30%～60%，28d 混凝土强度提高 20%～50%以上。

② 在相同水灰比情况下，可使混凝土坍落度提高 3 倍以上，流动性大大增加。

③ 在保持混凝土抗压强度基本不变的条件下，掺加本品可节约水泥用量10%～20%。

④ NF-3 型减水剂对水泥的水化热有延时、降峰的作用，可降低混凝土的温度应力，提高其抗裂性能；NF-3 型减水剂可大大改善混凝土的和易性，改善和提高混凝土构件的各项物理力学性能。

⑤ NF-3 型减水剂对水泥的适应性强。

(4) 施工方法

① NF-3 型减水剂掺量范围为 0.5%～1.2%，常用掺量为 0.5%～0.8%，配制高标号及超高标号混凝土时，可用 0.5%～1.2%的掺量，蒸养混凝土适宜掺量为 0.3%～0.5%。

② 把 NF-3 减水剂溶液与拌合水一起加入。应注意减水剂溶液中的水量应计入混凝土总用水量中。

③ 搅拌过程中，NF-3 减水剂溶液略滞后于拌合水 1～2min 加入。

④ 搅拌运输车运送的商品混凝土可采用减水剂后掺法。

配方 28 FDN-200 高效减水剂

(1) 产品特点与用途

FDN-200 高效减水剂的主要化学成分为 β-萘磺酸钠甲醛缩合物。它具有良好的扩散性、大流动性、高减水率，掺量为水泥质量的 0.2%～1%时，减水率为 15%～25%，对混凝土有早强和增强作用，3h 坍落度基本无损失。掺用 FDN-200 高效减水剂可提高混凝土密实性、匀质性、延迟、降低水泥水化热。在同配合比、同水灰比条件下，可使混凝土坍落度由 3～5cm 提高到 20cm 以上，在合理掺量范围内，可保证大流动性的混凝土坍落度在 2～4h 内，其损失值＜3cm 或基本无损失。3d、7d 强度同比可提高 30%～80%，28d 强度同比可提高 25%。在正常掺量范围内，可延缓混凝土凝结时间 2～10h。FDN-200 高效减水剂适用于配制流态混凝土、高强混凝土、蒸养混凝土、泵送混凝土和抗渗防水混凝土；可广泛应用于高层建筑、矿山、码头、市政工程、商品混凝土等。

(2) 配方

① 配合比　见表 3-21。

表 3-21 FDN-200 高效减水剂配合比

原料名称	作用	质量份
精萘(94%～99%)	主剂	10
硫酸(92%～96%)	磺化剂	9～13
氢氧化钠(30%水溶液)	中和剂	11～12
甲醛(30%～37%)	缩合剂	3～4
石灰	中和剂	适量
水	分散剂	适量

② 配制方法　先将精萘送入磺化反应釜中，并升温至140℃后，开始加入硫酸，不断搅拌，保持温度在155～165℃，进行磺化反应2h。应得到总酸度为28%～32%的反应物。然后将反应物温度降至100℃时，缓慢加入适量的水，进行水解反应，加水时应不断搅拌（时间约为402min)，最后总酸度应控制在24%～27%。完成后，再将反应物升温至130～140℃，边搅拌边缓慢加入甲醛，进行缩合反应。在甲醛加完后，还要保温30～40min。取出反应物放入中和槽中，将氢氧化钠和石灰乳（事先用石灰和水配制好，其pH为7～9）加入。最后将析出的沉淀过滤，烘干，即得到米黄（棕）色粉状产品。

(3) 产品技术性能

① 减水　在同配合比、同坍落度条件下，本品掺量为水泥用量的0.2%～1.0%时，减水率为15%～25%以上。

② 早期缓凝　常温下，掺用的混凝土，其初凝时间约比不掺的延长1～3h，适于炎热气候下使用。

③ 早强　在同配合比、同坍落度条件下，掺加本品，可使3d、7d混凝土强度提高30%～80%，28d混凝土强度同比能提高25%以上，在同强度条件下可节约水泥用量10%～15%。

④ 延缓温峰　掺用本品可使混凝土的内部温升有所降低而延缓温峰的出现。大体积混凝土中掺用本品，可降低混凝土的温度应力，提高其抗裂性能。

⑤ 保塑　掺用本品的混凝土拌合物，在一般混凝土施工规范要求时间内坍落度损失较小，有利于解决集中搅拌、长距离运输以及施工中层间交接等问题。

(4) 施工方法

① 本品的掺量范围为0.2%～1%，常用掺量为0.5%（以干粉

占水泥质量的百分数计），在配制低标号混凝土或采用矿渣水泥、火山灰质水泥时，宜选用 0.3%～0.5% 的掺量。如为节约水泥、提高经济效益时，宜采用上述低掺量。配制高标号及预应力钢筋混凝土则应选用 0.5%～1.0% 的掺量。

② 掺加本品粉剂可根据具体情况选用以下任一种掺加方法。

a. 本品粉剂可先与水泥混合，然后再与骨料、水一起拌合，也可把该粉剂按量直接与混凝土集料一齐投入搅拌机内，干拌均匀后再加入拌合水进行搅拌。

b. 把 FDN-200 粉剂预先溶解成溶液，再与拌合水一起加入。注意减水剂溶液中的水量应计入混凝土总用水量中。

c. 搅拌过程中，FDN-200 粉剂或其溶液略滞后于拌合水 1～2min 加入。

d. 搅拌运输车运送的商品混凝土可采用减水剂后掺法。

用户初次使用本产品或改换水泥品种时，可根据气温、混凝土输送距离等工程具体条件及要求，参照上述说明对减水剂掺量及掺加方法做必要的混凝土试配试验，并在施工过程中，注意控制好减水剂掺量及拌合水的用量，以获得最佳的使用效果。

配方 29　UNF 高效减水剂

(1) 产品特点与用途

UNF 高效减水剂以多环芳烃为原料，经磺化水解、缩合、中和、干燥而成，其主要成分为聚次甲基多环芳烃磺酸钠。化学结构式：

CH_2　H

SO_3Na　SO_3Na　$n-1$　$(n>2)$

UNF 减水剂对水泥的分散作用强，减水率高，早强增强效果好。它对混凝土有良好的塑化作用，具有低引气性、早期稍缓凝的特点，尤其适于配制大流动性混凝土。UNF 可节约工程水泥用量，对各种水泥的适应性好，它不含氯盐，对钢筋无锈蚀作用。现已广泛用于高层建筑、水电工程、道路工程、预制构件与水泥制品等各种混凝土工程中。UNF 减水剂适用于配制大流动性混凝土、泵送混凝土、自密实混凝土、大体积混凝土、蒸养混凝土、自然养护预制构件混凝土、钢筋及预应力钢筋混凝土、水工混凝土和高强混凝土。

(2) 配方

① 配合比　见表3-22。

表3-22　UNF高效减水剂配合比

原料名称	作　用	质量份
油萘	主剂	100
硫酸(98%)	磺化剂	142
甲醛(35%～37%)	缩合剂	80
水	分散剂	321
氢氧化钠(30%～40%溶液)	中和剂	180

② 配制方法　按配方量先将油萘加入反应釜升温140℃左右使油萘熔化后加入硫酸，在160～165℃下磺化3h，降温至100℃以下，加水水解，然后在100～110℃滴加甲醛溶液，约需5h加完；最后用30%氢氧化钠溶液调pH至7～9，即得液体UNF高效减水剂。本品有效贮存期1年。

(3) 产品技术性能

① 掺量为水泥质量的0.5%～1.2%，减水率可达15%～20%，早强增强效果好，龄期1～3天的抗压强度提高50%～80%，28天强度提高20%～40%，其它物理力学性能亦有改变。

② 保持水泥用量不变，强度与空白混凝土相近时，混凝土的坍落度可由3～4cm提高到15～20cm以上，适应泵送、自流灌浆的需要。

③ 保持混凝土强度和坍落度与空白混凝土相近时，可节省水泥用量10%～15%，每吨减水剂可节省水泥30t以上。

④ UNF减水剂对各种水泥的适应性好，适用于各类硅酸盐水泥。

⑤ 掺UNF减水剂，混凝土的抗冻、抗渗、抗折、弹性模量等物理力学性能均有改善。

⑥ 对钢筋无锈蚀现象，对收缩无不良影响。

(4) 施工方法

① UNF减水剂的适宜掺量为0.5%～1.2%，常用掺量为0.5%～1.0%，配制低标号混凝土或采用矿渣水泥时，宜选用0.5%～0.8%的掺量。配制高标号及预应力钢筋混凝土应选用0.5%～1.0%的掺量。

② 把UNF减水剂溶液与拌合水一起加入搅拌机内，和水泥、砂子、石子同时搅拌2～3min，待拌合均匀后，即可出罐使用。注意减水剂溶液中的水量应计入混凝土总用水量中。

③ 搅拌过程中，UNF溶液略滞后于拌合水1～2min加入。

④ 搅拌运输车运送的商品混凝土可采用减水剂后掺法。

配方30 建-1型高效减水剂

(1) 产品特点与用途

建-1型高效减水剂系磺化煤焦油系减水剂，属于引气型减水剂，主要成分为聚次甲基甲基萘磺酸钠。对水泥有较强的分散作用，对混凝土有较高的减水增强作用，并对混凝土有适量的引入空气的特点，因而在正确使用时能对混凝土多种性能有较大的提高和改善，能节约水泥，降低工程成本。

建-1型高效减水剂适用于多种现浇钢筋混凝土、预制混凝土、蒸养混凝土和高强混凝土等工程。

(2) 配方

① 配合比 见表3-23。

表3-23 建-1型高效减水剂配合比

原料名称	作用	质量份
甲基萘油	主剂	282
硫酸(98%)	磺化剂	266
甲醛(35%～37%)	缩合剂	113
氢氧化钠(30%～40%溶液)	中和剂	450
水	分散剂	163

② 配制方法 按配方量将甲基萘油投入反应釜，加热至140℃后，加入硫酸，使釜内温度保持在155～165℃，进行磺化反应2h。将物料降温至110～120℃，加入水进行水解反应15min，水解后物料酸度控制在24%～26%。将物料降温至90～95℃，投入甲醛溶液，升温至130～140℃，釜内压力保持0.2～0.25MPa，缩合反应2h，反应结束后，将物料放入中和罐内，缓缓投入30%氢氧化钠溶液，在搅拌下进行中和反应，当pH为7～9时，即得棕褐色液体建-1型高效减水剂。本产品保质期1年。

(3) 产品技术性能

① 外观　棕褐色液体。

② 减水率　15%～20%。

③ 泌水率比　≤70%。

④ 含气量　3%～4%。

⑤ pH 值　7～9。

⑥ 混凝土凝结时间 (min)　初凝－60～＋90，终凝－60～＋90。

⑦ 抗压强度比　3d≥130%，7d≥125%，28d≥120%，90d≥100%。

⑧ 钢筋锈蚀　建-1 高效减水剂不含氯盐，对钢筋无锈蚀影响。

(4) 施工方法

① 掺用建-1 减水剂的混凝土配合比没有特殊要求，可按普通方法进行设计。掺用减水剂后为达到增大坍落度目的，混凝土配合比可不必调整。如为增强或节约水泥，应按砂石比例增加减去水体积的相应砂石量。

② 建-1 减水剂的适宜掺量：一般 300 号以下的普通混凝土宜按水泥质量的 0.5%～0.7%掺用，高强混凝土可掺 0.7%～1.0%。有时为改善混凝土的和易性，可掺 0.3%。

③ 建-1 减水剂液体可直接掺入拌合机内。

④ 建-1 减水剂为引气型减水剂，掺入混凝土中 0.5%～0.7%时，可引入空气 3%～4%，基本上能满足需要引气的混凝土要求，无需再掺加其它加气剂。掺建-1 减水剂的目的如是为增强，则必须排除引入的空气，可在浇筑混凝土时使用高频插入式振捣器进行振捣，即可排除大部分引入的空气，也可配合消泡剂使用。

⑤ 建-1 减水剂对硅酸盐水泥有较普遍的适应性，一般普通水泥和矿渣水泥均可使用。

⑥ 掺建-1 减水剂的混凝土对蒸汽养护制度有选择性，一般要求适当加长静置时间，同时混凝土坍落度易选用较小的。

配方 31　氨基苯磺酸甲醛缩合物高效减水剂

(1) 产品特点与用途

本产品生产工艺简单，反应时间短，反应过程可以做到零排放，不产生任何废气、废水、废渣，无污染，生产收率达到 100%；产品性能优良，减水率高，在同样掺量的情况下其25%水溶液浓度的减水率达到40%浓度的萘磺酸盐甲醛缩合物高效减水剂的减水率；应用广泛，坍落度损失特别小，产品的硫酸盐含量为0。

氨基苯磺酸甲醛缩合物高效减水剂适用于配制普通钢筋混凝土及预应力混凝土、自然养护混凝土及蒸养混凝土、泵送、早强、高强、高抗渗混凝土等。

(2) 配方

① 配合比　见表3-24。

表3-24　氨基苯磺酸甲醛缩合物减水剂配合比

原料名称	配比范围	1# 配方	2# 配方
甲醛	150～200	200	189
氨基苯磺酸	0.05～20	15	20
氨基磺酸钠	140～159	159	149
苯酚	50～80	98	110
尿素	450～550	57	75
水	4～8	500	550
氢氧化钠(40%)		15	21

② 配制方法

a. 将尿素、苯酚、氨基苯磺酸、氨基磺酸钠和水加入反应釜中，搅拌，用氨基磺酸的加量控制pH，使pH为2～4。

b. 将a步所得物料加温，温度控制在85～90℃（最适宜的温度为87～89℃），在1.5～2h内滴加甲醛，保温8～10h。

c. 将物料b步所得迅速降温至40～50℃，加入氢氧化钠溶液，将pH调节至8～10，保温至少1.5h。

(3) 产品技术性能

① 掺0.6%氨基苯磺酸盐甲醛缩合物高效减水剂减水率可达15%～25%，混凝土的耐久性能显著提高。

② 在混凝土坍落度和强度相同的条件下掺加氨基苯磺酸盐甲醛缩合物高效减水剂可节约水泥用量10%～20%。

③ 掺0.6%氨基苯磺酸盐甲醛缩合物高效减水剂，混凝土1d、3d、7d、28d、90d抗压强度分别比空白混凝土提高50%、40%、30%、25%和10%。

④ 氨基苯磺酸盐甲醛缩合物高效减水剂对硅酸盐类水泥有良好的适应性。

⑤ 提高混凝土施工和易性，在用水量相同条件下，可使混凝土坍落度由 3～5cm 提高到 15～20cm，坍落度损失特别小。

⑥ 掺用本品可使混凝土含气量增加 1%～2%，混凝土泌水率减小，抗冻融、抗渗性提高。

⑦ 不含氯盐，产品的硫酸盐含量为 0，对钢筋无锈蚀作用。

⑧ 氨基苯磺酸盐甲醛缩合物高效减水剂的性能超过国家标准萘系高效减水剂一等品指标，达到萘系高效减水剂水平，而成本仅为后者的 60%～75%。

(4) 施工方法

① 掺量　常用掺量为 0.5%～1.2%（以水泥质量计）掺量以 0.4%～0.8%效果为佳。

② 氨基苯磺酸盐甲醛缩合物减水剂溶液，可与拌合水一起加入。应注意减水剂溶液中的水量应计入混凝土总用水量中。

③ 搅拌过程中，氨基苯磺酸盐甲醛缩合物减水剂溶液略滞后于拌合水 1～2min 加入。

④ 搅拌运输车运送的商品混凝土可采用减水剂后掺法。

用户在初次使用本产品或改换水泥品种时，应根据工程具体要求及条件，参照上述说明，对减水剂掺量及掺加方法做必要的混凝土试配试验，并在施工过程中，注意控制好减水剂掺量及拌合水的用量，以获得最佳的使用效果。

配方 32　N-1 型氨基磺酸盐高效减水剂

(1) 产品特点与用途

本品性能优良，掺量低，减水率高，坍落度经时损失小，在混凝土中加入本品后，无需再添加其它活性掺合料，即可制备 C40～C80 的高强混凝土，还可改善和提高混凝土的各项物理力学性能和耐久性能，并且对钢筋无锈蚀危害。N-1 型氨基磺酸盐高效减水剂碱含量低，加入尿素后，可以有效降低最终产品中游离甲醛的含量，最大程度减少对环境的污染。

N-1型氨基磺酸盐高效减水剂适用于配制泵送、早强、高强、高抗渗混凝土及管桩等混凝土制品。

(2) 配方

① 配合比　见表3-25。

表3-25　N-1型氨基磺酸盐高效减水剂配合比

原材料名称	质量份	原材料名称	质量份
苯酚	100	过硫酸铵	3
对氨基苯磺酸	130	氢氧化钠	100
焦亚硫酸钠	40	尿素	40
甲醛	240	水	307

② 配制方法

a. 将苯酚、尿素、对氨基苯磺酸、磺化剂焦亚硫酸钠、水；缩合剂甲醛、催化剂过硫酸铵和碱氢氧化钠加入反应釜中，搅拌均匀，升温至50～105℃，进行磺化、缩聚、歧化反应2～16h。

b. 将步骤a中反应釜内的物料温度降至30～55℃，加入碱；调节混合物的pH至8.5～10.5，搅拌均匀，即可制得深褐色液态高效减水剂。将液体产品经过喷雾干燥工序，可制得粉状产品。

(3) 产品技术性能

① 掺0.6%的本品，混凝土减水率可达12%～15%，可使混凝土坍落度从3～5cm提高到15～20cm，坍落度损失小。

② 掺0.6%的本品，混凝土1d、3d、7d、28d、90d抗压强度分别比空白混凝土提高50%、40%、30%、25%和10%。

③ 在混凝土坍落度和强度相同的条件下，掺加本品可节约水泥用量15%～20%。

④ 掺本品可使混凝土含气量增加约1%～2%；混凝土抗冻融、抗渗、干缩及泌水、耐久性能等物理力学性能均优于空白混凝土。

⑤ 本品对钢筋无锈蚀危害。碱含量低，加入尿素后，可以降低产品中游离甲醛的含量，减少对环境的污染。

本品的物化指标见表3-26。

表 3-26　N-1 型氨基磺酸盐高效减水剂物化指标

项　目	指　标	项　目	指　标
外观	深褐色液体或粉末	抗压强度比/%	
pH 值	8(10%水溶液)	1d	≥150
细度	60 目筛余量≤100%	3d	≥140
减水率/%	≥12	7d	≥130
泌水率比/%	≤100	28d	≥125
含气量/%	≤3.0	90d	≥110
凝结时间之差/min		收缩率比(90d)/%	≤105
初凝	−30～+30	钢筋锈蚀	无
终凝	−30～+30		

(4) 施工方法

① 掺量范围　为水泥质量的 0.4%～1.2%。适宜掺量以 0.6%～1.0%效果为佳。

② 本品以粉剂直接掺加，或配成溶液与拌合水一起掺加皆可。

③ 如以粉剂直接掺加，必须先与水泥和骨料干拌 30s 以上，再加水搅拌，搅拌时间不得少于 2min。

④ 本品可采用同掺法、后掺法或滞水法。

⑤ 本产品应存放在干燥通风环境中，如遇受潮结块，不影响其使用性能。有效储存期两年。

配方 33　N-2 型氨基磺酸盐高效减水剂

(1) 产品特点与用途

本品生产周期短，反应温和，所需设备为常规设备，整个生产过程无“三废”排放，有利于环境保护；产品性能优异，减水率高，坍落度大、坍落度经时损失小，泌水率低，掺量小，混凝土不易分层、离析，使用方便，能够确保工程质量。N-2 型高效减水剂适用于自然养护混凝土及蒸养混凝土，适于配制流态混凝土及高强混凝土，普通钢筋混凝土及预应力混凝土等。

(2) 配方

① N-2 型高效减水剂配方 (1)　见表 3-27。

② N-2 型高效减水剂配方 (2)　见表 3-28。

表 3-27　N-2 型高效减水剂配合比 (1)

原料名称	质量份	原料名称	质量份
4-氨基-1,3 苯基二磺酸	18	氢氧化钠和三聚磷酸钠混合物(19∶1)	15
对氨基苯磺酸钠	172		
尿素	16.5	苯酚	83
双酚 A	12	水	473.5
甲醛(36%含量)	210		

表 3-28　N-2 型高效减水剂配合比 (2)

原料名称	质量份	原料名称	质量份
对氨基苯磺酸	195	氢氧化钠	55
三聚氰胺	21.5	苯酚	98
邻苯二酚	11.5	水	384
甲醛(35%含量)	235		

③ 配制方法

a. 先将氨基苯磺酸盐、苯酚、含酰胺基团的化合物以及酚类衍生物和水加入反应釜中，搅拌均匀后，用酸碱调节剂将反应体系的pH 调节至 3～5.5，加热升温至 75～100℃后，在 1～3h 内滴加缩合剂，并继续反应 0.5～3h。

b. 利用碱性调节剂将上述体系中的 pH 调节至 8～9，并加入含酰胺基团的化合物，在 75～100℃条件下反应 2～6h。

c. 用碱性调节剂将上述体系中的 pH 调节至 9.5～12.5，在85～100℃条件下反应 1～5h 后降温出料，得红棕色液体产品，通过喷雾干燥即得粉状产品（产品的重均分子量 M_w 为 6000～45000，数均分子量 M_n 为 1000～10000）

④ 配比范围　见表 3-29。

表 3-29　N-2 型高效减水剂配合比范围

项　目	配合比	项　目	配合比
氨基苯磺酸盐	9.5～26.6	缩合剂	8～45
苯酚	1.5～15.5	酸性调节剂	0.1～1.5
含酰胺基团化合物	0.2～5.5	碱性调节剂	0.1～6.5
酚类衍生物	0.5～8	水	15～68

(3) 产品技术性能

① 掺量为水泥质量的 0.4%左右时，减水率 14%左右，早期强度提高 30%～50%，28d 强度提高 20%以上。

② 配合比不变情况下，可使混凝土坍落度提高2～3倍，坍落度损失较少，泌水率低，掺量小，混凝土不易分层、离析。

③ 掺用N-2可使混凝土的内部温升有所降低而延缓温峰的出现。大体积混凝土中掺用N-2可降低混凝土的温度应力，提高其抗裂性能。

④ N-2对水泥适应性好，在相同水灰比、同等强度条件下，可节省水泥10%～15%。

⑤ 对混凝土收缩无不良影响，对钢筋无锈蚀危害。

(4) 施工方法

① 本品掺量范围为0.5%～1.2%，常用掺量为0.5%～1.0%，配制高标号及超高标号混凝土时可用0.5%～1.2%，配制早强混凝土时可用0.4%～0.6%的掺量。

② 用户使用本品时，可根据具体条件选用以下任一种掺加方法。

a. 本品粉剂可先与水泥混合，然后再与骨料、水一起拌合。也可把该粉剂按量直接与混凝土骨料一起投入搅拌机内，干拌均匀后再加入拌合水，进行搅拌。

b. 把本品粉剂预先溶解成溶液，再与拌合水一起加入。注意减水剂溶液中的水量应计入混凝土总用水量中。

c. 搅拌过程中，本品粉剂或其溶液略滞后于拌合水1～2min加入。

d. 搅拌运输车运送的商品混凝土可采用减水剂后掺法。

③ 粉剂应存放于干燥处，注意防潮，但受潮不影响使用效果，可配制成水溶液后使用。

④ 本产品有效贮存期两年，超期经混凝土试配试验后仍可继续使用。

配方34 N-3型氨基磺酸盐高效减水剂

(1) 产品特点与用途

N-3型氨基磺酸盐高效减水剂对各种水泥均有较好的适应性，初始流动度较大，减水率高，能够更好地调整混凝土的凝结时间，有效地控制坍落度损失功能好，具有改善新拌混凝土各种性能指标和提高工作性等作用，具有较好的应用价值。

本品适用于最低气温0℃以上的混凝土及砂浆施工，适于配制高强混凝土、高流动性混凝土、早强混凝土、蒸养混凝土等。

(2) 配方

① **配合比** 见表3-30。

表3-30 N-3型氨基磺酸盐高效减水剂配合比

原料名称	配比范围	质量份	原料名称	配比范围	质量份
水	200	200	甲醛	50～70	60
苯酚	30～50	40	氢氧化钠	1～10	5
氨基苯磺酸	60～90	70	三乙醇胺	0～2	1
尿素	0～10	5			

② *配制方法* 按配方量在反应釜中加入水，再加入苯酚、氨基苯磺酸、尿素升温至50～95℃，加入缩合剂甲醛，搅拌反应4～8h后，加入碱性调节剂氢氧化钠溶液及三乙醇胺，冷却搅拌至室温，即可制得红棕色液体减水剂成品。

(3) 产品技术性能

① 掺量为水泥质量的0.5%～1.0%，减水率可达15%～25%，减水率高，早强增强效果好，1d、3d混凝土强度可提高40%～70%，7d混凝土强度可提高30%～60%，28d强度可提高20%～40%。

② 保持混凝土配合比不变，混凝土强度与未掺的相近，掺入0.25%～0.5%的本品可使混凝土坍落度由1～2cm增加至10～15cm以上，初始流动度较大，适应泵送、自流灌浆的需要。

③ 在混凝土强度和坍落度基本相同时，掺加N-3的混凝土可比不掺的节约水泥用量10%～20%。

④ N-3对各种水泥的适应性好，适用于各类硅酸盐水泥。

⑤ 掺N-3减水剂，混凝土的抗冻、抗渗、抗折、弹性模量等物理力学性能均有改善。

(4) 施工方法

① N-3的掺用量为水泥质量的0.5%～1%，常用掺量为0.4%～0.8%。

② 把N-3减水剂溶液与拌合水一齐加入搅拌机内，搅拌均匀。注意减水剂溶液中的水量应计入混凝土总用水量中。

③ 搅拌过程中，N-3溶液略滞后于拌合水1～2min加入。

④ 搅拌运输车运送的商品混凝土可采用减水剂后掺法。

⑤ 本产品有效贮存期两年，超期经混凝土试配试验后仍可继续

使用。

配方35 N-4型氨基磺酸盐高效减水剂

(1) 产品特点与用途

本品性能优异，减水率高（大于25%）能够大幅度改善混凝土的流动性、施工性，提高混凝土抗压强度和耐久性，控制坍落度损失效果十分明显（混凝土坍落度在2h内损失率小于10%），并且对混凝土内部钢筋无锈蚀作用。

N-4减水剂适用于商品预拌混凝土、高强混凝土、大体积混凝土、钢筋混凝土、轻骨料混凝土、桥梁、建筑和水工结构物（构筑物）。

(2) 配方

① 配合比 见表3-31。

表3-31 N-4型氨基磺酸盐高效减水剂配合比

原料名称	配比范围	质量份	原料名称	配比范围	质量份
对氨基苯磺酸	100	1	甲醛	200～600	4.5
氢氧化钠	50～180	1.5	水	3000～8000	44.5
苯酚	120～210	1.8			

② 配制方法

a. 先将水加入反应釜中，加热至45～60℃，然后依次向反应釜中加入对氨基苯磺酸、氢氧化钠、苯酚，搅拌使其全部溶解。

b. 向上述物料所在反应釜中滴加甲醛，滴加时间控制在40～60min，然后升温至60～120℃，反应时间为2～4.5h，降温冷却，即可得浓度为25%～50%，平均分子量为4000～9500，红棕色液体产品高效减水剂。

(3) 产品技术性能

① 具有超塑化、引气、缓凝性能，减水率高（大于25%），坍落度损失较小。减水率在25%以上时仍可显著地改善混凝土的和易性、保水性和可泵性，可提高混凝土的强度和耐久性、抗渗、抗冻融、弹性模量及其它物理力学性能。控制混凝土坍落度损失效果十分明显（混凝土坍落度在2h内损失率小于10%），并且对混凝土内部钢筋无锈蚀作用。

② 应用525号普通硅酸盐水泥可配制C40～C60高强混凝土，采用特种矿物填充料时可配制C70～C80高强混凝土。

③ 可节约水泥10%～15%。

④ N-4减水剂对水泥适应性强，对混凝土干燥收缩无不良影响。

(4) 施工方法

① 掺量为水泥质量的0.4%～1%，常用掺量以0.5%～0.8%效果为佳。

② N-4减水剂溶液与拌合水可一起掺加。

③ 本品可采用同掺法、后掺法或滞水法。

④ N-4减水剂采用后掺法的拌合时间不得少于30min。

⑤ 本品保质期1年，超期经混凝土试配试验仍可继续使用。

配方36 KF-N高效减水剂

(1) 产品特点与用途

本品具有高分散性、低起泡性和较大的减水、增强作用。KF-N高效减水剂对各种水泥和外加剂适应性强，属于高分子阴离子表面活性剂。由于含有极性基，定向吸附于水化的水泥颗粒表面，形成双电层使水泥颗粒之间的排斥力增强，促使水泥浆体中形成的絮凝状结构分散解体，从而可以降低水灰比，达到减水目的，改善混凝土内部结构，提高混凝土的流动性。对水化热有延时、降温作用，减少混凝土温度应力，提高混凝土密度，可起抗渗、防裂等性能。掺量为水泥用量的0.15%～1.0%，可减少拌合用水量14%～30%，1d、3d混凝土强度可提高50%～120%，7d混凝土强度提高30%～60%，28d可提高20%～50%以上。在标号强度不变下，掺用本品可节约水泥10%～25%，在相同水灰比下，可使混凝土坍落度提高3倍以上。

KF-N高效减水剂适用于基础混凝土、大体积混凝土、流态混凝土、泵送混凝土、蒸养混凝土、预制构件、高强混凝土施工等。

(2) 配方

① 配合比 见表3-32。

表3-32 KF-N高效减水剂配合比

原料名称	质量份	原料名称	质量份
β-甲基萘	100	纯碱	32
硫酸(98%)	120	石灰乳	适量
甲醛(37%)	65	水	300～400

② 配制方法 按配比量将β-甲基萘加入磺化反应釜，和硫酸发

生磺化反应，在120～130℃添加浓度为98%的硫酸，升温到160℃磺化反应2h，在磺化物中加水后，在30min滴入甲醛，在100～120℃反应5h，进行缩合反应，将所得的缩合物用石灰乳和纯碱中和冷却，调pH为7～9。最后将析出的沉淀过滤，烘干、粉碎即得到棕色甲基萘磺酸甲醛缩合物钠盐粉状产品。

(3) 产品技术性能 见表3-33。

表3-33 KF-N高效减水剂物化指标

项目	指标	
	一等品	合格品
减水率/%	≥12	≥10
泌水率比/%	≥100	≥100
含气量/%	<4.5	<4.5
凝结时间差/min	－90～＋120	
抗压强度比/%		
1d	≥140	≥130
3d	≥130	≥120
7d	≥125	≥115
28d	≥120	≥110
收缩率比/%	≤135	
对钢筋锈蚀作用	对钢锈无锈蚀危害	
含固量或含水量	液体外加剂应在生产厂控制值的相对量3%之内；固体外加剂应在生产厂控制值的相对量5%之内	
相对密度	应在生产厂控制值的±0.2之内	
水泥净浆流动度	应在不小于生产厂控制值的95%	
细度(0.315mm筛)	筛余<15%	
pH	应在生产厂控制值的±1之内	
表面张力	应在生产厂控制值的±1.5之内	
还原糖	应在生产厂控制值的±3%	
总碱量	应在生产厂控制值的相对量5%之内	
Na_2SO_4	应在生产厂控制值的相对量5%之内	

(4) 施工方法

① 掺量范围　为水泥质量的0.4%～1.2%。掺量以0.5%～1.0%效果为佳。

② 本品呈粉末状，可直接使用，也可预先配制成水溶液使用。

③ 本品掺入方式可采用同掺法或滞水法，并适当延长搅拌时间。

④ 对减水剂掺量、拌合时间及掺加方法，可做必要混凝土试配

试验，严格控制好减水剂和拌合水的用量。

⑤ 本品应贮存在干燥通风的库房内，如遇受潮结块，不影响其使用性能。有效储存期两年。

配方 37 LH-A 型混凝土超塑化剂

(1) 产品特点与用途

LH-A 型混凝土超塑化剂主要成分为多萘磺酸钠、无水硫酸钠、三乙醇胺，可提高混凝土的流动性和强度，改善工作性能，加速水泥凝结和硬化；混凝土水泥浆中加入超塑化剂，它便吸附于水泥粒子表面，使其带上电荷。同时电荷的排斥作用，使凝集的水泥粒子分散，提高水泥的流动性，改善混凝土的工作性能。

LH-A 型超塑化剂的主要特点是，对水泥分散效果特别显著，能大幅度提高混凝土流动性，而且，坍落度在 90min 内基本不损失，特别适用于配制高流动性的自密实混凝土、泵送混凝土、现场浇筑或水泥制品用的高标号混凝土和要求流动性特别好的建筑艺术混凝土。

(2) 配方

① 配合比　见表 3-34。

表 3-34　LH-A 型混凝土超塑化剂配合比

原料名称	质量份	原料名称	质量份
亚甲基二萘磺酸钠	70	三乙醇胺	2
无水硫酸钠	5	水	100

② 配制方法　按配方将各组分混合均匀，即成超塑化剂。

(3) 产品技术性能

① 质量规范

a. 外观：棕色液状物（浓度 40%）。

b. pH 值 7±1。

c. 溶解性：易溶于水。

d. 无毒，不燃。系非氯盐型外加剂，不锈蚀钢筋。

② 技术性能

a. 本品能显著改善混凝土和易性。基准混凝土（坍落度 8cm±1cm）中掺 0.6%本品后，坍落度增加约 12cm，混凝土显示良好的流动性和自密性。

b. 用LH-A配制的流化混凝土，不泌水，不离析，和易性极好。

c. 掺LH-A的流化混凝土凝结时间约延长2～6h，一般在90min内仍保持流态化，基本没有坍落度损失。

d. 与基准混凝土相比，掺LH-A可减少水泥用量10%～15%，采用相同水灰比仍可配制坍落度达20cm的流化混凝土，其最终强度高于基准混凝土。

e. LH-A能在混凝土中引入少量微气泡，从而大大提高混凝土的抗渗和抗冻融能力。

f. LH-A对水泥适应性好，能用于各种硅酸盐类水泥。

(4) 施工方法

① 本品适宜掺量为水泥用量的0.6%～1.8%。根据对混凝土性能的不同要求和施工条件的变化，掺量可适当调整。

② LH-A超塑化剂溶液可与拌合水同时加入。如有条件，建议后于拌合水加入，效果更佳。

③ LH-A超塑化剂可与其它外加剂复合使用，在正式使用前必须通过混凝土试配试验确定其效果。

④ 本产品保质期1年，超期经混凝土试配试验仍可使用，不影响效果。

配方38 FE磺化对氨基苯磺酸钠高效减水剂

(1) 产品特点与用途

本品性能优异，减水率可高达20%～35%，在很低的水灰比下，混凝土依然具有优良的流动性，坍落度损失小，能够解决混凝土的稠度受温度因素的影响损失较快的问题。本品适用于配制高强混凝土、泵送混凝土、蒸养混凝土、大体积混凝土。特别适用于重点工程和有特殊要求的混凝土工程。

(2) 配方

① 配合比　见表3-35。

表3-35　FE磺化对氨基苯磺酸钠高效减水剂配合比

原料名称	质量份	原料名称	质量份
对氨基苯磺酸钠	46	甲醛(37%)	160
亚硫酸氢钠	38	水	300
丙酮	58		

② 配制方法　按配合比将水放入反应釜中，加入对氨基苯磺酸钠和磺化剂亚硫酸氢钠，再加入丙酮，升温80℃反应2h，缓慢加入甲醛，在95～110℃下反应2～8h，即可得到液体产品，也可经烘干脱水干燥处理制成粉状产品。

(3) 产品技术性能

① 质量规范

a. 外观：棕色液体（浓度40%）或浅棕色粉状物。

b. 细度：60目筛余≤5%。

c. pH值：7±1。

d. 对钢筋无锈蚀。

② 技术性能

a. 基准混凝土（坍落度8cm±1cm）中掺0.8%液剂后，坍落度增加约12cm，混凝土显示良好的流动性和自密性。

b. 用FE配制的流化混凝土，不泌水，不离析，和易性极好。

c. 掺FE的流化混凝土，一般在90min内仍保持流态化，基本没有坍落度损失。

d. 与基准混凝土相比，掺FE可减少水泥用量10%～15%，采用相同水灰比，可配制出坍落度达20cm的流化混凝土，其最终强度仍高于基准混凝土。

e. 本品能在混凝土中引入少量微气泡，从而大大提高混凝土的抗渗和抗冻融能力。

f. 本品对水泥适应性好，能用于各种硅酸盐类水泥。

(4) 施工方法

① 本品液剂的适宜掺量为0.8%～1.8%，粉剂为0.4%～0.8%。根据对混凝土性能的不同要求和施工条件的变化，掺量可适当调整。但粉剂最大掺量不要超过1%，液剂不要超过2.5%。

② 本品粉剂可直接使用。这时应先与水泥、骨料干拌30s，然后加水搅拌2min。

③ 如利用混凝土搅拌车运输中拌合，一般运输时间应大于30min，待到达现场后，应加速搅拌1min。

④ 本品液剂可与拌合水同时加入。如有条件，建议后于拌合水加入，效果更佳。

⑤ 本品可与其它外加剂复合使用，在正式使用前必须通过试验

确定其效果。

配方39 N-5型氨基磺酸盐高效减水剂

(1) 产品特点与用途

本品性能优异，对各种水泥均有较好的适应性，对水泥的分散作用强，初始流动度较大，减水率高，坍落度大，坍落度经时损失小，泌水率低，早强增强效果好，掺量小，对混凝土有良好的塑化作用，混凝土不易分层、离析，施工使用方便，能够保证工程质量，在混凝土强度基本不变的情况下，可节约水泥10%～20%，适用于流态混凝土、高强混凝土、蒸养混凝土、泵送混凝土和抗渗防水混凝土。

(2) 配方

① 配合比 见表3-36。

表3-36 N-5型氨基磺酸盐高效减水剂配合比

原料名称	质量份	原料名称	质量份
对氨基苯磺酸钠	180	氨基磺酸	3.5
双氰胺和尿素混合物(1∶3)	12	氢氧化钠和三聚硫酸钠混合物(19∶1)	9.5
双酚A	22	苯酚	68
甲醛(37%含量)	180	水	525

② 配制方法

a. 酸性缩合 先将氨基苯磺酸（盐）、苯酚、含酰胺基团的化合物以及酚类衍生物和水加入反应釜中，搅拌均匀后，用酸碱调节剂将反应体系的pH值调节至3～5.5，加热升温至75～100℃后，在1～3h内滴加缩合剂，并继续反应0.5～3h。

b. 碱性缩合 利用碱性调节剂将上述体系中的pH值调节至8～9，并加入含酰胺基团的化合物，在75～100℃条件下反应2～6h。

c. 碱性重整 利用碱性调节剂将上述体系中的pH值调节至9.5～12.5，在85～100℃条件下反应1～5h后降温出料，得红棕色液体产品，通过喷雾干燥即得粉状产品（产品的重均分子量M_w为6000～45000，数均分子量M_n为1000～10000）。

(3) 产品技术性能

① 掺量为水泥质量的0.5%～1.0%时，减水率可达15%～25%，早期强度提高30%～50%，28d强度提高20%～40%以上。

② 配合比不变情况下，可使混凝土坍落度提高 2～3 倍，坍落度损失较少，泌水率低，掺量小，混凝土不易分层、离析。

③ 对各种水泥适应性好，在相同水灰比、同等强度条件下，可节省水泥 10%～15%。

④ 对混凝土收缩无不良影响，对钢筋无锈蚀危害。

⑤ 掺 N-5 减水剂，混凝土的抗冻、抗渗、抗折、弹性模量等物理力学性能均有改善。

(4) 施工方法

① N-5 的掺量为水泥质量的 0.5%～1.0%，常用掺量为 0.4%～0.8%。

② N-5 粉剂可先与水泥混合，然后再与骨料、水一起拌合。也可把该粉剂按配方量直接与混凝土骨料一起投入搅拌机内，干拌均匀后再加入拌合水，进行搅拌。

③ 搅拌过程中，N-5 粉剂略滞后于拌合水 1～2min 加入。

④ 本品应贮存于干燥处，注意防潮，但受潮不影响使用效果，可配制成水溶液后使用。本产品有效贮存期两年，超期经混凝土试配试验后仍可继续使用。

配方 40　N-6 型氨基磺酸盐高效减水剂

(1) 产品特点与用途

本品通过应用或部分应用不含钠、钾离子的碱性调节剂，降低或除去现有技术所制备氨基磺酸盐减水剂中的碱，使得减水剂总碱量小于 1%，甚至为零，可减缓碱-骨料反应产生膨胀，避免对混凝土的破坏，保证混凝土有足够长的使用寿命。本品为混凝土减水剂，适用于对耐久性总碱量要求较高的混凝土工程。

(2) 配方

① 配合比　见表 3-37。

表 3-37　N-6 型氨基磺酸盐高效减水剂配合比

原料名称	质量份	原料名称	质量份
A　氨基苯磺酸	225	D　甲醛(37%含量)	252
B　苯酚	24	E　氢氧化钙	14.8
甲酚	12	氨水	34
C　双氰胺和尿素混合物(1∶3)	28	水	350.2

② 配制方法

a. 羧甲基化　将氨基苯磺酸、苯酚、甲酚单体和水加入反应釜中，搅拌均匀后，用30%氢氧化钠水溶液将反应液的pH值调节至7.0～9.5，在0.5～3h内滴加甲醛，加热升温至50～100℃后，反应0.5～2h；

b. 碱性缩合　用30%氢氧化钠水溶液将a步所得的反应液的pH值调节至8～11，并加入双氰胺和尿素混合物，在70～100℃条件下反应2～10h；

c. 碱性重整　用氢氧化钠水溶液将b步所得的反应体系的pH值调节至8.5～13.0在85～100℃条件下反应0.5～3h，后降温出料得到红棕色液体产品，将液体产品经过喷雾干燥工序，制得粉状产品。

(3) 施工方法

① 掺量范围：为水泥用量的0.5%～1.2%，适宜掺量以0.6%～1.0%效果为佳。

② N-6型高效减水剂以粉剂直接掺加，或配成溶液与拌合水一起掺加皆可。

③ 如以粉剂直接掺加，必须先与水泥和骨料干拌30s以上，再加水搅拌，搅拌时间不得少于2min。

配方41　VS-J型聚羧酸盐高效减水剂

(1) 产品特点与用途

VS-J型高效减水剂是目前国内外最新型的聚羧酸盐高效减水剂。它与常用的高效减水剂相比，具有减水率高、掺量低、与水泥适应性好、坍落度损失小，产品性能稳定，长期储存不分层、无沉淀；冬季无结晶，碱含量低；不含氯离子，对钢筋无腐蚀；不含甲醛，无毒不易燃，对环境安全等特点。同时具有改善新拌混凝土各种性能指标和提高工作性等作用。本品可作为高性能混凝土的重要组成部分。适用于多种规格、型号的水泥，尤其适宜与优质粉煤灰、矿渣等活性掺和料相配伍制备高强、高耐久性、自密实的高性能混凝土。广泛应用于工业与民用建筑、水利、道路交通工程领域。

(2) 配方

① 配合比　见表3-38。

表 3-38　VS-J 型聚羧酸盐系高效减水剂配合比

原料名称	质量份
酯化反应	
聚乙二醇	100
浓硫酸	2.14
甲苯	100
丙烯酸	7.2
聚合反应	
聚乙二醇单丙烯酸酯(PEA 酯化产物)	52.7
甲基丙烯磺酸钠	7.91
水	136.74
丙烯酸	10.8
5%的过硫酸铵溶液	20.52
10%的巯基乙醇溶液	9.36
氢氧化钠	适量

② 配制方法

a. 以甲苯作为溶剂，浓硫酸作催化剂，用相对分子质量 1000 的聚乙二醇与丙烯酸在温度 90℃±5℃条件下进行酯化反应，所用丙烯酸在 100min±10min 内加完，反应时间为 5h±0.5h，反应完成后，抽真空，抽出水和甲苯，制得聚乙二醇单丙烯酸酯化物。

b. 在步骤 a 制得的聚乙二醇单丙烯酸酯化物中加入甲基丙烯磺酸钠和丙烯酸，用过硫酸铵或过硫酸钠作为引发剂，巯基乙醇作为链转移剂，在水溶液中于 85℃±5℃进行聚合反应，所述的丙烯酸和引发剂及链转移剂在 100min±10min 内加完，反应时间 6h±0.5h，反应完成后，用氢氧化钠中和至 pH 为 6.5±0.5，得到 30%聚羧酸系减水剂溶液。

(3) 产品技术性能

当用 30%浓度的本品掺量为水泥质量的 0.65%时，混凝土拌合物坍落度可达 19cm；当掺量为 1.2%时，减水率可达 30%，混凝土 3d 抗压强度提高 70%～120%，28d 抗压强度提高 50%～80%，90d 抗压强度提高 30%～40%。

(4) 施工方法

① 本品掺量范围为水泥质量的 0.6%～1.5%，可根据与水泥的适应性、气温的变化和混凝土坍落度等要求，在推荐范围内调整确定最佳掺量。

② 按计量直接掺入混凝土搅拌机中使用。

③ 在使用本产品时，应按混凝土配合比事先检验与水泥的适应性。

配方 42 VS-F 型聚羧酸盐高效减水剂

(1) 产品特点与用途

VS-F 型聚羧酸盐高效减水剂是一类全新型的高性能减水剂，产品性能优异，掺量小，当本品掺量为水泥质量的 1.5%时配制的混凝土其含气量一般在 4%～7%，减水率可达 30%，坍落度损失小，2～3h 内坍落度基本无损失，28 天抗压强度为 110%～120%。用于混凝土可使净浆具有良好的流动性，节约水泥用量。本品适用于配制高性能混凝土。

(2) 配方

① 配合比 见表 3-39。

表 3-39 VS-F 型聚羧酸盐高效减水剂配合比

原料名称	质量份	原料名称	质量份
聚氧乙烯烷基酚醚	42.03	对苯二酚	0.12
甲基丙烯酸甲酯	9.77	过氧化二苯甲酰	2.93
甲基丙烯酸	15.44	丁酮	23.45
对甲苯磺酸	3.91	氢氧化钠	2.35

② 配制方法

a. 用甲基丙烯酸甲酯与聚氧乙烯烷基酚醚发生酯交换反应以在聚氧乙烯烷基酚醚长链上引入双键，具体工艺方法如下：将聚氧乙烯烷基酚醚、对苯二酚、对甲苯磺酸放入反应容器内，在85℃±3℃的温度下，搅拌使对苯二酚和对甲苯磺酸完全溶解后，向容器内滴加甲基丙烯酸甲酯，控制滴速，在 15min±5min 内滴完，然后保持温度在 85℃±3℃范围内，反应 8h±0.5h。反应生成甲基丙烯酸聚氧乙烯醚酯，其分子结构中含有可聚合双键。

b. 以丁酮为溶剂、过氧化二苯甲酰为引发剂，使步骤 a 的反应产物即甲基丙烯酸聚氧乙烯醚酯与甲基丙烯酸发生聚合反应，具体工艺如下：首先向甲基丙烯酸聚氧乙烯醚酯中加入丁酮总量的 20%～30%，温度控制在 83℃±3℃，搅拌；然后用其余的丁酮溶解甲基丙烯酸和过氧化二苯甲酰（BPO）后向甲基丙烯酸聚氧乙烯醚酯中滴加，以发生聚合反应。控制滴速，使之在1.5h±0.5h内滴完，控制反应温度在83℃±3℃范围内，反应3h±0.3h。待反应基本结束后，在80℃±5℃条件下减压蒸馏，以蒸除溶剂，得到透明棕红色产物，即为本品的有效成分。

(3) 产品技术性能 本品匀质性指标见表3-40。

表3-40 VS-F型聚羧酸盐高效减水剂匀质性指标

试验项目	指 标	试验项目	指 标
固含量/%	40.0±1.0	pH值	8.0±1.0
密度/(g/cm³)	1.07±0.005	表面张力/(mN/m)	—
氯离子含量/%	≤0.05	总碱量/%	≤2.0
水泥净浆流动度/mm	≥100	硫酸钠含量/%	≤0.5

(4) 施工方法

本品有效成分难溶于水，为便于使用和储存，需要用氢氧化钠溶液溶解该聚合产物，以配制成固含量为40%的溶液，即为成品。掺量为水泥质量的0.5%～1.2%。

配方43 COH氨基磺酸盐混凝土高效减水剂

(1) 产品特点与用途

COH减水剂的研制成功解决了传统氨基磺酸盐高效减水剂存在的苯酚原料价格偏贵，导致该产品价位高，施工中掺量不易掌握的缺点。传统氨基磺酸盐高效减水剂若掺量过低，水泥粒子不能充分分散，混凝土坍落度较小，若掺量过大，则容易使水泥粒子过于分散，混凝土保水性不好，离析泌水现象严重，甚至浆体板结，与水分离，因而在施工中很难掌握。COH高效减水剂生产成本低，减水率高，与水泥适应性好。采用COH减水剂配制的混凝土，掺量为水泥质量的0.35%～0.6%时，减水率可达25%～35%，混凝土7d、28d早期抗压强度分别提高40%～50%，28d强度提高20%以上。混凝土2h坍落度基本不损失，和易性好，混凝土泵送阻力小，便于输送，混凝土表面无泌水线，不引气、混凝土外观质量好，碱含量低，不含氯离子，对钢筋无腐蚀作用，抗冻性和抗炭化能力较普通混凝土显著提高，产品适应性强，性能稳定，无毒，对环境安全。

COH高效减水剂适用于多种规格、型号的水泥，尤其适宜于优质粉煤灰、矿渣等活性掺合料配制高效、高耐久性、自密实等高性能混凝土、泵送混凝土。

(2) 配方

① 配合比 见表3-41。

表3-41 COH氨基磺酸盐混凝土高效减水剂配合比

原料名称	质量份	原料名称	质量份
磺化反应产物	65	水	240
对氨基苯磺酸钠	50	氢氧化钠	调pH值为8～9
苯酚	30	甲醛	75

其中磺化反应产物：

原料名称	质量份	原料名称	质量份
苯甲酸	30	浓硫酸	110
苯酚	20	30%的氢氧化钠溶液	中和pH为7～8

② 配制方法

a. 按配比计量将苯甲酸、苯酚与浓硫酸投入反应釜中，加热升温至85℃，边搅拌边进行磺化反应2h，用30%的氢氧化钠溶液中和至pH值7～8，制得磺化反应产物。

b. 将磺化反应产物、对氨基苯磺酸钠、苯酚和水放入另一反应釜中，并加热升温至80℃，用氢氧化钠溶液调pH值为8～9，搅拌15min，滴加缩合剂甲醛，在2h内滴完，并继续恒温80℃，进行缩合反应6h，经冷却降温出料，即制得红棕色液体COH氨基磺酸盐混凝土高效减水剂。

(3) 产品技术性能

① 掺量为水泥质量的0.35%～0.6%时，减水率25%～35%，早期强度提高30%～50%，28d强度提高20%以上。

② 配合比不变情况下，可使混凝土坍落度提高2～3倍，坍落度损失较少，泌水率低，掺量小，混凝土和易性好，混凝土泵送阻力小，不易分层、离析。

③ COH高效减水剂对水泥适应性好，在相同水灰比、同等强度条件下，可节省水泥10%～15%。

④ 对混凝土收缩无不良影响，对钢筋无锈蚀危害。

(4) 施工方法

本品掺量范围为水泥质量的0.35%～1.0%，常用掺量为

0.35%～0.8%，COH减水剂溶液可与拌合水一起加入，施工可采用同掺法、后掺法或滞水法。采用后掺法的拌合时间不得少于30min。

配方44 FT丙烯酸复合高效减水剂

(1) 产品特点与用途

FT丙烯酸复合高效减水剂属于水溶性高分散性阴离子表面活性剂，对各种水泥和外加剂适应性强，掺量为水泥质量的0.35%，混凝土减水率可达22%～30%，混凝土拌合后90min坍落度损失小，可控制在10%以内，1d、3d混凝土抗压强度可提高50%～120%，7d混凝土强度提高50%～90%，28d可提高20%～50%以上。在标号强度不变下，掺用本品可节约水泥10%～25%。FT丙烯酸系复合高效减水剂适用于基础混凝土、大体积混凝土、流态混凝土、自密实混凝土、泵送混凝土、自然养护预制构件混凝土、钢筋及预应力钢筋混凝土、高强混凝土等。

(2) 配方

① 配合比　见表3-42。

表3-42　FT丙烯酸复合高效减水剂配合比

原料名称	质量份	原料名称	质量份
丙烯酰胺	250	硫酸亚铁	0.1
丙烯酸钠	500	过氧化二异丙苯	0.1
聚(β-氨基丙酸)	250	水	适量
异丙醇	适量	苯	适量

② 配制方法　将丙烯酰胺、丙烯酸钠、聚（β-氨基丙酸）溶于水中，加入少量异丙醇，搅拌均匀，通入氮气30min。然后加入硫酸亚铁水溶液，过氧化二异丙苯的苯溶液，在15℃的水浴中反应17h即可制得浓度40%棕色液体FT丙烯酸复合高效减水剂成品。

(3) 产品技术性能

① 减水率：15%～30%。

② 泌水率比：≤100%。

③ 混凝土凝结时间：初凝－60～＋90min，终凝－60～＋90min。

④ 1～7d、28d抗压强度分别提高30%～80%，20%～50%。

⑤ 节约水泥15%～20%。

⑥ 本品不含氯盐对钢筋无锈蚀作用。

(4) 施工方法

① FT 的掺量为水泥质量的 0.35%～1.0%，常用掺量为 0.4%～0.8%，可根据与水泥的适应性、气温的变化和混凝土坍落度等要求，在推荐范围内调整确定最佳掺量。

② 按计量直接掺入混凝土搅拌机中使用。

③ 在使用本产品时，应按混凝土配合比事先检验与水泥的适应性。

配方 45 CHO 环氧乙烷混凝土高效减水剂

(1) 产品特点与用途

本品掺量低，对水泥适应性强，减水率高，早强增强效果好，生产工艺简单，集混凝土减水、增强、节约水泥多功能于一体：原料中不含氰、萘等有害物质，对人体与环境不危害，施工使用安全。配方组分中环氧乙烷化合物的主要作用是减水、增强、节约水泥；防锈组分中尿素作用是防止水泥中的钢筋生锈腐蚀；早强剂无水硫酸钠可缩短混凝土的凝结时间，促进混凝土早期强度提高。

CHO 环氧乙烷混凝土高效减水剂适用于基础混凝土、大体积混凝土、高强混凝土、蒸养混凝土、路面混凝土及泵送混凝土。

(2) 配方

① 配合比 见表 3-43。

表 3-43 CHO 环氧乙烷混凝土高效减水剂配合比

原料名称	作用	质量份
环氧乙烷化合物(C_2H_4O)	减水、增强、节约水泥	55
无水硫酸钠	早强剂	12
尿素	防锈剂	8
木质素磺酸钙	早强、减水	40

② 配制方法 将环氧乙烷化合物、防锈剂尿素、早强剂无水硫酸钠、木质素磺酸钙放入滚筒搅拌机中，在常温常压下搅拌 2～3h，出料包装即可。

(3) 产品技术性能

① 掺水泥质量 0.6%的 CHO 减水剂，混凝土减水率可达 12%～15%，可使混凝土坍落度从 3～5cm 提高到 15～20cm，坍落度损失小。

② 掺 0.6%的 CHO 减水剂，混凝土 1d、3d、7d、28d、90d 抗压强度分别比空白混凝土提高 50%、40%、30%、25%和 10%。

③ CHO 减水剂对水泥适应性好，在相同水灰比、同等强度条件下，掺加本品可节约水泥用量 15%～20%。

④ 掺 CHO 减水剂可使混凝土含气量增加约 1%～2%，混凝土抗冻融、抗渗、干缩及泌水、耐久性能等物理力学性能均优于空白混凝土。

⑤ 本品对混凝土收缩无不良影响，对钢筋无锈蚀危害。

(4) 施工方法

① 掺量范围为水泥质量的 0.6%～1.0%。适宜掺量以 0.6%～0.8%效果为佳。

② 本品可配成溶液与拌合水一起掺加，施工可采用同掺法、后掺法或滞水法。

配方 46　N-7 型氨基磺酸盐高效减水剂

(1) 产品特点与用途

本品具有掺量小，减水率高，掺量为水泥质量的 0.3%～0.7%时减水率可达 15%～25%，在很低的水灰比下，混凝土（或砂浆、净浆）依然具有流动性。在用水量相同条件下，可使混凝土坍落度由 3～5cm 提高到 15～20cm，坍落度损失特别小，可明显改善混凝土和易性，大幅度提高混凝土流动性、黏聚性及保水性，具有显著早强、增强效果，可节约水泥用量。

N-7 型氨基磺酸盐高效减水剂适用于配制高强、超高强混凝土及泵送混凝土、高抗渗混凝土等。

(2) 配方

① 配合比　见表 3-44。

表 3-44　N-7 型氨基磺酸盐高效减水剂配合比

原料名称	质量份	原料名称	质量份
氨基苯磺酸	600	木质素磺酸镁	500
对苯二甲醇	100	过硫酸铵	1.2
苯酚	700	过氧化氢	10
水	2000	氢氧化钠	适量

② 配制方法

a. 在反应釜中放入固体氨基苯磺酸，加入缩合剂对苯二甲醇、苯酚后，再加入水、木质素磺酸镁、引发催化剂过硫酸铵和氧化剂过氧化氢，边搅拌边加热升温至 60～110℃，保温反应 2.5～10h。

b. 将步骤 a 中反应釜内的物料温度降至 30～55℃，加入氢氧化钠；调节混合物的 pH 至 8.5～10.5，搅拌均匀，即可制得深褐色液态高效减水剂。将液体产品经过喷雾干燥工序，可制得粉状产品。

(3) 产品技术性能 见表 3-45。

表 3-45 N-7 型氨基磺酸盐高效减水剂物化指标

项目	指标	项目	指标
外观	深褐色液体或粉末	抗压强度比/%	
pH 值	8.5(10%水溶液)	1d	≥150
细度	60 目筛余量≤100%	3d	≥140
减水率/%	≥15	7d	≥130
泌水率比/%	≤100	28d	≥125
含气量/%	≤3.0	90d	≥110
凝结时间之差/min		收缩率比(90d)/%	≤105
初凝	－30～＋30	钢筋锈蚀	无
终凝	－30～＋30		

(4) 施工方法

本品可以干粉或水溶液形式加入到水泥或混凝土拌合物中，其掺量为水泥质量的 0.3%～0.7%，最佳掺量为 0.4%～0.6%。本品施工可采用同掺法、后掺法或滞水法；如以粉剂直接掺加，必须先与水泥和骨料干拌 30s 以上，再加水搅拌，搅拌时间不得少于 2min。

配方 47 BS-F 丙烯酸酯聚合物高效减水剂

(1) 产品特点与用途

本品采用水相合成工艺，将甲基丙烯酸、甲基丙烯酸羟乙酯、甲基烯丙基磺酸钠等单体加入引发剂、交联剂进行单体聚合、交联共聚制得 BS-F 型丙烯酸酯聚合物高效减水剂。它与同类产品常用高效减水剂相比，具有减水率高，掺量低，与水泥适应性好，用于混凝土可使净浆具有良好的流动性，制得的水泥拌合物在整个持续时间内均能保持高坍落度，坍落度损失小。在混凝土强度和坍落度基本相同时，可节约水泥用量 10%～20%。BS-F 高效减水剂对环境无污染，同时具有改善新拌混凝土各种性能指标和提高工作性等作用。BS-F减水剂为浅棕色透明液体，低碱，无腐蚀性，对钢筋无锈蚀作用，适用于各类泵送混凝土、大体积混凝土、高架、高速公路、地铁、桥梁、水工混凝土等。

(2) 配方

① 配合比　见表3-46。

表3-46　BS-F丙烯酸酯聚合物高效减水剂配合比

原料名称	质量份	原料名称	质量份
水①	250	马来酸单烯丙基酯	10
甲基丙烯酸	80	过硫酸铵	30
甲基丙烯酸羟乙酯	55	水②	100
甲基烯丙基磺酸钠	50		

② 配制方法　在带有搅拌器、温度计、滴液漏斗、冷凝管的搪瓷反应釜中先加入水①，搅拌加热升温至80℃，同时滴加甲基丙烯酸、甲基丙烯酸羟丙酯、甲基烯丙基磺酸钠、马来酸单烯丙基酯、过硫酸铵与水②配制成的水溶液。滴加时间为2h，滴加温度70～80℃，滴加完后继续保温3h，进行聚合反应，降温至30～55℃出料即可制得浅棕褐色液体BS-F丙烯酸酯聚合物高效减水剂。

(3) 产品技术性能

① 在与基准混凝土同坍落度和等水泥用量的前提下，减水率可达20%～30%，混凝土各龄期强度均有显著提高，3～7d抗压强度比为130%～150%左右，28d强度仍可提高20%左右。

② 具有显著的可泵性。与基准混凝土相比，在同水灰比的前提下，可使混凝土坍落度从3～5cm提高到15～20cm，坍落度损失小。

③ 在混凝土坍落度和强度相同的条件下，掺加本品可节约水泥10%～20%。

④ 掺BS-F减水剂，混凝土的抗冻、抗渗、抗析、弹性模量等物理力学性能均有改善。

⑤ 对钢筋无锈蚀作用，对收缩无不良影响。

(4) 施工方法

① 本品掺量范围为水泥质量的0.3%～0.9%，适宜掺量为0.5%～0.7%，可根据与水泥的适应性、气温的变化和混凝土坍落度等要求，在推荐范围内调整确定最佳掺量。

② 按计量，直接掺入混凝土搅拌机中使用。

③ 在使用本产品时，应按混凝土配合比事先检验与水泥的适应性。

配方 48 复合型混凝土高效减水剂

(1) 产品特点

混凝土中当加入高效减水剂后，减水剂分子在水中离解出的阴离子吸附在混凝土的水泥粒子上降低了其表面能，并且在水泥粒子上形成具有强电场的吸附层，破坏了水泥凝聚体，释放出这部分包裹着的水而产生分散作用，进而提高了混凝土的流动性，改善了混凝土的物理力学性能。不同的减水剂由于具有不同的分子结构因而具有不同的分散作用机理。使用不同结构的减水剂复合能产生叠加效应，进一步提高混凝土的减水效果。掺用复合型混凝土高效减水剂，能大幅度提高外加剂对水泥的适应性、改善混凝土拌合物的和易性，保持混凝土拌合物不离析、不泌水，易于浇筑、泵送和密实成型。对控制混凝土坍落度损失具有显著效果，并可提高混凝土的抗渗性、抗冻融性和抗碳化能力。

(2) 配方

① 复合型混凝土高效减水剂 (1)

a. 配合比 见表 3-47。

表 3-47 复合型混凝土高效减水剂 (1) 配合比

原料名称	质量份	
	配 方(1)	配 方(2)
萘磺酸甲醛缩合物水溶液(30%)	200	100
醛酮磺化缩合物水溶液(30%)	400	300
氨基磺酸盐甲醛缩合物水溶液(30%)	300	300
柠檬酸	30	25
三聚磷酸钠	10	20
黄原胶	1	1
废弃动物毛发水解物水溶液(20%)	2	2
十二烷基苯磺酸钠	3	3
水	54	249

b. 配制方法 首先向反应釜内加入萘磺酸甲醛缩合物、醛酮磺化缩合物、氨基磺酸盐甲醛缩合物水溶液，调节反应釜温度至 20～

50℃，搅拌10min，加入柠檬酸、三聚磷酸钠，继续搅拌15min，最后加入废弃动物毛发水解物水溶液、十二烷基苯磺酸钠和黄原胶，搅拌30～40min后，加水调整浓度，再搅拌20～30min，出料即可。

② 复合型混凝土高效减水剂（2）

a. 配合比 见表3-48。

表3-48 复合型混凝土高效减水剂（2）配合比

原料名称	质量份	原料名称	质量份
萘磺酸甲醛缩合物水溶液(30%)	200	黄原胶	1
醛酮磺化缩合物水溶液(30%)	300	废弃动物毛发水解物水溶液(20%)	3
氨基磺酸盐甲醛缩合物水溶液(30%)	300		
葡萄糖酸钠	25	十二烷基苯磺酸钠	1
六偏磷酸钠	10	水	160

b. 配制方法 按配方计量向反应釜内加入萘磺酸甲醛缩合物、醛酮磺化缩合物、氨基磺酸盐甲醛缩合物水溶液，调节反应釜温度至20～50℃，搅拌10min，加入葡萄糖酸钠、六偏磷酸钠，继续搅拌15min，最后加入废弃动物毛发水解物水溶液、十二烷基苯磺酸钠和黄原胶，搅拌30～40min，静置1h后，加水调整浓度，再搅拌30min，出料包装。

(3) 施工及使用方法

复合型混凝土高效减水剂适用于配制现浇钢筋混凝土、预制混凝土、高强混凝土、大体积混凝土、流态混凝土等各种混凝土工程。本品掺量范围为水泥质量的0.5%～1.2%，常用掺量为0.5%～1.0%搅拌运输车运送的商品混凝土可采用减水剂后掺法。搅拌过程中，减水剂略滞后于拌合水1～2min加入。

配方49 古马隆树脂高效减水剂

(1) 产品性能及特点

国内古马隆系减水剂的代表有CKS减水剂（武汉市四新建材助剂厂出品），它是由焦化厂副产品古马隆经磺化而制得。CRS减水剂合适掺量为水泥质量的0.2%～0.75%，最大掺量不得超过1%。当水泥用量不变，掺CRS减水剂混凝土坍落度保持与不掺CRS减水剂混凝土基本相近，减水率能达到15%～20%；混凝土3d强度能提高40%～130%，28d强度能提高20%以上；当坍落度和强度保持与不掺 CRS 减水剂的混凝土相近时，可节约水泥 12%左右。当用水量不变，强度保持与不掺 CRS 减水剂的混凝土相同时，可使坍落度 3～5cm 的混凝土流态化，其他性能如抗拉、抗折、弹性模量、抗渗等性能、也有不同程度的改善，无钢筋锈蚀影响。但是，当 CRS 减水剂的掺量较大时，具有较大缓凝性。

(2) 制备方法

古马隆树脂高效减水剂属于水溶性树脂磺酸盐，其合成主要原料有古马隆树脂、硫酸、四氯化碳、甲醛溶液、氢氧化钠，工艺流程及合成步骤如下。

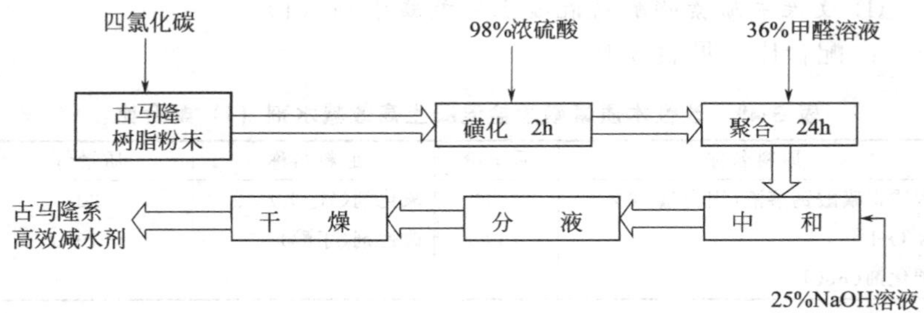

① 磺化　将 250g 的古马隆树脂粉末溶于 400mL 四氯化碳中，然后在溶液中加入 50mL 98%的硫酸进行磺化。在 60℃下，搅拌 2h。

② 聚合　在 80℃下，在磺化产物中缓慢滴加 36mL 36%的甲醛溶液，搅拌 30min 后加入 100mL 水再保温 24h。

③ 中和　在冰浴下，用 25%的氢氧化钠溶液调节体系的 pH 值呈中性。在 50℃的真空环境下，将混合液浓缩、干燥，其固体产物被研磨成粉末。

配方 50　改性木质素磺酸盐混凝土高效减水剂

(1) 产品特点

改性木质素磺酸盐混凝土高效减水剂是用木质素磺酸盐进行化学改性后加入表面性能改性剂制得的一种高效减水剂。本品对水泥的吸附量及分散能力强，对水泥的适应性好，减水率可由原来未改性前的 8%～9%提高至 12%～15%。由于减水性能好、坍落度损失小，塑化功能高，混凝土坍落度可由 3～5cm 提高到 15～20cm，保水性、黏聚性和可泵性显著改善，混凝土早期强度提高更为明显，龄期

3～5d的混凝土达设计标号的70%，7d达设计标号，28d提高20%左右。凝结时间与木质素磺酸钙接近，改性木质素磺酸盐高效减水剂具有缓凝的特点，缓凝时间合适，初凝和终凝时间均延长2～3h，水化热峰推迟5h以上，适应夏季施工。改性木质素磺酸盐高效减水剂坍落度损失比萘系高效减水剂小得多，克服了大多数高效减水剂坍落度损失大的弱点。本产品原料来源丰富，价格低廉，生产工艺简单，生产成本仅为萘系高效减水剂的50%。本品不仅能提高普通减水剂的减水率，还能将木质素磺酸盐类普通型减水剂改性成高效减水剂使用。

(2) 配方

① 改性木质素磺酸盐混凝土高效减水剂（1）

a. 配合比　见表3-49。

表3-49　改性木质素磺酸盐混凝土高效减水剂（1）配合比

原料名称	质量份	原料名称	质量份
木质素磺酸钙溶液（固含量40%）	2500	氧化剂（H_2O_2）	20
NaOH	30	改性剂（丁醇）	10
催化剂（$FeCl_2$）	2		

b. 配制方法

(a) 化学改性　首先取木质素磺酸盐，加入NaOH，将pH值调至9～10.5，边搅拌边加热至40～85℃，然后加入催化剂$FeCl_2$、氧化剂H_2O_2进行引发、催化及氧化反应1～8h。

(b) 复配改性　在(a)化学改性后的产物中加入表面性能改性剂丁醇后快速搅拌20～60min，冷却降温至50℃制得混凝土高效减水剂液体产品，再经喷雾干燥即制得米黄色粉状成品。

② 改性木质素磺酸盐混凝土高效减水剂（2）

a. 配合比　见表3-50。

表3-50　改性木质素磺酸盐混凝土高效减水剂（2）配合比

原料名称	质量份	原料名称	质量份
木质素磺酸钠溶液（固含量50%）	2000	氧化剂（H_2O_2）	50
NaOH	40	改性剂（丁醇）	3
催化剂（$FeCl_2$）	1	硅油	2
催化剂$FeSO_4$	1		

b. 配制方法

(a) 化学改性　按配方计量向反应釜内加入木质素磺酸钠溶液，用NaOH将木钠水溶液pH值调至9～10.5，边搅拌边加热升温至40～85℃后加入催化剂$FeCl_2$、$FeSO_4$、氧化剂H_2O_2进行引发、催化及氧化反应1～8h。

(b) 复配改性　在(a)化学改性后的反应产物中加入表面性能改性剂丁醇、硅油快速搅拌30～60min，冷却降温至40～50℃制得混凝土高效减水剂液体产品，再经喷雾干燥即制得棕黄色粉状产品。

③ 施工及使用方法

本品掺量为水泥用量的0.75%～1.5%，可用于工业及民用建筑各种混凝土，适用于最低气温0℃的混凝土工程施工和蒸养混凝土构件，适用于配制高强或流态混凝土。改性木质素磺酸盐混凝土高效减水剂不含氯盐，对钢筋无锈蚀作用，可用于钢筋混凝土和预应力钢筋混凝土。本产品呈粉末状可直接使用，也可预先配制成溶液使用，施工可采用同掺法或后掺法、滞水法。

配方51 高磺化度高分子量木质素基高效减水剂

(1) 产品特点

高磺化度高分子量木质素基高效减水剂对水泥的减水分散性能好，掺量为水泥用量的0.7%时减水率可达25%，高于萘系高效减水剂和氧化磺化碱木质素高效减水剂，与脂肪族高效减水剂相近；混凝土28d抗压强度比可达150%；硫酸钠含量小于1%，冬季无结晶；氯离子含量小于0.1%，对钢筋无锈蚀；含气量为2.5%～3.0%，泌水率比≤100%，拌制混凝土的匀质性好，抗冻融和抗碳化性、抗盐类结晶腐蚀等性能显著提高。高磺化度高分子量木质素基高效减水剂产品适应性广，与聚羧酸系列高性能减水剂的相容性好，可复合使用。

(2) 配方

① 配合比　见表3-51。

表3-51　高磺化度高分子量木质素基高效减水剂配合比

原料名称	质量份	原料名称	质量份
麦草浆碱木质素粉末	100	二羟基丙酮水溶液(二羟基丙酮：水=2：1)	120
水	200	亚硫酸钠(3%)	160
NaOH溶液(20%)	调节pH=9		

② 配制方法

a. 将麦草浆碱木质素粉末加入水中，配制成浓度为30%～60%的水溶液，用NaOH溶液调节pH=9～14，搅拌条件下加热，升温至50～100℃。

b. 滴加二羟基丙酮水溶液后，在55～80℃的搅拌条件下反应0.5～2h，测定反应产物特性黏度为6.2～7.5mL/g。

c. 加入磺化剂亚硫酸钠，在80～100℃磺化反应1～5h，冷却至室温制得棕色液体高磺化度高分子量木质素基高效减水剂产品。

(3) 施工方法

本品掺量为水泥用量的0.7%～1.5%，常用掺量为0.7%～1.2%，可根据与水泥的适应性、气温的变化和混凝土坍落度等要求，在推荐范围内调整确定最佳掺量。高磺化度高分子量木质素基高效减水剂可采用同掺法或后掺法或滞水法。按计量，直接掺入混凝土搅拌机中使用。

配方52 催化裂解回炼油制取高效减水剂

从石油的催化重整油及裂化轻柴油中可获得芳香烃。如用粗汽油在氢气存在下，选取合适的催化剂及反应条件可得到重整汽油，一般含芳烃可达50%（质量分数），其中主要含有苯、二甲苯等组分。以石油的高沸点馏分经催化裂化所得到的轻柴油中，稠环芳烃的含量较高，主要是萘、甲基萘、二烷基萘、三烷基萘等。这些都可以作为制备混凝土减水剂的原料。

催化裂解回炼油制备高效减水剂的工艺流程如下：

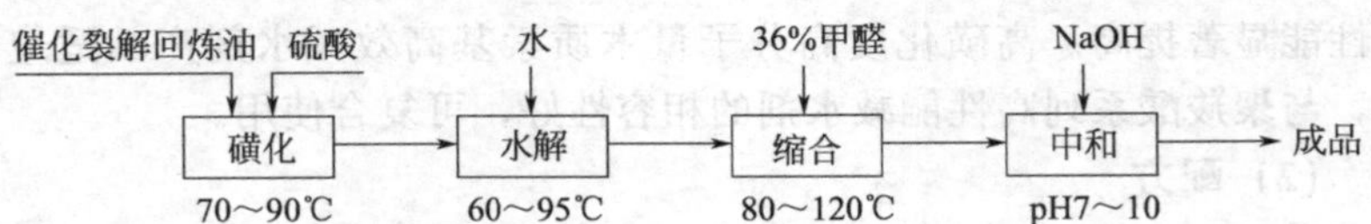

生产原料：催化裂解回炼油、98%浓硫酸、36%甲醛溶液、NaOH。

磺化反应：磺化反应温度70～90℃，时间2h，静置1h，二次磺化120～165℃、磺化反应时间1～1.5h。

水解反应：水解温度60～95℃，水解时间0.5h。

缩合反应：缩合温度 80～120℃。

中和反应：NaOH 溶液中和至 pH 值 7～10。

配方 53 ASP 氨基磺酸盐高效减水剂

(1) 产品特点

氨基磺酸盐高效减水剂（ASP）即芳香族氨基磺酸盐聚合物的生产是以氨基苯磺酸和苯酚为原料经加成、缩聚反应，最终生成具有一定聚合度的大分子聚合物。

本产品生产工艺简单，反应时间短，反应过程可以做到零排放，不产生任何废气、废水、废渣、无污染。生产效率达到 100%；产品性能优良，减水率高，在同样掺量的情况下其浓度 25% 水溶液的减水率达到浓度 40% 的萘磺酸盐甲醛缩合物高效减水剂的减水率；应用广泛，坍落度损失特别小，产品的硫酸盐含量为 0。

氨基苯磺酸甲醛缩合物高效减水剂适用于配制普通钢筋混凝土及预应力混凝土、自然养护混凝土及蒸养混凝土、泵送、早强、高强、高抗渗混凝土等。并可与萘系复合使用，减水保坍效果更好。

(2) 制备方法

氨基磺酸盐系减水剂以氨基苯磺酸和苯酚为聚合单体，在水中与甲醛加热聚合而成。其疏水部分为烷基苯和胺苯，功能基团为磺酸基和羧基。

氨基磺酸盐系减水剂生产工艺相对简单，产品多为 30% 液体，制备工艺流程如下：

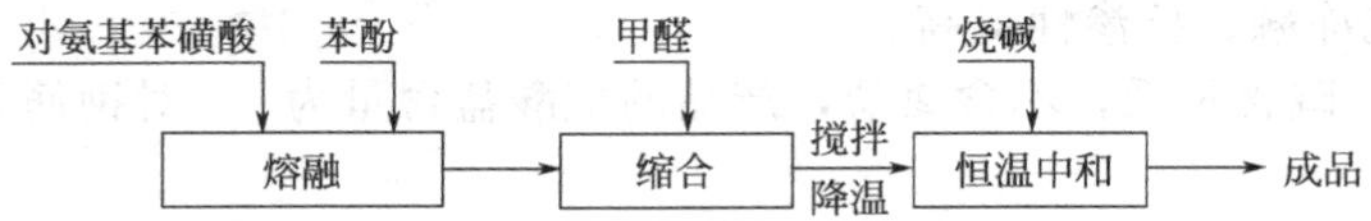

首先使磺化单体对氨基苯磺酸与苯酚在反应釜中熔融，然后缓慢滴入甲醛进行缩合反应，未反应甲醛变成蒸气经冷凝管回流入釜。缩合反应后降温，恒温搅拌，滴入 NaOH 溶液进行中和，然后出料制得成品。制备时，单体苯酚和甲醛不能同时投放，应先在偏酸性条件下进行缩合反应，然后在碱性条件下进行分子重排反应，最终产品的 pH 值要大于等于 10.5。产品的化学结构式如下：

$$H-\left[\left[C_6H_2(NH_2)(SO_3M)-CH_2\right]_x-C_6H_3(OH)-\left[CH_2-C_6H_2(OH)(R)-CH_2\right]_y\right]_n-OH$$

氨基磺酸盐系高效减水剂的最大优点是水泥适应性好、减水率大、保坍能力强、坍落度经时损失小，泌水率低、掺量小，混凝土不易分层，强度增长率高。本品生产工艺简单，反应时间短，反应过程可以做到零排放，不产生任何废气、废水、废渣，对环境无污染。产品收率达到100％。

(3) 主要技术性能

① 掺0.6％氨基苯磺酸盐甲醛缩合物高效减水剂减水率可达15％～25％，混凝土的耐久性能显著提高。

② 在混凝土坍落度和强度相同的条件下掺加氨基苯磺酸盐甲醛缩合物高效减水剂可节约水泥用量10％～20％。

③ 掺0.6％氨基苯磺酸盐甲醛缩合物高效减水剂，混凝土1d、3d、7d、28d、90d抗压强度分别比空白混凝土提高50％、40％、30％、25％和10％。

④ 氨基苯磺酸盐甲醛缩合物高效减水剂对硅酸盐类水泥有良好的适应性。

⑤ 提高混凝土施工和易性，在用水量相同条件下，可使混凝土坍落度由3～5cm提高到15～20cm，坍落度损失特别小。

⑥ 掺用本品可使混凝土含气量增加1％～2％，混凝土泌水率减小，抗冻融、抗渗性提高。

⑦ 碱含量低，不含氯盐，产品的硫酸盐含量为0，对钢筋无锈蚀作用。

(4) 施工方法

本品液剂的适宜掺量为0.8％～1.8％。粉剂为0.4％～0.8％。根据对混凝土性能的不同要求和施工条件的变化，掺量可适当调整。但粉剂最大掺量不要超过1％，液剂不要超过2.5％。

配方54 蒽系高效减水剂

本产品以蒽油为原料，其主要成分是聚次甲基蒽磺酸钠，典型产品如日本的 NL-1400、国产的 AF 减水剂等。化学结构式如下：

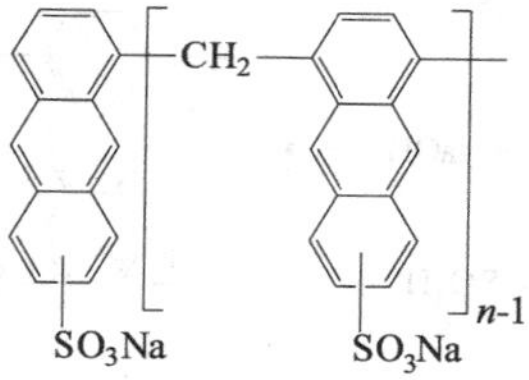

(1) **主要原料** 蒽系高效减水剂生产的主要原料为蒽油，呈黑色液体，为蒽、菲、咔唑等的混合物，是煤焦油经高温精馏后产物。

(2) **制备技术**

蒽系高效减水剂的生产原理类似于萘系减水剂，也包括磺化反应、水解反应、缩合反应和中和反应四个主要阶段，但工艺条件有所不同。

① 磺化反应中，蒽油与硫酸的摩尔比以 1∶2 为宜，反应温度控制在 120℃左右，反应时间在 120min 左右，以尽可能得到高比例的 β-蒽磺酸；使后续的缩合反应易于进行。

② 水解反应对磺化产物加水稀释，去除磺化产物中的 α-蒽磺酸和蒽二磺酸，以免降低产品质量。水解温度应控制在 110～120℃，稀释水加入量由缩合反应需要的物料酸度计算确定。

③ 缩合反应采用酸作催化剂对 β-蒽磺酸和甲醛进行缩合，缩合酸度宜控制在 30%左右，甲醛用量为 1∶0.8（摩尔比），温度控制在 90～100℃，温度高可促进缩合反应的进行，但过高可能导致冲料、结釜等事故，反应时间一般控制在 3h，以保证足够的聚合度。

④ 中和反应与萘系减水剂完全相同。

⑤ 整个制备过程的化学反应式如下：

磺化

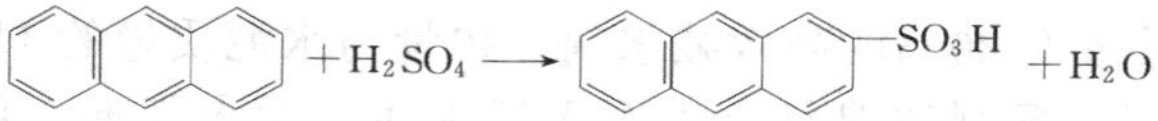

$$\text{C}_{14}\text{H}_{10} + H_2SO_4 \longrightarrow \text{C}_{14}\text{H}_9\text{-}SO_3H + H_2O$$

缩合

$$n\,\text{C}_{14}\text{H}_9SO_3H + (m-1)HCHO \xrightarrow{\text{酸}} H\text{-}[\text{C}_{14}\text{H}_8(SO_3H)\text{-}CH_2]_{n-1}\text{-C}_{14}\text{H}_8SO_3H + (n-1)H_2O$$

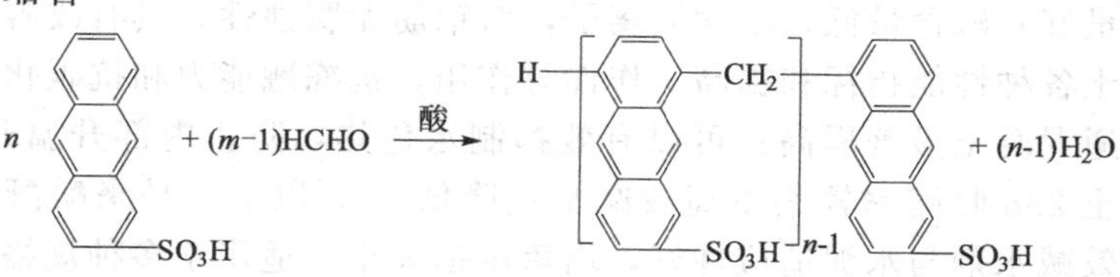

中和

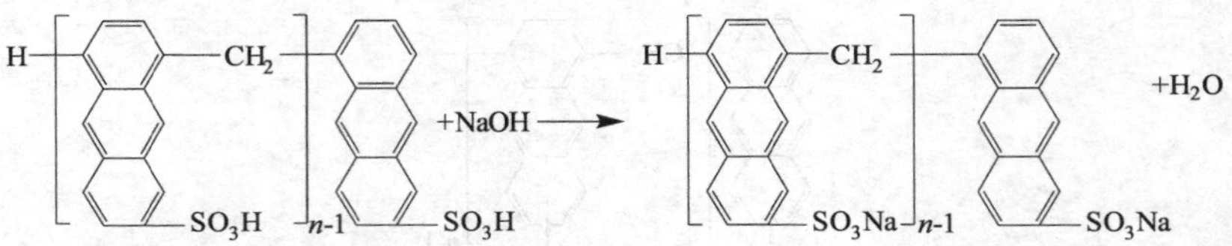

$$H-\left[\text{(蒽环)}-CH_2\right]_{n-1}\text{(蒽环)}-SO_3H \quad (SO_3H) + NaOH \longrightarrow H-\left[\text{(蒽环)}-CH_2\right]_{n-1}\text{(蒽环)} \quad (SO_3Na,\ SO_3Na) + H_2O$$

⑥ 典型生产工艺

a. 蒽油计量后加入反应釜中，加热至120℃，启动搅拌，缓慢以细流方式加入95%～98%浓硫酸，启动喷淋装置消除酸雾。

b. 连续搅拌，恒温120℃下进行磺化反应120min，取样测试酸度，根据酸度计算调节酸度至30%的稀释水量，加入稀释水，水解30min。

c. 料液降温至80℃左右，缓慢滴加反应所需甲醛溶液进行缩合反应，滴加时间不少于60min，反应过程中监视反应物温度，温度升幅过高，启动冷却盘管进行降温。

d. 甲醛滴加完毕，90～100℃下进行缩合反应3～4h，物料黏度过大可适当添加少量水进行调节。

e. 缩合反应完毕后，将料液放至中和槽，先后用碱液和石灰乳将pH值调节至7～9，然后进行过滤，滤去石膏沉淀。料液可稀释成一定浓度的液剂成品或经喷雾干燥得到粉剂成品。

蒽系高效减水剂的适宜掺量一般为水泥质量的0.5%～1.0%。磺化煤焦油系减水剂的含气量相差很大，应根据不同的使用目的慎重选择。

配方55　马来酸酐系混凝土高效减水剂

(1) 产品特点

采用马来酸酯大分子单体与2-丙烯酰胺-2-甲基丙基磺酸钠共聚制得的质量浓度30%的高效减水剂，掺量为水泥质量的1%时，减水率可达30%，配制的混凝土表面无泌水线，无大气泡，色差小，外观质量好，碱含量低，不含氯离子，对钢筋无腐蚀性，具有改善新拌混凝土各种性能指标和提高工作性等作用，抗冻融能力和抗碳化能力较普通混凝土显著提高；可以有效抑制水化热，防止内部升温开裂，混凝土28d收缩率较萘系高效减水剂降低20%以上。马来酸酐混凝土高效减水剂与水泥适应性好，坍落度损失小，适用于多种规格、型号的水泥，尤其适宜与优质粉煤灰、矿渣等活性掺和料相配伍制备高强、高耐久性、自密实高性能混凝土。本品为水溶液，产品性能稳定，长期贮存不分层、无沉淀、冬季无结晶，不含甲醛，无毒，不易燃，对环境无污染，广泛应用于工业与民用建筑、水利、道路交通工程领域。

(2) 配方

① 配合比　见表3-52。

表3-52　马来酸酐系混凝土高效减水剂配合比

原料名称	质量份	原料名称	质量份
马来酸酯大单体	17.5	巯基乙醇	0.19
2-丙烯酰胺-2-甲基丙基磺酸钠	1	氢氧化钠	调节pH=6.5±0.5
过硫酸铵	0.93	水	45.76

其中马来酸酯大单体：

原料名称	质量份	原料名称	质量份
马来酸酐	10.8	氯化亚铜	0.11
甲氧基聚乙二醇(相对分子质量1000)	100	对甲苯磺酸	4.43
对苯二酚	0.21	甲苯	132

② 配制方法

a. 分别称取马来酸酐、甲氧基聚乙二醇、对苯二酚、氧化亚铜、对甲苯磺酸、甲苯放入三口烧瓶中，搅拌加热至(62.5±2.5)℃，待溶解完全后保温(0.75±0.25)h，再缓慢升温至(85±5)℃。保温反应(4.5±0.5)h，再升温至(115±5)℃，保温反应(7±1)h，冷却至(20±5)℃，除去溶剂甲苯，制得马来酸单甲氧基聚乙二醇酯和马来酸双甲氧基聚乙二醇酯大单体。

b. 分别称取马来酸单甲氧基聚乙二醇酯和马来酸双甲氧基聚乙二醇酯大单体、2-丙烯酰胺-2-甲基丙基磺酸钠，溶解配制成60%的水溶液，作为滴加液A；称取过硫酸铵溶解配制成水溶液，作为滴加液B；称取巯基乙醇配制成水溶液，作为滴加液C。三口烧瓶中放入适量水，搅拌加热，保持(82.5±2.5)℃，缓慢滴加滴加液A与滴加液B，待聚合反应开始后约(0.4±0.1)h，开始缓慢滴加滴加液C，控制滴速，(3.0±0.5)h全部滴完，(82.5±2.5)℃保温1h，再升温至（97.5±2.5)℃，保温2h，然后冷却至（20±5)℃，用氢氧化钠中和pH＝6.5±0.5，即制得质量浓度为30%的高分子共聚物马来酸酐系混凝土高效减水剂水溶液。

(3) 施工及使用方法

① 本品掺量范围为水泥质量的0.6%～1.4%，可根据与水泥的适应性、气温的变化和混凝土坍落度等要求，在推荐范围内调整确定最佳掺量。

② 按计量，直接掺入混凝土搅拌机中使用。

③ 在使用本产品时，应按混凝土配合比事先检验与水泥的适应性。

配方56 磺化三聚氰胺甲醛树脂高效减水剂

(1) 产品特点

三聚氰胺系高效减水剂即磺化三聚氰胺甲醛树脂的生产是以三聚氰胺（亦称蜜胺）为原料，经加成、磺化和缩聚反应，最终生成具有一定聚合度（*n*＝9～10）的大分子聚合物。化学结构式如下：

$$HOCH_2NH-C_3N_3(NHCH_2SO_3Na)-NHCH_2\left[-O-CH_2NH-C_3N_3(NHCH_2SO_3Na)-NHCH_2-\right]_{n-1}OH$$

磺化三聚氰胺甲醛树脂类高效减水剂属于一种水溶性聚合物树脂，无色、热稳定性好，在混凝土拌合物中使用时，具有对水泥分散性好，减水率高，早强效果显著，基本不影响混凝土凝结时间和含气量。三聚氰胺甲醛树脂类高效减水剂减水率高，在掺量范围内，减水率可达15%～25%，混凝土的耐久性能显著提高。由于具有引气组分，使加入该产品混凝土具有良好的抗渗、抗冻性能，不含氯盐，不会对钢筋产生腐蚀。早强效果明显，后期强度有较大幅度提高。3d、7d强度增长迅速，与基准混凝土对比可提高20%～25%，28d强度与基准混凝土对比可达120%～135%。三聚氰胺甲醛树脂高效减水剂适用于工业与民用建筑工程，预制、现浇、早强、高强、超高强混凝土，蒸养混凝土，超抗渗混凝土工程。另外，还可用于石膏制品、彩色水泥制品及耐火混凝土等特殊工程。

(2) 反应原理与过程

① 主要原料　采用三聚氰胺、甲醛和磺化剂（如 Na_2SO_4、$NaHSO_4$、$Na_2S_2O_5$）按 1∶3∶1 的摩尔比在一定条件下缩聚而成。

② 反应过程　整个反应过程包括单体聚合、单体磺化和缩聚反应三个阶段，工艺流程如下：

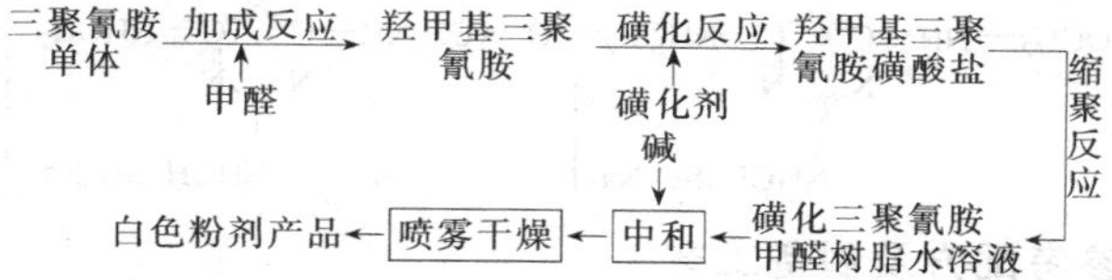

三聚氰胺单体 —加成反应（↑甲醛）→ 羟甲基三聚氰胺 —磺化反应（↑磺化剂、碱）→ 羟甲基三聚氰胺磺酸盐 —缩聚反应→ 磺化三聚氰胺甲醛树脂水溶液 → 中和 → 喷雾干燥 → 白色粉剂产品

a. 单体聚合　将三聚氰胺和甲醛在碱性介质中进行加成反应生成三羟甲基三聚氰胺。反应是不可逆的放热反应，反应产物的特性及反应速度和原料的摩尔比及反应条件有关，在酸性条件下将快速生成树脂并产生凝胶化。在中性或碱性介质中则生成三羟甲基三聚氰胺，因此实际生产时 pH 值控制在 8.5 下进行。

b. 单体磺化　采用亚硫酸氢钠或焦亚硫酸钠作为磺化剂，在碱性介质中对三羟甲基三聚氰胺进行磺化处理，得到三聚氰胺磺酸钠单体。

c. 单体缩聚　进行三聚氰胺磺酸钠单体的缩聚反应时，介质的 pH 值影响很大，应在小于 7 的弱酸性条件下进行。通过缩聚反应，羟甲基之间缩合成醚键，使羟甲基三聚氰胺单磺酸钠单体之间以醚键连接成线性树脂。

缩聚反应结束后，用稀碱溶液将 pH 值调至 7～9，得到固含量为 20%左右的水溶液产品，若经真空脱水浓缩，喷雾干燥可得到白色的粉状产品。

d. 整个制备过程的化学反应方程式

单体聚合

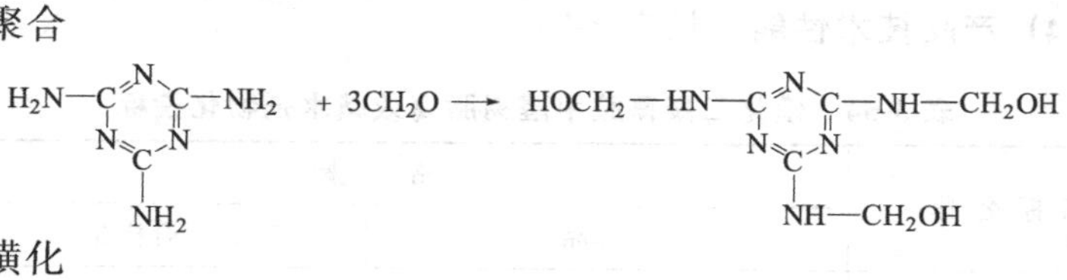

$$C_3N_3(NH_2)_3 + 3CH_2O \longrightarrow C_3N_3(NH-CH_2OH)_3$$

（$H_2N-C_3N_3(NH_2)-NH_2 + 3CH_2O \longrightarrow HOCH_2-HN-C_3N_3(NH-CH_2OH)-NH-CH_2OH$）

单体磺化

$$HOCH_2-HN-C_3N_3(NH-CH_2OH)-NH-CH_2OH + NaHSO_3 \longrightarrow HOCH_2-HN-C_3N_3(NH-CH_2SO_3Na)-NH-CH_2OH + H_2O$$

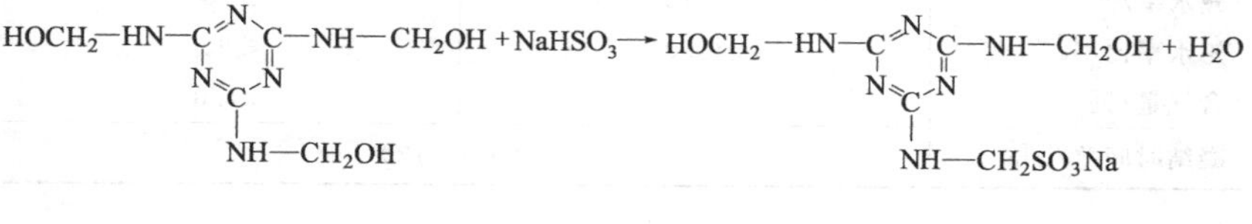

单体缩聚

$$HOCH_2-HN-C(=N-C(-NH-CH_2OH)=N-C(=N)-NH-CH_2SO_3Na) \xrightarrow{H^+}$$

$$HOCH_2-NH-C_3N_3(NHCH_2SO_3Na)-NHCH_2-\left[O-CH_2NH-C_3N_3(NHCH_2SO_3Na)-NHCH_2\right]_{n-1}-OH$$

(3) 参考配方及制备工艺

① **配合比** 见表 3-53。

表 3-53 磺化三聚氰胺甲醛树脂高效减水剂配合比

原料名称	质量份	原料名称	质量份
三聚氰胺	8～12	甲醛(37%)	33～36
氨基磺酸	18～22	水	24
氢氧化钠(50%)	17～20		

② **配制方法** 在带搅拌器的反应釜中先加入水、氢氧化钠及配方量 4/5 的氨基磺酸，搅匀后加入三聚氰胺及甲醛，在搅拌下慢慢加热升温，待溶液成透明后，继续升温至 75℃，保温 30min。加入剩余的氨基磺酸，调节反应液 pH 为 5.8 左右，在 1h 内慢慢升温至 80℃，保温 5h，然后冷却到 20℃，再用过量氢氧化钠溶液调节 pH 值为8～9，即制成以三聚氰胺树脂磺酸钠为主要成分的无色透明液体高效减水剂。

(4) 产品技术性能 见表 3-54。

表 3-54 磺化三聚氰胺甲醛树脂高效减水剂物化指标

指标名称	指标	
	一等品	合格品
减水率/%	≥12	≥10
泌水率比/%	≤90	≤95
含气量/%	≥3.0	≥4.0
凝结时间差/min	－90～＋120	

续表

指标名称	指标	
	一等品	合格品
抗压强度比/%		
1d	≥140	≥130
3d	≥130	≥120
7d	≥125	≥115
28d	≥120	≥110
收缩率比/%	≤135	
对钢筋锈蚀作用	对钢筋无锈蚀危害	
含固量或含水量	液体外加剂应在生产厂控制值的相对量3%之内;固体外加剂应在生产厂控制值的相对量5%之内	
相对密度	应在生产厂控制值的±0.2之内	
水泥净浆流动度	应不小于生产厂控制值的95%	
细度(0.315mm筛)	筛余<15%	
pH	应在生产厂控制值的±1之内	
砂浆减水率	应在生产厂控制值的±1.5%之内	

(5) 施工方法

在混凝土中掺入本品，掺量为水泥质量的0.2%～0.5%，一次投入，搅拌均匀。

配方57 脂肪族磺酸盐高效减水剂

(1) 产品性能特点

① 对水泥净浆性能的影响　用脂肪族高效减水剂与萘系高效减水剂进行净浆流动度对比试验，检验其减水塑化效果，脂肪族磺酸盐高效减水剂在相同掺量下，水泥净浆流动度高于萘系高效减水剂。

② 对混凝土凝结时间与泌水率的影响　掺脂肪族磺酸盐高效减水剂的混凝土的凝结时间略有缩短，其初凝终凝时间分别比空白混凝土提前26min和54min，符合高效减水剂标准中规定的凝结时间要求。由于掺加脂肪族磺酸盐高效减水剂能够大幅度降低水泥浆的黏度，新拌混凝土在水灰比较大时容易出现泌水现象，可以采取适当的调节黏度的措施或与引气剂复合使用。

③ 掺脂肪族磺酸盐高效减水剂的混凝土平均含气量(1.85%)低于掺萘系高效减水剂的混凝土(2.15%)。掺脂肪族磺酸盐高效减

水剂的混凝土 3d、7d 和 28d 的强度较基准混凝土分别提高 44.4%、35%和 28%分别高于掺萘系高效减水剂的 34%、23%和 21%。可见脂肪族磺酸盐高效减水剂具有较好的增强效果，引气量低于萘系减水剂。

与萘系高效减水剂相比，脂肪族磺酸盐高效减水剂生产工艺简单，周期短，成本低，性能价格比高；减水分散能力强、不缓凝、引气量低、增强效果好，具有很好的推广应用前景。

(2) 生产所用主要原材料及其控制指标 见表 3-55。

表 3-55 脂肪族羟基磺酸盐高效减水剂生产所用主要原材料及控制指标

原 料	项 目	控制指标
工业甲醛 (GB 9009—2011)	色度(铂-钴比色号)	≤10
	甲醛含量/%	37.0～37.4
	甲醇含量/%	≤12
	酸度(以甲酸计)/%	≤0.02
	铁含量/%	≤5
	灰分/%	≤0.005
工业丙酮 (GB 6026—2013)	外观	透明液体
	色度(铂-钴比色号)	≤10
	相对密度	0.789～0.793
	馏程(0℃、101.325kPa)温度范围(包括 56.1℃)/℃	≤2.0
	蒸发后干燥残渣/%	≤0.005
	高锰酸钾褪色时间(25℃)/min	≥15
	含醇量/%	≤1.0
	含水量/%	≤0.6
	酸度(以乙酸计)/%	≤0.005
工业无水亚硫酸钠 (GB 9005—1988)	亚硫酸钠含量/%	≥93.0
	铁含量/%	≤0.01
	水不溶物含量/%	≤0.05
	游离碱含量/%	≤0.60
	硫酸钠含量/%	≤2.50
	氯化钠含量/%	≤0.10
工业焦亚硫酸钠 (GB 6010—1985)	焦亚硫酸钠含量/%	≥65.0
	铁含量/%	≤0.005
	水不溶物含量/%	≤0.05
	pH 值	4.0～4.6

续表

原料	项目	控制指标
工业固体氢氧化钠（片碱）（GB 209—2006）	氢氧化钠/%	≥96.0
	碳酸钠/%	≤2.5
	氯化钠/%	≤1.4
	三氧化二铁/%	≤0.01
	钙镁总含量/%	≤0.03
	二氧化硅/%	≤0.04
	汞/%	≤0.0015

(3) 脂肪族羟基磺酸盐高效减水剂生产工艺

① 生产工艺流程

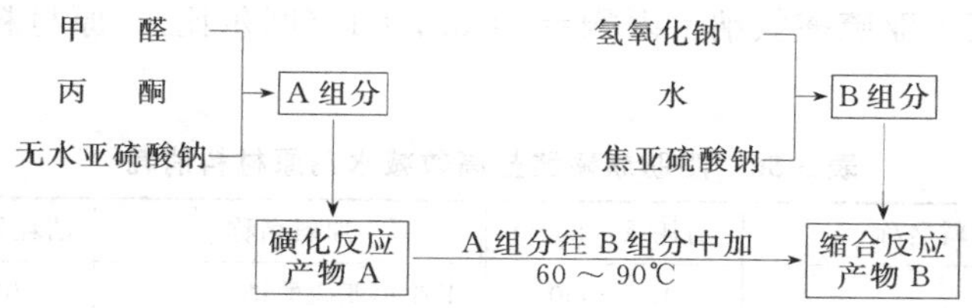

a. 先将计量好的甲醛加入 A 组分反应釜内，接着加入一定量的亚硫酸氢钠，启动搅拌器用甲醛溶解亚硫酸氢钠，待搅拌均匀充分溶解后，观察釜内有无硬块状物质。

b. 在釜内料温约 30℃时加入计量好的丙酮，使其磺化反应，注意控制温度在 30～40℃，加丙酮时间约 30min，加完后反应 30min，制得磺化产物 A。

c. 往 B 组分反应釜内加入计量的水，接着加入焦亚硫酸钠搅拌溶解后加入片碱（固体氢氧化钠用水事先溶解）并控制温度≤60℃，反应均匀后制得磺化产物 B。

d. 在 A 组料温 30℃、B 组料温 60℃时，将 A 组缓缓地加入 B 组内，充分搅拌均匀，并注意控温≤90℃，观察釜内物料颜色变化，料色由乳白色变为红棕色时，即为变色反应。

e. 在 95～100℃缩合保温 2～3h，降温到 40～50℃即制得脂肪族磺酸盐高效减水剂成品。成品外观为红棕色液体，有一定黏性，固体含量约为 35%～40%；本品与萘系高效减水剂、缓凝组分复配使用具有良好的控制混凝土坍落度损失的效果，推荐掺量为 1.5%。

② 生产操作控制要领

a. 严格按照生产工艺流程顺序依次投料。

b. 亚硫酸氢钠呈结晶块状，投料前必须粉碎成直径≤5cm的小块，使亚硫酸氢钠完全溶解，以免影响磺化产物的产品质量。

c. 由于丙酮易燃、易爆具有一定的危险性，加料时要缓慢滴加，切忌急躁。

d. 加片碱前，应先用水溶解，注意控温≤60℃。

e. 缩合保温时间应在2～3h，小于2h，流动性与减水性能均差；大于3h，流动性与减水性能变弱，物料增黏，易产生网状絮凝结构，引发交联。

(4) 原料消耗

甲醛：亚硫酸氢钠：丙酮＝2：0.7：1（摩尔比）。原材料消耗见表3-56。

表3-56 脂肪族磺酸盐高效减水剂原材料消耗

原料名称	消耗量/(kg/t)	原料名称	消耗量/(kg/t)
工业甲醛	400～500	工业焦亚硫酸钠	100～150
工业丙酮	50～100	工业固体氢氧化钠	30～50
工业无水亚硫酸钠	50～100	水	300～400

配方58 NL-2型高效减水剂

(1) 产品特点

本品属三聚氰胺树脂磺化物类非引气型高效减水剂，属阴离子型表面活性剂。NL-2减水剂外观为无色透明稠状液体，对混凝土具有超塑化、高效减水、增强等功能和提高工作性等作用；无缓凝作用，减水率≥12%，具有改善新拌混凝土各种性能指标，在保证混凝土坍落度及水泥用量不变的条件下，一般可减少用水量8%～12%，提高混凝土强度约10%～15%，可改善混凝土和易性，节约水泥，降低工程造价，适用于高强混凝土、早强混凝土、路面混凝土、耐火混凝土、流态混凝土、蒸养混凝土及混凝土预制构件厂生产等。适宜外加剂厂配制各类复合型混凝土外加剂。

(2) 配方

① NL-2型高效减水剂配合比 见表3-57。

表 3-57 NL-2 型高效减水剂配合比

原料名称	质量份	原料名称	质量份
三聚氰胺	112	37%甲醛	590
水杨酸	138	氢氧化钾(固体)	142
氨基磺酸	256	水	300

② 配制方法　在带搅拌器的反应釜中加入氨基磺酸 180kg、水杨酸 138kg、水 300kg 和氢氧化钾 100kg，开动搅拌机搅拌，然后加入三聚氰胺 112kg 和甲醛 590kg，生成透明的溶液，在 80℃下加热反应 2h，用余下的氨基磺酸 76kg 调节反应液的 pH 值为 5.5，在 85℃下再加热反应 2h。冷却到 20℃，将余下的氢氧化钾 42kg 调 pH 值为 9，即得无色透明减水剂。

(3) 产品技术性能　见表 3-58。

表 3-58 NL-2 型高效减水剂物化指标

项　目	指　标	项　目	指　标
外观	无色透明稠状液体	抗压强度比/%	
固含量/%	≥55	1d	≥130
减水率/%	≥12	3d	≥120
		7d	≥115
泌水率比/%	≥100	28d	≥110
含气量/%	<4.5	收缩率比	≤135
凝结时间差/min	−90～+12	对钢筋锈蚀作用	对钢筋无锈蚀危害

(4) 施工方法

① 本产品适宜掺量范围为水泥用量的 0.5%～1%，可根据与水泥的适应性、气温的变化和混凝土坍落度等要求，在推荐范围内调整确定最佳掺量。

② 本产品可采用同掺法或后掺法或滞水法。按计量，直接掺入混凝土搅拌机中使用。

③ 当低温、负温使用时，混凝土入模温度不得低于+5℃。

④ 在与其它外加剂复配时，宜先检验其兼容性。

⑤ 配制蒸气养护混凝土时，应通过试验确定最合理的养护制度。

配方 59　三聚氰胺改性木质素磺酸盐高效减水剂

(1) 产品特点

三聚氰胺改性木质素磺酸盐高效减水剂生产过程在常压低温下进

行，易于操作控制，产品水溶性好，无毒，无异味，属绿色环保建材化学品。三聚氰胺改性木质素磺酸盐高效减水剂对水泥具有大体系强烈吸附、分散作用，能够减少混凝土流动度损失，匀质性、触变性能好，坍落度损失小，与未改性前的木质素磺酸盐减水剂及常用磺化三聚氰胺甲醛树脂和萘磺酸甲醛缩合物高效减水剂相比，具有更优异的保坍性。掺加本品能够使混凝土明显增强抗压、抗折、抗渗及抗碳化性能，使混凝土的耐久性能大大优于萘系高效减水剂。

三聚氰胺改性木质素磺酸盐高效减水剂以木质素磺酸盐为主要原料，生产工艺简单，原料价格低廉，可以作为混凝土减水剂单独使用，也可以与其它混凝土外加剂复配使用。本品生产工艺提高了造纸厂副产品的回收利用价值，减少了对环境的污染，具有显著的经济效益和社会效益。

(2) 配方

① 三聚氰胺改性木质素磺酸盐高效减水剂配合比　见表 3-59。

表 3-59　三聚氰胺改性木质素磺酸盐高效减水剂配合比

原料名称	质量份	原料名称	质量份
三聚氰胺	20	硝酸铈铵	0.5
水①	100	过硫酸铵	0.5
甲醛	120	氨基磺酸	80
木质素磺酸钙	50	碱性调节剂	适量
水②	100	酸性调节剂	适量

② 配制方法

a. 将三聚氰胺和水①加入反应釜中，搅拌溶解，加热升温至 70～95℃，加入氢氧化钠碱性调节剂，调节 pH 值至 9～12，加入甲醛，反应 0.5～2h，制得三聚氰胺改性剂。

b. 将木质素磺酸钙固体粉末和水②加入反应釜中，搅拌溶解，再加入复合引发剂硝酸铈铵、过硫酸铵，反应温度 40～150℃，反应时间 0.5～2h。

c. 加入适量酸性调节剂磷酸，调节反应物 pH 值至 3～6，在 75～100℃条件下，反应 0.5～1h。

d. 加入碱性调节剂氢氧化钠，调节反应物 pH 值至 11～13，加入磺化剂氨基磺酸，在 85～100℃条件下进行磺化反应 0.5～1h，冷却到20℃后放料即制得红棕色液体三聚氰胺改性木质素磺酸盐高效减水剂。

(3) 产品技术性能

① 外观　红棕色液体。

② 固含量　30%～40%。

③ pH值　11～13。

④ 水泥净浆流动度　≥220mm。

⑤ 掺0.5%～1.0%的本品，可使混凝土坍落度从3～5cm提高到15～20cm，坍落度损失小。

⑥ 减水率为15%～20%，3d混凝土强度提高50%左右，7d混凝土强度可提高30%～60%。

⑦ 泌水率减小，混凝土耐久性及抗压、抗冻、抗渗、抗折、抗碳化性能提高。

⑧ 在混凝土坍落度和强度相同的条件下，掺加本品可节约水泥用量15%～20%。

(4) 施工方法

① 本品的掺用量为水泥质量的0.5%～1.0%，常用掺量为0.6%～0.8%。

② 减水剂溶液可与拌合水一起加入搅拌机内，搅拌均匀，搅拌过程中，减水剂溶液略滞后于拌合水1～2min加入。

③ 本品可采用同掺法、后掺法或滞水法，采用后掺法的拌合时间不得少于30min。

④ 对减水剂掺量、拌合时间及掺加方法，可做必要的混凝土试验，严格控制好减水剂和拌合水的用量。

⑤ 本品可与其它外加剂复合使用，在正式使用前必须通过混凝土试配试验确定其效果。

配方60 ASP-QN氨基磺酸盐高性能减水剂

(1) 产品特点与用途

ASP-QN氨基磺酸盐高性能减水剂是用对氨基苯磺酸、氢氧化钠、苯酚、甲醛为主要原料，在一定温度条件下经反应缩合而成的一种外加剂。氨基磺酸盐高性能减水剂是继萘系、三聚氰胺系高效减水剂之后，新近开发的新型高性能减水剂，它克服了萘系、三聚氰胺系高效减水剂在低水灰比下流动性差、坍落度损失大等弊病。ASP-QN高性能减水剂性能优异，对各种水泥均有较好的适应性，减水率高（大于25%），能够大幅度改善混凝土的流动性、施工性，提高混凝土抗压强度和耐久性，坍落度经时损失小，控制坍落度损失效果十分明显，混凝土坍落度在2h内损失率小于10%，并且对混凝土内部钢筋无锈蚀作用。

ASP-QN高性能减水剂适用于商品预拌混凝土、高强高性能混凝土、大体积混凝土、钢筋混凝土、轻骨料混凝土、桥梁、建筑和水工结构构筑物。

使用时，将本品掺入水泥中，适宜掺量为水泥（包括矿物掺和料）质量的0.4%～1.0%。

(2) 配方

① 配合比　见表3-60。

表3-60　ASP-QN氨基磺酸盐高性能减水剂配合比

原料名称	质量份	原料名称	质量份
对氨基苯磺酸	1	甲醛	5.5
氢氧化钠	1.2	水	55
苯酚	1.9		

② 配制方法

a. 先将水加入反应釜中，加热至45～60℃，然后依次向反应釜中加入对氨基苯磺酸、氢氧化钠、苯酚，搅拌使其全部溶解。

b. 向（a）步所得物料所在反应釜中滴加甲醛，滴加时间控制在40～60min，然后升温至60～120℃，反应时间为2～4.5h，降温冷却，即可制得浓度为25%～50%、平均分子量为4000～9500、外观为红棕色液体的高性能减水剂。

③ 原料配比范围

ASP-QN高性能减水剂各组分质量份配比范围（摩尔比）是：对氨基苯磺酸100；氢氧化钠50～180，较佳为120～160；苯酚120～210，较佳为150～190；甲醛200～600，较佳为300～550；水3000～8000、较佳为3500～6000。

(3) 各组分的作用

对氨基苯磺酸是合成目标长分子链表面活性剂的主体部分之一，

它本身带有两个重要活性基因，即 —NH_2 和 —SO_3H，同时，氨基邻位的两个氢原子都很活泼，在碱性环境中，这两个活化点很容易与甲醛结合，并通过甲醛的连接形成线性结构的聚合物。

氢氧化钠既能调节 pH，又与氨基苯磺酸发生中和反应形成对氨基苯磺酸钠，另外还对聚合反应起到重要的催化作用，从而使反应顺利进行。

苯酚是目标合成产物的长分子链中的另一个重要组成部分，苯酚羟基邻位的两个氢同样十分活泼，苯酚和对氨基苯磺酸就是由甲醛通过置换出此处的氢而互相聚合的。

甲醛分子上的羰基具有双官能团的性质，能将两个苯环连接起，是聚合反应工艺中必不可少的组成部分。水为溶剂。

(4) 生产控制要领

① 氨基苯磺酸与苯酚的配合比要控制好。

② 甲醛用量在三元共聚反应中起桥梁连接作用，甲醛的加入量对产品分散性能有重要影响，用量不宜过大。

③ 反应体系的酸碱度 pH 值应控制在 7.5～8.5 时为最佳。

④ 反应温度应控制在 75℃左右，产品对水泥浆体的初始流动性好及其经时损失小。

⑤ 反应时间应控制在 3～5h。

(5) 产品技术性能

本品和萘系减水剂对混凝土的减水增强效果见表 3-61。

表 3-61 本品和萘系减水剂对混凝土的减水增强效果

混凝土种类	减水率	抗压强度/MPa(抗压强度比/%)		
		3d	7d	28d
基准混凝土	—	9.2(100)	17.1(100)	28.7(100)
掺萘系减水剂混凝土	16.9%	12.1(131)	21.7(127)	33.3(116)
掺本品混凝土	26.8%	13.6(148)	24.3(142)	37.2(130)

配方 61 扩散剂 MF

扩散剂 MF 又称亚甲基双甲基萘磺酸钠、甲基萘磺酸钠甲醛缩合物。结构式为：

本品属阴离子表面活性剂，具有优良的乳化分散性能，可与阴离子表面活性剂复配混合使用。MF 扩散剂外观为棕色至深棕色粉末，易溶于水，易吸潮，耐酸、碱及硬水。1%水溶液 pH 值为 8.5 左右。

(1) 生产工艺 MF 扩散剂是用甲基萘与硫酸磺化，与甲醛缩合，用液碱氢氧化钠中和后经喷雾干燥制成。生产工艺流程如下：

硫酸 → 磺化；甲醛 → 缩合；液碱 → 中和

甲基萘 → 磺　化 → 缩　合 → 中　和 → 喷雾干燥 → 成品

(2) 配方

① 配合比　见表 3-62。

表 3-62　MF 扩散剂配合比

原料名称	作用	质量份	原料名称	作用	质量份
甲基萘(工业品)	主剂	650	硫酸(98%)	磺化剂	650
甲醛(37%)	缩合剂	300	液碱(30%氢氧化钠溶液)	中和剂	680

② 配制方法　按配方计量，将 650kg 甲基萘投入带有搅拌器的磺化反应釜中，加热熔化，搅拌升温至 130℃，逐渐从高位槽向反应釜加入硫酸，注意控温于 155℃以下。加完 650kg 硫酸后，保温 155～160℃磺化反应 2h。然后加入 210L 水，再搅拌 10min。冷却至 90～100℃，一次性加入甲醛（37%）300kg，反应自然升温升压，不断搅拌，控制反应温度在 130～140℃、压力 0.1～0.2MPa，反应 2h 以上。缩合反应结束，加入 30%氢氧化钠液碱 680kg，中和至 pH＝7。后经喷雾干燥，粉碎磨细，即制得成品扩散剂 MF。

(3) 产品技术性能　见表 3-63。

(4) 产品用途　本品用作建筑业水泥的减水剂、染料的分散剂、匀染剂以及航空喷雾农药的分散剂。

表 3-63　扩散剂 MF 物化指标

指标名称	一级品	二级品
外观	棕色至深棕色粉末	
扩散力(为标准品的,百分数)	≥100	≥90
1%水溶液 pH 值	7.0～9.0	7.0～9.0
硫酸钠含量/%	5	8
不溶于水杂质/%	0.1	0.2
耐热稳定性/℃	130	120
起泡性/mm	≤250	≤290
钙镁离子含量/(mg/kg)	≤2000	≤5000
细度(过 60 目余量)/%	5	5

配方 62　VF 型高效水泥塑化剂

(1) 产品特点

VF 型高效水泥塑化剂是由乙-丙共聚乳液与β-萘磺酸甲醛缩合物钠盐、阴离子表面活性剂聚羧酸钠盐复合而成的一种非引气型高效水泥减水剂。本产品为褐色液体，其特点是硫酸钠含量低，减水率大，早强和增强效果显著，对凝结时间无影响。混凝土中掺入水泥用量2%～3%的 VF 塑化剂，可在保持新拌混凝土工作性不变的情况下，显著地降低水灰比，或在水灰比不变的条件下，大大改善混凝土的工作性，从而提高混凝土的强度，改善混凝土抗冻、抗渗、收缩等一系列性能。

本品适用于配制商品混凝土、泵送混凝土、高强混凝土、桥梁混凝土、预制混凝土、蒸养混凝土等。用较低标号水泥配制高强混凝土。如用 525 号普通水泥配制 C50～C80 混凝土。配制液体的或粉状的高效泵送剂、高效防水剂等。

(2) 配方

① 乙-丙共聚乳液的配制

a. 配合比（质量份）

醋酸乙烯	41～42	十二烷基苯磺酸钠	0.3～0.4
丙烯酸丁酯（95%）	2～3	聚丙烯酸钠（10%）	0.2～0.3
丙烯酸（95%）	0.2～0.3	碳酸氢钠	0.6～0.7
乳化剂 TX-10	0.5～0.6	氨水	适量
过硫酸铵	0.1～0.2	水（蒸馏水）	53～54

b. 操作工艺流程

(a) 按配方量称取乳化剂 TX-10、十二烷基苯磺酸钠、聚丙烯酸钠、1/2 量的碳酸钠和水，投入带有搅拌器、回流冷却器的反应釜内，于室温条件下开动搅拌机，在充分搅拌下，使之充分溶解并乳化均匀。

(b) 通过计量罐向反应釜内缓慢加入丙烯酸，此时 pH 值应控制在 7～8 之间。再把配方量 10%～15%的醋酸乙烯和丙烯酸丁酯以及 1/2 量的过硫酸铵加入反应釜中。

(c) 加热升温，当温度达到 68～72℃时，出现回流，开始保温反应 1h，再把醋酸乙烯、丙烯酸丁酯、过硫酸铵（余量）和碳酸氢钠（余量）缓缓地加入反应釜内，控制在 6～8h 内加完。反应期间控制 pH 值在 6～7 范围内，反应温度保持在 70℃左右。

(d) 待单体全部加完后，继续保温，随着反应的进行，温度会慢慢上升，达到 90℃时，保温约 30min 后，回流基本上停止。此时反应已基本完成。

(e) 冷却，达到 40℃左右时，用氨水调节 pH 值为 7～9，即可过滤出料，得到外观为乳白色均匀乳液的乙-丙共聚乳液。

② VF 型高效水泥塑化剂的配制

a. 配合比　见表 3-64。

表 3-64　VF 型高效水泥塑化剂的配合比

原料名称	作用	质量份	原料名称	作用	质量份
乙丙共聚乳液	主剂	38～42	NF 高效减水剂	减水剂	1～3
羧甲基纤维素	增稠剂	2～5	F-4 聚羧酸钠盐分散剂	分散剂	0.2～0.3
甲醛(37%)	缩合剂	1～4	水	分散剂	46

b. 配制方法

(a) 先按配方量称取水和羧甲基纤维素加入反应釜内，开动搅拌机搅拌溶解 1h。

(b) 通过计量罐向反应釜内缓缓加入乙丙共聚乳液单体和 NF 高效减水剂、F-4 聚羧酸钠盐分散剂，继续搅拌 30min。

(c) 将反应物加热升温 80℃后，开始滴加甲醛参加共聚缩合反应，滴完后继续保温、搅拌 30min。

(d) 将反应物温度降到50℃，再加入适量氨水把乳液的pH值调到7～8，即得到浓度为40%的乳黄色黏性液体。

(3) 产品技术性能

① 流化功能高　本品能显著改善混凝土和易性，掺量为水泥用量的2%时，可使混凝土坍落度由0～5cm提高到25cm，泌水率下降40%，坍落度损失小，可泵性显著改善，强度不降低，流动性大大增加。

② 本品有特殊优良的减水效果。掺量为2%时，可减少混凝土用水量15%～25%，3d和7d抗压强度均提高40%～50%，28d抗压强度提高30%左右。抗拉、抗折和后期强度也提高，钢筋黏结力、抗碳化性能、抗渗性及抗冻性能改善。

③ 在保持混凝土抗压强度基本不变的条件下，掺用本品可节约水泥用量10%～25%，与粉煤灰双掺时可节省水泥20%～30%。即每使用1tVF可节约水泥30t以上。混凝土其它性能仍有所改善。混凝土凝结时间延长约1h。

④ 本品对各种水泥适应性好，适用于各种硅酸盐水泥，对混凝土收缩及碱骨料反应无不良影响，对钢筋无锈蚀危害。

本品性能指标见表3-65。

表3-65　VF高效水泥塑化剂性能指标

项目		技术指标	项目		技术指标
外观		乳黄褐色黏性液体	抗压强度比/%	R_3	130
pH值		7～8		R_7	125
相对密度		1.17		R_{28}	120
减水率/%		15～25		R_{90}	100
引气量/%		≤1.0	不溶物/%		≤1
硫酸钠含量		≤1	净浆流动度/mm		240
凝结时间差/min	初凝	−60～+90			
	终凝				

(4) 施工及使用方法

① 掺量为水泥质量的2%～3%，高强混凝土中为3%～4%，根据对混凝土性能的不同要求和施工条件的变化，掺量可适当调整。

② 可直接掺入水中或混凝土中，搅拌时间适当延长。在某些水泥中减水剂滞后于拌合水加入，缓凝及塑化效果提高。

配方63 环氧乙烷混凝土高效减水剂

(1) 性能特点及用途

环氧乙烷混凝土高效减水剂是将环氧乙烷化合物，混凝土早强、减水组分、防锈组分，在常温、常压下复合而成；集减水、增强、节约水泥多功能于一体，组成原料中不含氰、萘等有害化工物质，对人体及环境无害，无污染，施工使用安全，符合环保要求，生产工艺流程简单，产品性能优良，可广泛用于高层建筑、码头、公路、桥梁、隧道、市政工程、基础工程及预制构件、商品混凝土等。

(2) 配方

① 配合比 见表3-66。

表3-66 环氧乙烷混凝土高效减水剂配合比

原料名称	质量份	原料名称	质量份
环氧乙烷	45	木质素磺酸钙(减水剂)	30
无水硫酸钠(早强剂)	10	粉煤灰	5
尿素(防锈剂)	10		

② 配制方法 按配方量将环氧乙烷、防锈剂尿素、减水剂木质素磺酸钙、早强剂无水硫酸钠、及粉煤灰等加入立式或悬臂双螺旋锥形混合机中，在常温、常压下搅拌100～140min，搅拌混合均匀，出料包装。

(3) 施工方法

本品掺量范围为水泥质量的0.4%～1.2%。掺量以0.5%～1.0%效果为佳。本产品呈粉末状，可直接使用，也可预先配制成水溶液使用，施工可采用同掺法或后掺法、滞水法。

配方64 MAS型聚羧酸盐系高效减水剂

(1) 产品特点与用途

MAS型聚羧酸盐系高效减水剂是目前国内外最新研制开发的新型高性能减水剂。它与常用的高效减水剂相比，具有减水率高、掺量低、与水泥适应性好、能够更好地调整混凝土的凝结时间、坍落度损失小和对环境无污染等特点。同时具有改善新拌混凝土各种性能指标和提高工作性等作用。该减水剂具有高减水率，复配减水剂掺量为0.08%（固含量）时，净浆流动度可达到260mm，能有效地抑制坍落度损失。MAS减水剂为浅棕色透明液体，偏碱性，低硫酸钠含量，微含氯盐，无腐蚀性，无毒，不易燃，对钢筋无锈蚀作用。

本产品主要成分是苯乙烯磺酸钠-马来酸酐共聚物，适用于各类泵送混凝土、大体积混凝土、高架桥、高速公路、桥梁、水工混凝土，特别适用于重点工程和有特殊要求的混凝土工程。

(2) 配方

① 配合比　见表3-67。

表3-67　MAS型聚羧酸盐系高效减水剂配合比

原料名称	质量份	原料名称	质量份
丙烯酸	20	甲基丙烯酸乙酯	4.5
苯乙烯	2.7	马来酸酐	7.5
丙酮	9.0	过硫酸铵(引发剂)	1.3
甲基丙烯酸甲酯	5.0	水	50

② 配制方法　在20%总水量中加入丙烯酸、苯乙烯，25%的丙酮、甲基丙烯酸甲酯、甲基丙烯酸乙酯、60%的过硫酸铵，得到混合单体。将剩余部分的水、引发剂、丙酮和马来酸酐在反应釜中搅拌升温至85℃加入1/3的混合单体，1.5h后加入余下的单体，保温反应2h，冷却至40℃，加入NaOH溶液调pH为6～7，得到含固量16%左右的产品。

(3) 产品技术性能

① 减水率大，早强和增强效果显著，减水率15%～22%，混凝土各龄期强度均有显著提高，3～7d可提高50%～90%，28d仍可提高20%左右。

② 流化功能高　具有显著的可泵性。与基准混凝土相比，在同水灰比的前提下，坍落度增加值≥100mm，2h坍落度损失率<15%，可泵性显著改善，而强度不降低。

③ 缓凝效果　能显著增大混凝土的流动性，改善操作性，可延缓水泥水化放热峰值，避免施工结合层冷缝现象，有效提高其抗裂防水性能。

④ 混凝土的抗渗性、抗冻性和抗碳化性能与基准混凝土相比抗渗指标可提高50%以上。

⑤ 具有改善新拌混凝土的和易性、保水性和泌水性等操作性能。

⑥ 表面光洁　掺用MAS减水剂的混凝土，具有黏聚性强、含气量少和泌水率小等特点，能有效改善高架、高速公路、桥梁等各类清水混凝土表面光洁程度，使其美观。

⑦ 张拉抗折　MAS减水剂具有先缓凝后早强的功能，在确保掺量的前提下，可满足混凝土的3d（除缓凝时间）张拉和28d抗折强度要求。

⑧ 特效功能　可根据特定的技术要求，能使新拌混凝土具有超缓凝（缓凝26～48h）、高保坍（2h混凝土坍落度基本不损失，扩展大于400mm），自流平、免振捣等特点。特别适用于大型桥基、灌桩、基桩和深水、深基的混凝土工程。

MAS型聚羧酸盐高效减水剂物化指标见表3-68。

表3-68　MAS型聚羧酸盐高效减水剂物化指标

指标名称	一等品	合格品
减水率/%	≥12	≥10
泌水率比/%	≤90	≤95
含气量/%	≥3.0	≥4.0
凝结时间差/min	－90～＋12	
抗压强度比/%		
1d	≥140	≥130
3d	≥130	≥120
7d	≥125	≥115
28d	≥120	≥110
收缩率比/%	≤135	
对钢筋锈蚀作用	对钢筋无锈蚀危害	
含固量或含水量	液体外加剂应在生产厂控制值的相对量3%之内	
水泥净浆流动度	不小于生产厂控制值的95%	
pH	应在生产厂控制值的±1之内	
表面张力	应在生产厂控制值的±1.5之内	
总碱量	应在生产厂控制值的相对量5%之内	
Na_2SO_4 含量	应在生产厂控制值的相对量5%之内	
砂浆减水率	应在生产厂控制值的±1.5%之内	

(4) 施工方法

① 本品掺量为水泥用量的0.5%～1.2%，可根据与水泥的适应性、气温的变化和混凝土坍落度等要求，在推荐范围内调整确定最佳掺量。

② 按计量，直接掺入混凝土搅拌机中使用。

③ 在计算混凝土用水量时，应扣除液剂中的水量。

④ 在使用本产品时，应按混凝土试配事先检验与水泥的适应性。

⑤ 在与其它外加剂合用时，宜先检验其共容性。

配方65 MG改性木质素磺酸盐高效减水剂

(1) 性能特点及用途

MG高效减水剂是用木质素磺酸盐进行化学改性的一种高效减水剂，MG高效减水剂对水泥的吸附量及分散能力强，对水泥的适应性好，减水率可由原来未改性前的8%～9%提高至12%～15%，达到国标GB 8076—2008中缓凝高效减水剂的质量标准。由于减水性能好、坍落度损失小，塑化功能高，混凝土坍落度可由3～5cm提高到15～20cm，保水性、黏聚性和可泵性显著改善；混凝土早期强度提高更为明显，龄期3～5d的混凝土达设计标号的70%，7d达设计标号，28d提高20%左右。MG高效减水剂还具有缓凝的特点。缓凝时间合适，初凝和终凝时间均延长2～3h。水化热峰推迟5h以上，适应夏季施工。本品不仅能提高普通减水剂的减水率，还能将木质素磺酸盐类普通型减水剂改性成高效减水剂使用。将本品与萘系和蒽系高效减水剂配制成泵送剂，能等量取代高效减水剂15%，有利于降低外加剂生产成本，提高工程质量。

本品掺量为水泥用量的0.75%～1.5%，可用于工业及民用建筑各种混凝土，适用于最低气温0℃的混凝土工程施工和蒸养混凝土构件，适用于配制高强或流态混凝土。MG高效减水剂不含氯盐，对钢筋无锈蚀作用，可用于钢筋混凝土和预应力钢筋混凝土。用MG改性木质素磺盐高效减水剂配制的混凝土坍落度损失小，适宜于配制商品混凝土、泵送混凝土。使用MG改性木质素高效减水剂可节省水泥10%～20%，每吨产品可节省水泥30t以上。

(2) 配方

① 配合比 见表3-69。

表 3-69 MG 改性木质素磺酸盐高效减水剂配合比

原料名称	质量份	原料名称	质量份
25%木质素磺酸钙溶液	2500	十二烷基硫酸钠	10
30%氢氧化钠溶液	30	无水硫酸钠	20
过硫酸铵(催化剂)	2	水	60
三聚磷酸钠(分散剂)	20		

② 配制方法 在25%木钙水溶液中加入碱性调节剂30%氢氧化钠水溶液，将pH值调至9.0～10.5，边搅拌边加热至40～85℃，然后滴加催化剂过硫酸铵，反应1～8h，最后加入表面改性剂十二烷基硫酸钠、无水硫酸钠，分散剂三聚磷酸钠，快速搅拌20～60min，冷却后制得液体产品，再经浓缩、蒸发、喷雾干燥可制得粉状产品。

(3) 产品技术性能 见表3-70。

表 3-70 掺 MG 高效减水剂混凝土性能与国标规定指标的对比

试验项目		外加剂国标一等品	MG性能检测结果
减水率/%		≥12	12～15
泌水率比/%		≤100	≤80
含气量/%		≤3.0	2.0～2.6
凝结时间/min	初凝	－60～＋90	－60～＋90
	终凝	－60～＋90	－60～＋90
抗压强度/%	1d	≥140	100～230
	3d	≥130	140～220
	7d	≥125	130～200
	28d	≥120	120～140
	90d	≥100	110～120
收缩率比/%(90d)		≤120	≤120
相对耐久性指标/%		—	抗冻性抗渗性有改善
钢筋锈蚀		应说明对钢筋有无锈蚀危害	对钢筋无锈蚀作用

(4) 施工方法

① 本品掺量范围为水泥质量的0.75%～1.5%，可根据与水泥的适应性、气温的变化和混凝土坍落度等要求，在推荐范围内调整确定最佳掺量。

② 按计量直接掺入混凝土搅拌机中使用。

③ 在使用本产品时，应按混凝土配合比事先检验与水泥的适应性。

配方66 聚羧酸改性脂肪族高效减水剂

(1) 产品特点与用途

聚羧酸改性脂肪族高效减水剂具有改善新拌混凝土的和易性、保水性和泌水性等操作性能特点，掺入混凝土后，混凝土表面光洁无泌水，含气量少，无大气泡，色差小，混凝土外观好，能使高架、高速公路、桥梁等各类清水混凝土表面光洁美观。本品碱含量低，不含氯离子，对钢筋无腐蚀性，加入本品后，混凝土的抗渗性、抗冻性和抗碳化性能有显著提高，与基准混凝土相比抗渗指标可提高50%以上。聚羧酸改性脂肪族高效减水剂对各种水泥适应性强，产品性能稳定，长期贮存无分层、无沉淀、冬季无结晶，适用于配制高强混凝土、泵送混凝土、蒸养混凝土、大体积混凝土、特别适用于重点工程和有特殊要求的混凝土工程。

(2) 配方

① 配合比　见表3-71。

表3-71　聚羧酸改性脂肪族高效减水剂配合比

原料名称	质量份	原料名称	质量份
水	300	丙酮	110
氢氧化钠	25	甲醛溶液(37%)	400
亚硫酸氢钠	135	聚羧酸改性剂	15

其中聚羧酸改性剂：

原料名称	质量份	原料名称	质量份
马来酸酐	20	苯乙烯	20
丙烯酸羟乙酯	40	过氧化苯甲酰	1.2

② 配制方法

a. 将马来酸酐、丙烯酸羟乙酯、苯乙烯及过氧化苯甲酰放入反应釜中，搅拌升温，在90～120℃下反应2～3h，制得聚羧酸改性剂。

b. 按配方计量将水、氢氧化钠、亚硫酸氢钠、丙酮依次加入反应釜中，加热升温至60～70℃，加入甲醛溶液，并将温度控制在75～85℃，然后滴加步骤a制得的聚羧酸改性剂，保温反应2～4h。冷却到20℃，即得无色透明减水剂。

(3) 产品技术性能

本品的物化指标见表3-72。

表3-72 聚羧酸改性脂肪族高效减水剂物化指标

项目	指标	项目	指标
外观	浅棕色透明液体(浓度40%)	抗压强度比/%	
pH值	7±1	1d	≥150
减水率/%	≥12	3d	≥140
泌水率比/%	≤100	7d	≥130
含气量/%	≤3.0	28d	≥125
凝结时间之差/min		90d	≥110
初凝		收缩率比(90d)/%	≤105
终凝		钢筋锈蚀	无

(4) 施工方法

① 掺量范围　为水泥质量的0.65%～1.5%。适宜掺量以0.6%～1.2%为佳。

② 聚羧酸改性脂肪族高效减水剂溶液与拌合水可一起掺加。

③ 本品可采用同掺法、后掺法或滞水法。

④ 聚羧酸改性脂肪族高效减水剂采用后掺法的拌合时间不得少于30min。

配方67 超高效聚羧酸盐减水剂

(1) 产品特点与用途

超高效聚羧酸盐减水剂是以甲氧基聚乙二醇（$n=20\sim45$）和丙烯酸等为原料，进行酯化大分子单体的合成，然后将丙烯酸、酯化大分子单体、丙烯酰胺、烯丙基磺酸钠等，在引发剂过硫酸铵的作用下，进行共聚反应。本品具有以下特点：①具有更高的减水效果，减水率最高可达48%；②制备过程无需通入氮气，合成工艺更加简单，产品成本更低；③大分子单体制备中，酯化率相对较高，可提高原料利用率，降低生产成本，并进一步提高减水剂的各项性能；④反应体系中不含有Cl离子，对建筑材料无腐蚀作用；⑤添加入混凝土中，无泌水泌浆现象，可单独使用，亦可与其它类型减水剂复配使用。

超高效聚羧酸盐减水剂具有减水率高、保坍性能好、掺量低、绿色环保无污染、缓凝时间少等优异性能，适宜配制高强、超高强、高流动性及自密实混凝土。

(2) 配方

① 配合比　见表3-73。

表3-73　超高效聚羧酸盐减水剂配合比

原料名称	质量份		
	1#配方	2#配方	3#配方
MPEGAA	30.81	30.81	30.81
丙烯酸	27	54	108
引发剂过硫酸铵	2.19	2.46	3.00
烯丙基磺酸钠	108	108	108
丙烯酰胺	53.25	53.25	53.25
蒸馏水	适量	适量	适量

其中酯化大分子单体MPEGAA：

原料名称	质量份		
	1#配方	2#配方	3#配方
甲氧基聚乙二醇(2000)	20	20	20
环己烷	8.58	8.72	8.72
催化剂对甲苯磺酸	0.96	0.98	0.98
阻聚剂对苯二酚	0.0086	0.0108	0.0108
丙烯酸	1.44	1.80	1.80

超高效聚羧酸盐减水剂结构式为：

$$\left[\left[\mathrm{C(R)(C{=}O{-}O{-}(CH_2CH_2O)_n{-}CH_3){-}CH_2}\right]_a\left[\mathrm{C(R)(C{=}O{-}OH){-}CH_2}\right]_b\left[\mathrm{CH(C{=}O{-}NH_2){-}CH_2}\right]_c\left[\mathrm{CH(CH_2{-}SO_3Na){-}CH_2}\right]_d\right]_n$$

其中R为CH_3或H，a、b、c、d为共聚物的重复单元数，其中$a=10\sim80$，$b=20\sim400$，$c=40\sim100$，$d=30\sim150$。

② 配制方法

a. 制备大分子单体A　将聚合度$n=20\sim45$的甲氧基聚乙二醇和带水剂环己烷、催化剂对甲苯磺酸、阻聚剂对苯二酚加入到反应釜中，加热至熔融状态后加入丙烯酸，搅拌下升温至100～130℃，恒温反应5～8h，然后用正己烷作沉淀剂，将产物进行冰浴提纯，随后送入30℃真空干燥箱中干燥24h，即得大分子单体A。反应物用量的关系为甲氧基聚乙二醇与丙烯酸的摩尔比为1∶(2～3.5)，催化剂对甲苯磺酸用量为丙烯酸和甲氧基聚乙二醇总质量的1.5%～5.5%，带水剂环己烷用量为丙烯酸和甲氧基聚乙二醇总质量的10%～50%，阻聚剂对苯二酚用量为丙烯酸质量的0.2%～0.8%。

b. 将大分子单体A和丙烯酸配制成40%（质量分数）水溶液B，将引发剂过硫酸铵配制成5%～15%的水溶液C，将烯丙基磺酸钠和丙烯酰胺的混合物配制成30%～40%的水溶液D，将水溶液B和水溶液C滴加入水溶液D中，滴加时间控制在1～2h内；滴加结束后，将体系温度升至75～85℃，继续反应2h，待产物冷却，用25%NaOH调节体系pH至6～7，所得产物即为聚羧酸盐减水剂。反应物用量的关系为丙烯酸∶丙烯酰胺∶烯丙基磺酸钠∶大分子单体A的摩尔比为(0.5～2)∶(0.5～2)∶(0.5～2)∶(0.05～0.04)，引发剂过硫酸铵为以上四种反应物总质量的0.5%～1.5%。

③ 配方实例

a. 将20g MPEG（2000）、8.58g环己烷、0.96g催化剂对甲苯磺酸、0.0086g阻聚剂对苯二酚加入到带分水器的四口烧瓶中，加热至80℃后，加入1.44g丙烯酸，升温至130℃反应8h，反应结束后，将产物倒入盛有正己烷的小烧杯，在冰水浴下沉淀，随后置于30℃的真空干燥箱中24h，制得酯化大单体MPEGAA。

b. 取MPEGAA30.81g用蒸馏水配制成40%的水溶液后和丙烯酸27g的混合物，置于250mL的恒压滴液漏斗中；过硫酸铵2.19g用蒸馏水配制成10%的水溶液，置于100mL的恒压滴液漏斗中；将烯丙基磺酸钠108g、丙烯酰胺53.25g的混合物用蒸馏水配制成35%的水溶液加入到带磁力搅拌的四口烧瓶中，加热搅拌至75℃后，逐渐滴入10%的引发剂溶液和40%的甲氧基聚乙二醇丙烯酸酯（MPEGAA）和丙烯酸的混合液（单体滴加速度大于引发剂滴加速度），滴加1～2h，滴加完毕后，升温到80℃，继续反应2h，结束反应，待溶液冷却后用25%的NaOH溶液调pH值为6～7之间，即得超高效聚羧酸盐减水剂。

(3) 产品技术性能

外观	淡黄色黏性液体	固体含量/%	37±2
密度/(g/cm³)	1.15±0.02	pH值	6.5±1

总碱量 ≤0.2% 减水率/% 45.2

净浆流动度/mm ≥312

(4) 施工方法

本品掺量范围为水泥质量的0.6%～1.5%，可根据与水泥的适应性、气温的变化和混凝土坍落度等要求，在推荐范围内调整确定最佳掺量。可按计量直接掺入混凝土搅拌机中使用。

配方来源：刘亚青等．超高效聚羧酸盐减水剂及其制备方法. CN 102206058B. 2013.

配方 68 脂肪族高效减水剂

(1) 产品特点与用途

本品以甲醛、丙酮为缩合单体、无水亚硫酸钠为磺化剂，采用无热源法在水溶液中合成中间体，并通过引气组分、缓凝组分、增稠组分和保水组分的进一步改性制得脂肪族高效减水剂。脂肪族高效减水剂的制备主要反应是羧醛缩合反应，是一种高放热反应，通过原料比例和投料顺序的调整使得整个合成过程无需外部加热，利用自身的反应热就可以维持整个反应的进行，使得生产过程操作简单、节能环保。脂肪族高效减水剂冬天无结晶、对胶凝材料适应性好、减水率高，拌制的混凝土不离析、不泌水、保水性好、坍落度损失小、强度高，生产过程无需加热，无三废排放，对反应设备要求不高，生产成本低，适用于配制泵送流态塑化混凝土、自然养护、蒸养混凝土、抗渗防水混凝土、耐久性抗冻融混凝土、预应力混凝土，也可以与萘系、氨基减水剂、聚羧酸减水剂复合使用。

(2) 配方

① 配合比 见表 3-74。

表 3-74 脂肪族高效减水剂配合比

原料名称	质量份	原料名称	质量份
无水亚硫酸钠(75%)	50.4	引气剂十二烷基苯磺酸钠	65.2
水	91.3	缓凝剂葡萄糖	65.2
丙酮(99%)	41	增稠剂羟乙基纤维素	65.2
甲醛(37%)	121.6	保水剂淀粉	65.2

② 配制方法

a. 按照甲醛：丙酮：无水亚硫酸钠＝（1.5～3.5）：(0.7～1.5)：

(0.3～1.1)(摩尔比),称取质量分数37%的甲醛溶液、纯度为99%的丙酮和纯度为75%的无水亚硫酸钠,按照水的质量与甲醛溶液、丙酮、无水亚硫酸钠总质量的质量比为3.7～4.6称取水,将纯度为75%的无水亚硫酸钠加入盛有所称取水的反应釜中;

b. 加入纯度为99%丙酮,磺化30min;

c. 边滴加甲醛溶液边让物料逐步升温,时间1～3h,控制滴加完时物料温度在95～100℃;

d. 95～100℃恒温反应2h,合成得到中间体;

e. 降温至50℃以下,加入引气组分、缓凝组分、增稠组分、保水组分中任意两种以上的组合,即制得脂肪族高效减水剂。

质量配比范围:甲醛∶丙酮∶无水亚硫酸钠摩尔比为(1.5～3.5)∶(0.7～1.5)∶(0.3～1.1),引气组分0.8%～15%,缓凝组分2.3%～15%,增稠组分1.5%～15%,保水组分1.5%～15%。配方所述引气组分为十二烷基苯磺酸钠、十二烷基硫酸钠、松香皂、三萜皂苷中的一种或任意两种以上组合;缓凝组分为葡萄糖、葡萄糖酸钠、白砂糖、柠檬酸、三聚磷酸钠、六偏磷酸钠、甲酸中的一种或任意两种以上组合;增稠组分为羟乙基纤维素、甲基羟乙基纤维素、乙基羟乙基纤维素、果胶中的一种或任意两种以上组合;保水组分为保水剂,保水剂为淀粉、聚氨酯、糊精、琼脂中的一种或任意两种以上组合;所用引气组分、缓凝组分、增稠组分、保水组分均为工业级产品。

③ 配方实例　在烧瓶中放入50.4g无水亚硫酸钠,用91.3g水完全溶解;加入41g丙酮磺化30min,缓慢滴加121.6g甲醛溶液,随着反应的进行,物料温度不断上升,控制滴加的速度使物料温度缓慢上升,控制回流速度,当丙酮反应完全,察看不到有回流时,适当加快滴加速度,使滴加完成时温度最终至95℃,保温2h,然后降温至50℃加入65.2g引气组分、65.2g缓凝组分即制得脂肪。

(3) 产品技术性能

脂肪族高效减水剂生产过程工艺操作简单,无需外来能源加热,无“三废”排放,节能环保,水泥净浆流动度240mm,减水率23%,产品质量高于普通脂肪族高效减水剂和萘系高效减水剂(普通脂肪族减水剂水泥净浆流动度200mm,萘系180mm;普通脂肪族减水剂减水率19%,萘系18%),经济效益和社会效益显著。

(4) 施工方法

① 掺量范围 为水泥质量的0.5%～1.2%。适宜掺量以0.5%～1.0%效果为佳。

② 脂肪族高效减水剂溶液可与混凝土拌合水一起掺加。

③ 本品可采用同掺法、后掺法或滞水法，采用后掺法的混凝土拌合时间不得少于30min。

配方来源：佘祥海等．一种脂肪族高效减水剂及其制备方法. CN 102515610B. 2013.

配方69 新型三聚氰胺高效减水剂

(1) 产品特点与用途

新型三聚氰胺高效减水剂以三聚氰胺、醛酸和/或其酯为单体，并辅以有机酸、碱性中和剂、磺化剂按比例在60～90℃的温度下，经过羟甲基化、磺化、缩合及重排改性反应制成。新型三聚氰胺高效减水剂减水率高，坍落度损失小，水泥适应性好，生产过程中无甲醛污染，尤其适应于干粉砂浆及彩色混凝土、石膏制品及预制混凝土构件、蒸养混凝土、清水混凝土等。

(2) 配方

① 配合比 见表3-75。

表3-75 新型三聚氰胺高效减水剂配合比

原料名称	质量份	原料名称	质量份
三聚氰胺	1	亚硫酸氢钠(磺化剂)	1.2
乙醛酸	1.5	羟基乙酸(催化剂)	0.6
水	16	氢氧化钠(碱性中和剂)	0.55

② 配制方法

a. 羟甲基化反应：将三聚氰胺与醛酸和/或其酯加热到60～75℃进行羟甲基化反应，保温反应1～2h；

b. 磺化反应：调节pH值到10～11，加入磺化剂，升温至80～90℃，保温反应1～2h；

c. 缩合反应及重排反应：以有机酸调节pH值为5～6，进行缩合反应，反应1～2h，加入碱性中和剂调节pH值为8～9，继续搅拌0.5～1h，即制得外观为浅黄色黏稠透明液体、固含量40%的新型三聚氰胺高效减水剂。

③ 配比范围　三聚氰胺及醛酸和/或其酯的投料摩尔比为1：(1.5～2.5)，磺化剂与三聚氰胺的摩尔比为1：(1.0～1.5)。配方中所述醛酸和/或其酯包括乙醛酸、丙醛酸、乙醛酸甲酯、乙醛酸乙酯、丙醛酸甲酯、丙醛酸乙酯中的一种和/或一种以上的混合物。所述有机酸包括乙酸、丙酸、羟基乙酸、对氨基苯磺酸、柠檬酸中的一种和/或一种以上的混合物。所述碱性中和剂包括氢氧化钠、氢氧化钾、三乙醇胺、二乙醇胺中的一种和/或一种以上的混合物。

(3) 产品技术性能

① 减水率较高，不同的掺量减水率可达到25%～35%，在较低的掺量下对水泥具有良好的分散性。

② 混凝土坍落度损失小，且和易性较好，有利于混凝土的施工及浇筑。

③ 水泥的适应性较好，对常用水泥都具有良好的分散能力。

④ 生产过程中无甲醛污染，属环保产品。

(4) 施工方法

① 本产品适宜掺量范围为水泥用量的0.5%～1%，可根据与水泥的适应性、气温的变化和混凝土坍落度等要求，在推荐范围内调整确定最佳掺量。

② 本产品可采用同掺法或后掺法或滞水法，按计量，直接掺入混凝土搅拌机中使用。

③ 当低温、负温使用时，混凝土入模温度不得低于+5℃。

④ 在使用本产品时，应按混凝土配合比事先检验与水泥的适应性。

⑤在与其它外加剂复配时，宜先检验其兼容性。

配方来源：王虎群等．一种三聚氰胺高效减水剂及其制备方法．CN 102992683A．2013．

配方70　木质素聚磺酸高效减水剂

(1) 产品特点与用途

木质素聚磺酸高效减水剂的主链是脂肪族直链，吸附基团是磺酸基，木质素结合在主链上，增大了静电斥力和空间位阻作用，应用于混凝土掺量低，减水率高，达到30%以上，远高于萘系和脂肪族等高效减水剂，而且坍落度保持好，具有不离析、不泌水的优点；用在水煤浆上，能够使煤粉颗粒表面亲水，带负电荷，从而使煤粉与水混溶，使得水煤浆黏度低，具有良好的流动性能。本产品生产工艺简单，能耗低，环保，易于实施，适用于泵送或配制自密实混凝土及用于配制水煤浆助剂等。

(2) 配方

① 配合比 见表3-76。

表3-76 木质素聚磺酸高效减水剂配合比

原料名称	质量份	原料名称	质量份
亚硫酸盐	1.5	甲醛	1.5
丙酮	2	水	适量
木质素纸浆黑液	5		

② 配制方法

a. 先将1kg的亚硫酸盐在反应釜中溶解于水，再与2kg丙酮在38℃下磺化反应60min；

b. 将5kg含木质素的造纸黑液加入到反应釜中，于40℃下反应60min；

c. 滴加1kg甲醛，温度慢慢自然升高，升温至80℃，进行缩聚反应360min；

d. 加入0.5kg亚硫酸盐、0.5kg甲醛，反应60min，即制得液体产品木质素聚磺酸高效减水剂。

(3) 施工方法

① 本品掺量为水泥质量的0.5%～1.2%。用于泵送混凝土掺量为水泥质量的0.5%～2%。

② 本品可采用同掺法、后掺法或滞水法。

配方来源：黄宝民. 木质素聚磺酸高效减水剂制备方法. CN 102923990A. 2013.

配方71 高效氨基磺酸减水剂

(1) 产品特点与用途

本品采用价格便宜的酚油和尿素，能够有效降低氨基磺酸减水剂的生产成本，产品具有坍落度经时损失更小、泌水率低、减水率高、制备工艺简单、含碱量较低的特点，有利于防止混凝土碱-骨料反应，冬季使用无沉淀、结晶，适用于配制普通钢筋混凝土及预应力混凝土、自然养护混凝土及蒸养混凝土、泵送、早强、高强、高抗渗混凝土等。

(2) 配方

① 配合比　见表3-77。

表3-77　高效氨基磺酸减水剂配合比

原料名称	质量份	原料名称	质量份
对氨基苯磺酸	12	尿素	10
苯酚	10	酚油	5
氢氧化钠pH调节剂	4	水	10
25%甲醛水溶液	28		

② 配制方法

a. 将水和氨基芳基磺酸投入反应釜中搅拌，升温至30～40℃时投入酚类有机物、尿素和酚油，用pH调节剂将pH值调到7～10，使溶液呈弱碱性；

b. 然后开始滴加醛类有机物，保持温度为55～85℃，控制滴加速度，在0.5～2h滴加完毕；

c. 当醛类有机物滴加完毕后，升温至90～100℃，保温1.5～3.0h，即制得红棕色液体高效氨基磺酸减水剂。

③ 质量份配比范围　氨基芳基磺酸10～15，酚类有机物6～15，pH调节剂3～6，醛类有机物20～35，尿素3～15，酚油2～7，水30～50。配方所述氨基芳基磺酸为对氨基苯磺酸、二氨基苯磺酸或间氨基苯磺酸中的一种，所述酚类有机物为一元酚、多元酚、烷基酚或双酚、苯酚或邻甲苯酚中的一种。所述pH调节剂为氢氧化钠。所述醛类有机物为20%～30%甲醛水溶液、乙醛或三聚甲醛。

④ 配方实例

a. 将水和对氨基苯磺酸投入反应釜中搅拌，升温至30℃时投入苯酚、尿素和酚油，用氢氧化钠pH调节剂将pH值调至8，使溶液呈弱碱性；

b. 然后开始滴加25%甲醛水溶液，保持温度为70℃，控制滴加速度，在1.5h滴加完毕；

c. 当25%甲醛水溶液滴加完毕后，升温至100℃，保温2.0h，即制得红棕色液体高效氨基磺酸减水剂。

(3) 产品技术性能

① 掺量为水泥质量的0.5%～1.0%，减水率可达15%～25%，减水率高，早期强度提高30%～60%，28d强度可提高20%～40%。

② 配合比不变情况下，可使混凝土坍落度从3～5cm提高到15～20cm，坍落度损失小，泌水率低，掺量小，混凝土不易分层、离析。

③ 在混凝土坍落度和强度相同的条件下，掺加本品可节约水泥用量15%～20%。

④ 本品碱含量较低，对钢筋无锈蚀危害。

(4) 施工方法

① 掺量为水泥质量的0.5%～1%，常用掺量为0.6%～0.8%。

② 本品可采用同掺法、后掺法或滞水法，减水剂溶液可与拌合水一起掺加。

③ 采用减水剂后掺法的拌合时间不得少于30min。

配方来源：徐友娟. 高效氨基磺酸减水剂及其制备方法. CN 102898060A. 2013.

配方72 电石渣生产新型混凝土高效减水剂和早强剂

(1) 产品特点与用途

本品利用生产聚氯乙烯的废料电石渣为原料，对传统的萘系减水剂生产工艺作了改进与优化，属节能环保型的新型高效减水剂和早强剂。新型高效减水剂为萘磺酸甲醛缩合物，可减少混凝土中拌合用水量，冬季施工无结晶，可明显增大混凝土的坍落度，改善混凝土和易性，节约水泥用量，对钢筋无锈蚀危害，对混凝土收缩无不良影响，较大程度改善和提高混凝土各种物理力学性能和抗渗等耐久性能，适合配制早强、高强、高抗渗、自密实、泵送混凝土及自流灌浆材料，可广泛用于自然养护及蒸汽养护的混凝土工程及制品。

新型混凝土早强减水剂属非氯盐类粉状混凝土外加剂，适合于−5℃以上气温条件施工，适用于预制构件、预应力混凝土及一般建筑、道路、桥梁、水利、油田和城市建设等工程。

(2) 配方

① 配合比 见表3-78。

表 3-78 新型混凝土高效减水剂和早强剂配合比

原料名称	质量份	原料名称	质量份
工业萘(94%～99%)	1300	电石渣	1800～2000
硫酸(浓度 98%以上)	1300	水	每摩尔萘水解加入 20g 水
甲醛(浓度 36%)	780	柠檬酸	8%

② 配制方法 将工业萘 1300kg 投入反应釜中，加热溶化，升温 120℃搅拌均匀；升温 140℃时，缓慢加入硫酸（浓度 98%以上）1300kg，时间控制在 30min 内；升温至 155℃，恒温 4h，进行磺化反应；磺化结束，温度降至 120℃，酸值控制在 32%；加水水解（量为每摩尔萘水解加入 20g 水）反应，酸值控制在 28%；当酸值达到时，降温至 95℃，在 1.5h 内加甲醛（浓度 36%以上）780kg，恒温 4h；进行缩合反应，温度控制在 100℃；缩合（净浆值应达到 220mm 以上）后，用 60min 加 1800～2000kg 电石渣中和，中和 pH 值达到 8～9 即可，中和过程单独放到另一容器进行；采用转速为 10000r/min 的离心机分离，分离的上清液为减水剂中间体，经 380℃的温度干燥烘干（细度≤13 颗粒度），即为高效减水剂；分离的膏状沉淀物为早强剂中间体，经 150℃的温度烘干，粉碎（细度≤13 颗粒度），加柠檬酸 8%搅拌均匀，即得早强剂。

(3) 产品技术性能

① 新型高效减水剂的性能

a. 在水泥用量和坍落度相同的条件下，使用本品可减少拌合用水量的 15%～23%；其第 1 天的强度可提高 40%～50%，第 3 天强度再增 30%～40%，第 28 天强度再增 10%～20%。

b. 在相同的水泥用量及水灰比不变的条件下，使用本品可明显改善混凝土的和易性，坍落度可增加 1.0～7.5 倍。

c. 在坍落度和强度基本相同的情况下，使用本品可节约水泥用量的 1.0%～1.5%。

d. 本品对钢筋无危害，对混凝土收缩无不良影响，可改善和提高混凝土各种力学性能和抗渗等耐久性能。

② 混凝土早强剂的性能

a. 在相同的水泥用量、同坍落度条件下，使用本品可减少拌合用水量 10%～20%。

b. 在相同的水泥用量、同水灰比条件下，掺用本品混凝土坍落度可增大3～8cm以上。

c. 在同配合比，同坍落度条件下，3天强度可达28天设计强度的50%～80%，28天后强度增长30%～50%。

(4) 施工方法

新型高效减水剂为固体粉末状物质，使用前，应先用热水化成一定浓度的溶液，浓度一般为25%～35%，与拌合水一起加入混凝土拌合物中，也可直接将干粉掺入水泥中先干拌，再加水与砂湿拌，搅拌时间≥3min。掺量：配制C40以上标号混凝土掺量为水泥质量的0.5%～0.7%，配制C80以上标号混凝土掺量为水泥质量的0.7%～1%。使用单位在施工前可通过试验确定。

混凝土早强剂掺量为水泥质量的2%～5%，可直接以粉剂掺加，需先与水泥骨料干拌30s以上，再加水搅拌，搅拌时间不得少于2min。

第4章 缓凝外加剂

4.1 概述

缓凝剂是一种能延长混凝土凝结时间的外加剂。缓凝减水剂则是兼有缓凝和减水功能的外加剂，目的是用来调节新拌混凝土的凝结时间，使新拌混凝土较长时间保持塑性，以便灌注，提高施工效率。在夏季混凝土施工和大体积混凝土施工中掺用缓凝剂可延缓混凝土的凝结，延长可捣实混凝土凝结时间，延缓水泥水化放热，减少因放热产生的温度应力而使混凝土产生裂缝。在流化混凝土中，缓凝剂与超塑化剂复合使用可用来克服高效减水剂的坍落度损失，保证商品混凝土的施工质量。

缓凝剂除了在大跨度高架桥等预应力混凝土和大坝混凝土中使用之外，还在填石灌浆施工法或管道施工法的水下混凝土施工、滑模施工的混凝土中使用。

4.1.1 缓凝外加剂种类

缓凝外加剂主要有如下5类。

① 缓凝剂——能延长混凝土凝结时间的外加剂；

② 缓凝减水剂——兼有缓凝和减水功能的外加剂；

③ 缓凝高效减水剂——兼有缓凝和显著减水功能的外加剂；

④ 缓凝引气减水剂——兼有缓凝、引气和减水功能的外加剂；

⑤ 缓凝引气高效减水剂——兼有缓凝、引气和显著减水功能的外加剂。

缓凝剂按其生产来源分，可分为工业副产品类及纯化学品类。

按其化学成分分类如下。

① 羟基羧酸类物质　如酒石酸（2,3-二羟基丁二酸）及其盐、柠檬酸及其盐、葡萄糖酸及其盐、水杨酸（邻羟基苯甲酸）等。

② 多羟基碳水化合物　糖类及其衍生物，糖蜜及其改性物等。

③ 木质素磺酸盐类　如木质素磺酸钙、木质素磺酸钠、木质素磺酸镁等。

④ 腐植酸类减水剂。

⑤ 无机化合物　如氧化锌、磷酸及其盐、硼酸及焦磷酸钠、三聚磷酸钠、磷酸二氢钠、硼砂、硼酸、氟硅酸钠等。

国内应用较多的缓凝外加剂是糖蜜减水剂、木质素磺酸钙减水剂，缓凝高效减水剂的应用也在扩大。其它如多元醇及其衍生物丙三醇、聚乙烯醇、山梨醇、甘露醇及纤维素类，如甲基纤维素、缩甲基纤维素主要起增稠、保水作用，同时具有缓凝作用。

4.1.2　缓凝外加剂对混凝土性能的影响

缓凝外加剂能延长混凝土的凝结时间，使新拌混凝土在较长时间内保持塑性，有利于浇筑成型和提高施工质量，抑制水化放热速度，减慢放热速率和降低水泥初期水化热。从而防止了早期温度裂缝的出现。掺缓凝剂及缓凝减水剂混凝土由于早期水化物生长变慢，而得到了更均匀的分布和充分的生长，使水化物搭接得更加完整和密实，有利于硬化混凝土抗渗和抗冻融性能的提高。

4.1.3　缓凝外加剂应用注意事项

缓凝外加剂主要用于炎热气候下施工的混凝土、大体积混凝土及需长时间停放或长距离运输的混凝土。缓凝高效减水剂由于既有缓凝，又有早强、高强、高抗渗、超塑化等功能，故适用范围较广，如泵送混凝土、高强混凝土、早强混凝土、道路混凝土、预制混凝土、大体积混凝土、夏季施工混凝土等。

(1) 缓凝剂及缓凝减水剂不宜用于日最低气温5℃以下施工的混凝土，也不宜单独用于有早强要求的混凝土及蒸养混凝土。缓凝高效减水剂不宜用于日最低气温0℃以下施工的混凝土。

(2) 用硬石膏或工业废料石膏作调凝剂的水泥中使用木质素磺酸盐类或糖类缓凝剂时，应先作水泥适应性试验，合格后方可使用。

(3) 缓凝剂及缓凝减水剂的品种及其掺量，应根据混凝土的凝结时间、运输距离、停放时间、强度等要求来确定，严禁过量掺入。过量掺入将导致混凝土凝结时间显著推迟，早期强度降低，甚至不凝、假凝。

(4) 缓凝剂和缓凝减水剂一般先配成适当浓度的溶液，加入拌合水中使用。配制的溶液应定期检查，防止因浓度不均而造成质量事故。

(5) 缓凝剂及缓凝减水剂可与其它外加剂复合使用。配制溶液时应注意其共溶性，确知混合后不发生絮凝、沉淀等不良现象时方可先混合，否则应分别配制溶液并分别加入搅拌机内。

(6) 掺缓凝剂的混凝土终凝后才能浇水养护。

4.2 缓凝外加剂配方

配方 73 柠檬酸缓凝剂

(1) 产品特点与用途

缓凝剂可以用来延缓混凝土凝结时间，使新拌混凝土能在较长时间内保持其塑性，以利于浇灌成型提高施工质量，或降低水化热。它在夏季混凝土施工、大体积混凝土施工中，对延缓混凝土的凝结、减少温度应力所引起裂缝等方面起着重要的作用，在流态混凝土中，缓凝剂与高效减水剂复合使用可减少坍落度损失。混凝土中掺用缓凝剂，同时也能达到节省水泥用量的目的。本产品适用于泵送混凝土、大体积混凝土、滑模施工混凝土和商品混凝土。

(2) 配方

① 配合比　见表 4-1。

表 4-1　柠檬酸缓凝剂配合比

原料名称	质量份	原料名称	质量份
白薯干粉	228	轻质碳酸钙	104
硫酸(98%)	96	盐酸(32%)	70

② 配制方法　采用深层发酵法将浓度为12%或16%的白薯干粉作为发酵培养基，黑曲霉为菌种，发酵周期120h，在发酵期间不断通入无菌空气，同时不断搅拌。发酵完毕过滤除去菌丝体及残存固体残渣，滤液用碳酸钙中和得到柠檬酸钙沉淀，再以浓硫酸酸化，生成柠檬酸与硫酸钙，柠檬酸再经离子交换精制、浓缩、结晶而得。

(3) 产品技术性能

① 掺量为水泥质量的0.4%～0.8%（常用掺量0.6%），减水率

10%以上，龄期3d强度提高50%，7d强度提高30%，28d强度提高20%。

② 初凝及终凝时间延缓1～6h，水泥初期水化热降低。

③ 混凝土的含气量增加2%～3%，泌水率小，耐久性及抗渗性、抗冻融性能提高。

④ 混凝土的坍落度可提高一倍左右，保水性良好。

⑤ 对混凝土收缩无不良影响，对钢筋无锈蚀危害。

⑥ 节约水泥10%～20%。

(4) 施工方法

① 本产品呈粉末状，可直接使用，也可预先配制成水溶液使用。

② 本产品可采用同掺法或后掺法、滞水法。

③ 本品易溶于水，在贮存、运输中，应注意防潮。受潮结块后产品性能不变，但必须配制成水溶液使用。

配方74 LH-F型混凝土缓凝流化剂

(1) 产品特点与用途

本品性能优良，能够克服碱矿渣混凝土急凝的缺点，将碱矿渣混凝土有效地在工程中推广应用，初凝时间可在1～70h之间任意调整，不降低碱矿渣混凝土的强度，后期混凝土体积不收缩，泵送混凝土时工作性好，工作过程不离析、不泌水、泵压低，初始坍落度230mm，5h后仍保持坍落度220mm。

本品可以掺入碱矿渣混凝土中，起到缓凝作用。

(2) 配方

① 配合比　见表4-2。

表4-2　LH-F型缓凝流化剂配合比

原料名称	质量份		
	1#	2#	3#
重铬酸钾	350	300	380
白砂糖	250	290	200
苯酚	70	90	50
水玻璃	130	100	140
氢氧化钠	100	150	80
水	100	70	150

② 配制方法　将以上各组分倒入反应釜中搅拌均匀，即得成品。

(3) 产品技术性能

① 质量规范

a. 外观：棕色液状物（浓度40%）。

b. pH 值 7±1。

c. 无毒、不燃，不锈蚀钢筋。

② 技术性能

a. 基准混凝土（坍落度 8cm±1cm）中掺 0.75%后，坍落度增加约 12cm，混凝土显示良好的流动性和自密性。

b. 用 LH-F 配制的泵送混凝土，工作性好，工作过程不离析、不泌水、泵压低，和易性极好。初始坍落度 230mm，5h 后仍保持坍落度 220mm，基本没有坍落度损失。

c. 与基准混凝土同坍落度和等水泥用量的前提下，掺 LH-F 可减少水泥用量 10%～15%，采用相同水灰比，可配制出坍落度达 20cm 的流化混凝土，其最终强度仍高于基准混凝土。

d. LH-F 能在混凝土中引入少量微气泡，从而大大提高混凝土的抗渗和抗冻融能力。

e. 延缓温峰：掺用 LH-F，可使混凝土的内部温升有所降低而延缓温峰的出现。大体积混凝土中掺用 LH-F，可降低混凝土的温度应力，提高其抗裂性能。

(4) 施工方法

① LH-F 的适宜掺量为 0.75%～1.8%。根据对混凝土性能的不同要求和施工条件的变化，掺量可适当调整。但最大掺量不要超过 2.5%。

② LH-F 可与拌合水同时加入。如有条件，建议后于拌合水加入，效果更佳。

③ LH-F 可与其它外加剂复合使用，在正式使用前必须通过试验确定其效果。

④ 如利用混凝土搅拌车运输中拌合，一般运输时间应大于 30min，待到达现场后，应加速搅拌 1min。

配方 75　FDN-3 缓凝高效减水剂

(1) 产品特点与用途

本产品由萘磺酸盐甲醛缩合物与其它高分子表面活性物质合成。

掺量为水泥质量的 0.4%左右时，减水率达 25%～30%，早期强度提高 30%～40%，28d 强度提高 20%以上，28d 混凝土收缩率比<120%。FDN-3 缓凝高效减水剂具有延缓或降低水泥水化热，调节凝结时间的作用，凝结时间有所延长（1～3.5h），混凝土内部温升有所降低，温峰出现有所延缓。含气量 2%左右，含气量小，泌水少，保水性显著改善。配合比不变情况下，可使混凝土坍落度提高 2～3 倍，坍落度损失较少。

本品具有较好的早强效果和后期增强效果，可全面改善混凝土的物理力学性能，提高混凝土的抗渗性和耐久性，改善混凝土的和易性，减少混凝土表面收缩和裂缝，抗渗性提高 1～2 倍，抗冻性提高 3～5 倍，可以全面提高混凝土的综合性能。FDN-3 缓凝高效减水剂适用于商品混凝土、泵送混凝土、大流动性混凝土等。

(2) 配方

① 配合比　见表 4-3。

表 4-3　FDN-3 缓凝高效减水剂配合比

原料名称	质量份	原料名称	质量份
萘磺酸盐甲醛缩合物高效减水剂	60	糖钙	15.41
氨基磺酸盐高效减水剂	20	甲基纤维素醚	0.09
葡萄糖酸钠	4.5		

② 配制方法　将各组分称量投入混合机内搅拌混合均匀即可得成品，细度大于 $370m^2/kg$。

(3) 产品技术性能　见表 4-4。

表 4-4　FDN-3 缓凝高效减水剂物化指标

项　目	指　标	项　目	指　标
外观	黄褐色粉末	氯离子含量	≤2%
水泥浆流动度	≥180mm	细度(60 目筛筛余)	≤5%
表面张力差值	$\leqslant 15\times10^{-5}$N/cm	水分	≤7%
pH 值	5～9		

(4) 施工方法

① 掺量为水泥质量的 0.4%～1.0%，常用掺量为 0.4%，气温低时，掺量应适当减少。

② 使用 FDN-3 减水剂时，可采取与水泥、骨料同掺或滞后于拌

合水0.5～1min加入，或在拌合好后一段时间再加入二次搅拌，缓凝及塑化效果更好。

配方 76 FN-3型水泥砂浆缓凝胶结剂

(1) 产品特点与用途

本品为建筑施工用的水泥砂浆外加剂，可以直接按比例掺在水泥砂浆中起到胶结缓凝作用。FN-3型水泥砂浆缓凝剂使用效果好，减水率达15%～25%，调出的水泥浆短时间内不沉淀、变硬，黏结力强，并且具有耐磨、耐折、抗压、抗渗及防冻融的特点。用FN-3调制的水泥砂浆抗压强度高，和易性好，保水、塑化性能高，不易分层离析，适用于砌筑砂浆与抹面砂浆。

(2) 配方

① 配合比 见表4-5。

表4-5 FN-3型水泥砂浆缓凝胶结剂配合比

原料名称	质量份	原料名称	质量份
聚丙烯酰胺	8	硫酸铝铵	0.5
NNO扩散剂	2	氧化铁黄	2.5

② 配制方法 将以上原料用粉碎机粉碎过筛，搅拌均匀，即可得微黄色粒子型干粉状成品。

(3) 产品技术性能

① 替代作用 本品系复合多功能砌筑和抹灰用砂浆外加剂，具有替代各类高效砂浆精及砂浆稠化粉作用，是继石灰王、高效砂浆精、砂浆稠化粉之后第四代绿色环保产品，具有保水、缓凝、增强、增塑、抗裂、抗渗、抗冻、黏结、防鼓及耐磨、耐折、拉压等多种技术性能，用本品调出的水泥砂浆短时间内不沉淀、变硬。

② 具有一定的减水、塑化和增强作用，减水率≥8%。能改善砂浆的和易性、扩散性、乳化性和发泡效果，并能提高砂浆的饱满度和使用体积。

③ 具有提高砂浆黏聚性和操作性，使粉饰面层光滑美观，克服起壳、空鼓等质量病，减少落地灰，同时节省材料，大大地减轻了劳动强度。

④ 具有缓凝和超缓凝效果，确保在一定时间内的可塑性和操作效果。

(4) 施工方法

① 本品的掺量范围：冬季 500～1000g/t 水泥，夏季 1000～1500g/t 水泥。

② 根据气温的变化和施工操作要求，可在推荐掺量范围内适当调节。

③ 预拌砂浆的搅拌时间不宜少于 2min。

④ 必须按砂浆配合比正确配料，搅拌均匀。

⑤ 本品用塑膜袋包装宜贮存于干燥处，注意防潮，保质期 1 年。

配方 77 UNF 装饰水泥缓凝增强剂

(1) 产品特点与用途

本品性能优良，在水磨石厂使用时能大大提高装饰水泥的可塑性，使制品结构好、强度高；加快设备利用率的周转期和提高劳动生产率，提高装饰水泥制品 1d、3d、7d 早期强度和 28d 后期强度；也可在生产白水泥时，与本品混合制成多功能的改性白水泥。

(2) 配方

① 配合比 见表 4-6。

表 4-6 UNF 装饰水泥缓凝增强剂配合比

原料名称	质量份					
	1#	2#	3#	4#	5#	6#
硫酸锌	36	40	32	36	40	32
无水硫酸钠	37	35	36	37	35	36
UNF 减水剂	25	22	28	—	—	—
尿素	2	3	4	—	—	—
滑石粉	—	—	—	2	3	4

② 配制方法

a. 将以上各种原材料分别进行烘干，硫酸锌烘干温度不得高于 32℃，其它材料烘干温度不得高于 105℃；烘干后，再放入球磨机中进行研磨，磨细的原材料全部通过 900 孔筛后，进行均化。

b. 将经过步骤 a 处理的硫酸锌、无水硫酸钠、UNF 减水剂、尿素或滑石粉按比例配好，倒入立式或悬臂双螺旋锥形混合机混合搅拌 30min，搅拌混合均匀，出料包装。

(3) 施工方法

本品适用于水泥生产和水磨石生产厂家。1#～3# 水泥缓凝剂为 1

型，特别适合于冬季使用；4#～6# 水泥缓凝剂为2型，特别适合于夏季使用。在水磨石厂使用时，称取水泥质量0.5%～1%的缓凝剂溶于少量水中（可稍加热使其溶解）再加入到水泥中，在搅拌水泥时，可稍减水6%～10%，搅拌好的水泥进行成型，使之成为水泥制品，养护14天后，即可拆模进行抛光工艺。

配方78 水泥缓凝剂

(1) 产品特点与用途

① 本品具有生产工艺简单，设备投资少，所用原料均可采用工业废渣、生产成本低。

② 排除了磷石膏中干扰调凝的因素，可对水泥进行较稳定调凝。

③ 产品呈块状或颗粒状，本征强度3～5MPa，含水率5%～8%，水泥生产线可用原库贮存本产品，并可实现稳定配料。

④ 产品中的活化粉煤灰组分本身具有较高的火山灰活性，并可促进水泥水化，因此本产品可提高水泥的早期强度，提高水泥产量，降低水泥成本。

本品适用于水泥生产厂可替代天然二水石膏或硬石膏作为水泥生产的缓凝剂。

(2) 配方

① 配合比 见表4-7。

表4-7 水泥缓凝剂配合比

原料名称	质量份		原料名称	质量份	
	1#	2#		1#	2#
磷石膏	60	40	生石灰	5	8
粉煤灰	34.6	51.5	硫酸亚铁	0.4	0.5

② 配制方法 将磷石膏、粉煤灰、生石灰与活化剂硫酸亚铁配料后经搅拌机搅拌均匀，经压制成型或转盘成球，所得的半成品再经自然养护（30天）或常压蒸汽养护，经烘干即得成品。

③ 质量配比范围

磷石膏	30～70	生石灰	4～10
粉煤灰	26～60	硫酸亚铁(活化剂)	0.1～0.5

(3) 施工方法

本品能够全部代替天然石膏，可直接用作增强水泥性能的缓凝剂，其用量为水泥质量的 4%～8%。

配方 79 RC 复合缓凝高效减水剂

(1) 产品特点与用途

RC 高效减水剂是一种复合型缓凝减水剂，用来延缓混凝土的凝结时间，使新拌混凝土在较长时间内保持其塑性，以利于浇灌成型。大面积施工中对延缓凝结、延长可捣实时间、推迟水化热过程和减少温度应力所引起的裂缝等方面均起着重要作用。本品适用于商品混凝土、大体积混凝土、泵送混凝土、大模板混凝土及夏季施工混凝土等。

(2) 配方

① 配合比　见表 4-8。

表 4-8　RC 复合缓凝高效减水剂配合比

原料名称	质量份	原料名称	质量份
FE 萘系高效减水剂	120	三聚磷酸钠	3
VS-F 聚羧酸磺酸盐高效减水剂	30	水	45
酒石酸	2		

② 配制方法　按配方量称取 FE 萘系高效减水剂 120 份、VS-F 聚羧酸磺酸盐减水剂 30 份、缓凝剂酒石酸 2 份、三聚磷酸钠 3 份和水 45 份加入反应釜中搅拌混合均匀即为 RC 复合缓凝高效减水剂。

(3) 产品技术性能

① 减水　在同配合比、同坍落度条件下，RC 缓凝剂的减水率随掺量的增加而增大。掺量为水泥用量的 0.5%时，减水率可达 15%左右。

② 早期缓凝　常温情况下，掺用 RC 缓凝剂的混凝土。其初凝时间约比不掺的延长 1～3h，适于炎热气候下使用。

③ 早强　在同配合比、同坍落度条件下，掺加 RC 缓凝剂可使 1 天、3 天混凝土强度均提高 30%～50%，对 28 天混凝土强度能提高 20%以上。在同强度条件下可节约水泥用量 10%～15%。

④ 延缓温峰　掺用 RC 缓凝剂，可使混凝土的内部温升有所降低而延缓温峰的出现。大体积混凝土、泵送混凝土中掺用 RC 缓凝剂，可降低混凝土的温度应力，提高其抗受压泛水、抗裂性能，防止管道阻塞。

⑤ 保塑　掺用 RC 缓凝剂的混凝土拌合物，在一般混凝土施工规范要求时间内坍落度损失较小，正常情况下，如拌合物初始坍落

度为18～22cm，其水平管道坍落度降低值约为1～2cm/100m。有利于解决集中搅拌、长距离运输以及施工中层间交接等问题。

(4) 施工方法

① RC复合缓凝高效减水剂的掺量范围为0.5%～1.4%，常用掺量为1%。

② RC复合缓凝减水剂溶液可与拌合水一起加入。注意减水剂溶液中的水量应当计入混凝土总用水量中。

③ 搅拌过程中，RC缓凝减水剂溶液略滞后于拌合水1～2min加入。

④ 搅拌运输车运送的商品混凝土可采用减水剂后掺法。

配方80 糖钙缓凝减水剂

(1) 生产工艺

糖钙减水剂是由制糖工业下脚料废蜜制成，废蜜的成分因制糖原料不同而不同。主要是废蜜中蔗糖和单糖的含量不同，如：甜菜糖废蜜含糖总量45%，其中蔗糖43%、单糖2%；甘蔗糖废蜜总含糖量51%，其中蔗糖40%、单糖11%。其余为水分和杂质。废蜜和石灰乳反应生成蔗糖化钙络合物和单糖化钙络合物及剩余的糖和$Ca(OH)_2$，其化学反应如下：

$$\underset{\text{蔗糖}}{C_{12}H_{22}O_{11}} + CaO + H_2O \longrightarrow \underset{\text{蔗糖化钙络合物}}{C_{12}H_{22}O_{11} \cdot CaO \cdot H_2O}$$

$$\underset{\text{单糖}}{C_6H_{12}O_6} + CaO + H_2O \longrightarrow \underset{\text{单糖化钙络合物}}{C_6H_{12}O_6 \cdot CaO \cdot H_2O}$$

(2) 配制方法

先将废蜜调至相对密度为1.2，再加入相同物质的量（按有效CaO计算）的石灰乳，徐徐搅拌加入废蜜中，再充分搅拌，然后陈化约一周时间。将反应物在80℃以内低温烘干，经粉磨后即制得糖钙减水剂。

(3) 产品性能及使用方法

糖钙减水剂具有减水作用，减水率在5%～7%，属非引气型，掺量范围在0.1%～0.3%。可以与减水剂、引气剂等复合使用。除了延长混凝土的凝结时间外，还能抑制坍落度损失。

糖钙减水剂和木钙减水剂一样，在使用硬石膏及氟石膏为调凝剂时会发生假凝现象，以及程度不同的坍落度损失。

配方81 JN-3混凝土复合缓凝高效减水剂

(1) 产品特点与用途

本品生产工艺简单，掺量少，成本低，产品综合性能好，缓凝作用显著。掺用JN-3缓凝高效减水剂可使混凝土的内部温升有所降低而延缓温峰的出现；大体积混凝土中掺用JN-3，可降低混凝土的温度应力，提高其抗裂性能。JN-3具有较好的早强效果和后期增强效果，全面改善混凝土的物理力学性能，改善混凝土的泵送性能，减少坍落度损失；改善混凝土的和易性，减少混凝土表面收缩和裂缝，提高混凝土的抗渗性和耐久性等综合性能。

JN-3混凝土复合缓凝高效减水剂适用于泵送混凝土、大体积混凝土、滑模施工混凝土和商品混凝土。

(2) 配方

① 配合比　见表4-9。

表4-9 JN-3混凝土复合缓凝高效减水剂配合比

原料名称	质量份	原料名称	质量份
萘磺酸盐甲醛缩合物高效减水剂	62	糖钙	15
氨基磺酸盐高效减水剂	18.3	羧甲基纤维素醚	0.2
葡萄糖酸钠	4.5		

② 配制方法　将各组分混合均匀即可。

(3) 产品技术性能

① 在同配合比、同坍落度条件下，掺量为水泥质量的0.6%时，减水率可达25%～30%。

② 常温情况下，掺用JN-3减水剂的混凝土，其初凝时间约比不掺的可延缓10～20h，适于炎热气候条件下混凝土施工。

③ 在同配合比、同坍落度条件下，掺加JN-3减水剂，可使混凝土3d、7d强度提高20%～30%，28d强度提高20%；在同强度条件下可节约水泥用量5%～10%。

④ 掺用JN-3减水剂可使混凝土的内部温升有所降低而延缓温峰的出现，28d收缩率比小于120%，大体积混凝土中掺用JN-3，可降低混凝土的温度应力，提高其抗裂性能。

⑤ 掺用JN-3减水剂的混凝土拌合物，在一般混凝土施工规范要求时间内坍落度损失较小，混凝土坍落度可由3～5cm提高到15～

30cm，保水性、黏聚性和可泵性显著改善，有利于解决集中搅拌、长距离运输以及施工中层间交接等问题。

⑥ 对混凝土收缩无不良影响，对钢筋无锈蚀危害。

(4) 施工方法

① JN-3 减水剂掺量为水泥质量的0.6%～1.2%，常用掺量为0.6%～0.8%，气温低时，掺量应适当减少。

② 使用JN-3 时，可采取与水泥、骨料同掺或滞后于拌合水0.5～1min加入，或在拌合好后一段时间再加入进行二次搅拌，缓凝及塑化效果提高。

配方82 KW 超缓凝减水剂

(1) 产品特点与用途

本品具有超强的缓凝效果，掺量为水泥质量的0.6%左右，凝结时间一般可达5～15h，可根据实际工程施工需要，通过调节产品配方和掺量来调整混凝土的凝结时间。KW超缓凝减水剂与不同品种的水泥适应性好，具有高减水率、高保水、高保塑性能，能很好地与其他类型的减水剂复配混溶，在应用中不会产生副作用。用KW超缓凝剂配制的混凝土拌合物坍落度可达150～250mm，且2h坍落度损失几乎为零。

KW超缓凝剂具有增强、高抗冻、高抗渗、高耐久性能，7d、28d混凝土强度可分别提高10%～30%、20%～50%，适用于配制夏季施工的大体积、商品混凝土。

(2) 配方

① 配合比　见表4-10。

表4-10　KW超缓凝减水剂配合比

原料名称	质量份	原料名称	质量份
25%聚羧酸减水剂	110	膦丁烷三羧酸	20
乙烯二胺-四甲基膦酸	20	十二烷基硫酸钠	0.8

② 配制方法　按配方量称取25%液体聚羧酸减水剂110份，掺入乙烯二胺-四甲基膦酸20份、膦丁烷三羧酸20份、十二烷基硫酸钠0.8份加入反应釜中进行搅拌，搅拌20～30min，混合均匀即可制得KW超缓凝减水剂。使用时按比例配制成40%浓度的水溶液。

(3) 施工方法

① KW超缓凝剂的掺量范围为水泥质量的0.6%～1.0%，常用掺量为0.8%，气温低时，掺量应适当减少。

② 使用KW超缓凝剂时，可采取与水泥、骨料同掺或滞后于拌合水0.5～1min加入，或在拌合好后一段时间再加入二次搅拌，缓凝及塑化效果提高。

配方83 JZB混凝土超缓凝剂

(1) 产品特点与用途

本品对各种水泥适应性好，可与改性木质素磺酸盐减水剂、萘磺酸钠甲醛缩合物高效减水剂、磺化三聚氰胺甲醛树脂高效减水剂、氨基磺酸盐高效减水剂、聚羧酸盐高性能减水剂等不同类型的减水剂复配，不会产生副作用，对混凝土早期强度发展不影响。本品与高效减水剂复合使用时，可大大降低混凝土拌合物的坍落度损失。本品具有超常的缓凝效果，凝结时间一般可达3～50h，可根据实际工程施工需要，通过调节产品配方或掺量，来调整混凝土的凝结时间。本品掺量低，在要求混凝土的凝结时间为15～20h时掺量仅需水泥质量的0.6%左右，远低于同类其他产品。

JZB混凝土超缓凝剂适用于泵送混凝土、高强混凝土、早强混凝土、道路混凝土、预制混凝土、大体积混凝土、夏季施工混凝土等。

(2) 配方

① 配合比 见表4-11。

表4-11 JZB混凝土超缓凝剂配合比

原料名称	质量份	原料名称	质量份
氨基三甲基膦酸	22	水	72
膦丁烷三羧酸	6		

② 配制方法 按配比将水72份、氨基三甲基膦酸22份、膦丁烷三羧酸6份加入反应釜中缓速搅拌3～15min，搅拌混合均匀，静置30min即可。

(3) 产品技术性能

① 减水率：15%～25%。

② JZB具有超常的缓凝效果，混凝土初、终凝时间分别延缓

3～50h。

③ 在同配合比、同坍落度条件下，掺加JZB可使3d、7d混凝土抗压强度提高60%～80%、40%～60%，28d提高25%～35%，在同强度条件下可节约水泥用量10%～15%。

④ 用JZB配制的泵送混凝土，塑化功能高，混凝土和易性改善，工作性好，工作过程不离析、不泌水、泵压低，在配合比不变情况下，可使混凝土坍落度提高2～3倍，坍落度损失小。

⑤ 对混凝土收缩无不利影响，对钢筋无锈蚀危害。

(4) 施工方法

① JZB的掺量范围为水泥质量的0.6%～1.0%，常用掺量为0.6%～0.8%。

② JZB超缓凝剂水溶液可与拌合水一起加入。注意减水剂溶液中的水量应计入混凝土总用水量中。

配方84 KW-B超缓凝复合减水剂

(1) 产品特点与用途

KW-B超缓凝复合减水剂主要成分为改性木质素磺酸盐与羟基羟酸类、无机磷酸盐等的复合型缓凝减水剂。KW-B具有极好的减水、缓凝性能，同普通混凝土相比，掺KW-B减水剂混凝土用水量可减少15%～20%，凝结时间一般可达5～150h。它具有对水泥分散性好、降低水泥水化热、延缓温峰、坍落度损失小、常用掺量小、低引气性、早期缓凝、对混凝土增强效果好等特点，适用于商品混凝土、大体积混凝土、泵送混凝土、大模板混凝土及夏季施工混凝土等。

(2) 配方

① 配合比 见表4-12。

表4-12 KW-B超缓凝复合减水剂配合比

原料名称	质量份	原料名称	质量份
改性木质素磺酸盐减水剂	120	膦丁烷三羧酸	30
柠檬酸	12		

② 配制方法 取改性木质素磺酸盐减水剂粉剂120份、柠檬酸12份、膦丁烷三羧酸30份倒入反应釜中搅拌混合均匀，即得成品。

(3) 产品技术性能

① 具有缓凝作用，凝结时间 一般可达5～15h，能降低水泥初期

水化热，气温低于 10℃后缓凝作用加强。

② 改善混凝土的性能。当水泥用量相同，坍落度与空白混凝土相近时，可减少单位用水量 15%～20%。

③ 提高混凝土的流动性。配合比不变情况下，可使混凝土坍落度提高 2～3 倍，坍落度损失较少。

④ 可节省水泥 10%～15%。改善混凝土的和易性。

⑤ 对钢筋无锈蚀危害，对混凝土收缩无不良影响。

(4) 施工方法

① 本品呈粉末状，将 KW-B 和水以质量浓度 40%配制成水溶液，掺量范围为水泥质量的 0.6%～1.0%，常用掺量为 0.6%，气温低时掺量应适当减少。

② KW-B 溶液可与拌合水一起加入搅拌机内与混凝土骨料混合均匀。注意减水剂中的水量应计入混凝土总用水量中。

③ 搅拌过程中，KW-B 溶液略滞后于拌合水 1～2min 加入。

④ 搅拌运输车运送的商品混凝土可采用减水剂后掺法。

配方 85 LWH 缓凝早强减水剂

(1) 产品特点与用途

本品以糖类为主要组成，只用了少量的石灰与糖蜜反应，生成了较大量可溶性糖钙，且又保留了一部分糖的成分，减水效果增强，尤其缓凝作用突出，LWH 缓凝减水剂综合性能好，除具有减水、缓凝作用外，同时具有早强功能，还能提高混凝土后期强度及混凝土的其他性能，减小坍落度损失等。

LWH 缓凝早强减水剂适用于气温 0℃以上施工的泵送混凝土、流态混凝土、大体积混凝土、现浇混凝土等。

(2) 配方

① 配合比　见表 4-13。

表 4-13　LWH 缓凝早强减水剂配合比

原料名称	质量份	原料名称	质量份
糖蜜	100	干排粉煤灰	420
石灰(氧化钙含量 80%)	2.3	无水硫酸钠	500
水	40		

② 配制方法

a. 将糖蜜兑水稀释至相对密度 1.008，放入反应釜中加热至 70～80℃。

b. 向反应釜中缓缓加入稀释后糖蜜质量为 1%～2%、细度为 0.16～0.3mm 的石灰，边加入边进行强力搅拌使其溶解均匀，待 pH 值上升至 13～14 时停止加入石灰。

c. 将 b 步所得物料放入容器中静置钙化 5～7d 后，按反应物：载体＝1：(2.8～3.2) 的比例加入粉煤灰作载体进行吸湿，搅拌均匀，干燥至含水率 3%～5%。

d. 按 1：1 的比例向 c 步所得物料加入无水硫酸钠粉搅拌均匀即可。

(3) 产品技术性能

① 掺量为水泥质量的 2%时，可使混凝土减水率达到 10%～15%，凝结时间达到 8～20h，缓凝效果显著。

② 与基准混凝土的抗压强度比：混凝土 3d 强度可达 28d 设计强度的 60%～80%，28d 后强度增长 30%～50%。

(4) 施工方法

① LWH 的掺量范围为水泥质量的 2%～3%，常用掺量为 3%。

② LWH 粉剂可先与水泥混合，然后与骨料、水一起拌合；也可把该粉剂按量直接与混凝土骨料一齐投入搅拌机内，干拌均匀后再加入拌合水进行搅拌。

③ 把 LWH 预先溶解成溶液，再与水一起加入。

配方 86　Sr 大体积混凝土超缓凝剂

(1) 产品特点与用途

混凝土结构物中实体最小尺寸大于或等于 1m 的部位所用的混凝土称为大体积混凝土。大体积混凝土掺用缓凝剂能显著增大混凝土的流动性，改善施工操作性，可延缓水泥水化放热峰值，降低混凝土内外温差，可改善新拌混凝土的和易性、保水性和泌水性等性能，有效提高大体积混凝土抗裂防水性能。Sr 大体积混凝土超缓凝剂具有超长缓凝作用，且缓凝结束后强度能迅速增大，最终强度无损失。Sr 超缓凝剂掺量为水泥质量的 0.08%～0.12%时减水率为 10%～15%，可延缓凝结时间 2～5h，初凝延长 3～4h，终凝延长

2～8h，3d 后强度均高于空白混凝土，28d 强度提高≥15%，坍落度损失小，可降低水化热放热速度，提高混凝土抗裂防渗性能。Sr 超缓凝剂适用于夏季施工、大体积混凝土、商品混凝土、远距离输送的泵送混凝土及缓黏结预应力混凝土。

(2) 配方

① 配方比　见表 4-14。

表 4-14　Sr 大体积混凝土超缓凝剂配合比

原料名称	质量份	原料名称	质量份
乙烯二胺-四甲基膦酸	35	水	60
膦丁烷三羧酸	5		

② 配制方法　按配方量将各组分一起加入搅拌釜中慢速搅拌 3～10min，静置 20min 左右，出料包装即可。

(3) 施工方法

Sr 超缓凝剂掺量的水泥质量的 0.08%～0.12%，施工使用时将 Sr 水溶液加入到拌合水中，再将该拌合水加入到拌合料中搅拌均匀，在日最低气温 5℃以下施工时应慎用。

配方 87　缓凝型烯丙基聚醚聚羧酸系高效减水剂

(1) 产品特点与用途

缓凝型烯丙基聚醚聚羧酸系高效减水剂系由聚合物烯丙基聚乙二醇（相对分子质量为 6000）复配缓凝剂木质素磺酸钠、柠檬酸钠、蔗糖等组成棕色液体，浓度为 40%，混凝土中本品掺量为胶凝材料质量的 0.2%～8%，可使其缓凝，调节掺量凝结时间可延长 3～15h；坍落度损失小，水泥的初期水化热低；水泥适应性好；减水率高达 20%～30%，混凝土的单方用水量减少，从而可节省水泥 20%左右，与粉煤灰双掺时可节省水泥 30%左右；混凝土的抗渗性提高（>P12）；非引气，早强、高强效果显著，7d 可达设计强度，28d 强度提高 30%～40%。

缓凝型烯丙基聚醚聚羧酸系高效减水剂适用于夏季施工的商品混凝土、泵送混凝土、泵送高强混凝土、防水混凝土及有缓凝要求的大体积混凝土。

(2) 配方

① 配合比 见表4-15。

表4-15 缓凝型烯丙基聚醚聚羧酸系高效减水剂配合比

原料名称	质量份	原料名称	质量份
烯丙基聚乙二醇(相对分子质量为600)	24.43	蔗糖	1.22
木质素磺酸钠	11.96	水	60
柠檬酸钠	2.39		

② 配制方法 将各组分按配方比例称量，加入混合机内，充分搅拌溶解，混合均匀，出料包装即可。

(3) 施工方法

本品的掺量范围为0.2%～1.0%，常用掺量为0.8%。减水剂溶液可与拌合水一起加入。搅拌过程中，减水剂溶液可略滞后于拌合水1～2min加入，搅拌运输车运送的商品混凝土可采用减水剂后掺法。

配方88 硫铝酸盐泵送水泥混凝土缓凝剂

硫铝酸盐水泥混凝土缓凝剂为泵送混凝土添加剂，特别适用于快硬早强的硫（铁）铝盐水泥混凝土。

本品在泵送混凝土中的适宜掺量为水泥质量的2%～5%，最佳掺量为3%。当掺量超过4%时，其缓凝作用急剧加速。当掺量不大于4%时，其对1d、3d强度无影响，对28d强度尚有提高；当掺量达到5%时，1d强度明显降低，对3d强度无影响，对28d强度尚有提高。

(1) 配方 见表4-16。

表4-16 硫铝酸盐泵送水泥混凝土缓凝剂配合比

原料名称	质量份	原料名称	质量份
硅铝酸四钙	51～55	钛酸钙	1.5～3
硅酸钙	21～25	硼酸	8～11
铁铝酸四钙	3～6		

(2) 配制方法

按配方将各组分混合均匀即可。

(3) 产品特点

本品工艺简单，原料易得，使用效果好，根据施工需要调节快凝早强水泥的凝结时间，将快凝早强水泥混凝土用于大型机械化泵送施工中，解决了快凝早强水泥混凝土不能采用泵送法的技术难题，早期混凝土强度高，比现有的普通混凝土工期提前 89%。

配方 89 MNC-H 型混凝土缓凝剂

(1) 产品特点与用途

MNC-H 型混凝土缓凝剂具有对水泥分散性好、常用掺量小、低引气性、早期缓凝等特点，掺量为水泥质量的 0.8%～2%，减水率 10%～20%，7d、28d 强度可分别提高 10%～20%、20%～30%，初、终凝时间延长 3～6h，水泥初期水化热降低，延缓温峰，混凝土的坍落度可提高一倍左右，保水性良好。MNC-H 型混凝土缓凝剂适用于商品混凝土、大体积长时间停放、长距离运输、夏季炎热气候条件下施工的混凝土，以及配制现浇混凝土。

(2) 配方

① 配合比　见表 4-17。

表 4-17　MNC-H 型混凝土缓凝剂配合比

原料名称	质量份	原料名称	质量份
硫酸铝	7～13	氧化铝粉	8～14
葡萄糖酸钙	4～10	沸石粉	28～36
羟基羧酸	4～7	硫铁矿渣粉	26～43

② 配制方法　按配方计量称重后，将原料加入球磨机内研磨，细度至 300 目，即可制得灰褐色粉末缓凝剂。

配方 90 SR 复合缓凝高效减水剂

(1) 产品特点与用途

本产品由萘磺酸盐甲醛缩合物与其它高分子表面活性物质复合而成，外观为黄褐色粉末。掺量为水泥质量的 0.4%左右时，减水率 14%左右，早期强度提高 30%～50%，28d 强度提高 20%以上。本品与硫铝和铁铝酸盐水泥混合配制混凝土，可延长混凝土的凝结时间 1～3.5h，混凝土内部温升有所降低，温峰出现有所延缓，可使混凝土坍落度提高 2～3 倍，坍落度损失较少。使用本品能改善混凝土的和易性，提高硬化混凝土的早期、后期强度及耐久性，保证新拌混凝土的施工操作性及操作时间。本品适用于硫铝和铁铝酸盐水泥商品混凝土、泵送混凝土、大流动性混凝土等。

(2) 配方

① 配合比　见表4-18。

表4-18　SR复合缓凝高效减水剂配合比

原料名称	质量份	原料名称	质量份
FDN萘系高效减水剂	26.7	酒石酸	12.7
木质素磺酸钙	13.3	沸石粉	12
亚硝酸钠	14	粉煤灰	21.3

② 配制方法　将FDN萘系高效减水剂、木质素磺酸钙普通减水剂，无机、有机弱酸及其盐类、混凝土外加剂载体放入球磨机或混合机内搅拌混合均匀即可。

③ 配方范围　本品各组分质量份配比范围是：FDN萘系高效减水剂0～70，木质素磺酸钙普通减水剂0～50，无机、有机弱酸及其盐类1～30，混凝土外加剂载体20～60，盐0～50。原料中的盐在防冻型缓凝减水剂中起降低冰点的作用。

(3) 产品技术性能

① 在同配合比、同坍落度条件下，掺量为水泥用量的0.4%时，减水率可达14%～20%。

② 常温情况下掺SR复合缓凝高效减水剂的混凝土，其初凝时间约比不掺的延长2～3h，混凝土的含气量2%～3%，保水性改善，适于炎热气候下使用。

③ 在同配合比、同坍落度条件下，掺SR复合缓凝高效减水剂可使3d、7d混凝土强度提高30%～50%，28d强度提高20%以上。在同强度条件下可节约水泥用量5%～10%。

④ 掺用SR缓凝高效减水剂混凝土的内部温升有所降低而延缓温峰的出现。大体积混凝土中掺用SR减水剂可降低混凝土的温度应力。

⑤ 掺用SR减水剂的混凝土拌合物，在配合比不变的情况下，可使混凝土坍落度提高2～3倍，坍落度损失较少。

(4) 施工方法

① SR复合缓凝高效减水剂掺量范围为0.4%～0.8%，常用掺量

为0.5%，气温低时，掺量应适当减少。

② SR粉剂可先与水泥混合，然后再与骨料、水一起拌合，也可把该粉剂按量直接与混凝土骨料一起投入搅拌机内，干拌均匀后再加入拌合水进行搅拌。

③ 把SR粉剂预先溶解成溶液，再与拌合水一起加入。注意减水剂溶液中的水量应计入混凝土总用水量中。

④ 搅拌过程中，SR粉剂或其溶液略滞后于拌合水1～2min加入。

⑤ 搅拌运输车运送的商品混凝土可采用减水剂后掺法。

配方91 聚次甲基多环芳烃磺酸钠缓凝高效减水剂

(1) 产品特点与用途

本品由聚次甲基多环芳烃磺酸钠与多种缓凝剂组分合成，能有效抵制水泥初始反应期和休止期的水化速度，从而达到初凝时间延长，缓凝时间大于10h，减水率大于20%，保水效果较好，坍落度损失减小，混凝土的施工性能改善，同时保持高效减水剂的早强和高强功能。主要用途适用于泵送混凝土、商品混凝土、流态混凝土、桥梁混凝土、早强混凝土、高强混凝土、道路混凝土、防水混凝土、大体积混凝土、港工混凝土、滑模施工、夏季施工等。

(2) 配方

① 配合比 见表4-19。

表4-19 聚次甲基多环芳烃磺酸钠缓凝高效减水剂配合比

原料名称	质量份	原料名称	质量份
UNF高效减水剂	93	甲醛	0.4
木质素磺酸钙	2.6		

② 配制方法 按配方计量将各组分混合，搅拌均匀即可。

③ 配方范围 本品以液体UNF高效减水剂为基料，UNF减水剂加入到混凝土中后，其包裹在水泥颗粒表面，使颗粒之间产生多层电位排斥，并使水泥颗粒之间滑动性更好，因而在加水较少的情况下，使水泥浆体有较好的流动性，从而起到减水缓凝作用。

本品各组分质量份配比范围：UNF高效减水剂93～97（液体），缓凝剂1～8，防腐剂0.1～0.5。缓凝剂为木质磺酸钠、木质磺酸钙、酒石酸钾钠；防腐剂为甲醛。

(3) 产品技术性能

本品为深褐色黏稠液体，pH 值 7～9，表面张力≥66×10^{-5}N/cm，其主要性能如下：

① 缓凝时间合适。初凝和终凝均延长 2～3h，克服了糖蜜减水剂和木钙减水剂终凝时间过长的弊端。

② 早强和增强效果显著。减水率为 15%～20%，混凝土 3d 强度提高 50%～80%，28d 强度提高 20%～40%，其它物理力学性能亦有改变。

③ 保持水泥用量不变，强度与空白混凝土相近时，混凝土的坍落度可由 3～4cm 提高到 15～20cm 以上，适应泵送、自流灌浆的需要。

④ 保持混凝土强度和坍落度与空白混凝土相近时，可节省水泥用量 10%～15%，每吨减水剂可节省水泥 30t 以上。

⑤ 对水泥适应性好，适用于各类硅酸盐水泥。

⑥ 对混凝土的收缩无不良影响，对钢筋无锈蚀危害。

(4) 施工方法

本品的加入量为混凝土中水泥用量的 2.1%（质量分数）。使用时将水泥、计算好的减水剂用量与水一起加入到混凝土中搅拌混合即可。

配方 92　PS 混凝土高效缓凝剂

(1) 产品特点与用途

PS 混凝土高效缓凝剂性能优良，减水率大于 20%，最高可达 25%，缓凝时间大于 180min，水泥混凝土最终强度可提高 30%以上。PS 缓凝剂对不同品种的水泥适应性强，可改善混凝土的流变性，与减水剂复合使用时，不会产生副作用，可大大降低混凝土拌合物的坍落度损失，可使混凝土工作性好，易流动，且泵压低，工作过程中不离析、不泌水，初始坍落度为 230mm，5h 后坍落度为 220mm。掺用 PS 缓凝剂对混凝土强度影响较小，3d、7d、28d 的强度均不降低，后期强度体积不收缩。本品原料易得，生产成本低，可将焦油废渣充分利用，不污染环境，对环保有利。

PS 混凝土高效缓凝剂适用于夏季高温环境下大体积混凝土施工、

商品混凝土和流化混凝土、预填骨料混凝土、滑模施工混凝土和水下混凝土施工。

(2) 配方

① 配合比　见表 4-20。

表 4-20　PS 混凝土高效缓凝剂配合比

原料名称	质量份
己内酰胺水蒸气萃取残渣	20～50
C_1～C_6 羧酸钠	50～80

② 配制方法　将各物料混匀即成高效缓凝剂。

配方中萃取残渣由硫酸钠 58.5%～65.4%、己内酰胺 32.1%～37.1%、氨基己酸钠 1.3%～3.9%、水溶性聚酰胺树脂 0.5%～1.3%组成。

(3) 施工方法

① 本品掺量范围为水泥质量的 0.4%～1.0%，常用掺量为 0.3%～0.8%，气温低时掺量应适当减少。

② PS 缓凝剂可与其它外加剂复合使用，配制溶液时应注意其共溶性。

第5章 早强外加剂

5.1 概述

混凝土中水泥的凝结硬化需有一段较长的时间，才能达到所需要的强度值。但是在工程中，混凝土预制构件以及在寒冷的季节施工时，常需要在较短的时间内获得较高的强度。为此，在混凝土拌制过程中可通过掺入早强剂或早强减水剂来达到这个目的。

早强剂是一种能加速混凝土早期强度发展，提高混凝土早期强度并对后期强度无显著不利影响的外加剂。

早强剂的使用最初是从无机早强剂单独使用开始，后来采取了无机早强剂与有机早强剂复合使用，而目前已变成早强剂与减水剂复合使用，既保证了混凝土减水、增强、密实的作用，又充分发挥了早强的优势。

5.1.1 早强减水剂

早强减水剂是一种兼有早强和减水功能的外加剂。早强减水剂是由早强剂和减水剂复合而成。减水剂主要是指普通减水剂，因为缓凝高效减水剂一般本身就具有早强作用。而普通减水剂一般都有一些缓凝作用，早期强度差一些。

常见的早强减水剂主要是木钙与硫酸钠、硫酸钙、三乙醇胺的复合剂，也有木钙与硝酸盐、亚硝酸盐的复合剂。木钙与早强剂复合以后除具有早强、减水作用外，还有微缓凝与引气作用，可对混凝土的耐久性产生良好的影响。

5.1.1.1 无机物类早强剂

(1) 氯盐类

常用的氯盐类早强剂是氯化钙和氯化钠，掺量为水泥质量的0.5%～1.0%，3 天强度提高 50%～100%，7 天强度提高 20%～

40%，同时能降低水的冰点。但氯盐促使钢筋锈蚀及混凝土的收缩增加，在潮湿养护条件下，收缩值增加25%～50%，养护不良时收缩值将增加1倍。

(2) 硫酸盐类

常用的硫酸盐类早强剂是硫酸钠和硫酸钙。硫酸钙中主要应用二水石膏（$CaSO_4 \cdot 2H_2O$，又称生石膏）和半水石膏（$CaSO_4 \cdot \frac{1}{2}H_2O$，又称熟石膏），掺量为水泥质量的1%～2%，掺量过多将使凝结过快及产生体积不均匀膨胀。硫酸钙能提高混凝土的早期强度，对增进后期强度也有效果。

硫酸钠主要用无水硫酸钠（Na_2SO_4）（又称元明粉，为白色粉状物），也可应用结晶硫酸钠（$Na_2SO_4 \cdot 10H_2O$）（俗称芒硝）。硫酸钠有较好的早强效果，当掺量为水泥质量的1%～2%时，达到混凝土设计强度70%的时间可缩短一半左右，其中在矿渣水泥中的效果较显著，对干缩影响不大。但后期强度稍有降低，与三乙醇胺复合使用时干缩有所增加。

5.1.1.2 有机胺类早强剂

三乙醇胺是无色或淡黄色油状液体，呈碱性，无毒，不易燃烧，能溶于水。掺量为水泥质量的0.03%～0.05%时，水泥的凝结时间延迟1～3h，早期强度提高50%左右，后期强度不变或略有提高，其中对普通水泥的早强作用大于矿渣水泥。但当掺量大于0.1%时，反而会使混凝土的强度显著下降。

5.1.1.3 复合早强剂

复合早强剂可以是无机材料与无机材料的复合，也可以是有机材料与无机材料的复合或有机材料与有机材料的复合。复合早强剂往往比单组分早强剂具有更优良的早强效果。掺量也可以比单组分早强剂有所降低。其中三乙醇胺与无机盐型复合早强剂效果较好，应用面最广。

三乙醇胺-硫酸钠复合早强剂是最常用的复合早强剂。复合早强剂在低温下效果更加明显，在低于20℃使用时，随着养护温度的降低，复合早强剂的早期和后期强度都有显著的增加。三乙醇胺-硫酸钠复合早强剂的早强效果优于单独使用三乙醇胺和硫酸钠复合早强剂，而且掺复合早强剂的混凝土28d强度比不掺的有明显提高。

5.1.2 早强高效减水剂

早强高效减水剂是一种兼有早强和显著减水功能的外加剂。

早强高效减水剂是在保证混凝土坍落度及水泥用量不变的条件下，掺量为水泥质量的2%～3%（蒸养混凝土中掺量为1.5%），有较高的减水效果和增加混凝土强度效果的外加剂，可减少用水量12%～16%以上，从而能显著地改善混凝土的各项物理力学性能。早强高效减水剂是低引气型外加剂，混凝土的含气量在2.5%左右，能显著地提高混凝土的保水性和黏聚性，泌水率比一般为30%～60%，塑化功能显著，可使混凝土的坍落度由3～5cm提高到15～20cm。早期强度还可提高约30%，有一定的促凝和引气功能。

早强高效减水剂促凝较明显，初凝及终凝均提前1h左右，掺早强高效减水剂的混凝土，在标准养护条件下，龄期3天的混凝土强度达设计强度的70%，后期强度提高20%～30%。抗冻害、抗冻融、抗渗、耐磨等性能显著提高，其中抗渗标号可达S15以上。

掺早强高效减水剂的混凝土对蒸养适应性好。蒸养强度提高40%～60%，蒸养后28d强度提高20%～30%。保持蒸养强度相同情况下，可缩短蒸养时间40%：保持蒸养周期相同情况下，恒温温度可从80～90℃降到60℃。每1t产品可节煤15t以上。在保持混凝土强度及坍落度基本不变的情况下，可节约水泥15%～20%。早强高效减水剂对矿渣水泥、粉煤灰水泥、普通硅酸盐水泥有良好的适应性，对混凝土收缩无明显影响，对钢筋无锈蚀危害。

早强高效减水剂适用于：最低气温不低于−10℃的混凝土冬季施工，防止冻害，加快施工进度；蒸养混凝土；常温下既要求早强，又要求高强、抗渗、耐冻融、大坍落度的混凝土。

早强高效减水剂的主要产品有由硫酸钠与萘系高效减水剂、多元醇表面活性剂等材料复合而成，具有显著的早强、增强、减水和塑化功能的UNF-4、TM-2、AS等系列早强高效减水剂。

5.2 早强外加剂配方

配方93 NC早强减水剂

(1) 产品特点与用途

NC早强减水剂是以硫酸钠及蔗糖化钙（$C_{12}H_{22}C_{11} \cdot CaO$）为主

要成分及适量载体所制成。在自然养护下，混凝土达到设计强度70%的时间可以缩短 1/2～3/4。有减水功能，相同水灰比，坍落度可提高 10cm 左右。在相同和易性和强度时，可节省水泥 10%～20%。相同水泥用量及坍落度情况下 28d 强度可提高 20%左右。混凝土其它性能如耐久性、拉伸强度等也有不同程度提高。本品具有掺量小、早强效果显著等特点，产品性能达到国内先进水平，有明显的经济效益和社会效益。产品适用于工业与民用建筑预制和现浇混凝土、钢筋混凝土及预应力混凝土，也适用于水泥砂浆，初凝时间略有延缓，终凝时间略有提前，对施工特别有利。

(2) 配方

① 配合比　见表 5-1。

表 5-1　NC 早强减水剂配合比

原料名称	质量份	原料名称	质量份
无水硫酸钠	60	粉煤灰	20
蔗糖化钙	1.25	硫铁矿渣	20

② 配制方法　将各组分混合均匀即得成品。

(3) 产品技术性能　见表 5-2。

表 5-2　NC 早强减水剂性能表

掺量/%	水灰比	流动度/cm	抗压强度比				
			1d	3d	7d	28d	90d
2	0.35	11	≥140%	≥130%	≥125%	≥120%	≥100%

① 掺入本剂后，2～7 天混凝土强度可提高 50%～80%，28d 强度提高 20%～30%，可缩短养护周期 1/2～3/4。

② 当掺入本剂的混凝土与基准混凝土保持相同强度时，可节约水泥 15%左右，其性能指标达到同类产品的先进水平。

③ 如保持相同坍落度，可减水 10%以上。

④ 对钢筋无锈蚀作用。

(4) 施工方法

① 常用掺量为水泥质量的 2%～4%。

② 本品为粉状，可直接使用，也可预先配制成水溶液使用，拌

合时间一般需延长1～2min。

③ 本产品在贮存、运输中，应注意防潮。但受潮结块后产品性能不变，必须经粉碎过筛后使用，产品有效贮存期两年。

配方 94　SN 混凝土早强减水剂

(1) 产品特点与用途

本品配方合理，用少量的石灰与糖蜜反应，生成己糖化二钙，并保留了一部分糖的成分，减水效果增强，尤其缓凝作用突出，因此扩大了应用范围。SN 减水剂综合性能好，功能齐全，既具有减水、缓凝作用，同时具有早强功能，能提高后期强度及混凝土其它性能，节约水泥，改善和易性，减少坍落度损失，提高可泵性，降低工程成本，加快施工进度，有良好的技术经济效益。SN 早强减水剂适用于常温及最低气温－5℃左右的混凝土施工，并适用于蒸养混凝土构件，对硅酸盐水泥也适用。

(2) 配方

① 配合比　见表 5-3。

表 5-3　SN 混凝土早强减水剂配合比

原料名称	质量份	原料名称	质量份
甜菜糖蜜	100	无水硫酸钠	500
生石灰	2.5	水	40
粉煤灰	420		

② 配制方法

a. 将糖蜜（含糖量 47%，相对密度 1.34）加水稀释至相对密度 1.24，加到反应釜中，加热升温至 70～80℃。

b. 往反应釜中徐徐加入稀释后质量分数为 1%～2% 的糖蜜、细度为 0.16～0.3mm 的生石灰（CaO 含量 80%）边加边进行强力搅拌，使其溶解均匀，待 pH 上升到 13～14 时停止加入石灰。

c. 将 b 步所得物料放入容器中静止钙化 5～7d 后，按反应物：载体＝1：(2.8～3.2) 的比例加入载体粉煤灰进行吸湿，搅拌均匀，干燥至含水率为 3%～5%。

d. 按 1：1 的比例向 c 步所得物料加入无水硫酸钠搅拌均匀，磨细得缓凝型早强减水剂。

(3) 产品技术性能

① 混凝土减水率≥10%～15%。

② 凝结时间 8～20h。

③ 泌水率比≤95%。

④ 含气量≤3.0%。

⑤ 抗压强度：混凝土 3d 强度可达 28d 设计强度的 60%～80%，28d 后强度增长 30%～50%。

⑥ 收缩率比（90d）≤120%。

⑦ 节约水泥 8%～10%。

⑧ 对钢筋无锈蚀危害。

(4) 施工方法

① 掺量为水泥质量的 1%～2%。

② SN 减水剂可直接以粉剂掺加，需先与水泥骨料干拌 30s 以上，再加水搅拌。搅拌时间不得少于 2min。

③ 本产品在贮存、运输中，应注意防潮。但受潮结块后产品性能不变。必须经粉碎过筛后使用。

配方 95 水泥混凝土速凝早强剂

(1) 产品特点与用途

本品性能优良，加入水泥中 3d 强度能提高 10%～50%，28d 强度能提高 15%～30%，助磨效率能提高 10%～20%，而且抗折、抗渗、抗冻性能均有提高，可以使水泥在提高各种性能的前提下，质量提高一个标号，本品适用于水泥生产厂生产速凝早强水泥添加剂。

(2) 配方

① 配合比　见表 5-4。

表 5-4　水泥混凝土速凝早强剂配合比

原料名称	质量份	原料名称	质量份
粉煤灰	62.51	无水硫酸钠	31.25
三乙醇胺	1.56	木钙	4.68

② 配制方法　按配方量将各组分投入立式混合机内混合均匀即可。

③ 配比范围（质量份）

粉煤灰	50～70	无水硫酸钠	20～40
三乙醇胺	0.7～2.6	木钙	3～8

(3) 施工方法

本品适用于水泥生产厂生产快凝早强水泥添加剂，使用时，掺入量为水泥质量的1%。

配方 96 水泥黏土制品速凝早强剂

(1) 产品特点与用途

本品原料易得，配方合理，能有效防止沉淀物出现，调制的砂浆和易性好，能使水泥黏土制品早凝结、早成型、早脱模、早发挥强度和投入使用，也可不用砂石和钢筋作原料，从而降低施工成本，缩短工期；道路施工结束即可马上投入使用，在冰冻期（−10℃）能避免冻裂现象的出现，防水、防腐蚀效果好。产品性能优良，使用方便，制品不易老化、风化，防水性及防冻性好，强度高，制造成本和费用低。本品适用于制造水泥黏土制品早强速凝剂。

(2) 配方

① 配合比 见表 5-5。

表 5-5 水泥黏土制品速凝早强剂配合比

原料名称	质量份	原料名称	质量份	原料名称	质量份
氯化钙	8	氢氧化钙	2	碳酸钙	4
碳酸钠	7	氯化钾	7	碳酸镁	8
氯化镁	8	氯化钠	4	硫酸钙	8
氯化铵	6	氯化铝	5	硅酸钠	23

② 配制方法 将除硅酸钠以外的11种原料混合后粉碎，然后加入模数为3的硅酸钠混合搅拌均匀即可。

③ 配比范围（质量份）

氯化钙	7～9	氢氧化钙	1～3	碳酸钙	3～5
碳酸钠	14～18	氯化钾	6～8	碳酸镁	8～10
氯化镁	7～9	氯化钠	3～5	硫酸钙	7～9
氯化铵	5～7	氯化铝	4～6	硅酸钠	21～25

(3) 施工方法

使用前将速凝早强剂加入约10倍的水溶解，立即加入水泥与黏土的混合物（黏土：水泥＝8：2）中，搅拌均匀在成型机上压制成制品或用于铺路，加入溶液的量为水泥与黏土总量的2.5%～3%。

配方 97 三乙醇胺复合早强剂

(1) 产品特点与用途

三乙醇胺由于在水泥水化过程中与Al^{3+}生成易溶于水的配合物，这在水化初期必然给熟料粒子表面形成的铝酸三钙（$3CaO\cdot Al_2O_3$）

水化物及其生成物（如硫铝酸钙）的不渗透膜造成损害，从而使铝酸三钙、铁铝酸四钙（$4CaO \cdot Al_2O_3 \cdot Fe_2O_3$）溶解速率提高，与石膏的反应也因之加快，硫铝酸钙的生成也加多加快，并且使钙矾石与单硫酸盐型硫铝酸钙之间的转化速率加快。硫铝酸钙生成量增多，必然降低液相中Ca^{2+}、Al^{3+}的浓度，这又可促进硅酸三钙深入水化，硫铝酸盐的增多和硅酸三钙的水化使水泥石的结构得到加强，这便是提高水泥石早期强度的关键。三乙醇胺与氯化钠、亚硝酸钠、二水硫酸钙等复合可大大提高早期强度，对后期强度也有一定的增进作用。

本品用作混凝土及其制品早强剂，掺量为水泥质量的0.03%。

(2) 配方

① 配合比　见表5-6。

表5-6　三乙醇胺复合早强剂配合比

原料名称	质量份		
	1#配方	2#配方	3#配方
氯化钠	0.5～10		0.5
三乙醇胺	0.05	0.05	0.05
二水石膏		1.0	
亚硝酸钠		1.0	0.5

② 配制方法　按配方量将三乙醇胺与络合剂氯化钠、亚硝酸钠加入反应釜中，于140℃搅拌反应3～5min，生成配合物为略带黄色的颗粒状晶体，再将配合物与二水石膏按6.5∶1混合，反应温度130℃，搅拌时间3～5min，经冷却、晾干粉碎后为粉末状固体。

(3) 产品技术性能

① 1#、3#配方早强效果显著，与不掺的相比，2d强度提高60%左右，达到拆模或起吊强度（为不掺者28d强度的70%）所需时间能缩短一半左右，后期强度略有提高。

② 2#配方稍差，2d强度提高40%～50%，达到拆模或起吊时间可缩短1/4以上。表列三个配方的早强剂对水泥均有较好的适应性，但随水泥品种的不同，其增强效果有所差别。普通硅酸盐水泥要比矿渣水泥、火山灰水泥为好。与普通混凝土比较，除抗压强度有提高外，对抗拉强度、抗渗性和抗压弹性模量等影响不大，早强混凝土的收缩率略有增大，但150d的收缩率不超过0.04%。1#配方适用于

硅酸盐水泥的一般钢筋混凝土中，2#配方适用于禁止使用氯盐的钢筋混凝土中，3#配方适用于矿渣水泥的钢筋混凝土和预应力混凝土中。

(4) 施工方法

三乙醇胺复合早强剂掺量按水泥质量的百分数计算，常用掺量为水泥质量的0.03%。

配方 98　常温早强剂

(1) 产品特点与用途

早强剂按其使用温度可分为常温早强剂和低温早强剂。无机早强剂主要是无机盐类，如氯化钙、氯化钠、硫酸钠、硫酸钙、硫酸铝、重铬酸钾等。有机早强剂主要有三乙醇胺、三异丙醇胺、乙醇、甲醇、甲酸钙、草酸锂、乙酸钠。在实际使用中，大多为复配早强剂。

(2) 配方　(以质量份计)

配方①

氯化钠	3	铵明矾	6
硫酸钠	6	酒石酸	0.4
亚硝酸钠	3	三乙醇胺	0.1

配制方法：将各组分混匀即成。掺入量为水泥用量的7.0%～7.5%。

产品用途：用作混凝土早强剂，适用于普通钢筋混凝土工程，本品对钢筋无锈蚀作用。

配方②

硫酸钠	40	粉煤灰	60
缓凝剂(多羟基复合物)	3.34		

配制方法：先取出1/5的粉煤灰与硫酸钠、缓凝剂搅拌混匀，然后加入剩余粉煤灰混匀即可。粉煤灰要求过120目筛，烘干至含水量。掺量为水泥用量的2%～3%。

配方③

亚硝酸钠	20	二水石膏	40
三乙醇胺	1	水	适量

配制方法：将亚硝酸钠和三乙醇胺混合溶于水中配成溶液，使用时才加入二水石膏。因二水石膏溶解度小，不能事先配成水溶液。因此每次应先将石膏与水拌匀，后加入上述混合液混合，再加入水泥、砂、石等一起搅拌即可。

产品用途：适用于矿渣水泥的普通混凝土，掺入量为水泥用量的3%。本剂有抑制钢筋腐蚀作用。2d压缩强度比不掺者提高40%～50%，28d则提高10%以上，1年内也还有提高。

配方④

硫酸钠	2～3	二水石膏	2

该早强剂用于普通水泥，蒸汽养护，用量为水泥质量的2%～3%。

配方⑤

氯化钠	10	三乙醇胺	1

配制方法：将各组分混合均匀即成早强剂，掺入量为水泥用量的2.5%。

产品用途：本品对钢筋基本不腐蚀，适用于预应力钢筋混凝土及对钢筋有严格要求的钢筋混凝土工程。

配方⑥

硫酸钠	1.5～2.0	亚硝酸钠	0～0.1
石膏	2		

该早强剂用于普通水泥，养护初期温度0℃以上，用量为水泥质量的2%～3%。

配方⑦

硝酸钠	80	硫酸钠	40
木质素磺酸钙	5	乙酸钠	40

配制方法：将各组分混合均匀即成早强剂。掺量为水泥质量的8%～9%。

配方⑧

硫酸钠	1.5～3	氯化钠	0.5～0.75
三乙醇胺	0.05		

该早强剂适用于矿渣水泥，用量为占水泥质量的2%～3%。适

于0℃以上温度下养护。

配方⑨

三乙醇胺	0.05	氯化钠	0.5
亚硝酸钠	0.5	二水石膏	2.0

该早强剂适用于矿渣水泥的一般钢筋混凝土。掺量为水泥用量的2%～3.5%。

配方⑩

氯化钠	5	三乙醇胺	0.5
亚硝酸钠	5		

配制方法：将各组分混合均匀即成早强剂。掺入量为水泥用量的2.5%。

特性：该早强剂对钢筋基本不腐蚀，适用于预应力钢筋混凝土及对钢筋有严格要求的钢筋混凝土建筑工程。

配方⑪

氯化钠	1.5	硫酸钠	3
亚硝酸钠	1.5	明矾	3
酒石酸	0.2	三乙醇胺	0.05

配制方法：将各组分混合均匀即成，掺量为水泥用量的7.0%～7.5%。

特性：本剂对钢筋无腐蚀作用，适用于普通钢筋混凝土工程。

配方⑫

氯化钠	50	水	适量
三乙醇胺	5		

配制方法：将前两组分溶于水中，配制成较浓的溶液。使用时按用量要求，与水泥、砂、石等一起搅拌混匀即可。

特性：该早强剂掺入量为水泥用量的0.6%。对钢筋有腐蚀作用，适用于无钢筋混凝土工程。使用该早强剂比不掺入者，2d强度提高约60%，28d强度提高10%以上，1年内强度也有提高。

配方⑬

亚硝酸钠	10	三乙醇胺	0.5
二水石膏	20	水	适量

配制方法：先将亚硝酸钠和三乙醇胺混合溶于水中配成溶液。使用时才加入二水石膏混合。因为二水石膏溶解度小，不能事先配成水溶液。因此，每次应先将石膏与水搅拌均匀，后加入上述混合液混合，再加入水泥、砂、石等一起搅拌即可。

特性：本剂适用于矿渣水泥的普通混凝土，掺入量为水泥用量的3%。本剂有抑制钢筋腐蚀的作用。2d压缩强度比不掺者提高40%～50%，28d则提高10%以上，1年内也还有提高。

配方⑭

硬脂酸钙	5	氧化铁屑	12
盐酸(相对密度1.15～1.19)	20	水	40
含水硫酸铝	5		

配制方法：将盐酸溶于水中，加入氧化铁屑，搅拌溶解后，再加其余组分，搅拌混合均匀即成。掺入量为水泥的3%左右。

配方⑮

水玻璃	100	苛性钠饱和水(浓度30%～40%)	1
硼砂	20		
膨润土	15	水	适量

配制方法：先将膨润土研磨成细粉，把硼砂溶于热水中，再将配料混合，搅拌均匀即可。掺量为水泥质量的3%～4%。

配方99 低温早强剂

(1) 产品特点与用途

混凝土低温早强剂适用于0℃以下的混凝土浇灌作业。

(2) 配方 (以质量份计)

配方①

硫酸亚铁	25	硫酸钠	100
木质素磺酸钙	5	三乙醇胺	1.5

将上述物料按配比混匀即得早强剂。掺入量为水泥用量的2.5%～3%。本剂适于在日平均气温不低于－10℃下混凝土施工。

配方②

三乙醇胺	0.05	氯化钠	1.0
氯化钙	1.0	亚硝酸钠	1.0

该早强剂用于室外温度－15～－20℃，掺量为占水泥质量的2%～3%。氯化钙掺量（按无水状态）不得超过水泥质量的 2%。

配方③

三乙醇胺	0.05	氯化钠	0.5～1.0
亚硝酸钠	0.5～10		

适用于温度为－5～－10℃，掺量为水泥质量的 2%～4%。

配方④

硫酸钠	1.5～2.0	氯化钠	2.0
亚硝酸钠	2.0		

适用于矿渣水泥，养护初期温度为－5～8℃，掺量为水泥质量的2%～3%。

配方⑤

硫酸钠	3	亚硝酸钠	6

该早强剂最低温度为－8℃，掺量为水泥质量的 2%～3%。

配方⑥

硫酸钠	1.5～3	氯化钠	1.5
亚硝酸钠	1		

适用于矿渣水泥，适于温度－3～－5℃养护，掺量为水泥质量的2%～3.5%。

配方⑦

三乙醇胺	0.05	氯化钠	0.5～1.0
亚硝酸钠	0.5～1.0		

该早强剂于室外温度－10～－15℃使用，掺量为水泥质量的2%～4%。

配方⑧

硫酸钠	1.5～2.0	氯化钠	1.5
亚硝酸钠	1.0	石膏	2.0

适用于普通水泥，养护初期温度－3～5℃，掺量为水泥质量的2.5%～4%。

配方⑨

硫酸钠	1.5～2.0	亚硝酸钠	3.5
石膏	2.0		

适用于普通水泥，养护初期温度−5～−8℃，掺量为水泥质量的3%～4%。

配方⑩

硫酸钠	1.5～2.0	三乙醇胺	0.05

该早强剂适用−5～−8℃的温度，掺量为水泥质量的3%～3.5%。

(3) 产品技术性能 见表5-7。

表 5-7 无机盐类早强剂的早强性能

名　称	化学式	掺量/%	抗压强度/MPa			
			1d	3d	7d	28d
空白		—	3.4	9.2	14.6	23.6
三乙醇胺	$N(C_2H_4OH)_3$	0.04	5.0	12.6	18.2	27.1
元明粉	Na_2SO_4	2	4.7	13.2	17.8	21.7
氯化钙	$CaCl_2$	2	5.1	12.1	17.2	23.2
硫代硫酸钠	$Na_2S_2O_3$	2	5.0	11.8	14.4	22.6
乙酸钠	CH_3COONa	2	3.6	10.8	17.5	28.0
硝酸钠	$NaNO_3$	2	3.7	11.7	14.9	22.8
硝酸钙	$Ca(NO_3)_2$	2	3.1	9.8	14.8	23.3
亚硝酸钠	$NaNO_2$	2	4.8	11.2	16.7	23.3
碳酸钾	K_2CO_3	2	4.6	10.0	14.7	20.5
碳酸钠	Na_2CO_3	2	5.0	10.7	13.8	17.3
二水石膏	$CaSO_4 \cdot 2H_2O$	2	3.6	10.2	14.7	23.2
氢氧化钠	$NaOH$	2	5.1	9.9	11.9	15.6

配方 100 JM 型混凝土复合早强减水剂

(1) 产品特点与用途

本产品由硫酸钠、木质素磺酸钙、早强催化剂、增强剂等材料复合而成，系非氯盐类外加剂。本品分散力强，起泡力低，减水效果显著，可改善混凝土和易性，节约水泥，降低工程造价，对钢筋无锈蚀作用，可提高混凝土的抗冻性、抗渗性、弹性模量、抗拉强度。适宜于常温及最低气温不低于−5℃条件下有早强或抗冻害混凝土施工及蒸养条件下混凝土预制构件生产，常温下要求早强的混凝土、钢筋混凝土及预应力混凝土施工。

(2) 配方

① 配合比　见表5-8。

表5-8　JM型混凝土复合早强减水剂配合比

原料名称	质量份	原料名称	质量份
木质素磺酸钙	7	亚硝酸钠	2.5
无水硫酸钠	12	30%氢氧化钠水溶液	适量
三乙醇胺	1.2	水	77.3

② 配制方法　按配方量将水、木质素磺酸钙、无水硫酸钠、亚硝酸钠加入反应釜内，加热升温100℃，保温反应2天，缓缓滴加三乙醇胺，混合搅拌均匀，待反应釜内混合液降温至50℃以下，用30%氢氧化钠水溶液调pH值至8～9，经100目筛过滤用塑料桶密封包装入库贮存。产品有效贮存期1年。

(3) 产品技术性能

① 早强效果显著。减水率8%～10%，早期强度提高60%左右。20℃左右时，龄期3～5d的混凝土强度达设计强度的70%；0℃左右时，龄期7～10d的混凝土强度达设计强度的70%。混凝土的后期强度提高20%左右，抗早期冻害、抗冻融、抗渗等性能显著提高。

② 改善混凝土的和易性，对凝结时间影响较小，或有所提前，混凝土保水性、黏聚性显著改善，从而可提高混凝土浇筑速度和浇筑质量。

③ 节省水泥10%左右的情况下，早期强度提高20%左右。

④ 对矿渣水泥、粉煤灰水泥、普通硅酸盐水泥有较好的适应性。

⑤ 对收缩无不良影响，对钢筋无锈蚀危害。

本品的匀质性指标见表5-9。

(4) 施工方法

① 本品掺量为水泥质量的3%～4%，负温时适当增加。夏季使用需减少掺量，并注意混凝土的早期温度养护。

② 当混凝土的含气量不足时，可与亚硝酸钠防冻剂复合使用。

③ JM 型复合早强减水剂溶液可与拌合水同时加入，也可略滞后 1～2min 加入。

表 5-9 JM 型混凝土复合早强减水剂匀质性指标

项目名称	技术指标	项目名称	技术指标
外观	棕褐色液体	泡沫性能/mL	≤35
pH 值(5%水溶液)	8～10	密度/(g/mL)	1.20±0.02
硫酸钠含量/%	≤5	减水率/%	≥10
水泥净浆流动度/mm	≥180	抗压强度比(3d)/%	135
氯离子含量/%	≤0.2	凝结时间差	
固体含量/%	25±2	初凝/h	－1～＋1.5

配方 101 FD 混凝土早强高效减水剂

(1) 产品特点与用途

FD 混凝土早强高效减水剂系非引气型高效减水剂，其特点是硫酸钠含量低，减水率大，早强效果显著，对凝结时间无影响，蒸养适应性好，抗冻害能力强。本品适用于配制高强混凝土、蒸养混凝土、早强混凝土、流态混凝土、道路混凝土、预制构件混凝土、混凝土桩、混凝土管、高层建筑等。

(2) 配方

① 配合比 见表 5-10。

表 5-10 FD 混凝土早强高效减水剂配合比

原料名称	质量份	原料名称	质量份
木质素磺酸钙	3.5	N-3 型氨基磺酸盐高效减水剂	0.6
无水硫酸钠	18	30%氢氧化钠溶液	适量
三乙醇胺	0.8	水	65.1
FE 萘系高效减水剂	12		

② 配制方法

a. 按配方量将水注入反应釜内加热升温 80℃。

b. 按配比称取木质素磺酸钙减水剂、无水硫酸钠、FE 萘系高效减水剂、N-3 型氨基苯磺酸甲醛缩合物高效减水剂溶于反应釜内

80℃热水中混合搅拌均匀，加热升温 100℃，保温反应 2～3d 制成复合液。

c. 待反应釜内复合液降温至 50℃以下加入催化剂三乙醇胺搅拌均匀，用 30%氢氧化钠溶液调 pH 值至 8～9，经 100 目筛过滤放料即可包装入库贮存。

③ 工艺流程

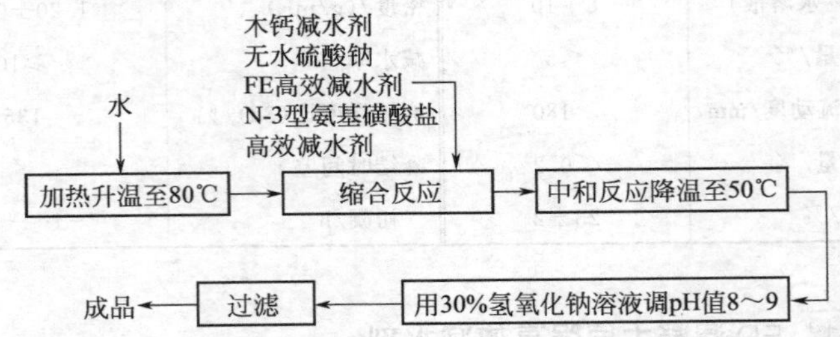

(3) 产品技术性能

① 本产品为棕褐色液体，主要成分是聚次甲基萘磺酸钠。硫酸钠含量 ≤ 1%，密度（1.240 ± 0.028）g/mL，水泥浆流动度≥240mm。

② 减水率大，早强和增强效果显著。减水率为 15%左右，20℃时龄期 3d 的强度可达到设计标号的 50%～70%，7d 可达到 60%～80%，28d 可提高 20%～30%，抗渗和耐久性提高，抗冻性能改善。

③ 蒸养适应性好，可缩短 50%蒸养时间。

④ 节约水泥 12%以上。

⑤ 塑化功能高，可使混凝土的坍落度由 2～3cm 提高到 14～20cm，坍落度损失小，保水性、黏聚性和可泵性改善，而强度不降低。

⑥ 对水泥适应性强，对钢筋无锈蚀作用。

FD 混凝土早强高效减水剂物化指标符合 GB 8076—2008 标准，见表 5-11。

(4) 施工方法

① 掺量为水泥质量的 1%～2%，配制高强混凝土时可增大到 2.5%～3%。

② FD 减水剂溶液可直接掺入水中或混凝土中，搅拌时间适当延

长，在某些水泥中减水剂滞后于水1～3min加入，可提高其塑化效果。

表5-11 FD混凝土早强高效减水剂物化指标

项目	指标	项目	指标
外观	棕褐色液体	凝结时间差/min	
浓度/%	33.2	初凝	－60～＋90
相对密度	1.22	终凝	－60～＋90
减水率/%	15～20	抗压强度比/1%	
收缩率/%	≤120	1d	≥140
泌水率比/%	≤100	3d	≥130
含气量/%	≤3	7d	≥125
pH值	≤8～10	28d	≥120
水泥净浆流动度/mm	≥200	90d	≥100

配方102 CA-A早强减水剂

(1) 产品特点与用途

加入本品能够加速水泥混凝土的凝结硬化，既可提高混凝土早期强度又可提高后期强度，不需用水养护，能防皲裂、抗压、抗渗、抗折性能好，适用于混凝土道路抢修、常温预制混凝土构件的快速拆模、地下工程防水抗渗混凝土、应急工程等。

(2) 配方

① 配合比　见表5-12。

表5-12 CA-A早强减水剂配合比

原料名称	质量份	原料名称	质量份
无水硫铝酸钙粉	1.25	萘磺酸钠甲醛缩合物高效减水剂	100
硫酸铝	0.1		
无水碳酸钠	0.3	硼酸	20

② 配制方法　按配方量先将无水硫铝酸钙粉、硫酸铝、无水碳酸钠、萘磺酸钠甲醛缩合物高效减水剂、缓凝剂硼酸等投入球磨机内，经粉磨至0.08mm方孔筛筛余小于6%、混合均匀即可。

(3) 产品技术性能

① 外观：棕色粉末。

② 减水率：8%～15%。

③ 泌水率比：≤100%。

④ 含气量：≤3%。

⑤ pH 值：7～9。

⑥ 混凝土凝结时间：初凝－60～＋90min，终凝－60～＋90min。

⑦ 混凝土抗压强度比：1d≥140%，3d≥130%，7d≥125%，28d≥120%，90d≥100%。

⑧ 可节约水泥 8%～10%。

⑨ 不含氯盐，对钢筋无锈蚀作用。

(4) 施工方法

① 本品的掺量为水泥质量的 2%～3%。

② 本品为固体粉末，可直接掺用或配制成一定浓度的水溶液掺用，使用干粉直接拌合物料时，需延长拌合时间 0.5～1min。

配方 103 FS-2 型混凝土快凝早强剂

(1) 产品特点与用途

FS-2 型混凝土快凝早强剂系由无水硫酸钠、二水石膏、碳酸钠、蔗糖和硫铝酸盐硅酸盐水泥复合组成的硫酸盐类早强剂。掺加 FS-2 型快凝早强剂的混凝土初凝时间不受影响，4～6h 就具有强度，24h 抗折强度提高的比例超过 100%，24h 抗压强度提高的比例超过 200%，且不影响施工时的工作性。FS-2 型快凝早强剂具有显著的防冻效果和减水作用，与基准混凝土同坍落度和等水泥用量的前提下，混凝土减水率≥8%，可降低冰点，提高早期强度，改善混凝土的和易性及其操作性能。本品适用于混凝土抢修工程及对进度要求较快的混凝土工程。

(2) 配方

① 配合比　见表 5-13。

表 5-13　FS-2 型混凝土快凝早强剂配合比

原料名称	质量份	原料名称	质量份
蔗糖	0.9	无水碳酸钠	12
无水硫酸钠	15	硫铝酸盐硅酸盐水泥	61.1
二水石膏	11		

② 配制方法　按配方量将蔗糖、无水硫酸钠、二水石膏、无水碳酸钠、硫铝酸盐水泥等材料投入球磨机内，经粉磨制成比表面积≥$3000cm^2/kg$ 的粉体材料，再混合均匀即可。

(3) 产品技术性能

① 早强效果好，后期强度大；

② 减水率≥8%；

③ 4～6h 抗压强度可达 1～10MPa，1d、3d、7d 强度分别提高 60%、40%、20%。

④对钢筋无锈蚀作用。

(4) 施工方法

FS-2 早强剂的掺量为水泥质量的 10%～20%。混凝土搅拌时的投料顺序为：石子→水泥→FS-2 早强剂→砂→水，搅拌参数为干拌 20～40s，湿拌 40～120s。

配方 104 HSM 混凝土高效速凝早强剂

(1) 产品特点与用途

本品以硅酸钠（水玻璃）为基料，掺入适量的碱性材料、硫酸铜、金属盐类、三乙醇胺和水配制成的一种绿色浓液体。使用本品能够加速水泥混凝土的凝结硬化，提高早期强度，有利于缩短工期，加快施工速度，可大大增加混凝土的流动性，改善混凝土的和易性及泌水率，提高混凝土的抗渗性、耐久性，同时可获得较高的早期强度。掺用 HSM 早强剂的混凝土能提高混凝土的早期抗冻性，缩短早期养护时间，便于模板周转，可适用于−8℃（最低气温）以上的混凝土施工。

HSM 高效速凝早强剂适用于硅酸盐水泥、特种水泥和掺有大量废料的低标号水泥，用于抢修和要求有早期强度的混凝土工程。HSM 速凝早强剂与水泥或水泥砂浆拌合可配制促凝水泥浆，快凝水泥胶浆和快凝水泥砂浆，用于抗渗防水工程，堵塞局部渗漏。

(2) 配方

① 配合比　见表 5-14。

② 配制方法　按配方计量将碱性材料硅酸钠、碳酸钠、氢氧化钾、白矾、硫酸铜等投入球磨机内粉磨、混匀后，加入反应釜内加水至总量，加热升温，加入三乙醇胺，在 40～80℃条件下催化反应 15～

30min，搅拌混合均匀，冷却放料即可制得绿色浓液体 HSM 混凝土高效速凝早强剂。

表 5-14 HSM 混凝土高效速凝早强剂配合比

原料名称	质量份	原料名称	质量份
硅酸钠(相对密度 2.4,无水物)	30	硫酸铜	0.2
碳酸钠	4	三乙醇胺(催化剂)	0.12
氢氧化钾	3	水	96
白矾	0.3		

③ 配制方法　按配方计量将碱性材料硅酸钠、碳酸钠、氢氧化钾、白矾、硫酸铜等投入球磨机内粉磨、混匀后，加入反应釜内加水至总量，加热升温，加入三乙醇胺，在 40～80℃条件下催化反应 15～30min，搅拌混合均匀，冷却放料即可制得绿色浓液体 HSM 混凝土高效速凝早强剂。

(3) 产品技术性能

① 减水率≥14%。

② 混凝土 1d、3d、7d 抗压强度比分别为≥145%、≥150%、≥140%。

③ 泌水率比≤95%。

④ 收缩率比（90d）≤120%。

⑤ 对钢筋无锈蚀危害。

(4) 施工方法

本品掺量为水泥质量的 3%～4%。砂浆配比为水泥：砂：HSM 早强剂＝1：(2～2.5)：0.03。如加入混凝土中，则为水泥用量的 2%～3%，使用时先将 HSM 倒入水中拌匀，再掺入砂浆中。

配方 105　MS-F 混凝土早强减水剂

(1) 产品特点与用途

本产品由硫酸钠、木质素磺酸钙、早强催化剂三乙醇胺、增强剂及载体等材料复合而成，系非氯盐类粉状外加剂。MS-F 早强减水剂分散力强，起泡力低，减水效果显著，对钢筋无锈蚀作用，可提高混凝土的抗冻性、抗渗性、弹性模量、抗拉强度。

MS-F 混凝土早强减水剂适宜于常温及最低气温不低于－5℃条件下有早强或抗冻害混凝土施工，常温下要求早强的混凝土、钢筋混凝土及预应力混凝土施工。

(2) 配方

① 配合比　见表 5-15。

表 5-15　MS-F 混凝土早强减水剂配合比

原料名称	质量份	原料名称	质量份
粉煤灰	50	木质素磺酸钙	6
三乙醇胺	1.5	混合醇胺早强剂	12.5
无水硫酸钠	30		

②配制方法　按配方量把所有物体原料倒入带喷液装置的悬臂双螺旋锥形混合机中，并将三乙醇胺液体催化剂注入喷液装置内，开机搅拌 30～40min 混合均匀，出料包装。

(3) 产品技术性能

① MS-F 混凝土早强减水剂物化指标　见表 5-16。

表 5-16　MS-F 混凝土早强减水剂物化指标

项目名称	指　标	项目名称	指　标
外观	浅灰色粉末	Cl 含量	≤1%
含水量	≤6%	水泥浆流动度	150mm
细度	30 目筛筛余≤2% 60 目筛筛余≤15%		

② 主要性能

a. 早强效果显著。减水率 8%～10%，早期强度提高 60%左右。20℃左右时，龄期 3～5d 的混凝土强度达设计强度的 70%；0℃左右时，龄期 7～10d 的混凝土强度达设计强度的 70%。混凝土的后期强度提高 20%左右，抗早期冻害、抗冻融、抗渗等性能显著提高。

b. 节省水泥 10%左右的情况下，早期强度提高 20%左右。

c. 对矿渣水泥、粉煤灰水泥、普通硅酸盐水泥有较好的适应性。

d. 对收缩无不良影响，对钢筋无锈蚀危害。

(4) 施工方法

① 本品适用于常温及最低气温不低于－5℃条件下有早强或抗冻害需求的混凝土、钢筋混凝土及预应力混凝土施工。掺量为水泥质量的 2%～3.5%，负温时适当增加，可以干粉与拌合水直接掺入。如夏季使用需减少掺量，并注意混凝土的早期温度养护。

② 需注意防潮，如受潮，粉碎处理后再使用，不影响效果。

配方 106 混合醇胺早强剂

(1) 产品特点与用途

本品的粉末状固体，与液体醇胺类早强剂相比具有掺量低、施工使用方便，对不同品种水泥的适应性较强，特别是能改善矿渣水泥的泌水性和黏滞性，明显地提高其抗渗性能。掺用混合醇胺早强剂配制的混凝土可提高混凝土的抗渗性能，抗渗压力可提高三倍以上。本品无毒，使用安全，不污染环境，便于储存，储存过程中不潮解，不结块。混合醇胺早强剂适用于工期紧迫、要求早强及抗渗性较高的混凝土工程。

(2) 配方

① 配合比　见表 5-17。

表 5-17　混合醇胺早强剂配合比

原料名称	质量份
混合醇胺(二乙醇胺：三乙醇胺=5：8)	6.4
混合碱(氧化钠：氢氧化钠=50：10)	1.5

②配制方法

a. 按质量比 5：8 将二乙醇胺与三乙醇胺混合配制成混合醇胺溶液。

b. 按质量比 50：10 将氧化钠与氢氧化钠混合均匀配制成混合碱。

c. 按质量比 (6～8)：(1～2)，在混合醇胺中加入混合碱投入反应釜中，加热升温，反应温度 100～200℃，搅拌 30min，混合均匀冷却后放料，在空气中晾干，移入球磨机内粉磨至 0.08mm 方孔筛筛余小于 6%，出料，用塑料编织袋密封包装即可。

(3) 施工方法

混合醇胺早强剂常用掺量为水泥质量的 0.03%～0.05%。使用时，将本品直接掺入混凝土中搅拌均匀，然后加水拌合即可。

配方 107 GM 道路混凝土早强减水剂

(1) 产品特点与用途

本品系非氯盐类早强减水剂，由硫酸钠、木质素磺酸钙、早强催化剂及载体等材料加工而成。本产品适用于混凝土道路、民航机场混凝土跑道、港口、码头等。

(2) 配方

① 配合比　见表5-18。

表5-18　GM道路混凝土早强减水剂配合比

原料名称	质量份	原料名称	质量份
硫酸钠	30	三乙醇胺	2
木质素磺酸钙	6	粉煤灰	62

②配制方法　按配方量将各组分投入立式混合机内混合均匀即可。

(3) 产品技术性能

① 掺量为水泥质量的2%～3.5%，减水率8%～12%，3d抗压强度提高40%～70%，7d强度提高30%～60%，28d强度提高10%，抗折强度有所提高，抗渗标号提高约3倍，抗冻性有所改善。

② 道路混凝土掺用本剂后，28d抗折强度＞5MPa，40d强度＞5.5MPa，60d强度＞5.9MPa，长度变化量小于万分之一。

③ 可节约水泥10%。

④ 在混凝土配合比相同情况下，坍落度可增加两倍。

⑤ 对钢筋无锈蚀作用。

产品物化指标见表5-19。

表5-19　GM混凝土道路早强减水剂物化指标

项目名称		质量指标	项目名称		质量指标
外观		浅灰色粉末	收缩率比(90d)/%		≤120
减水率/%		≥8			
泌水率比/%		≤100	细度	30目筛筛余	≤2%
含气量/%		≤4.0	细度	60目筛筛余	≤15%
凝结时间之差/min	初凝	－60～＋120	水泥浆流动度/mm		≥150
凝结时间之差/min	终凝	－60～＋120			

(4) 施工方法

① 掺量为水泥质量的2%～3.5%。

② GM减水剂可直接以粉剂掺加，需先与水泥骨料干拌30s以上，再加水搅拌，搅拌时间不得少于2min。

③ 本产品在贮存、运输中，应注意防潮。但受潮结块后产品性能不变。必须经粉碎过筛后使用。

配方 108 硫氰酸钠非氯早强剂

硫氰酸钠（NaSCN）是白色晶体，含水量超过 0.3%～0.5%，吸湿性很强的硫氰酸钠晶体就会结块，无水硫氰酸钠熔点为 287℃。硫氰酸钠在水中的溶解度取决于温度，8℃时浓度为 50%，90℃时浓度为 67%，密度为 1.228kg/L（40%浓度）～1.333kg/L（55%浓度）。硫氰酸钠晶体和溶液均很稳定，超过 368℃时才分解。硫氰酸钠是一种可供选择的非氯盐、具有早强与防冻功能的外加剂，其在掺量少时具有很好的早强功能，在掺量较多时又具有良好的防冻功能。随着对氯盐早强防冻剂的限制使用，硫氰酸钠非氯外加剂是一种良好的选择。

掺硫氰酸钠外加剂的混凝土可以缩短混凝土的凝结时间，提高早期强度，因此用于冬季浇筑混凝土，作防冻剂和喷射混凝土的组分。将硫氰酸钠与不同的非氯盐硬化促进剂复合使用，可作为在寒冷、温暖和高温天气下全年使用的多功能建筑外加剂。

(1) 掺硫氰酸钠混凝土的优点

① 在混凝土拌合物和毛细孔中水溶液的熔点降低；

② 在低于 0℃的早期硬化临界时间不冻结；

③ 混凝土硬化的需水量减少，使得混凝土早期稳定性得到改善；

④ 用水量减少导致熔点降低，因此可使用更高浓度的外加剂；

⑤ 工作性好；

⑥ 混凝土浇筑后，对平面和筑面有更好的装饰性；

⑦ 缩短凝结时间；

⑧生产混凝土的成本下降；

⑨提高混凝土早期和极限抗压、抗折强度；

⑩缩短混凝土在寒冷气候下的加热养护时间，较早脱模，模板周转率提高。

(2) 硫氰酸钠非氯早强剂的性能指标 见表 5-20。

表 5-20 硫氰酸钠非氯早强剂的性能指标

指标名称	50%溶液	无水晶体	指标名称	50%溶液	无水晶体
外观	澄清液体	白色晶体	氯化物含量/(mg/kg)		≤200
NaSCN 含量/%	49～51	≥99	硫酸盐含量/(mg/kg)		≤500
pH 值	6～9	5.5～7.5(5%溶液)	铵盐含量/(mg/kg)	≤300	≤200
含水量/%		≤3	铁含量/(mg/kg)	≤5	≤5
碘用量/(mg/100g)		≤20			
碘化物含量/(mg/kg)		≤15	密度(20℃)/(g/mL)	1.291～1.305	

(3) 施工方法

① 本品掺量为水泥质量的2%～3%。负温时适当增加，夏季使用需减少掺量。

② 硫氰酸钠非氯早强剂晶体应配成50%水溶液与混凝土拌合水同时加入，也可略滞后1～2min加入。

③ 要严格控制外加剂的用量，计算误差不得大于外加剂总用量的±2%。应注意减水剂溶液中的水量应计入混凝土总用水量中。

配方 109 早强型聚羧酸盐复配减水剂

(1) 产品特点

本品采用早期强度高、具有高减水率并使混凝土拌合物具有良好流动性的聚羧酸盐减水剂为母液，通过复配技术，增加其它功能组分，使减水剂应用时能降低混凝土黏度，可使混凝土净浆具有良好的流动性，满足混凝土施工要求，坍落度损失小，2～3h内坍落度基本无损失，坍落度140～200mm，16h抗压强度>48MPa。本品适用于配制早强高性能混凝土，适用于多种规格、型号的水泥，尤其适宜与优质粉煤灰、矿渣等活性掺合料相配伍制备高强、高耐久性、自密实的高性能混凝土。

(2) 配方

① 早强型聚羧酸盐复配减水剂配合比 见表5-21。

表 5-21 早强型聚羧酸盐复配减水剂配合比

原料名称		用量	原料名称		用量
A组分	硝酸钙	2kg	D组分	聚羧酸高性能减水剂	85kg
B组分	聚乙二醇	8kg			
C组分	聚亚丙基二醇	2kg	水		25L

② 配制方法 将A、B、C、D各组分均匀分散在25L水中，即可制得本早强型聚羧酸盐高效减水剂。

(3) 施工方法

① 掺量范围：掺量为水泥质量的1.5%～2%，配制高强混凝土时可增大到2%～3%。

② 早强型聚羧酸盐复配减水剂溶液可与拌合水同时加入，也可略滞后1～2min加入。

配方110 早强型聚羧酸复合高性能减水剂

(1) 产品特点与用途

早强型聚羧酸高性能减水剂不含氯离子、硫酸根离子等早强组分，配方组分之间有良好的协同性，经科学复配后，具有掺量小、减水率高、无缓凝，碱含量低、不污染环境等特点，掺用本品的新拌混凝土和易性好，能显著提高混凝土早期强度，对钢筋无锈蚀作用，无碱-骨料反应，切实保障了混凝土结构的耐久性。早强型聚羧酸高性能减水剂适用于具有早强要求的各种混凝土工程施工和低温环境下的混凝土施工。特别适用于混凝土预制构件的低能耗生产工艺，本品掺量为水泥质量的2%。

(2) 配方

① 配合比 见表5-22。

表5-22 早强型聚羧酸复合高性能减水剂配合比

原料名称	质量份	原料名称	质量份
20%丙烯酸类聚羧酸高效减水剂	40	三乙醇胺	1.5
		硫氰酸钠	2.5
水	35	硝酸钙	21

其中丙烯酸类聚羧酸高效减水剂配合比：

原料名称	质量份	原料名称	质量份
甲氧基聚乙二醇丙烯酸酯	138.554	丙烯酸丁酯	19.2
水	150.52	过硫酸钾水溶液(10%)	48.6
烯丙基磺酸钠	7.9	乙二胺(40%)	调节pH=7

其中甲氧基聚乙二醇丙烯酸酯配合比：

原料名称	质量份	原料名称	质量份
甲氧基聚乙二醇(相对分子质量1000)	100	丙烯酸	14.4
		对甲苯磺酸	1.14
阻聚剂(对苯二酚)	0.014	环已烷	23

②配制方法

a. 丙烯酸类聚羧酸高效减水剂的合成工艺

(a) 酯化反应　在反应釜中加入相对分子质量1000的甲氧基聚乙二醇，加热搅拌至完全熔解，温度控制在130℃，加入阻聚剂对苯二酚，反应15min后，再依次加入丙烯酸、对苯磺酸、环乙烷进行酯化反应，保温在85℃±3℃范围内恒温反应4.5h后，通过抽真空除去带水剂环已烷，制得大分子单体甲氧基聚乙二醇丙烯酸酯。

(b) 聚合反应　将(a)步制得的大分子单体置于四颈烧瓶中，加热溶化后加入水，升温至65℃，充分搅拌溶解后依次加入烯丙基磺酸钠、丙烯酸丁酯和部分过硫酸钾水溶液，再反应1h后加入剩余的过硫酸钾溶液，恒温反应2h，自然冷却至44℃，加入40%的乙二胺调节溶液pH值至7，即制得浓度为40%的聚羧酸高效减水剂。

b. 早强型聚羧酸复合高性能减水剂制备　取浓度为20%的丙烯酸类聚羧酸高效减水剂放入塑料桶中，在不断搅拌下依次加入水、三乙醇胺、硫氰酸钠、硝酸钙，充分溶解搅拌15～20min，即制得固含量36%、pH值为7.2、外观呈澄清浅褐色的早强型聚羧酸复合高性能减水剂。

(3) 产品技术性能

① 掺量低，减水率高。掺量为水泥质量的2%时，减水率可达30%，坍落度经时损失小，2～3h坍落度基本无损失，可使混凝土净浆具有良好的流动性。

② 早期增强效果好，不缓凝，28d抗压强度为110%～120%，混凝土抗冻、抗渗、抗折、弹性模量等物理力学性能均有改善。

③ 对各种水泥适应性好，在相同水灰比、同等强度条件下，可节省水泥10%～15%。

④ 不含氯离子，碱含量低，总碱量≤2%，在混凝土中不含导致碱-骨料反应的物质，对钢筋无锈蚀作用。

(4) 施工方法

① 本品掺量范围为水泥质量的1.5%～2%，可根据与水泥的适

应性、气温的变化和混凝土坍落度等要求在推荐范围内调整确定最佳掺量。

②按计量直接掺入混凝土搅拌机中使用。

③在使用本产品时，应按混凝土配合比事先检验与水泥的适应性。

配方 111　AS-2 型混凝土早强高效减水剂

(1) 产品特点与用途

AS-2 型混凝土早强高效减水剂是一种兼有早强和显著减水功能的外加剂。AS-2 早强高效减水剂由表面活性剂 NF 萘系高效减水剂、早强剂无水硫酸钠、早强催化剂、增强剂及载体等复合加工而成，系非氯盐类早强高效减水剂；其主要成分是 β-萘磺酸甲醛缩合物。它具有高分散性和低起泡性等特点，是非引气性高效减水剂。AS-2 早强高效减水剂对混凝土的减水增强作用显著，早强效果尤佳，减水率 12%～16%，龄期 1～3d 混凝土的抗压强度提高 60%～80%，7d 强度提高 40%～60%，28d 强度提高 30%左右，抗渗、抗冻融等性能显著提高。

AS-2 混凝土早强高效减水剂适用于最低气温不低于－10℃或－5℃的混凝土冬季施工的泵送混凝土、流态混凝土、滑模、大模板混凝土、蒸养混凝土、自然养护的预制构件、预应力混凝土、高强混凝土。

(2) 配方

① 配合比　见表 5-23。

表 5-23　AS-2 型混凝土早强高效减水剂配合比

原料名称	质量份	原料名称	质量份
无水硫酸钠	12	亚硝酸钠	2
NF 萘系高效减水剂	8	甲酸钙	29.2
三乙醇胺	0.8	粉煤灰	48

② 配制方法　按配方计量把所有粉体原料倒入带喷液装置的悬臂双螺旋锥形混合机中，并将液体催化剂三乙醇胺注入喷液装置内，开机搅拌 30～40min 混合均匀，出料包装。

(3) 产品技术性能

① 掺量为水泥质量的 0.8%～1.2%，减水率 12%～16%，早期

强度提高 60%左右，28d 强度提高 10%～30%，耐久性得到改善。

② 掺量为 0.8%时，混凝土坍落度增大 6～10cm，混凝土拌合物的和易性改善，硬化混凝土的抗渗性和抗冻融性提高。

③ 保持坍落度和强度不变的情况下，节省水泥 10%～15%，混凝土的早期强度还可提高 10%～15%。

④ 对钢筋无锈蚀危害。

AS-2 型混凝土早强高效减水剂物化指标见表 5-24。

表 5-24 AS-2 型混凝土早强高效减水剂物化指标

项目	指标	项目	指标
外观	浅灰色(或浅棕色)粉末≤6%	SO_3 余量	32%±2%
含水量	≤6%	CL^- 含量	≤1.0%
细度	30 目筛筛余≤2% 60 目筛筛余≤15%	水泥浆流动度	≥150mm

(4) 施工方法

本品以干粉先与水泥直接混合，然后再与骨料和水拌合。不得配成溶液使用。掺量为水泥质量的 0.8%～1.2%，搅拌过程中应减少 15%左右的用水量，并适当延长搅拌时间。表面要求光滑的构件，振动密实后及时抹平，妥善存放在干燥处，如受潮结块，应烘干粉碎，通过 30 目筛筛后方可使用。

配方 112 SF 混凝土早强剂

(1) 产品特点与用途

本品具有凝结块、既可提高早期强度又可提高后期强度以及抗渗性能好等优点，适用于配制－5℃以上的预制、现浇、钢筋、预应力混凝土及有早强要求的各类混凝土，可广泛用于道路抢修、常温预制混凝土构件的快速拆模、地下工程防水混凝土、应急工程等。

(2) 配方

① 配合比 见表 5-25。

表 5-25 SF 混凝土早强剂配合比

原料名称	质量份	原料名称	质量份
无水硫铝酸钙粉	1.25	木质素磺酸钙减水剂	100
硫酸铝	0.1	硼酸缓凝剂	20
碳酸钠	0.3		

② 配制方法　按配方量将硫铝酸钙粉、硫酸铝、碳酸钠、木质素磺酸钙减水剂、缓凝剂硼酸等所有粉体原料投入立式混合机中混合均匀，出料包装。

(3) 产品技术性能

① 早强效果显著。减水率10%～15%，在负温条件下浇筑的混凝土，7d强度可达设计标号的50%以上，28d强度可达设计强度的80%以上，28d以后即使在负温下强度仍能增加。如负温养护28d后转入正温养护28d，强度超过设计标准。

② 凝结时间8～20h。

③ 泌水率比≤95%。

④ 含气量≤3.0%。

⑤ 收缩率比（90d）≤120%。

⑥ 节约水泥10%左右的情况下，早期强度提高20%左右。

⑦ 对收缩无不良影响，对钢筋无锈蚀危害。

(4) 施工方法

① 掺量为水泥质量的2%～3.5%，负温时适当增加。

② 本品可直接以干粉掺加，需先与水泥骨料干拌30s以上，再加水搅拌。搅拌时间不得少于2min。

③ 粉剂应贮存放干燥处，运输中应注意防潮。

第6章 混凝土防冻剂

6.1 概述

混凝土的冬季施工是不可避免的，我国规定当室外日平均气温低于5℃即进入冬季施工。为了保证混凝土施工的质量和进度，一般要使用冬季施工混凝土外加剂——防冻剂。防冻剂能使混凝土在负温下硬化而不需要加热，最终能达到与常温养护的混凝土相同的质量水平。

防冻剂在混凝土中的主要作用是提高早期强度，防止混凝土受冻破坏。防冻剂中的有效组分之一是降低冰点的物质。它的主要作用是使混凝土中的水分在尽可能低的温度下结冰，防止因水分冻结而产生的冻胀应力。同时保持了一部分不结冰的水分，以维持水化反应的进行，保证了在负温下混凝土强度的增长。

6.1.1 混凝土防冻剂组分

防冻剂绝大多数是复合外加剂，由防冻组分、早强组分、减水组分、引气组分、载体等材料组成。

(1) 防冻组分

防冻组分如氯化钙、氯化钠、亚硝酸钠、硝酸钠、硝酸钙、硝酸钾、硫代硫酸钠、乙酸钠、尿素等，其作用是降低水的冰点，使水泥在负温下仍能继续水化。几种盐类饱和溶液的冰点见表6-1。

表6-1 几种盐类的饱和溶液的冰点

名称	析出固相共熔体时		名称	析出固相共熔体时	
	浓度/(g/100g水)	温度/℃		浓度/(g/100g水)	温度/℃
氯化钠	30.1	−21.2	碳酸钾	56.5	−36.5
氯化钙	42.7	−55.6	硫酸钠	3.8	−1.2
亚硝酸钠	61.3	−19.6	尿素	78	−17.5
硝酸钙	78.6	−28	氨水	161	−84
硝酸钠	58.4	−18.5	甲醇	212	−96
亚硝酸钙	31.7	−8.5			

(2) 早强组分

早强组分如氯化钙、氯化钠、硝酸钙、亚硝酸钙、三乙醇胺、硫代硫酸钠、硫酸钠等，其作用是提高混凝土的早期强度，抵抗水结冰产生的膨胀应力及降低冰点，使混凝土尽快达到或超过混凝土的受冻临界强度。

(3) 减水组分

减水组分如木质素磺酸钙、木钠、萘系高效减水剂以及三聚氰胺、氨基磺酸盐、煤焦油系减水剂。其作用是：减少拌合用水量，细化毛细管，提高毛细管中防冻剂浓度，降低冰点；减少混凝土中冰的含量，并使冰晶粒细小且均匀分散，减轻对混凝土的破坏应力；改善新拌混凝土的和易性，提高硬化混凝土的强度及耐久性。

(4) 引气组分

引气组分如松香热聚物、皂荚素类减水剂、木质素磺酸钙、木钠、蒽系减水剂等，其作用是在混凝土中引入适量封闭的微气泡以减轻冰胀应力。试验表明，应用引气减水剂的冰胀应力仅为单掺无机盐防冻剂的十分之一。含气量以3%～5%为宜。

(5) 载体

载体如粉煤灰、磨细矿渣、砖粉等，其作用一是使一些液状或微量的组分掺入，并使各组分均匀分散；二是避免受潮结块；三是便于干粉掺加使用。

防冻剂常用成分作用表见表6-2。

表6-2 防冻剂常用成分作用表

成分＼作用	早强	减水	引气	降低冰点	缓凝	冰晶干扰	阻锈
氯化钠	＋	—	—	＋	—	—	—
氯化钙	＋	—	—	＋	—	—	—
硫酸钠	＋	—	—	＋	—	—	—
硫酸钙	＋	—	—	—	＋	—	—
硝酸钠	＋	—	—	＋	—	—	＋
硝酸钙	＋	—	—	＋	—	—	—
亚硝酸钠	—	—	—	＋	—	—	＋
亚硝酸钙	—	—	—	＋	—	—	＋
碳酸盐	＋	—	—	＋	—	—	—
尿素	—	—	—	＋	＋	—	—

续表

成分＼作用	早强	减水	引气	降低冰点	缓凝	冰晶干扰	阻锈
氨水	－	－	－	＋	＋	－	－
三乙醇胺	＋	－	－	－	－	－	＋
乙二醇	＋	－	－	＋	－	＋	＋
木钙	－	＋	＋	－	＋	－	－
木钠	＋	＋	＋	－	－	－	－
萘系减水剂	＋	＋	－	－	－	－	－
蒽系减水剂	＋	＋	＋	－	－	－	－
氨基磺酸盐	＋	＋	－	－	＋	－	－
三聚氰胺	＋	＋	－	－	－	－	－
引气剂	－	＋	＋	－	－	－	－
有机硫化物	－	－	－	＋	－	＋	－

注：＋表示该成分有此作用，－表示该成分无此作用。

6.1.2 混凝土防冻剂分类

(1) 按组分材料分类

① 氯盐类防冻剂　氯盐类防冻剂系用氯盐（氯化钙、氯化钠）或以氯盐为主与其它早强剂、引气剂、减水剂复合的外加剂。

② 氯盐阻锈类防冻剂　氯盐阻锈类防冻剂系由氯盐与阻锈剂（亚硝酸钠）为主复合的外加剂，或氯盐、阻锈剂、早强剂、引气剂、减水剂复合的外加剂。

③ 无氯盐类防冻剂　无氯盐类防冻剂系以亚硝酸盐、硝酸盐、碳酸盐、乙酸钠或尿素为主与无氯早强剂、引气剂、减水剂等复合的外加剂。

(2) 按负温养护温度分类

按负温养护温度分为－5℃、－10℃、－15℃三类防冻剂，更低负温的防冻剂我国尚未制定标准。

(3) 按掺量及塑化效果分类

① 高效防冻剂　高效防冻剂是减水率≥12%(一般为20%)、掺量小于或等于水泥质量的5%（以无载体折算)、适用于日最低气温－15～－20℃应用的防冻剂。

② 普通防冻剂　普通防冻剂系减水率较小及掺量较大的防冻剂。

高效防冻剂具有掺量少、抗冻害能力强、混凝土耐久性改善、对钢筋无锈蚀危害、塑化功能高等特点，是替代高掺量防冻剂的理想产品。

6.1.3 混凝土防冻剂适用范围

目前国内的防冻剂产品适用的气温范围为0～－20℃，更低的气温下施工时应采用其它冬季施工措施，如暖棚法、综合蓄热法等。

掺防冻剂混凝土采用一层塑料薄膜、两层草袋或其它代用品覆盖养护时，在日气温－5～＋5℃正负温交替条件下，可使用早强剂或早强减水剂；日最低气温－10℃时，可采用规定温度为－5℃的防冻剂；最低气温为－15℃、－20℃时，分别采用规定温度为－10℃和－15℃的防冻剂。

氯盐类防冻剂适用于无钢筋混凝土工程；氯盐阻锈类防冻剂适用于允许掺用氯盐的钢筋混凝土工程；无氯盐类防冻剂可用于钢筋混凝土和预应力混凝土，但硝酸盐、亚硝酸盐、碳酸盐类外加剂不得用于预应力混凝土及镀锌钢材或与铁相接触部位的钢筋混凝土结构。含有六价铬盐、亚硝酸盐等有毒防冻剂，禁止用于饮水工程及与食品接触的工程。

6.2 混凝土防冻剂配方

配方113 HF复合防冻剂

(1) 产品特点与用途

本产品由防冻剂亚硝酸钠、尿素及载体等材料复合而成，为灰色粉末，pH值8～9，系非氯盐类防冻剂，兼有防冻与减水作用。在负温条件下，具有较强的抗冻能力，并使混凝土具有较高的早期强度和优良的技术性能。HF复合防冻剂适用于日最低气温－5～－15℃冬期的钢筋混凝土、大坍落度混凝土和泵送混凝土施工。

(2) 配方

① 配合比　见表6-3。

表6-3　HF复合防冻剂配合比

原料名称	质量份	原料名称	质量份
氯化钠	25	尿　素	20
亚硝酸钠	16	粉煤灰(2级)	39

② 配制方法　按配比将上述各物料混合研磨均匀即制成成品。

(3) 产品技术性能

① 本品具有降低冰点作用及有较好的减水作用，减水率可达10％以上。引气量＜3％，混凝土抗冻标号＞D50。在负温条件下浇筑的混凝土，7d 强度可达设计标号的 50％以上，28d 强度可达设计强度的 80％以上，28d 以后即使在负温下，强度仍能增加。如负温养护 28d 后转入正温养护 28d，强度超过设计标准。

② 本品具有抗冻、阻锈和减水之功能，对钢筋无锈蚀作用。

③ 对水泥品种的适应性强，适用于各种水泥。

④ 本产品符合 JC 475—92《混凝土防冻剂》（表 6-4）、GB 50119—2003《混凝土外加剂应用技术规范》标准（表 6-5）。

表 6-4　掺防冻剂混凝土性能

试验项目		性能指标					
		一等品			合格品		
减水率/％　≥		8			—		
泌水率比/％　≥		100			2.5		
含气量/％　≥		2.5			2.0		
凝结时间差/min	初凝	－120～＋120			－150～＋150		
	终凝						
抗压强度比/％　≥	规定温度/℃	－5	－10	－15	－5	－10	－15
	R_{28}	95	95	90	90	90	85
	R_{7+28}	95	90	85	90	85	80
	R_{7+56}	100	100		100	100	100
90d 收缩率比/％　≤		120					
50 次冻融强度损失率比/％　≤		100					
对钢筋锈蚀作用		应说明对钢筋有无锈蚀作用					
90d 收缩率比/％　≤		120					
抗渗压力(或高度)比/％		不小于 100(或不大于 100)					
50 次冻融强度损失率比/％　≤		100					
对钢筋锈蚀作用		应说明对钢筋有无锈蚀作用					

表 6-5 掺防冻剂混凝土的试验项目技术性能指标

<table>
<tr><td rowspan="2">试验项目</td><td rowspan="2">减水率/%</td><td rowspan="2">泌水率/%</td><td rowspan="2">含气量/%</td><td colspan="2">凝结时间差</td><td colspan="3" rowspan="2">抗压强度比/%
(规定温度)</td></tr>
<tr><td>初凝</td><td>终凝</td></tr>
<tr><td rowspan="2">质量标准</td><td rowspan="2">≥8</td><td rowspan="2">≥100</td><td rowspan="2">≥2.5</td><td>−120</td><td>−120</td><td>R_{28}</td><td>R_{-7+28}</td><td>R_{-7+56}</td></tr>
<tr><td>+120</td><td>+120</td><td>≥95</td><td>≥90</td><td>≥100</td></tr>
</table>

注：抗压强度比系指受检标养混凝土，受检负温混凝土与基准混凝土的抗压强度之比。

(4) 施工方法

① 掺量：为水泥用量的 4%～5%，−15℃以下可掺 6%。掺量不宜过大，以免引起混凝土表面起霜过多。

② 使用本品前应通过试配试验，确定混凝土最佳的配合比。

③ 正温下使用时干粉可直接掺入，负温下使用时用 60℃左右的水溶化。拌合水温度应适当，一般以控制在 40～50℃为宜。

④ 防冻剂如受潮结块，应粉碎过筛后使用，效果不变。

⑤ 防冻剂混凝土浇灌后应注意覆盖养护，不得浇水。初期养护温度不能低于使用说明规定的温度，否则应采取保温措施。

配方 114 混凝土防冻剂

(1) 产品特点与用途

防冻剂能降低砂浆和混凝土中水的凝固点，常伴有促凝和早强作用。在负温条件下，由于溶液冰点降低，混凝土强度仍能持续增长，转入正温养护后，强度增长较快，转标准养护 28d 强度及自然负温养护后能达到标准养护强度，使混凝土免受冻害。防冻剂可使混凝土在 +1.0～−18℃自然养护，增加冷混凝土的强度。混凝土防冻剂适用于最低气温不低于−15℃时的混凝土、钢筋混凝土、商品混凝土和泵送混凝土施工。

(2) 配方

配方①（%）

硝酸钠	1	木质素磺酸钙	0.5
重铬酸钾	2		

配方②（%）

三乙醇胺	0.03	半水石膏	2
碳酸钠	2		

配制方法：将各组分混合拌匀即得成品。

使用方法：配方中的百分比（%）均指占水泥质量的百分比，下同，使用时按比例与水泥拌匀。

配方③ 亚硝酸钠复合负温防冻剂(%)

亚硝酸钠	13.3	按混凝土用水量
硫酸钠	3	按水泥用量
三乙醇胺	0.03	按水泥用量

特点：混凝土掺入复合负温防冻剂后，在－10℃条件下，混凝土不会遭到冻害，而且强度能不断得到发展，28d可达设计强度的60%以上，3个月可达设计强度的80%～90%以上，后期强度损失不大于10%。这种复合剂在正温条件下（10～15℃）仍有早强效果，混凝土的密实性好，抗渗可达2.8～3.0MPa，后期强度较普通混凝土高5%～10%，物理力学性能优于普通混凝土。

配方④ （%）

硫酸钠	1.5～3	氯化钠	2
亚硝酸钠	2		

配制方法：配方量为水泥的质量分数。混凝土的配合比是：水泥∶砂∶石∶水＝1∶3∶3∶0.55（砂浆）。

用途：本品适用于－5～－8℃养护。本配方适用于负温养护下的素混凝土防冻剂。

配方⑤ （%）

硫酸钠	1.5～3	氯化钠	1.5
亚硝酸钠	1.5		

配制方法：配方量为水泥的质量分数。混凝土的配合比是：水泥∶砂∶石∶水＝1∶2.5∶3.5∶0.57。

用途：本品适用于－3～－5℃养护。

配方⑥ （%）

硫酸钠	1.5～3	亚硝酸钠	2.5

配制方法：配方量为水泥的质量分数。混凝土的配合比是：水泥∶砂∶石∶水＝1∶2.5∶3.5∶0.57。水泥品种为400号矿渣水泥。

用途：本品适用于－3～－5℃养护。本配方适用于负温养护下的钢筋混凝土、预应力钢筋混凝土防冻剂。

配方⑦ （%）

硫酸钠	3	亚硝酸钠	6
三乙醇胺	0.03		

配制方法：配方量为水泥的质量分数。混凝土的配比是：水泥∶砂∶石∶水＝1∶1.295∶3.18∶0.45。水泥品种为500号普通硅酸盐水泥。

用途：本品适用于－10℃养护。

配方⑧ 水泥抗冻剂(%)

食盐(氯化钠)	2	木质素磺酸钙	0.25
硫酸钠	8		

用途：本剂含食盐，仅用于无钢筋混凝土，使用温度为0℃。

配方⑨ 水泥抗冻剂(%)

亚硝酸钠	2	硫酸钠	2
硝酸钠	3	木质素磺酸钙	0.25

用途：本剂可在－5℃时使用。

配方⑩ 水泥抗冻剂(质量份)

亚硝酸钠	3.5	食盐	3.5
氯化钙	3.5		

配制方法：将3种盐混合粉碎，得到粉状T40抗冻外加剂。

用法：该抗冻剂掺量占水质量的15%。在－39℃施工，混凝土现浇，设计混凝土标号为400号，用10年后，混凝土强度仍可在37～43MPa。

配方⑪ 混凝土低温硬化剂 质量分数（以水泥质量计)/%

硝酸钠	5.0	硫酸钠	2.0
尿素	3.0	木质素磺酸钙	0.3

配制方法：将硝酸钠、尿素、硫酸钠和木质素磺酸钙粉碎，混合，搅拌均匀，即得混凝土低温硬化剂。

特点：本品价格低廉，原料丰富，施工简便。将本品按比例加入混凝土中搅拌均匀即可，可使施工温度低至－10℃，养护时间和混凝土质量所受影响不大。

配方⑫ 尿素、碱复合防冻剂（质量份)

配方号	尿 素	氢氧化钠	硫酸钠	占水泥重/%
1#	10	4		5
2#	10～13	2～3	2	
3#	4	2	2	0.3

配制方法：将 3 种盐混合粉碎拌匀即得成品。

特点：防冻、早强、减水，适用最低温度－10～－15℃混凝土施工。

用途：采用 1#、2# 配方在－10～－15℃温度下，一般需 3～4d，可使水泥达到设计强度的 70%，后期强度也有所提高。采用 3# 配方可使 500 号普通水泥 3～4d 达到设计强度的 70%，负温 7d 后转标养 28d 的强度可达设计强度等级。后期强度发展正常，对收缩无不良影响，抗冻性和抗渗性提高。

配方⑬　混凝土负温硬化剂（质量份）

乙酸钠	2	硫酸钠	2
硝酸钠	6	木质素磺酸钙	0.25

配制方法：将各组分混合拌匀即得成品。

特点：适用于－5～－20℃施工的钢筋混凝土、大坍落度混凝土和泵送混凝土。

(3) 施工方法及使用注意事项

① 适用于－5～－15℃施工的混凝土，粉刷砂浆，抹面砂浆。

② 根据施工期间的最低气温确定掺量，如表 6-6 所示。

表 6-6　气温与掺量对应关系

日最低气温	－5℃	－10℃	－15℃	－20℃
掺量/%	5	7	8	10～12

③ 混凝土的凝结时间随掺量加大和温度提高而缩短，拌制的混凝土应在 1.5h 内用完。施工前应先用工地材料试配，防止发生速凝现象。

④ 以粉剂直接掺加在水泥里，不要掺在湿的砂石上。

⑤ 搅拌过程中应减少 20%左右的用水量，并适当延长搅拌时间。

⑥ 混凝土拌合物的出机温度不低于 10℃，入模温度不低于 5℃，浇筑完毕后应及时在外露表面用塑料薄膜及保温材料覆盖。一般 2～3d 可达到临界强度（5MPa）。

⑦妥善存放于干燥处，如受潮结块应烘干粉碎，通过 30 目筛后方可使用。

配方 115　FD 型防冻剂

(1) 产品特点与用途

FD 型防冻剂由早强防冻剂无水硫酸钠、亚硝酸钠、萘系高效减水剂和引气剂及载体组成。性状为灰白色粉末的非氯盐型高效复合防冻剂，对钢筋无锈蚀危害，兼具防冻早强及减水作用，可减少混凝土拌合用水15%～20%。早强减水性能：坍落度3.8cm；减水率20%；28d抗压强度40MPa。FD防冻剂适用于日最低气温为−10～−15℃以上地区的冬季施工混凝土，适用于负温施工的工业及民用建筑混凝土；可用于钢筋混凝土；对硅酸盐水泥有广泛应用性。

(2) 配方

① 配合比　见表6-7。

表6-7　FD型防冻剂配合比

原料名称	质量份	原料名称	质量份
无水硫酸钠	10	烷基苯磺酸钠	1
亚硝酸钠	25	粉煤灰	42
NF萘系高效减水剂	22		

② 配制方法　按配方量将各种原料倒入立式混合机中，开机搅拌15～30min混合均匀，出料用内衬塑料袋的编织袋密封包装。保质期两年。

(3) 产品技术性能

① 主要性能

a. 减水率10%～20%；引气量≤3%；保水性显著改善（泌水率为基准混凝土的40%左右），负温下混凝土强度增长较快，−10℃龄期7d强度达设计强度等级的25%，14d强度达45%以上，28d强度达65%；−15℃7d强度达设计强度的15%，14d强度达30%以上，28d强度达45%以上，负温7d后转标养28d的强度可达设计强度等级，对钢筋无锈蚀；混凝土抗冻标号＞D50。

b. 可使混凝土临界强度降低到1.1～3.5MPa。

c. 塑化功能高，控制减水率10%左右时，可使混凝土的坍落度由5cm增加到12cm。

② FD型防冻剂物化指标　见表6-8。

表6-8　FD型防冻剂物化指标

指标名称	一等品	合格品
外观	灰白色粉末	
氯盐含量/%	≤0.01	
减水率/%	≥8	—
泌水率/%	≤100	≤100
含水量/%	≥2.5	≥2.0
凝结时间/min		
终凝	−120～+120	

续表

指标名称	一等品	合格品
抗压强度比/%		
规定温度为−5℃时		
−7d	≥20	≥20
−28d	≥95	≥90
−56d	≥100	≥100
规定温度为−10℃时		
−28d	≥95	≥85
−7d	≥10	≥10
−7+28d	≥85	≥80
−7+56d	≥100	≥100
90d 收缩率比/%	≤120	
抗压力比/%	≤100	
50 次冻融强度损失比/%	≤100	
对钢筋锈蚀作用	对钢筋无锈蚀作用	
含水量	粉体应在生产厂控制值的相对量 5%之内	
水泥净浆流动度	应小于生产厂控制值的 95%	
细度	应在生产厂控制值的相对量±(2%～3%)	

(4) 施工方法

① 掺量为水泥用量的 3%～6%；拌制混凝土时，即粉状的 FD 防冻剂掺入水泥中，与骨料一起干拌 30min 以上，然后加水拌合即可。

② FD 防冻剂应存放于干燥处。如受潮结块，质量不变，经粉碎过筛（30 目筛）后仍能使用；使用前应通过试配，确定混凝土最佳配合比。

配方 116 CJD 无氯低碱复合早强防冻剂

(1) 产品特点与用途

本品采用有机物表面活性剂复合无机盐类直接或间接降低水的冰点，促进水泥水化，提高混凝土防冻能力的工艺路线，促使混凝土内液相浓度的提高及毛细管孔径的进一步细化，使混凝土内游离水的冰点降低，保证了水泥水化的正常进行。掺用 CJD 低碱无氯复合早强防冻剂的混凝土，Na^+ 含量极低，减水率高达 20%～30%，能加速水泥的水化，迅速减少可冻水的数量，促进混凝土强度的快速发展，使混凝土在较短的时间内达到抗冻临界强度，减少因突然降温对混凝土造成冻害的可能性。

CJD 复合早强防冻剂不含氯盐、掺量低，对钢筋无锈蚀危害、抗冻害能力强、塑化功能高，能改善混凝土和砂浆的和易性，适用于日最低气温不低于－20℃的混凝土及钢筋混凝土冬季施工。负温下施工的泵送混凝土及抹灰砂浆中。

(2) 配方

① 配合比　见表6-9。

表 6-9　CJD无氯低碱复合早强防冻剂配合比

原料名称	质量份	原料名称	质量份
氨基磺酸盐高效减水剂	8.2	尿素	5
三乙醇胺	0.3	硫氰酸钠	3
烷基苯磺酸钠	0.6	水	68.5
无水硫酸钠	6.4	30%氢氧化钠溶液	适量
亚硝酸钠	8		

② 配制方法

a. 按配方量将水注入反应釜内加热升温至80℃。

b. 称取氨基磺酸盐高效减水剂、烷基苯磺酸钠、无水硫酸钠、亚硝酸钠、尿素、硫氰酸钠溶于反应釜内80℃热水中混合，搅拌均匀，加热升温至100℃，保温反应2h，制成复合液。

c. 待反应釜内复合液降温至50℃以下，加入催化剂三乙醇胺搅拌均匀，用30%氢氧化钠溶液调pH值至9～10，经100目筛过滤出料，用塑料桶密封包装，储存于正温处，不得露天堆放，防止冻结，密封装桶存放两年不变质。

(3) 产品技术性能

① 本产品外观为浅黄色透明液体，pH值9～10，密度1.17～1.20g/cm^3，净浆流动度210mm，密封装桶存放两年不变质。

② 掺量为水泥质量的3%～4%，减水率20%～30%，含气量约4%左右，保水性显著改善（泌水率为基准混凝土的40%左右）。负温下混凝土强度增长较快，－10℃条件下龄期7d强度达设计强度等级的25%，14d强度达40%以上，28d强度达70%；－15℃条件下龄期7d强度达设计强度等级的15%，14d强度达35%以上，28d强度达45%以上；负温7d后转标养28d的强度可达设计强度等级，后期强度发展正常，对收缩无不良影响，抗冻性和抗渗性提高。

③ 具有一定的塑化作用，能改善混凝土的和易性。控制减水率

10%左右时，可使混凝土的坍落度由5cm增加到12cm。

④ 不含氯盐，对钢筋无锈蚀作用。

(4) 施工方法

① 掺量为水泥质量的3%～4%。

② 可将本剂先加入搅拌水中，也可在混凝土搅拌时加入。

配方117 MRT-2高效防冻剂

(1) 产品特点与用途

本品由防冻剂、引气高效减水剂、早强剂、阻锈剂等材料复合加工而成，系无氯盐类高效防冻剂，它具有掺量少、抗冻害能力强、塑化功能高，能改善混凝土和砂浆的和易性，减少混凝土用水量、降低冰点、提高早期强度、改善混凝土流动性和提高混凝土耐久性等特点，适用于日最低气温低于−20℃的混凝土及钢筋混凝土、商品混凝土和泵送混凝土冬季施工。

(2) 配方

① 配合比　见表6-10。

表6-10　MRT-2高效防冻剂配合比

原料名称	质量份	原料名称	质量份
无水硫酸钠	12	硝酸钙	8.5
亚硝酸钠	9	CAS改性木质素磺酸盐高性能减水剂	22
尿素	3.5	粉煤灰	45

②配制方法　按配方量将各种原料投入球磨机中，混合、粉碎、球磨30～50min，出料用内衬塑料袋的编织袋密封包装。产品保质期1年。

(3) 产品技术性能

① 掺量为水泥质量的10%时，减水率为20%，凝结时间延长1.5h左右，混凝土含气量4%左右，保水性显著改善，混凝土的凝结时间有所缩短。可以促进负温下水泥水化，负温下混凝土强度增长较快，−15℃下28d强度可达设计强度等级。后期强度发展正常，对收缩无不良影响，抗冻性和抗渗性提高。

② 塑化功能高，能改善混凝土的和易性，控制减水率10%左右时，可使混凝土的坍落度由5cm增加到12cm。

③ 对钢筋无锈蚀作用，并有阻锈功能，可满足冬季泵送混凝土和商品混凝土的施工要求。

(4) 施工方法

① 掺量为水泥质量的6%～7%，－15℃时为12%。

② 本品不需事先溶解，将计量准确的所需剂量与拌合料一起加入搅拌机内，搅拌均匀后即可出料使用。

③ 搅拌过程中应减少20%左右的用水量，并适当延长搅拌时间。

④ 混凝土拌合物的出机温度不低于10℃，入模温度不低于5℃，浇筑完毕及时在外露表面用塑料薄膜及保温材料覆盖。一般2～3d可达到临界强度（5MPa）。

⑤ 妥善存放在干燥处，如受潮结块应烘干粉碎，通过30目筛筛后方可使用。

配方118 混凝土抗冻剂

配合比　见表6-11。

表6-11　混凝土抗冻剂参考配比

日最低气温	配方序号	配合比(质量份)
－5℃	1	亚硝酸钠4＋硫酸钠2＋木钙0.25
	2	亚硝酸钠2＋硝酸钠2＋硫酸钠2＋木钙0.25
	3	碳酸钾6＋碳酸钠2＋木钙0.25
	4	尿素2＋硝酸钠2＋硫酸钠2＋木钙0.25
－10℃	1	亚硝酸钠7＋硫酸钠2＋木钙0.25
	2	乙酸钠2＋硝酸钠6＋硫酸钠2＋木钙0.25
	3	亚硝酸钠3＋硝酸钠5＋硫酸钠2＋木钙0.25
	4	尿素3＋硝酸钠5＋硫酸钠2＋木钙0.25

注：液体配制浓度20%，水温30～50℃溶解。

配方119 NON-F型复合防冻剂

(1) 产品特点与用途

本品由防冻剂、早强剂、引气减水剂及载体等材料复合组成，外观为灰色粉末，系非氯盐类高效复合防冻剂，它具有减少混凝土用水量、降低冰点、提高早期强度、改善混凝土流动性、抗冻害能力强、塑化功能高及提高混凝土耐久性等特点。掺加NON-F防冻剂的混凝土，负温下混凝土强度增长较快，减水率10%～15%，水泥净浆凝结时间延长1.5h左右，混凝土含气量3%，保水性显著改善，

−15℃下抗压强度比：−1d≥1.0MPa，−7d增长20%～30%，−7d+28d增长100%，收缩小，对钢筋无锈蚀危害，适用于日最低气温−15℃以上施工的混凝土及钢筋混凝土冬季施工。

(2) 配方

① 配合比　见表6-12。

表6-12　NON-F型复合防冻剂配合比

原料名称	质量份	原料名称	质量份
硝酸钠	8	木质素磺酸钙	3
尿素	3.5	硅灰石粉	22
亚硝酸钠	25	粉煤灰	26.5
硫酸钠	12		

② *配制方法*　按配方量称取硝酸钠、尿素、亚硝酸钠、硫酸钠、木质素磺酸钙、硅灰石粉、粉煤灰投入球磨机内粉碎混合球磨30～50min，出料用内衬塑料袋的编织袋密封包装，产品保质期两年。

(3) 施工方法

① 掺量：日最低气温−15℃时的掺量为水泥质量的4%～6%。

② 本品不用事先溶解，将计量准确的所需剂量，与拌合料一起加入搅拌机内，搅拌均匀后即可出料使用。

③ 混凝土浇筑后在预计最低气温下的养护时间：−10℃时不得少于8d；−15℃不得少于12d。如中途受到寒流袭击，应采取保温或加热措施。

④ 本品严禁入口，使用时应注意安全。

配方120　SDB-R复合防冻剂

(1) 产品特点与用途

SDB-R复合防冻剂由防冻剂、引气高效减水剂、早强剂等材料复合组成，是一种多功能无氯盐类复合型高效防冻剂，具有掺量少、抗冻害能力强、减水率高、降低冰点、提高早期强度、改善混凝土流动性、提高混凝土耐久性等特点，适用于混凝土冬季施工，使用温度在−15℃的泵送混凝土、商品混凝土、普通混凝土的冬季施工。尤其适合混凝土搅拌站应用。

(2) 配方

① 配合比 见表6-13。

表 6-13 SDB-R 复合防冻剂配合比

原料名称	质量份	原料名称	质量份
无水硫酸钠	10	木质素磺酸钙	2
硝酸钠	6	甲酸钙	5
亚硝酸钠	7	三乙醇胺	0.3
尿素	3	水	54.7
NF萘系高效减水剂	12		

② 配制方法

a. 由计量槽向反应釜内注入配方量水，加热升温至80℃。

b. 按配方量称取无水硫酸钠、硝酸钠、亚硝酸钠、尿素、NF萘系高效减水剂、木质素磺酸钙、甲酸钙溶于反应釜内80℃热水中，加热升温100℃，保温反应2h，搅拌混合均匀制成复合液。

c. 待反应釜内复合液降温至50℃，由滴液漏斗向反应釜内缓缓滴加催化剂三乙醇胺搅拌30min，用30%氢氧化钠水溶液调pH值至10～11，经100目筛过滤出料，用塑料桶密封包装，储存于正温处，不得露天堆放，防止冻结，密封装桶存放，有效期两年。

(3) 产品技术性能

① 外观为黄褐色透明液体。

② 密度：1.17～1.20g/cm^3，pH值10～11。

③ 减水率20%以上，含气量约4%左右，保水性显著改善（泌水率为基准混凝土的40%左右）负温下混凝土强度增长较快，－10℃条件下龄期7d强度达设计强度等级的25%，14d强度达45%以上，28d强度达65%。－15℃，7d强度达设计强度等级的15%，14d强度达30%以上，28d强度达45%以上，负温7d后转标养28d的强度可达设计强度等级。后期强度发展正常，对收缩无不良影响，抗冻性和抗渗性提高。

④ 塑化功能高，能改善混凝土的和易性。控制减水率10%左右时，可使混凝土的坍落度由5cm增加到12cm。

⑤ 对钢筋无锈蚀作用，并有阻锈功能，可满足冬季泵送混凝土和商品混凝土的施工要求。

(4) 施工方法

① 掺量为水泥质量的 4%～6%，当与其它外加剂复合使用时需经试验后以选择适宜掺量。使用时，可先将本剂加入搅拌水中，也可在混凝土原材料搅拌时加入。

② 搅拌过程中应减少 20%左右的用水量，并适当延长搅拌时间。

③ 混凝土拌合物的出机温度不低于 10℃，入模温度不低于 5℃，浇筑完毕后应及时在外露表面用塑料薄膜及保温材料覆盖，遇有寒流降温时要加厚覆盖。一般保温 2～3d 即可达到临界强度（5MPa）。

④ 本品使用前应搅拌均匀，保质期两年。

配方 121 HF-1 高性能复合防冻剂

HF-1 高性能复合防冻剂利用降低混凝土中的水灰比、增加引气量、促进低温水化、降低水的冰点等技术原理，以萘磺酸甲醛缩合物、醛酮磺化缩合物为减水母液、动物毛发水解物和十二烷基苯磺酸钠为引气剂，硝酸钙和亚硝酸钙为低温硬化促进剂，葡萄糖酸钠为保坍剂，复合制成。HF-1 复合防冻剂既能降低混凝土水灰比，又能降低其冰点，促进混凝土低温水化，适量引气还能改善混凝土的孔结构，提高抗冻效果。防冻剂的减水母液，能使混凝土的水灰比降低 15%～28%，与无减水效果的防冻剂产品相比，混凝土强度可提高两个等级。同时，减小水灰比还能提高混凝土液相中的离子浓度，降低混凝土液相的冰点。HF-1 高性能复合防冻剂减水率高，防冻、抗冻，适用于最低气温不低于－20℃的混凝土、钢筋混凝土、商品混凝土和泵送混凝土施工。

(1) 配方 见表 6-14。

表 6-14 HF-1 高性能复合防冻剂配合比

原料名称	质量份	原料名称	质量份
萘磺酸甲醛缩合物水溶液(30%)	300	葡萄糖酸钠	20
醛酮磺化缩合物水溶液(30%)	400	动物废弃毛发水解物水溶液(20%)	3
硝酸钙	120	十二烷基苯磺酸钠	2
亚硝酸钙	60	水	95

(2) 配制方法

首先加入萘磺酸甲醛缩合物、醛酮磺化缩合物水溶液，调节温度至 30℃，搅拌 10min，加入葡萄糖酸钠，继续搅拌 15min，最后加入引气剂、硝酸钙和亚硝酸钙，搅拌 30min，加水调整好浓度，再搅拌 15min，出料包装。

HF-1 高性能复合防冻剂的掺量范围为水泥质量的 3%～5%。使用时，可先将本剂加入搅拌水中，也可在混凝土原材料搅拌时加入。当气温低于－10℃时，混凝土入模温度应＞5℃。

配方 122　PCA 聚羧酸系高性能混凝土防冻剂

PCA 聚羧酸系高性能混凝土防冻剂具有较高减水率和较好的工作性，负温下强度增长快。在水泥混凝土中掺量为水泥质量的 4%～5%，减水率 10%～25%，混凝土坍落度损失小，可提高坍落度 8～10cm，引气量＜3%，混凝土抗冻标号＞D50。PCA 高性能混凝土防冻剂水溶性好，不含氯离子，碱含量低，混凝土早期强度和后期强度高。3d、7d 的抗压强度可提高 60% 以上，28d 抗压强度可提高 50% 以上，混凝土表观质量好，对钢筋无锈蚀作用，抗冻融能力和混凝土耐久性较普通混凝土显著提高。该产品对水泥适应性好，产品性能稳定，长期贮存无分层、无沉淀、冬季无结晶。PCA 聚羧酸系高性能混凝土防冻剂不含甲醛、无毒、无污染、对环境安全，适用于冬季在－20～－5℃的负温范围内泵送、商品、普通混凝土，尤其适宜与优质粉煤灰等活性掺合料相匹配制备高强、高耐久、自密实的高性能混凝土。

(1) 配方　见表 6-15。

表 6-15　PCA 聚羧酸系高性能混凝土防冻剂配合比

原料名称	质量份	原料名称	质量份
丙烯酸类聚羧酸高效减水剂溶液(40%)	150	硫氰酸钠	150
三乙醇胺	10	甲酸钙	30
2-丙二醇	20	水	580

(2) 配制方法

在室温、常压下，先称取丙烯酸类聚羧酸高效减水剂溶液加入不锈钢反应釜中，然后在搅拌状态下先后加入三乙醇胺、2-丙二醇有机醇胺、低碳醇；在另外的不锈钢容器中加入配方规定量的水，搅拌状态下依次加入定量的固体组分硫氰酸钠、甲酸钙；充分搅拌至固体均匀溶解后，将其加入第一步配制的溶液中，搅拌均匀，静置至澄清后即制得黄褐色固含量 40% 高性能混凝土防冻剂。

配方123 高效液体混凝土防冻剂

(1) 性能特点与用途

本品外观为黄褐色透明液体，密度1.20g/cm^3，pH值10～11，水泥净浆流动度210mm，具有抗冻害能力强、塑化功能高、无氯、低碳、引气、早强及减水作用，减水率为20%，具有一定的塑化作用，能改善混凝土和砂浆的和易性，减少混凝土用水量，降低冰点，提高早期强度，改善混凝土流动性和提高混凝土耐久性等特点。本品能与多种外加剂和水泥及掺合料相匹配，能降低混凝土单方生产成本，生产工艺简单，便于自动计量，适用于温度不低于－15℃的混凝土及钢筋混凝土、预应力混凝土、商品混凝土和泵送混凝土及抹灰砂浆冬季施工。

本品掺量为水泥质量的4%～8%。使用时，可先将本剂加入搅拌水中，也可在混凝土原材料搅拌时加入。

(2) 配方

① 配合比 见表6-16。

表6-16 高效液体混凝土防冻剂配合比

原料名称	质量份	原料名称	质量份
乙二醇	71	十二烷基磺酸钠	1.5
尿素	25	NF萘系高效减水剂	100
三乙醇胺	2.5	水	200

② 配制方法 先将部分水和尿素加入反应釜中，搅拌并加热升温至70～75℃，待尿素完全溶解后，加入引气剂十二烷基磺酸钠、NF萘系高效减水剂，搅拌15～20min，至其完全溶解，再依次加入三乙醇胺，乙二醇，然后加入余量水，充分搅拌混合均匀，即制得黄褐色高效透明液体混凝土防冻剂。

配方124 高性能水泥混凝土聚羧酸系液体防冻剂

(1) 产品特点与用途

本品由聚羧酸高性能减水剂、有机醇胺、甲酸钠、低碳醇、引气组分、消泡组分、水组成。高性能水泥混凝土聚羧酸系液体防冻剂与现有的防冻剂相比，具有较高的减水率以及较好的工作性能、负温下强度增长快、在水泥中的掺量小、无氯、碱含量低、混凝土早期强度和后期强度高等特点。在配制时，引入了消泡剂，清除了聚羧酸高性能减水剂表面的大气泡。同时加入引气剂，可以将混凝土的含气量调整到合适的量，增加混凝土的强度并使混凝土更加美观。本品在混凝土中作为防冻剂使用具有极高的环保应用价值及防止碱-骨料反应，为发展绿色混凝土和高性能混凝土、高耐久性混凝土冬季施工的重要技术应用。

本品适用于北方冬季－5～－20℃范围内施工。

(2) 配方

① 配合比　见表6-17。

表6-17　高性能水泥混凝土聚羧酸系液体防冻剂配合比

原料名称	质量份	原料名称	质量份
聚羧酸高性能减水剂	180	十二烷基硫酸钠	3
三乙醇胺	5	聚醚改性聚硅氧烷消泡剂	1
甲酸钠	6	水	788
乙二醇	50		

其中聚羧酸高性能减水剂配合比：

原料名称	质量份	原料名称	质量份
马来酸酐	98	过氧化苯甲酰	5
1,2-二氯乙烷	800mL	巯基乙醇	2
苯乙烯	104	聚乙二醇单甲醚550	与磺化苯乙烯马来酸酐共聚物按摩尔比1∶1混合

② 配制方法

a. 合成聚羧酸高性能减水剂：称取98g马来酸酐加入800mL 1,2-二氯乙烷中，加热至75℃溶解，加入苯乙烯104g，过氧化苯甲酰5g、巯基乙醇2g混合于分液漏斗中，滴入三口瓶。滴完后在80℃反应2h，升温至95℃，再反应2h。降温后，加入石油醚，抽滤，烘干制得苯乙烯马来酸酐共聚物，马来酸酐含量为摩尔分数44%。将合成的共聚物加入1,2-二氯乙烷中搅拌溶解，从发烟硫酸中新蒸出的SO_3稀释在1,2-二氯乙烷中再滴入反应液中，在15min内滴加完毕，继续在室温下反应2h。产物用1,2-二氯乙烷洗涤，再用无水乙醚洗涤，于真空烘箱50℃干燥得磺化苯乙烯马来酸酐共聚物。将聚乙二醇单甲醚550与磺化苯乙烯马来酸酐共聚物按摩尔比1∶1混合，在100℃下反应8h，制得含有聚氧乙烯醚侧链的聚羧酸共聚物高性能减水剂。

b. 将上述方法合成的聚羧酸减水剂固含量调整为40%。称取180g聚羧酸高性能减水剂加入到玻璃容器中，同时加入水788g，在搅拌状态下分别依次加入三乙醇胺5g、甲酸钠6g、乙二醇50g、十二烷基硫酸钠3g、聚醚改性聚硅氧烷消泡剂1g。在加入后一组分时前一组分要充分溶解均匀，最后得到均匀液体即为高性能水泥混凝土聚羧酸系防冻剂。

(3) 产品技术性能 见表6-18。

表6-18 高性能水泥混凝土聚羧酸系液体防冻剂性能指标

检验项目	性能指标(一等品/合格品)	−10℃实测值	−15℃实测值
减水率/% ≥	10	21.0～25.2	22.0～25.7
泌水率/% ≤	80/100	21	26
含气量/% ≥	2.5/2.0	2.7～3.4	2.6～3.3
R_7/% ≥	12/10	12.6～14.46	10.54～11.53
$R_{7\sim28}$/% ≥	95/85	102.50～122.57	104.12～124.18
R_{28}/% ≥	100/95	106.12～128.89	107.10～122.19

掺加本品配制防冻剂的混凝土的负温养护（−10℃和−15℃）强度R_7以及负温转常温养护各龄期强度除了R_7超过合格品以外其余的指标全部符合规范规定的一等品的要求。

(4) 施工方法

本品掺量为水泥用量的2%～2.5%，使用时可先将本剂加入搅拌水中，也可在混凝土原材料搅拌时加入。

配方来源：张华，方世杰．一种高性能水泥混凝土聚羧酸系液体防冻剂．CN 102515614 A. 2011.

第7章 混凝土膨胀剂

7.1 概述

膨胀剂是能使混凝土产生一定体积膨胀的外加剂。在普通混凝土中掺入膨胀剂可以配制补偿收缩混凝土（砂浆）、填充用膨胀混凝土（砂浆）和自应力混凝土（砂浆）。

7.1.1 膨胀剂的种类

根据膨胀剂化学成分的不同可分为：硫铝酸钙类膨胀剂、氧化钙类膨胀剂、复合型膨胀剂、金属类膨胀剂。

(1) 硫铝酸钙类膨胀剂 硫铝酸钙类膨胀剂是以石膏和铝矿石（或其它含铝较多的矿物），经煅烧或不经煅烧而成。其中，由天然明矾石、无水石膏或二水石膏按比例配合，共同磨细而成的又称明矾石膨胀剂。

硫铝酸钙类膨胀剂的膨胀作用机理是：膨胀剂中的硫酸铝、石膏与水泥矿物及其水化物反应，生成含水硫铝酸钙（$C_3A \cdot 3CaSO_4 \cdot 31H_2O$，又名钙矾石）而产生微膨胀作用，即

$$Al_2(SO_4)_3 + Ca(OH)_2 + H_2O \longrightarrow C_3A \cdot 3CaSO_4 \cdot 31H_2O$$

$$C_3A + 3CaSO_4 + 31H_2O \longrightarrow C_3A \cdot 3CaSO_4 \cdot 31H_2O$$

$$C_4AF + 3CaSO_4 + mH_2O \longrightarrow C_3A \cdot 3CaSO_4 \cdot 31H_2O + CF \cdot nH_2O$$

上式中，C_3A 为铝酸三钙 $3CaO \cdot Al_2O_3$，含量 7%～15%；C_4AF 为铁铝酸四钙 $4CaO \cdot Al_2O_3 \cdot Fe_2O_3$，含量 10%～18%。

这类膨胀剂国内产量较大、使用最广泛，其掺量一般为水泥质量的 8%～15%。水泥砂浆的膨胀率为 0.5%，净浆膨胀率为 1%，混凝土的膨胀率为 0.04%～0.1%。

硫铝酸钙膨胀剂的主要品种及膨胀机理见表 7-1。

表 7-1 硫铝酸盐膨胀剂的主要品种及膨胀机理

膨胀剂品种	品牌	基本组成	膨胀源	膨胀机理
硫铝酸盐膨胀剂	CSA	硫铝酸钙熟料,石膏	钙矾石	$C_4A_3S+6Ca(OH)_2+8CaSO_4+96H_2O \longrightarrow 3(C_3A\cdot 3CaSO_4\cdot 32H_2O)$
U 型膨胀剂	UEA-H	硫铝酸钙熟料,明矾石,石膏	钙矾石	$C_4A_3S+6Ca(OH)_2+8CaSO_4+96H_2O \longrightarrow 3(C_3A\cdot 3CaSO_4\cdot 32H_2O)$ $2KAl_3(OH)_6(SO_4)_2+13Ca(OH)_2+CaSO_4+78H_2O \longrightarrow$ $3(C_3A\cdot 3CaSO_4\cdot 32H_2O)+2KOH$
U 型高效膨胀剂	UEA-H	铝酸钙-硫铝酸钙熟料,石膏	钙矾石	$Al_2O_3+3Ca(OH)_2+3H_2O \longrightarrow 3CaO\cdot Al_2O_3\cdot 6H_2O$ $3CaO\cdot Al_2O_3\cdot 6H_2O+3CaSO_4+26H_2O \longrightarrow C_3A\cdot 3CaSO_4\cdot 32H_2O$
铝酸钙膨胀剂	AEA	铝酸钙熟料,明矾石,石膏	钙矾石	$3CA+3CaSO_4\cdot 2H_2O+32H_2O \longrightarrow C_3A\cdot 3CaSO_4\cdot 32H_2O+2(Al_2O_3\cdot 3H_2O)$ $3CA_2+3CaSO_4\cdot 2H_2O+41H_2O \longrightarrow$ $2KAl_3(OH)_6(SO_4)_2+13Ca(OH)_2+CaSO_4+78H_2O \longrightarrow$ $3(C_3A\cdot 3CaSO_4\cdot 32H_2O)+2KOH$
明矾石膨胀剂	EA-L	明矾石,石膏	钙矾石	$C_3A+3CaSO_4\cdot 2H_2O+26H_2O \longrightarrow C_3A\cdot 3CaSO_4\cdot 32H_2O$ $2KAl_3(OH)_6(SO_4)_2+13Ca(OH)_2+CaSO_4+78H_2O \longrightarrow$ $3(C_3A\cdot 3CaSO_4\cdot 32H_2O)+2KOH$

(2) 氧化钙类膨胀剂 这类膨胀剂是利用生石灰与水反应体积膨胀的原理配制的，即 $CaO+H_2O \longrightarrow Ca(OH)_2$。控制生石灰反应速度的方法有过烧石灰法或用松香酒精溶液和硬脂酸处理法。

氧化钙膨胀剂的掺量为水泥质量的3%～5%。

(3) 复合膨胀剂 复合膨胀剂是指膨胀剂与其它外加剂复合成具有除膨胀性能外还兼有其它外加剂性能的复合外加剂。此类膨胀剂含有硫铝酸钙类和氧化钙类膨胀组分。具有减水、早强、防冻、泵送、缓凝、引气等性能。与硫铝酸钙类相比具有干缩小、抗冻性好、耐热性好、无碱-骨料反应及对水养护要求低的优点。

(4) 金属类膨胀剂

① 铁屑膨胀剂　铁屑膨胀剂主要由铁屑和氧化剂、催化剂、分散剂混合制成，在水泥水化时以 Fe_2O_3 形式形成膨胀源。

主要原料：铁屑来源于机械加工的废料；氧化剂有重铬酸盐、高锰酸盐；催化剂主要是氯盐；还可以加一些减水剂作分散剂。

铁屑膨胀剂基本原理是铁屑在氧化剂和催化剂作用下，生成氧化铁和氢氧化铁等产物而使体积膨胀。氢氧化铁凝胶填充于水泥石孔隙中，使混凝土更为密实，强度提高。铁屑膨胀剂掺量为水泥质量的30%～35%，主要用于填充用膨胀混凝土（砂浆），不得用于有杂散电流的工程，也不能与铝质材料接触。

② 铝粉　铝粉和水泥浆反应，产生气体，使水泥浆和砂浆的外观体积增大。该反应在凝结前结束。一般掺量为水泥质量的1/10000，主要用于细石混凝土填补等填充用膨胀混凝土（砂浆）。

③ 氧化镁型膨胀剂　近年来美国的P. K. Mehta研究了氧化镁膨胀剂。他提出在普通水泥中加5%左右的MgO，MgO烧成温度控制在900～950℃的范围内，MgO的细度在300～1180μm内。MgO所产生的膨胀率能符合大体积混凝土补偿收缩的要求，他认为这个方法可以解决大体积混凝土冷缩裂缝问题。

7.1.2 膨胀剂的用途

混凝土在浇筑硬化过程中，由于化学减缩、冷缩和干缩等原因会引起体积收缩。单位水泥用量和用水量越多，混凝土体积越大，水分蒸发越快，则收缩越明显。一般情况下，每1m混凝土的收缩值为0.4～0.9mm（即0.04%～0.09%），由此引起混凝土开裂、渗漏、钢筋锈蚀、预应力损失等不良后果。应用膨胀剂能使混凝土（或砂浆）在水化、硬化过程中产生一定的体积膨胀，克服上述收缩造成的缺点。

膨胀剂的主要用途是配制补偿收缩混凝土（砂浆）、填充用膨胀混凝土（砂浆）和自应力混凝土（砂浆）。

7.1.3 膨胀剂使用注意事项

(1) 拟用标号在425号以上（包括425号）硅酸盐水泥和普通硅酸盐水泥。明矾石膨胀剂也可用矿渣硅酸盐水泥。采用其它水泥时需经试验。

(2) 膨胀混凝土（砂浆）的配合比设计与普通混凝土（砂浆）相同。每1m³混凝土所用膨胀剂的质量与每1m³实际水泥质量之和作为每1m³混凝土（砂浆）水泥用量。铁屑膨胀剂的质量不计入水泥用量内。膨胀混凝土（砂浆）的水泥用量限值见表7-2。

表7-2 膨胀混凝土（砂浆）水泥用量限值

膨胀混凝土(砂浆)种类	最小水泥用量/(kg/m³)	最大水泥用量/(kg/m³)
补偿收缩混凝土	300	—
补偿收缩砂浆		900
填充用膨胀混凝土	300	700
填充用膨胀砂浆		900
自应力混凝土	500	
自应力砂浆		900

(3) 膨胀剂的常用掺量见表7-3，实际掺量需通过试验确定。

表7-3 膨胀剂的常用掺量

膨胀混凝土(砂浆)种类	膨胀剂名称	掺量/%
补偿收缩混凝土(砂浆)	明矾石膨胀剂	13～17
	硫铝酸钙膨胀剂	8～10
	氧化钙膨胀剂	3～5
	氧化钙-硫铝酸钙复合膨胀剂	8～12

续表

膨胀混凝土(砂浆)种类	膨胀剂名称	掺量/%
填充用膨胀混凝土(砂浆)	明矾石膨胀剂	10～13
	硫铝酸钙膨胀剂	8～10
	氧化钙膨胀剂	3～5
	氧化钙-硫铝酸钙复合膨胀剂	8～10
	铁屑膨胀剂	30～35
自应力混凝土(砂浆)	硫铝酸钙膨胀剂	15～25
	氧化钙-硫铝酸钙复合膨胀剂	15～25

(4) 膨胀混凝土（砂浆）宜采用机械搅拌，必须搅拌均匀，一般比普通混凝土（砂浆）的搅拌时间延长30s以上。

(5) 补偿收缩混凝土（砂浆）宜采用机械振捣。必须振捣密实；坍落度在15cm以上的填充用膨胀混凝土或跳桌流动度在250mm的填充用膨胀砂浆，不得使用机械振捣，可用竹条等反复拉动插捣排除空气；每个浇筑部位必须从一个方向浇筑。

(6) 膨胀混凝土（砂浆）必须在潮湿状态下养护14d以上，或用喷涂养护剂养护；在日最低气温低于＋5℃时，可采用40℃热水搅拌并采用保温措施；膨胀混凝土（砂浆）可采用蒸汽养护；养护制度应根据膨胀剂或膨胀水泥品种通过试验确定。

7.2 混凝土膨胀剂配方

配方125 UEA-PF膨胀剂

(1) 产品特点与用途

UEA-PF膨胀剂主要成分有高铝熟料、硫铝酸钙矿物和无机矿粉，聚羧酸盐高性能减水剂、保水剂等材料复合加工而成，外观为灰白色粉末。本品对混凝土具有显著的补偿收缩、抗裂、防水抗渗功能，总碱量和氯离子含量低，可大大降低碱-骨料反应的发生，对钢筋无锈蚀作用，并能提高混凝土强度，增强抗冻性能，降低混凝土水化热等。UEA-PF膨胀剂与水泥的适应性强，本品中外掺的减水组分与膨胀组分相容性好，新拌混凝土泌水率小，浆体黏结力比普通混凝土提高20%～30%，混凝土和易性好。

UEA-PF膨胀剂适用于建筑物地下室、地铁、隧道、刚性防水层面、填充后浇缝、水泥制品等配制补偿收缩混凝土、填充性膨胀混凝土和自应力混凝土。

(2) 配方

① 配合比 见表7-4。

表7-4 UEA-PF膨胀剂配合比

原料名称	质量份	原料名称	质量份
生石膏	55	高铝矿渣	4
高铝熟料	12	聚羧酸盐高性能减水剂	30
硫铝酸钙(UEA)	25	羧甲基纤维素	0.02
煅烧高岭土	4		

② 配制方法

a. 按配方量称取生石膏、高铝熟料（铝氧熟料）、硫铝酸钙熟料、煅烧高岭土、高铝矿渣投入球磨机内粉碎磨细，混合搅拌均匀制成UEA型膨胀剂成品。

b. 将聚羧酸盐高性能减水剂、保水剂羧甲基纤维素加入间歇混合磨中，在制成的UEA型膨胀剂成品中用外掺的方法，经充分混合后粉磨制成UEA-PF高性能复合膨胀剂成品，出料用内衬塑料袋外套编织袋密封包装，储存于干燥的库房内，严禁受潮，产品保质期一年。

(3) 产品技术性能

① 混凝土早期强度提高10%～40%，坍落度提高>10cm。

② 抗渗等级：P30～P40。

③ 凝结时间延长2～4h，水化热降低20%。

④ 限制膨胀率0.03%～0.05%。

⑤ 混凝土在结构中建立0.2～0.7MPa预压应力。

⑥ 黏结力提高20%。

(4) 施工方法

① 本品以内掺法计算，每$1m^3$所用的膨胀剂质量与水泥质量之和作为每$1m^3$混凝土的水泥用量。UEA-PF掺量为水泥质量的9%～10%，要求搅拌均匀，其拌合时间比普通混凝土延长30～60s。

② 加强湿养护，浇水不少于14d。拆模后混凝土暴露面用草席覆盖养护。

③ 不得用于环境温度长期处于80℃以上的工程。

④ 本品与其它外加剂复合使用时，宜先检验其兼容性。

配方126 HEA高效膨胀剂

(1) 产品特点与用途

本品采用煅烧磷石膏替代天然石膏制备混凝土高效膨胀剂，产品质量各项指标均符合 JC 476—2001 标准。在硅酸盐水泥中掺入水泥质量的6%～8%HEA膨胀剂，可取代等量的水泥，能有效地补偿砂浆和混凝土的干缩，在一定程度上补偿温差收缩，达到抗裂防渗的目的。补偿收缩混凝土7d限制膨胀率≥0.025%，抗压强度达50～60MPa，凝结时间延长2～4h，水化热降低20%，黏结力比普通混凝土提高20%，抗渗标号比空白混凝土提高一倍以上。本品生产原料充分利用工业废弃物磷石膏，变废为宝，减少了对环境的污染，达到了节能减排、保障国民经济可持续发展的目的。

HEA高效膨胀剂适用于配制高抗渗、抗裂、灌浆、补偿收缩混凝土（砂浆）、填充用膨胀混凝土（砂浆）和自应力混凝土（砂浆）。

(2) 配方

① 配合比 见表7-5。

表7-5 HEA高效膨胀剂配合比

原料名称	质量份	原料名称	质量份
煅烧磷石膏	48	粉煤灰	20
高铝熟料	32		

其中高铝熟料由44%的一级铝矾土（Al_2O_3 含量75%）和56%的石灰石组成。

② 配制方法

a. 取铝矾土和石灰石混合，共同粉磨至比表面积300～350m^3/kg后，制成生料料球，在回转窑中经1320～1380℃煅烧50min，制得ASO高铝熟料。

b. 将磷石膏在600～700℃下煅烧60～80min，按配方经准确配料，与特制的高铝熟料、填料粉煤灰混合后投入球磨机混合粉磨，磨至细度小于12%（0.8mm筛筛余）、比表面积为300～350m^3/kg即可。

(3) 产品技术性能

① HEA具有补偿收缩、导入自应力和提高混凝土密实度等性能。混凝土限制膨胀率0.02%～0.04%，导入自应力0.3～0.9MPa，对钢筋无锈蚀，无坍落度损失。

② 膨胀稳定快，后期强度较高，能防止混凝土建筑物的开裂，提高抗渗性能。掺6%～8%的HEA，补偿收缩混凝土7d限制膨胀率≥0.025%，抗压强度达50～60MPa，凝结时间延长2～4h。水化热降低20%，黏结力比普通混凝土提高20%，抗渗标号比空白混凝土提高一倍以上，抗冻性D≥150。

(4) 施工方法

① HEA掺量为水泥质量的6%～8%，要求搅拌均匀，其拌合时间比普通混凝土延长30～60s。

② 为充分发挥膨胀效能，应适时加强保湿养护，混凝土浇筑后，一般在终凝后2h开始浇水养护，养护期7～14d。

③ 为保证大体积混凝土内部膨胀所需水分，在有条件时最好掺入多孔骨料，以孔中饱含的水分作为补充水源，要求振捣密实，不要过振或漏振。

④ 当与其它外加剂复合使用时，宜光检验其兼容性。

配方127 PFA膨胀剂

(1) 产品特点与用途

PFA膨胀剂是一种硫铝酸钙复合型膨胀剂，高铝熟料在石膏和Ca $(OH)_2$ 作用下的早期膨胀效能，呈现较大的膨胀效应。由于钙矾石与水化氢氧化铝凝胶同时生成，使膨胀相与胶凝相合理配合，既保证了膨胀效能，又保证了强度。PFA膨胀剂具有补偿收缩、导入自应力和提高混凝土密实度等性能。混凝土限制膨胀率0.02%～0.04%，导入自应力0.3～0.9MPa，耐蚀性优于普通混凝土，对水质无污染，对钢筋无锈蚀，无坍落度损失 。PFA膨胀稳定快，后期强度较高，能防止建筑物的开裂，提高抗渗性能。掺10%PFA配制的1∶2砂浆，限制膨胀率≥0.04%，空气中养护28d基干缩率<0.02%；1∶2.5砂浆28d抗压强度≥46.0MPa；28d抗折强度≥6.8MPa；抗冻性D≥150；黏结力比普通混凝土提高20%～30%。

PFA膨胀剂适用于地铁、地下室、隧道、水塔、贮水池、建造桥墩与桥板间的支座灌浆，建造混凝土管，无缝路面、机场飞机跑道等配制补偿收缩混凝土。PFA 膨胀剂强度高，干缩小，能防止混凝土建筑物的开裂，提高抗渗性能，延长建筑物的使用寿命。

(2) 配方

① 配合比　见表 7-6。

表 7-6　PFA 膨胀剂配合比

原料名称	质量份	原料名称	质量份
高铝熟料	22	偏高岭土	18
硬石膏	55	电厂高铝炉渣	5

② 配制方法　按配方量将高铝熟料、硬石膏、偏高岭土、电厂高铝炉渣一同投入到球磨机中，粉磨至细度小于 12%（0.8mm 筛筛余）即可得成品。

高铝熟料中 Al_2O_3 含量必须大于 50%，硬石膏中 SO_3 含量必须大于 48%；偏高岭土中 Al_2O_3 含量必须小于 30%，SiO_2 含量必须小于 45%，电厂高铝炉渣中 Al_2O_3 含量必须大于 13%。

(3) 施工方法

① 掺量：为水泥质量的 6%～10%，不可单独使用，只能掺入水泥中配制膨胀混凝土或砂浆。

② 膨胀混凝土（砂浆）宜采用机械搅拌。必须搅拌均匀，一般比普通混凝土（砂浆）的搅拌时间延长 30s 以上。

③ 膨胀混凝土（砂浆）必须在潮湿状态下养护 14d 以上，在日最低气温低于＋5℃时，可采用 40℃热水搅拌并采用保温措施。

配方 128　UEA-2 型复合混凝土膨胀剂

(1) 产品特点

UEA-2 型复合混凝土膨胀剂由氧化铝、硬石膏、氧化钙及载体等无机物复合的混合物。在硅酸盐水泥内掺 4%～5% 的 UEA-2 型复合混凝土膨胀剂能有效联合补偿混凝土早期和后期收缩所形成的裂缝。本品碱含量低（小于 0.6%），使用后无碱-骨料反应，掺量低，膨胀效能高，可达到良好的补偿收缩效果，能有效地补偿混凝土收缩时产生的拉应力，避免混凝土开裂，大量膨胀性结晶物的生成，增加了混凝土的密实性，提高了抗裂防渗能力。UEA-2 型复合混凝土膨胀剂适用于现浇混凝土屋面结构自防水、屋面刚性防水、混凝土地下室结构自防水以及混凝土机场跑道、高速公路、无筋混凝土和砂浆等。

(2) 配方

① 配合比 见表7-7。

表7-7 UEA-2型复合混凝土膨胀剂配合比

原料名称	质量份	原料名称	质量份
氧化铝粉	3	矾泥	26
硬石膏	400	矾渣	26
氧化钙	45		

② 配制方法 将铝粉、硬石膏、氧化钙及载体矾泥、矾渣经准确配料均化，投入球磨机中混合、粉磨至细度达到0.08mm方孔筛筛余率<10%时即可。

(3) 施工及使用方法

① 掺量：为水泥质量的4%～5%，不可单独使用，只能掺入水泥中配制膨胀混凝土或砂浆。

② 膨胀混凝土（砂浆）宜采用机械搅拌。必须搅拌均匀，一般比普通混凝土（砂浆）的搅拌时间延长30s以上。

③ 膨胀混凝土（砂浆）必须在潮湿状态下养护14d以上，在日最低气温低于+5℃时，可采用40℃热水搅拌并采用保温措施。

配方129 M型高效液态混凝土膨胀剂

(1) 产品特点

本品的生产过程不产生工业废料，对环境无污染，生产工艺简单，产品性能优良，除具有普通混凝土膨胀剂膨胀、抗裂、防渗功能外，还具有高效减水、增强作用，掺量抵，施工使用计量加料方便，使用后无碱-骨料反应，适用于有抗裂、防渗要求的防水混凝土及泵送施工工艺的防水混凝土工程。

(2) 配方

① 配合比 见表7-8。

表7-8 M型高效液态混凝土膨胀剂配合比

原料名称	质量份	原料名称	质量份
硫酸铝钾	120	水	640
木质素磺酸钙	160		

② 配制方法　按配方计量，取硫酸铝钾、木质素磺酸钙与水投入反应釜中，升温至60～75℃进行合成反应，保温反应30min，降温至20℃经自然冷却即可放料包装。

(3) 产品技术性能

在425号以上的普通硅酸盐水泥和矿渣硅酸盐水泥中掺加水泥质量的3%～5%的高效液态混凝土膨胀剂，可取代等量的水泥，减水率10%～15%，混凝土的强度不降低，还具有一定的早强功能。抗渗标号提高一倍以上，水化热低，抗裂、补偿收缩效果好，14d限制膨胀率>0.02%，自应力值为0.2～0.7MPa。

(4) 施工及使用方法

本品掺量为水泥质量的3%～5%，膨胀混凝土（砂浆）必须在潮湿状态下养护14d以上，或用喷涂养护剂养护；在日最低气温低于+5℃时，可采用40℃热水搅拌并采用保湿措施；膨胀混凝土（砂浆）可采用蒸汽养护，养护制度应根据膨胀剂或膨胀水泥品种通过试验确定。

配方130　UEA-2缓凝泵送型混凝土膨胀剂

(1) 产品特点与用途

缓凝泵送型混凝土膨胀剂具有优异的膨胀性能，膨胀率0.02%～0.04%，凝结时间延长2h，使混凝土各龄期产生的收缩均能得到同步补偿，以克服普通水泥混凝土收缩开裂和超长钢筋混凝土温差裂缝的缺陷，借此可以使混凝土结构自身防水，抗渗等级P30，有利于提高混凝土的抗裂性和抗渗性能。本品碱含量低，对钢筋无锈蚀危害，配方中复合外掺聚羧酸盐高性能减水剂和保水剂，使新拌混凝土的泌水率减小，浆体黏稠度增高，使浆体对骨料的包裹和承托作用加强，大大减少了粗骨料下沉现象的发生，使新拌混凝土在施工过程中保持良好的匀质性和硬化后体积稳定性。使用UEA-2型膨胀剂配制的补偿收缩混凝土经时坍落度损失小，坍落度提高10cm，能满足商品混凝土长距离泵送混凝土和大体积混凝土的施工需要。UEA-2缓凝泵送型混凝土膨胀剂适用于配制−5～15℃条件下补偿收缩、泵送、大体积和防水混凝土。

(2) 配方

① 配合比　见表7-9。

表 7-9 UEA-2 缓凝泵送型混凝土膨胀剂配合比

原料名称	质量份	原料名称	质量份
硬石膏	55	聚羧酸盐系高性能减水剂(外掺)	3
高铝熟料	10	葡萄糖酸钠(外掺)	0
高钙硫铝熟料	30	甲基纤维素醚(外掺)	0.02
煅烧菱镁矿	2	十二烷基苯磺酸钠引气剂(外掺)	0.04
水渣	3		

② 配制方法

a. 原料破碎：将硬石膏、高铝熟料、高钙硫铝熟料、煅烧菱镁矿分别通过破碎机进行破碎，同时将水渣经烘干机烘干成为粉状后，入库料斗中贮存备用。

b. 配料：将各库斗中已破碎成小块或颗粒状的硬石膏、高铝熟料、高钙硫铝熟料、煅烧菱镁矿和粉状水渣按配方计量称重进行准确配料。

c. 混合粉磨：将已破碎经配料称重的原料送入磨机混合研磨，粉磨至细度小于12%（0.8mm筛筛余），混合均匀即得普通混凝土膨胀剂。

d. 在c步已制得的成品普通混凝土膨胀剂中用外掺方式，按配方经准确配料计量称取聚羧酸盐高性能减水剂（粉剂）、保水剂甲基纤维素醚、葡萄糖酸钠和引气剂十二烷基苯磺酸钠等一起加入球磨机中，充分混合后用间歇混合磨粉磨至细度小于12%（0.8mm筛筛余）即制得缓凝泵送型混凝土膨胀剂。

(3) 施工及使用方法

本品掺量为水泥质量的10%～12%，不可单独使用，只能掺入水泥中配制膨胀混凝土或砂浆。

配方131 活性混凝土膨胀剂

(1) 产品特点与用途

活性膨胀剂能够和水泥浆反应，产生气体，使水泥和砂浆外观体积增大，可配制补偿收缩混凝土、自应力混凝土、自由膨胀率达0.02%～0.06%，自应力值达0.2～0.6MPa，抗压强度提高10%～30%，抗渗性提高2～3倍。本品广泛适用于各种工业、民用建筑中的防水、膨胀混凝土、砂浆、水泥制品，能够使混凝土产生一定的体积膨胀，减少混凝土、砂浆中的水泥用量。本品掺量为水泥用量的2%～4%。

(2) 配方

① 配合比　见表 7-10。

表 7-10　活性混凝土膨胀剂配合比

原料名称	质量份	原料名称	质量份
硫铝酸钙(UEA)	80	硫酸钠	15
氯化稀土(镧)	5	铝粉	0.5

② 配制方法

a. 将硫铝酸钙、氯化稀土（镧）、硫酸钠、铝粉依次加入高速混合机内进行强化传质传热，高速混合，形成一种活性络合物。

b. 当高速混合机内料温升至 50～60℃时，高速混合 8～15min，停机放料，待料温自然降温至 40℃以下即可计量包装，用带塑料内衬编织袋密封包装贮存。

③ 配比范围　本品各组分质量份配比范围是：硫铝酸钙（UEA）70～80，氯化稀土（镧）3～9，硫酸钠 10～20，铝粉0.2～0.6。

配方 132　AEA 铝酸钙高效复合混凝土膨胀剂

(1) 产品特点与用途

AEA 高效复合混凝土膨胀剂以明矾石、无水石膏、高铝熟料为主、复合缓凝减水剂而成，产品性能优异、具有明显的膨胀、减水、缓凝、增强等多种功能，可减少施工过程中坍落度的损失率，大幅度降低水泥水化热；与各种水泥适应性好，能提高混凝土的密实性、抗渗性、耐磨性、耐久性及对钢筋的握裹力等。膨胀剂适用于配制高性能商品混凝土(如补偿收缩混凝土等)，可广泛应用于结构自防水工程、大体积混凝土、大面积混凝土、超长结构工程等。

(2) 配方

① 配合比　见表 7-11。

表 7-11　AEA 铝酸钙高效复合混凝土膨胀剂配合比

原料名称	质量份	原料名称	质量份
硬石膏	55	明矾石	12
高铝熟料	25	糖钙缓凝减水剂	8

② 配制方法　将硬石膏、明矾石、高铝熟料经准确配料混合后投入

球磨机粉磨，出磨母料加入配方量糖钙缓凝减水剂后用间歇混合磨粉磨至细度小于 12%（0.8mm 筛筛余）即可。

③ 配比范围　硬石膏 30～70，明矾石 0～17，高铝熟料 20～26，糖钙缓凝减水剂 5～10。

(3) 施工方法

本品的掺量为水泥质量的 6%～8%，实际掺量需根据工程需要通过试验确定。

配方 133 CSA 硫铝酸钙熟料-石灰石膨胀剂

(1) 产品特点与用途

CSA 硫铝酸钙熟料-石灰石膨胀剂是由铝土矿、石灰石和石膏为主要原料，在 1300℃左右经煅烧后按比例配合粉磨而成。硫铝酸钙熟料-石灰石膨胀剂与硫铝酸钙类相比具有干缩小、抗冻性好、耐热性好、无碱-骨料反应及对水养护要求低的特点。本品适用于配制补偿收缩混凝土（砂浆）、填充用膨胀混凝土（砂浆）和自应力混凝土（砂浆），主要用于地下防水，屋面防水、贮罐、水池、基础后浇缝、混凝土构件补强、防水堵漏、预填骨料混凝土等工程以及钢筋混凝土、预应力钢筋混凝土构件等。

(2) 配方

① 煅烧生料配合比　铝矾土 50%～65%，石灰石 30%～40%，石膏 5%～15%。

② 煅烧温度　熟料的煅烧温度为 1320～1380℃。

③ 熟料矿物组成　熟料矿物组成范围为石灰石 30%～37%、铝矾土 20%～25%、石膏 25%～30%、煤灰 5%～10%。

④ 成品配制　用 35%～40%的硫铝酸钙熟料和 60%～65%的硬石膏磨细（0.8mm 筛筛余 10%～12%）制成膨胀剂。

⑤ 典型配制方法

a. 根据设计的熟料矿物组成，进行配料计算得：石灰石 30.5%，矾土 58.4%，石膏 8.1%，煤灰 3%。生料在回转窑中经 1350℃煅烧而成熟料。

b. 用上述制造的熟料与硬石膏共同粉磨成膨胀剂，其工艺参数见表 7-12。

表 7-12 混凝土膨胀剂的工艺参数

熟料/%	硬石膏/%	比表面积/(m^2/kg)	SO_3/%
35	65	310	32.5

c. 在 42.5 级普通水泥中分别掺入 6%和 8%膨胀剂，按《混凝土膨胀剂》建材行业标准 JC476 进行检验。

⑥ 原材料控制

a. 钙质材料：钙质材料中含 CaO 大于 33%，可用石灰石，也可以选用石灰、氧化钙或以其为主要成分的废渣替代，铝矾石还可以用氧化铝、富含氧化铝的废渣或尾矿替代，石灰还可以用天然石膏、含水石膏、磷石膏或氟石膏替代。

b. 铝矾土：要求铝矾土中含 Al_2O_3 应大于 70%，SiO_2 小于 7%。

c. 石膏中 SO_3 应大于 48%、SiO_2 含量小于 2%。

(3) 产品技术性能

在 425 号以上的普通硅酸盐水泥中掺入 8%～15%（取代水泥率），能有效地补偿混凝土硬化过程中的干缩，防止出现裂缝，混凝土的抗渗标号可提高 1 倍以上，14d 限制膨胀率＞0.02%，自应力值 0.2～0.7MPa。对混凝土无锈蚀危害，抗冻融、耐热性好、无碱-骨料反应及对水养护要求低。

(4) 施工方法

本品掺量为水泥质量的 8%～15%，不可单独使用，只能掺入水泥中配制膨胀混凝土或砂浆。

配方 134 复合型低碱液态混凝土膨胀剂

(1) 产品特点与用途

本品为低碱液态高效减水复合型混凝土膨胀剂，除具有普通膨胀剂膨胀、抗裂、防渗性能外，还具有高效减水、增强作用，掺量低，施工使用方便，用后无碱-骨料反应，适用于有抗裂、防渗要求的防水混凝土及泵送施工工艺的防水混凝土工程。

(2) 配方

① 配合比 见表 7-13。

表 7-13 复合型低碱液态混凝土膨胀剂配合比

原料名称	质量份	原料名称	质量份
硫酸铝	14～17.5	NF 萘系高效减水剂	10～25
柠檬酸	1～1.25	水	56.25～75

② 配制方法　先将水倒入反应釜内加热升温 60～70℃，再加入其它原料进行混合搅拌溶解均匀即可。

(3) 产品技术性能

硫酸铝加入水泥和水拌合后，随着水泥水化反应的逐步进行，与水泥水化生成的氢氧化钙及水作用生成膨胀性结晶物钙矾石以补偿混凝土的收缩。柠檬酸的作用是延缓凝结时间，减水和引气。萘系高效减水剂起减水增强、增加混凝土流动度作用。本品除具有普通膨胀剂膨胀、抗裂、防渗性能外，还具有高效减水、增强作用。

(4) 施工方法

本品掺量为水泥质量的 4%～5%。适用于泵送施工工艺有抗裂、防渗要求的防水混凝土工程。

配方 135　硅铝酸盐熟料-氧化铝膨胀剂

(1) 产品特点与用途

硅铝酸盐熟料-氧化铝膨胀剂属于硫铝酸盐类混凝土膨胀剂，它与水泥的水化产物 $Ca(OH)_2$ 及 $3CaO \cdot Al_2O_3 \cdot 6H_2O$ 等作用形成钙矾石 ($3CaO \cdot Al_2O_3 \cdot 3CaSO_4 \cdot 32H_2O$)。钙矾石不但能填充混凝土的孔隙，增加混凝土的密实度，提高了抗渗抗裂作用，当硅铝酸盐熟料-氧化铝膨胀剂掺量达到 10%～12%时，还会使混凝土产生微膨胀，在有约束条件下，混凝土的密实度得到较大的提高，即也提高了混凝土强度。硅铝酸盐熟料-氧化铝膨胀剂可等量取代水泥，对混凝土强度不影响，减少的水泥用量可以减少混凝土中的水泥水化热值及降低水化热峰。硅铝酸盐熟料-氧化铝膨胀剂的碱含量极低（约 0.4%），所以对预拌混凝土的坍落度损失影响极小，对钢筋不产生锈蚀危害，有利于预拌混凝土的施工工艺。

硅铝酸盐熟料-氧化铝膨胀剂适用于配制补偿收缩混凝土，用于自防水的地下工程、水塔、海港、码头、大坝、隧道、飞机场跑道、高速公路等及配制填充用膨胀混凝土。

(2) 组成及化学成分

生产硅酸铝盐熟料-氧化铝膨胀剂的原材料主要是以铝、硅为主要成分的黏土质材料、硬石膏及用以调节有关成分不足的辅料。黏土质材料的化学成分见表7-14，硬石膏的化学成分见表7-15。

表 7-14　黏土质材料的化学成分

指标	SiO_2	Al_2O_3	Fe_2O_3	CaO	MgO	SO_2	烧失量
$x/\%$	51.46	41.54	1.68	0.72	0.93	2.63	0.92
σ_{n-1}	0.809	7.87	—	—	—	0.292	—
σ_{n-1}/x	0.016	0.019	—	—	—	0.107	—

注：x—含量平均值；σ_{n-1}—均方差；σ_{n-1}/x—变异系数，下同。

表 7-15　硬石膏的化学成分

指标	SiO_2	Al_2O_3	Fe_2O_3	CaO	MgO	SO_2	烧失量
$x/\%$	1.79	0.37	0.14	39.60	0.79	54.76	1.95
σ_{n-1}	0.086	0.030	—	0.138	0.048	0.364	—
σ_{n-1}/x	0.048	0.082	—	0.003	0.016	0.007	—

它与硅铝酸盐熟料-明矾石膨胀剂不同之处在于不含明矾石，而明矾石含碱量较高。硅铝酸盐熟料-氧化铝膨胀剂含碱量低。一方面有利于抑制碱-骨料反应，另外也可以减小混凝土的坍落度损失。其化学成分见表7-16。

表 7-16　硅铝酸盐熟料-氧化铝膨胀剂化学成分（质量分数/%）

品牌	烧失量	SiO_2	Al_2O_3	Fe_2O_3	CaO	MgO	SO_3	K_2O	Na_2O
UEA-H	1.57	25.75	16.5	0.90	24.10	0.90	28.75	0.49	0.10

(3) 硅铝酸盐熟料-氧化铝膨胀剂的配制工艺

由经700～1100℃煅烧的焦宝石、硫酸铝和硬石膏经过共同粉磨而成，原料质量配比为煅烧的焦宝石20%～40%、硫酸铝5%～20%和硬石膏40%～60%。焦宝石的化学成分见表7-17。

表 7-17　硬质黏土熟料（焦宝石）主要成分

项　目		配方1	配方2	配方3	配方4
$Al_2O_3/\%$		45～50	44～50	43～50	42～50
$Fe_2O_3/\%$	≤	1.00	1.20	1.50	2.00

续表

项目		配方 1	配方 2	配方 3	配方 4
(K_2O+Na_2O)/%	≤	0.30	0.40	0.45	0.50
(CaO+MgO)/%	≤	0.40	0.50	0.50	0.55
TiO_2/%	≤	0.90	0.90	0.95	0.95
密度/(g/cm^3)	≥	2.55	2.50	2.45	2.40
烧失量/%	≤	0.30	0.30	0.30	0.30

配方 136 高效混凝土膨胀剂

(1) 产品特点与用途

本品由氟石膏、粉煤灰、矿渣、明矾石、高铝熟料、苯酚、缓凝减水剂，通过粉碎搅拌均匀后制成。本混凝土膨胀剂不需煅烧，只需粉磨，生产工艺简单，可节省大量能源，成本低廉，经济效益高，与同类产品比较，更具市场竞争力，同时，减少了对环境的污染。本品是一种集膨胀、增强、减水、缓凝于一体的多功能膨胀剂，具有明显的减水、缓凝和增强作用。在混凝土中加入本品可减少施工过程中坍落度的损失率，并可大幅度降低水泥水化热。用其配制的混凝土稳定性及适应性明显优于用多种单一外加剂在现场配制的混凝土，特别适用于配制高性能商品混凝土，可广泛应用于结构自防水工程、大体积混凝土、大面积混凝土、超长结构工程等。

(2) 配方

① 配合比 见表 7-18。

表 7-18 高效混凝土膨胀剂配合比

原料名称	质量份	原料名称	质量份
氟石膏	45	高铝熟料	15
粉煤灰	28	苯酚	1.5
矿渣	4	缓凝减水剂	3
明矾石	2		

② 配制方法

a. 称取上述配方质量份的氟石膏、粉煤灰、矿渣、明矾石、高铝熟料，用粉碎机粉碎成粉末，备用。

b. 将 a 步所得的粉末放入搅拌机内，加入苯酚、缓凝减水剂搅拌

5～6min 后，即制得高效混凝土膨胀剂。

③ 配方范围（质量份）

氟石膏 45～60，粉煤灰 25～35，矿渣 2～12，明矾石 2～5，高铝熟料 15～25，苯酚 1～3，缓凝减水剂 3～6。

(3) 产品技术性能

目前国内现有的某些混凝土膨胀剂采用纯原料进行高温处理制成，成本高，能耗大，且大多数是高碱混凝土膨胀剂，掺量大，含氟，生产工艺复杂，与国际主导产品低碱混凝土膨胀剂存在相当大的差距。据文献报道，国内曾利用生产氟里昂的废渣氟石膏和热电厂排出的粉煤灰为原料生产混凝土膨胀剂，只是将两种原料简单的混合磨细，没有对其性能作进一步的调整和改进，故其掺量大，需 15%～20%，缺乏经济性。本产品克服现有技术存在的缺陷，提供具有膨胀、减水、缓凝、保坍，增强等多种功能，施工方便，与各种水泥适应性好，能满足商品混凝土和泵送混凝土应用的高效混凝土膨胀剂，并且成本低，无需高温煅烧。

(4) 施工方法

本品的掺量为水泥质量的 6%～8%，实际掺量需根据工程需要通过试验确定。本品不可单独使用，只能掺入水泥中配制膨胀混凝土或砂浆。

配方来源：王琴．混凝土膨胀剂．CN 102320767A. 2012.

配方 137　水泥基灌浆料专用塑性膨胀剂

(1) 产品特点与用途

水泥基灌浆料专用塑性膨胀剂由塑性膨胀源对硝基苯重氮氟硼酸盐(A)、硬脂酸酯（B)、催化剂（C)、生石灰（D)、保水剂（E）经粉磨、搅拌而成。本品在水泥水化初期阶段会发生水解并释放出气体，均匀释放的气体使水泥浆体发生体积微膨胀，从而避免灌浆材料的沉降与开裂，确保浆体密实、充盈。本品与高效减水剂及其它外加剂复合使用可在实现水泥基灌浆材料流动性能、强度性能及耐久性能的基础上有效保证水泥基灌浆料 3h 塑性膨胀大于 0.1%、3h 与 24h 膨胀差大于万分之二而小于千分之五的膨胀性能，使得水泥基灌浆材料的塑性膨胀得以实现。

水泥基灌浆料专用塑性膨胀剂适用于配制补偿收缩混凝土（砂浆)、填充用膨胀混凝土（砂浆）和自应力混凝土（砂浆)。

(2) 配方

① 配合比　见表 7-19。

表 7-19 水泥基灌浆料专用塑性膨胀剂配合比

原料名称	质量份	原料名称	质量份
塑性膨胀源(A)	3	生石灰(D)	35
硬脂酸酯(B)	0.05	保水剂(E)	55.9
催化剂(C)	6		

② 配制方法 将上述配方各组分按计量准确称量，先将A、B组分投入球磨机，充分研磨后取出，与C组分一同放入搅拌机中搅拌均匀，再在搅拌过程中依次加入D、E组分，搅拌均匀即可。

③ 配方范围 塑性膨胀源（A）3.0～5.0、硬脂酸酯（B）0.05～0.15、催化剂（C）5.0～10.0、生石灰（D）25.0～50.0、保水剂（E）35.0～60.0。所述塑性膨胀源系水泥浆体塑性阶段的水解发气反应物质，为对硝基苯重氮氟硼酸盐、四氨基二乙腈、*N*,*N*-二环己基-2-苯并噻唑次磺酰胺的复合物；所述催化剂，由氢氧化锂或氢氧化钾组成。所述硬脂酸酯由山梨醇酐单硬脂酸、硬脂酸甘油酯、单甘酯、十八酸甘油酯中的一种或几种组成。所述保水剂由膨润土、硅藻土、蒙脱石、沸石粉中的一种或几种组成。

(3) 产品技术性能 见表7-20。

表 7-20 水泥基灌浆料专用塑性膨胀剂技术性能

项目		指标
流动度/mm	初始值	343
	30min保留值	335
竖向膨胀率/%	3h	023
	24h与3h的膨胀值之差	031
抗压强度/MPa	1d	28.2
	3d	58.8
	28d	75.6
对钢筋有无锈蚀作用		无
泌水率/%		0

(4) 施工方法

水泥基灌浆料专用塑性膨胀剂掺量为水泥用量的1.5%～2.0%，水泥用量不得低于300kg/m^3，搅拌时间延长30s，混凝土湿养护不得少于14d，0℃以下施工时应采取保温养护。

配方来源：王冬，陈国新等．水泥基灌浆料专用塑性膨胀剂及其制备方法．CN 102491669B. 2012.

配方 138 水泥基材料收缩补偿用塑性膨胀剂

(1) 产品特点与用途

水泥基材料收缩补偿用塑性膨胀剂主要由早期膨胀组分、引气组分、复合颗粒匹配矿物相、抗裂、后期微膨胀组分和减缩组分组成。本品不仅在塑性阶段产生膨胀来补偿水泥基材料塑性阶段收缩，避免水泥基材料的早期沉降与开裂，也可以在硬化后期产生膨胀，防止水泥基材料后期的收缩开裂，确保水泥基材料从施工阶段到硬化阶段无收缩，可广泛应用于水泥砂浆、混凝土、灌浆料等水泥基材料中，可用在水利、电力、建筑、交通等领域的混凝土工程。

(2) 配方

① 配合比　见表 7-21。

表 7-21　水泥基材料收缩补偿用塑性膨胀剂配合比

原料名称	质量份	原料名称	质量份
海藻粉(细度≥200 目，含水量≤0.2%)	2	聚丙烯纤维(长度 6mm)	1
低碱 UEA 硫铝酸钙膨胀剂	30	钠基膨润土(比表面积≥190000cm²/g)	40
引气剂(细度≥200 目铝粉)	0.01	磨细矿渣粉(S95 以上，比表面积≥4000cm²/g)	30
新戊二醇(粒径≤500μm)	0.2		

② 配制方法

a. 按配比称量各原料组分；

b. 将称量好的各组分中除微细合成纤维外的其它组分倒入搅拌机进行搅拌，最后加入聚丙烯纤维搅拌 3～10min 至混合均匀即可。

(3) 产品技术性能

按普通混凝土胶凝材料用量的 10% 掺入 C40 混凝土中，该混凝土的早期塑性收缩率为 0%，28d 自由膨胀率达到 0.15%，28d 抗压强度与基准混凝土相比，提高 5%。

(4) 施工方法

水泥基材料收缩补偿用塑性膨胀剂在水泥砂浆、混凝土、水泥基灌浆材料或水泥基修补砂浆中的掺量为水泥砂浆、混凝土、水泥基灌浆材料或水泥基修补砂浆中胶凝材料质量的 5%～10%。

配方来源：蒋正武，黎良青等．一种水泥基材料收缩补偿用塑性膨胀剂及其制备和应用．CN 102491667B. 2013

配方 139 纤维复合渗透结晶型膨胀剂

(1) 产品特点与用途

纤维复合渗透结晶型膨胀剂由硫铝酸盐熟料、无水石膏、填充料、氧化镁、活性渗透结晶材料、减缩剂、纤维素醚和纤维及聚羧酸盐分散剂经混合粉磨而成。本品在混凝土中使用，膨胀性能高，掺量少，绝湿膨胀大，在混凝土固化成形过程中的各个时期膨胀速率适中，膨胀性能长期稳定，在混凝土的使用期内抗裂防渗性能优异，且其中掺入的活性渗透结晶材料能长期自行修复因各种原因所造成的混凝土体内 0.4mm 以下的裂缝，能赋予混凝土寿命期内的抗裂防渗功能。本品的特点是：首先将占大比重组分的硫铝酸盐熟料和无水石膏进行混合粉磨，然后与其它小比重组分复合进行二次粉磨，可以提高混合均匀度和降低混合成本。

本品适用于配制补偿收缩混凝土（砂浆）、填充用膨胀混凝土（砂浆）和自应力混凝土（砂浆）。

(2) 配方

① 配合比　见表 7-22。

表 7-22　纤维复合渗透结晶型膨胀剂配合比

原料名称	质量份	原料名称	质量份
硫铝酸盐熟料	65	硅酸钠	5
无水石膏	10	乙二醇醚	1
粉煤灰	5	纤维素醚	0.1
氧化镁	3	聚丙烯腈纤维	2

其中硫铝酸盐熟料配比：铝矿石 55 份，石灰石 30 份，二水石膏 15 份。

② 配制方法

a. 将 55 份铝矿石，30 份石灰石，15 份二水石膏混合粉磨，在 1360℃条件下煅烧 0.5h，制成硫铝酸盐熟料；

b. 将 65 份硫铝酸盐熟料、10 份无水石膏和 5 份粉煤灰混合粉磨至 200 目（1.18mm 筛筛余≤0.5%）；

c. 将步骤 b 制得的粉料与 3 份氧化镁、5 份硅酸钠、1 份乙二醇醚、0.1份纤维素醚、2份聚丙烯腈纤维混合，制成纤维复合渗透结晶型膨胀剂。

(3) 产品技术性能 见表7-23。

表7-23 纤维复合渗透结晶型膨胀剂技术性能指标

检验项目		性能指标Ⅰ型	检测结果
抗渗等级		≥P6	≥P20
凝结时间	初凝，min	≥45	≥65
	终凝，h	≤10	≤9
抗压强度/MPa	7d	≥20	≥28
	28d	≥40	≥50
限制膨胀率/%	水中7d	≥0.025	≥0.032
	空气中21d	≥−0.020	≥−0.002
掺量(占胶凝材料质量的百分数)/%		10	6
对钢筋的锈蚀作用		无	无

(4) 施工方法

本品掺量为水泥质量的6%～10%，不可单独使用，只能掺入水泥中配制膨胀混凝土或砂浆。

配方来源：刘永旭，赵祖兵等．一种纤维复合渗透结晶型膨胀剂及其制备方法．CN 102815883A. 2012.

第8章 引气剂与引气减水剂

8.1 概述

引气剂是在混凝土搅拌过程中能引入大量的均匀分布、稳定而封闭的微小气泡的外加剂。引气减水剂是具有引气剂和减水剂功能的外加剂。

引气剂能降低固-液-气相界面张力，提高气泡膜强度，使混凝土中产生细小均匀分布且硬化仍能保留的微气泡。这些气泡可改善混凝土混合料的工作性，提高混凝土的抗冻性、抗渗性以及抗侵蚀性。引气剂的使用是混凝土发展史上的一个重要发现，因为它改善了混凝土的和易性，延长了混凝土的使用寿命，增加了混凝土的耐久性。因而在水工、港口、公路等混凝土中必须使用引气剂。随着外加剂技术及其应用的发展，引气减水剂和高效引气减水剂的应用更为普遍。因为这不仅可以避免单独使用引气剂降低混凝土强度的缺点，而且还具有较为全面提高混凝土性能的优点。它的应用必将更为全面地提高混凝土工程的综合社会经济效益。

8.1.1 引气剂的种类与化学性质

引气剂属于表面活性剂的范畴，根据其水溶液的电离性质可分为阴离子、阳离子、非离子与两性离子四类，但使用较多的是阴离子表面活性剂。以下是几种使用最广泛的引气剂和引气减水剂。

(1) 引气剂种类

① 松香皂及松香热聚物类。松香皂的主要成分是松香酸钠，由松香和氢氧化钠经皂化反应制成；松香热聚物是松香与苯酚在浓硫酸存在及较高温度下发生缩合和聚合作用，变成分子量较大的物质，再经氢氧化钠处理的产物。

② 烷基苯磺酸盐类。许多洗涤剂均属于此类，如十二烷基苯磺

酸钠、十二烷基硫酸钠等。

③ 脂肪醇磺酸盐类。如脂肪醇聚氧乙烯醚、脂肪醇聚氧乙烯磺酸钠等。

④ 其它。如烷基苯酚聚氧乙烯醚（OP）、平平加O（匀染剂O）、烷基磺酸盐、皂角苷类引气剂、脂肪酸及其盐类引气剂等。

(2) 引气减水剂种类

① 改性木质素磺酸盐类。

② 聚烷基芳基磺酸盐类。

③ 由各类引气剂与减水剂组合的复合剂。

(3) 引气剂对混凝土性能的影响

① *改善混凝土拌合物的和易性* 混凝土拌合物中引入无数微细的气泡后，流动性和可泵性提高，保水性改善，泌水率显著降低。一般地，混凝土的含气量增加1%，可提高混凝土坍落度10mm。

② *提高抗冻性* 掺引气剂混凝土的抗冻融性比不掺引气剂的混凝土高出1～6倍以上，大大延长了混凝土工程结构的使用寿命。

③ *提高抗渗性* 混凝土在掺入引气剂或引气减水剂后，使得混凝土的用水量和泌水沉降收缩减少，体系中的大毛细孔减少，从而减少了水分及其它介质迁移的通道。与此同时，微小气泡的引入占据了混凝土中的自由空间，减小了体系中孔隙网络的连通性，最终使得混凝土的抗渗性得到改善，引气剂的掺入可使混凝土的抗渗性提高50%以上。

④ *弹性模量有所降低* 掺引气剂混凝土的弹性模量有所降低。这增加了大体积混凝土的变形能力，抗裂性能提高。而对预应力混凝土结构，将加大预应力损失。所以，预应力混凝土中不宜使用引气剂及引气型外加剂。

⑤ *抗压强度有所降低* 混凝土中含气量的增加，减少了单位面积内的有效受荷面积，因而使得混凝土强度降低。当水灰比和坍落度相同（减少水泥用量）时，强度也有所降低。掺引气剂混凝土中含气量每增加1%，其抗压强度约降低2%～3%，若水灰比保持相同，抗压强度减少4%～6%，抗折强度降低2%～3%。各种引气剂对混凝土强度的降低情况不同。在引气量相同的情况下，引入的气泡细小，分布均匀，则强度降低就少一些，甚至不降低。

⑥ *钢筋握裹力有所降低* 掺引气剂的混凝土，对钢筋的握裹力

有所降低。当含气量为 4%时，垂直方向钢筋握裹力降低 10%～15%。

8.1.2 普通引气减水剂及高效引气减水剂

引气减水剂是一种兼有引气和减水功能的外加剂。

① 引气减水剂的特点 引气减水剂具有引气剂的性能：引气、改善和易性、减水泌水和沉降，提高混凝土耐久性（抗冻融循环、抗渗）、抗浸蚀能力。同时具备减水剂的性能：减水、增强以及对混凝土其它性能的普遍改善。

其最大特点是在提高混凝土含气量的同时，不降低混凝土后期强度。在普遍改善混凝土物理力学性能的基础上，提高了混凝土的抗冻融、抗渗等耐久性。具有缓凝作用的引气减水剂还能有效地控制混凝土的坍落度损失。因此，目前在混凝土中单独使用引气剂的比较少，一般都使用引气减水剂。

② 引气减水剂的品种与性能

a. 普通引气减水剂 主要是指木钙、木钠、糖钙类减水剂。木质素磺酸盐类减水剂本身就具有减水、引气及缓凝的特点，属引气减水剂的范畴。如果引气量不够还可以与引气剂复合使用，以增加引气量。糖钙减水剂本身只缓凝，很少引气。因此可与引气剂或木质素磺酸盐类减水剂复合成引气减水剂。

b. 高效引气减水剂 萘系、蒽系、树脂系、氨基磺酸盐系减水剂均属高效减水剂，减水率较高。蒽系减水剂（AF）其本身含有引气性，属高效引气减水剂。其余几种都是非引气性的，可与引气剂复合成高效引气减水剂。

引气减水剂中的引气性随减水剂掺量的增大而提高，在相同引气量时，则两者分别可减少用量的 1/3～1/2。引气减水剂的效果随水泥品种、骨料粒径、施工条件不同而改变。使用效果需经过试验来确定。

c. 消泡剂 消泡剂是一种能防止混凝土拌合物中气泡产生或使原有气泡减少的外加剂。消泡剂能抑制泡沫的形成并能破坏已存在的泡沫。消泡剂的作用机理在于它进入液膜后降低液体的黏度，形成新的低黏度表面界面，使液膜失去弹性，加速液体的渗出过程，最终导致液膜变薄而破裂。消泡剂能使混凝土中的含气量减少，因而掺入消泡剂后，必然会对新拌合硬化混凝土的性能产生影响，如增加混凝土的强度、改善耐磨性、降低其它耐久性等。混凝土中除使用有机硅、磷酸三丁酯液体消泡剂外可使用粉状消泡剂。粉状消泡剂的消泡原理和液体类消泡剂相同，即在粉状产品加水调和后，消泡剂能够在泡沫体系中迅速扩展，在体系中造成明显的表面张力的不平衡，并且能够破坏发泡体系的表面黏度和表面弹性等，即防止泡沫生成和消除泡沫稳定的因素，加快水从气泡膜壁中的排出，促使气泡破灭。常用粉状消泡剂的性能见表 8-1。

表 8-1　常用粉状消泡剂的性能

商品名称	产品技术性能	供应商
AGITAN P803 粉状消泡剂	外观：轻质的、可任意流动的白色粉状体。主要成分：液态碳氢化合物、聚乙二醇和非结晶性二氧化硅的混合物。活性成分：约 65%。外观密度(20℃)：约 340g/L。水中溶解度：疏水物质，可于水中分散。pH 值(1%在蒸馏水中)：约 7.0。应用特性：适用于各种粉状建筑材料，如填缝料、黏合剂、涂料、抹灰砂浆、水泥基自流平材料和胶黏剂等；添加量为干粉混合物总量的 0.1%～1.0%	上海瞬水化工有限公司
SIL IPUR RE 2971 消泡剂	外观：白色粉状体。主要活性成分：固定于无机基体上的表面活性多元醇。堆积密度(20℃)：380～450g/L。颗粒尺寸(0.8mm 筛筛余)：≤8%。应用特性：适用于各种以水泥、石膏和石灰为基料的配方中，如石膏基填料和填缝料、水泥基自流平材料和胶黏剂等，能够和粉末材料中的大多数添加剂相容，如表面活性剂、淀粉和可再分散胶粉等；添加量为干粉混合物总量的 0.05%～0.2%	上海尚南贸易有限公司
RHOXIMATTM DF6352DD 消泡剂	外观：白色粉末。粒径：至少 95%通过双目筛。稳定性：耐碱；离子型：非离子型。在水中的分散性：很好。应用特性：除了具有很好的消泡性能外，还能够改善混合粉末在水中的分散性能，即使分散剂的添加量很低的情况下仍能够发挥消泡与分散效能；在普通砂浆和胶黏剂中的添加量为 0.1%～0.3%	上海天策贸易有限公司

d. 加气剂　加气剂是一种能在混凝土制备过程中因化学或是物理作用产生气体，均匀分布于料浆中，使之体积膨胀成多孔结构的物质称为加气剂。加气剂用于生产加气混凝土、多孔混凝土、泡沫混凝土以及预填骨料混凝土的灌浆料中。常用的加气剂如铝粉、双氧水（H_2O_2）、镁粉、锌粉、碳化钙等。

e. 泡沫剂（起泡剂）　泡沫剂是一种能降低液体表面张力，大量产生均匀而稳定的泡沫，用以生产泡沫混凝土的外加剂。

泡沫混凝土是一种多孔轻质材料，其气孔率可达85%，压缩强度一般为0.4～0.7MPa，热导率为0.15～0.21W/(m·K)。

泡沫混凝土的制备是用机械方法将泡沫剂水溶液制备成泡沫，再将泡沫加入含硅材料（砂、粉煤灰）、钙质材料（水泥，石灰）、水及附加剂组成的浆料中，经混合搅拌、浇筑成型、蒸压养护而成的。常用的泡沫剂有松香胶泡沫剂、废动物毛泡沫剂、树脂皂素脂泡沫剂、石油硫酸铝泡沫剂和水解牲血泡沫剂等。泡沫剂具有强烈缓凝作用。为了提高泡沫的稳定性，往往与稳泡剂复合使用，由于稳泡剂的存在，混凝土硬化后就形成固态泡沫材料，即泡沫混凝土。采用的稳泡剂有骨胶、蛋白质、Ninol（十二酰二乙醇胺）、拉开粉以及氧化石蜡皂等。

8.2 引气外加剂配方

配方140 泡沫剂（起泡剂）

(1) 产品特点与用途

泡沫混凝土是一种多孔轻质材料，具有良好的隔热性。热导率为0.15～0.21W/(m·K)，压缩强度一般为0.4～0.7MPa。通常气泡量越多，容密度越低，其抗压强度也越低；热导率越低，则隔热性能也越好，泡沫混凝土的制备是将泡沫剂加入料浆中，经混合，浇注成型而制得。

泡沫剂（起泡剂）是一种因物理作用而引入大量空气，从而能用于生产泡沫混凝土的外加剂。在混凝土中掺入这种起泡剂后，使混凝土具有分布均匀的细小气孔，本身容重减轻，又有抗渗性、耐火性及保温隔热的性能，是现代厅堂建筑、高层建筑为隔热、隔声常用的墙体材料。

(2) 配方

配方①

成分	用量/kg	成分	用量/kg
铝粉	0.05	海波	15
铁粉	9	拉开粉	2
氯化铵	12	NF萘系减水剂	3
氯化钠	8		

配制方法：按配比将各组分混合均匀即可，掺量为水泥质量的0.3%～1%。

配方②

成分	用量/kg	成分	用量/kg
松香	10	氢氧化钠	15
骨胶	1.25	水	21.9

配制方法：

a. 将氢氧化钠用部分水溶解后加入松香，在100℃水浴锅内搅拌1.5～2h；另将骨胶加水在水浴锅内搅拌1.5～2h，然后混匀，并在100℃水浴锅内搅拌30min即可。使用时在60℃下加4～5倍的水稀释即可。掺量为水泥质量的0.5%左右。

b. 将骨胶擦拭干净，用锤砸成4～6cm的碎块，经天平称质量后，放入内套锅内，再加入计算用水量（同时增加损耗水量2.5%～4%）浸泡24h，使胶全部变软，连同内套锅套入外套锅内隔水加热，随熬随拌，待全部溶解为止，熬煮时间不宜超过2h。

c. 松香碱液的配制：将松香碾成粉末，用100号细筛过筛。将碱配成碱液装入玻璃容器中。称取定量的碱液盛入内套锅中，待外套锅中水温加热到90～100℃时，再将盛碱液的内套锅套入外套锅中，继续加热，待碱液温度为70～80℃时，将称好的松香粉末徐徐加入，随加随拌，松香粉末加完后，熬煮2～4h，使松香充分皂化成黏稠的液体。在熬煮时，蒸发掉的水分应补足。

d. 泡沫剂的配制：待熬好的松香碱液和胶液冷却至50℃左右时，将胶液徐徐加入松香碱液中急速搅拌，到表面有漂浮的水泡为止，即成为泡沫剂。视容重不同，每立方米泡沫混凝土约用松香100～140g、碱18～24g、胶150～200g。

施工方法：将所需的泡沫剂按配比称好质量，用热水稀释，与冷水一起倒入泡沫搅拌筒中搅拌5min，即成白色泡冰浆；将水泥与冷水一起倒入水泥浆搅拌筒中，搅拌 2.5min，使之成均匀的水泥浆；将泡冰浆和水泥浆按配比倒入泡沫混凝土筒中混合搅拌 5min，即可制得泡沫混凝土。

配方③

成分	用量/kg	成分	用量/kg
骨胶	5	氢氧化钠（50%）	2.5
松香	2.5	水	90

配制方法：将骨胶粉碎后，用水浸泡 24h，然后水浴加热熬制 1～2h，制得胶液。松香粉碎后，过 100# 细筛。将 50%的氢氧化钠水溶液加热至 70～80℃，搅拌下加入松香，加料完毕，熬制2～4h，制得松香碱液，并冷至 50℃。将 50℃的胶液于快速搅拌下加入松香碱液中，搅拌到表面漂浮有小泡为止，即得泡沫剂。

施工方法：将泡沫剂用适量水稀释，加入水泥浆中。得到的泡沫混凝土干容密度为 500kg/m^3，抗压强度为 0.8～1.5MPa。可用于保温层施工，每次浇灌厚度不宜超过 50cm。

配方 141 加气混凝土专用外加剂

(1) 稳泡剂

① 配方（质量份）

成分	用量	成分	用量
猪油（或羊油）	5.0	氢氧化钠	0.03
三乙醇胺	15	水	180

② 制法　将氢氧化钠加水配成 10%溶液备用。将猪油加热到 80℃左右，缓慢滴入氢氧化钠溶液，边加边搅拌防止溢出。加完后再加入剩余的水和三乙醇胺，搅拌均匀即成一种性能优良的稳泡剂。

③ 用途　本品用作混凝土稳泡剂。掺量为水泥用量的 0.05%。

(2) 调节剂 A

① 配方（质量份）

成分	用量	成分	用量
石膏	1	水玻璃（相对密度 1.53）	1
三乙醇胺	2	水	20

② 制法　按配比将各组分混合均匀即成调节剂。

③ 用途　本品为加气混凝土用外加剂。掺入量为水泥用量的 1%。本剂应随配随用，能调节水泥砂浆的稠化度和硬化时间。

(3) 调节剂 B

① 配方（质量份）

硼砂	1	水玻璃（相对密度 1.53）	1
水	40		

② 制法　将硼砂和水加热溶解后加入水玻璃搅拌混合均匀即成调节剂。

③ 用途　本品为加气混凝土用外加剂。掺入量为水泥用量的 0.6%。

配方 142　加气混凝土高效砂浆外加剂

(1) 产品特点与用途

本品性能优良，可增大砂浆流动性，提高砂浆强度，具有一定的缓凝作用，减少温度变化引起的裂缝；对砂浆具有黏结作用，降低泌水率，消除离析和分层现象，提高砂浆强度和抗渗能力；在砂浆中引入一定量微小的、稳定的封闭气泡，改善砂浆的微观结构，提高其抗渗能力。有利于工程质量的提高和加气混凝土的推广应用。加气混凝土高效砂浆外加剂适用于加气混凝土砌筑和抹灰砂浆，并能取代混合砂浆中的石灰，节约水泥。本品可以干粉或水溶液形式加入到砂浆拌合物中，其掺量为水泥质量的 0.2%～0.7%，最佳为 0.3%～0.5%。

(2) 配方

① 配合比　见表 8-2。

表 8-2　加气混凝土高效砂浆外加剂配合比

原料名称	质量份	原料名称	质量份
木质素磺酸钙	100	亚硫酸氢钠	10
亚硫酸铁	0.5	羧甲基纤维素	1
硝酸铜	0.5	十二烷基硫酸钠	1
过氧化氢	10	脂肪醇硫酸钠	2
甲醛	10	水	100

② 配制方法

a. 在反应釜中放入木质素磺酸钙，加入水，再加入氢氧化钠溶液调节 pH 值为 6～7，边搅拌边加热至 65～85℃，在此温度下加入过氧化氢反应 20～40min；

b. 将 a 步所得物料加热升温至 70～95℃，加入甲醛和磺化剂亚硫酸氢钠，进行磺甲基化反应 0.5～1h；

c. 向 b 步所得加入浓度为 0.1mol/L 的硫酸溶液，调节 pH 值为 3～4，进行缩合反应 1～2h，然后加入氢氧化钠溶液调节 pH 值为

6～7，再向反应物中加入表面活性剂十二烷基硫酸钠、脂肪醇硫酸钠和高分子聚合物羧甲基纤维素，快速搅拌 20～30min，冷却后可得液体产品。将液体产品进行喷雾干燥，即可得粉状产品。

(3) 产品技术性能 见表 8-3。

表 8-3 加气混凝土高效砂浆外加剂技术性能

项目	指标	项目	指标
外观	棕褐色液体或粉末	压剪强度	常温 7 天 0.47MPa；泡水 7 天 0.56MPa
有效成分	≥78%，含水率≤22%(粉剂)	抗渗指标	≥S10
pH 值	7～8	抗冻融	≥12 倍
起泡率	≥3.5 倍		
粘接强度	高温 80℃，0.5MPa；冻融循环 30 次，0.66MPa		

(4) 施工方法

本品可以干粉或水溶液形式加入到砂浆拌合物中，其掺量为水泥质量的 0.2%～0.7%，最佳为 0.3%～0.5%。

配方 143 AEA 水泥混凝土引气剂

(1) 产品特点与用途

AEA 水泥混凝土引气剂是以改性松香酸盐为主要成分的阴离子表面活性剂，外观为棕色透明液体，固含量 20%，相对密度 1.04，pH 值 10～12。掺用本品混凝土的含气量 5%左右，和易性改善，抗渗性、抗冻融等性能提高，对收缩无不良影响，对钢筋无锈蚀危害。3d 强度提高 20%以上，28d 强度提高 5%左右。本品能在混凝土中形成分布均匀微小的气泡，产品性能稳定，长期贮存无松香析出，所引的气泡细腻，稳定性良好，为混凝土、水泥砂浆含气量调整剂，适用于配制混凝土或水泥砂浆等建筑材料。

(2) 配方

① 配合比 见表 8-4。

表 8-4 AEA 水泥混凝土引气剂配合比

原料名称	质量份	原料名称	质量份
松香粉	30	10%高锰酸钾溶解	10
40%氢氧化钠溶液	20	20%硫酸溶液	20
30%双氧水	20	水	90

② 配制方法　先将氢氧化钠、双氧水、硫酸、高锰酸钾溶液和水投入反应釜中，加热升温 70～90℃，再缓缓加入松香粉，边加边搅拌，松香粉加完后继续搅拌、保温反应 30～40min，经降温自然冷却制得棕色透明液体水泥混凝土引气剂。

(3) 产品技术性能　见（1）产品特点。

(4) 施工方法

① 本品掺量为水泥质量的（0.5～1.5）/10000。事先以非硬水配成 1%的稀释液使用。稀释液的存放时间不超过 7d。

② 每 1kg 水泥使用本品 1%稀释液 1mL 时，混凝土的含气量增加 0.3%～1.0%，当混凝土中掺有粉煤灰时，掺量应成倍增加。

配方 144　SM-P 混凝土引气剂

(1) 产品特点与用途

SM-P 混凝土引气剂是由烷基苯磺酸盐引气剂与磺化三聚氰胺甲醛树脂类高效减水剂复合组成的混凝土高效引气剂。掺用 SM-P 引气剂可有效改善混凝土和砂浆拌合物的和易性和保水性，提高混凝土抗冻融循环性，掺 SM-P 引气剂混凝土的抗冻性比不掺引气剂的混凝土高出 3 倍以上，抗渗标号可达 S15。本品具有显著的减水和引气作用，减水率 15%～20%，混凝土的含气量增加 3.5%～4.5%，早期强度提高 40%～80%，3～5d 可达设计强度的 70%，可使混凝土坍落度由 3～5cm 提高到 20cm，对混凝土硬化体强度负面影响较小。SM-P 混凝土引气剂适用于有抗冻融、抗渗要求的水工混凝土、港工混凝土、道路混凝土等，亦可用于配制抗冻性等级在 D500 以上的混凝土。

(2) 配方

① 配合比　见表 8-5。

表 8-5　SM-P 混凝土引气剂配合比

原料名称	质量份	原料名称	质量份
十二烷基苯磺酸钠	76	磺化三聚氰胺甲醛树脂高效减水剂(粉剂)	14
脂肪醇聚氧乙烯磺酸钠	10		

② 配制方法　将原料各组分混合均匀即可。

(3) 施工方法

SM-P 混凝土引气剂外观为白色干粉状物质，掺量为水泥质量的 0.0004%～0.008%，宜用干掺法，可以粉剂直接掺入混凝土拌合料中搅拌均匀。

配合 145 CAS 高性能引气减水剂

(1) 产品特点与用途

CAS 改性木质素磺酸盐系混凝土高性能引气减水剂是以改性木质素磺酸盐为主要成分，复合醛和胺类物、羟基羟基化合物进行共聚反应等组成的阴离子表面活性剂。CAS 高性能引气减水剂具有较多的羟基，因而具有一定的缓凝作用，能延缓水泥水化热峰的出现，降低水化热峰的高度，减少温度变化引起的裂缝。CAS 减水剂提高了木质素磺酸盐在水泥表面的吸附量，从而提高了分散性能，使水泥与水充分接触，使水泥能得到充分的水化反应，CAS 降低了水泥混凝土的单位用水量，并提高了混凝土的强度。掺水泥质量的0.3%～0.4%的 CAS 减水剂，减水率 10%～20%，3d、7d、28d 强度分别提高 30%、25%、15%，混凝土的含气量 5%左右，和易性改善，抗渗性、抗冻融等性能提高。CAS 减水剂具有较多的亲水基团，使其对游离水有一定的亲和力，降低了混凝土的泌水率，清除了离析和分层现象，提高了抗压强度和抗渗能力，其适宜的引气可在混凝土中引入一定量微小的、稳定的封闭气泡，减少了混凝土的空隙，从而改善了混凝土的微观结构，增加了混凝土的密实度，提高了混凝土的抗渗能力。

CAS 改性木质素磺酸盐系混凝土高性能引气减水剂适用于配制现浇、预制、塑性和大流动混凝土。

(2) 配方

① 配合比 见表 8-6。

表 8-6 CAS 高性能引气减水剂配合比

原料名称	质量份	原料名称	质量份
木质素磺酸钠固体	100	乙二胺	10
羟乙基甲基纤维素	1	乙二醛	5
水	100	甲醛	10
氢氧化钾	调节 pH=11	脂肪醇硫酸钠	1
亚硫酸铁	1	羧甲基纤维素	1
硝酸铜	2	羟乙基甲基纤维素	1
过氧化氢	10	十二烷基硫酸钠	2

② 配制方法

取木质素磺酸钠固体，加入水、碱性调节剂氢氧化钾调节 pH 值=11，边搅拌边加热到 60℃；加入催化剂、氧化剂于反应釜中，反应 30min 升温至 80℃，加入乙二醛和乙二胺，进行胺化反应 30min，然后滴加甲醛进行缩合反应 1h，在上述反应产物中加入其他组分快速搅拌 20min，冷却后得到 CAS 高性能引气剂液体产品，经喷雾干燥冷却、粉碎后可制得棕褐色粉状产品。

(3) 产品技术性能 见表 8-7。

表 8-7 CAS 高性能引气减水剂技术性能

项目	指 标	项目	指 标
外观	棕褐色液体或粉末	粘接强度	高温 80℃，0.5MPa；冻融循环 30 次，0.66MPa
有效成分	≥78%，含水率≤22%(粉剂)		
pH 值	7～8	压剪强度	常温 7 天 0.47MPa；泡水 7 天 0.56MPa
起泡率	≥3.5 倍	抗渗指标	≥S10
		抗冻融	≥12 倍

(4) 施工方法

本品可以干粉或水溶液形式加入到砂浆拌合物中，其掺量为水泥质量的 0.2%～0.7%，最佳为 0.3%～0.5%。

配方 146 松香皂类引气剂

松香皂类引气剂的主要成分是松香酸钠，由松香和氢氧化钠经皂化反应制松香是由松树采集的松树脂制得，其化学结构复杂，主要成分为松香酸，松香酸中因具有羧基（ —COOH ），加入碱以后会发生皂化反应而生成松香酸酯，又称松香皂：

松香酸（含 H_3C、COOH、CH_3、$CH(CH_3)_2$ 基团）+ NaOH $\xrightarrow{\triangle}$ 松香酸钠（含 H_3C、COONa、CH_3、$CH(CH_3)_2$ 基团）+ H_2O

(1) 松香酸钠乳液的配制

松香酸钠乳液是用低级松香和碳酸钠、氢氧化钠溶液加热反应配制而成。配制方法如下：

① 将松香触熔至冒青烟（约 200℃）呈深棕色备用，或将触熔的松香冷却后粉碎备用，也可直接把松香粉碎通过 0.6mm 筛孔使用。

② 配制碳酸钠溶液。碳酸钠溶液的浓度应根据松香的皂化系数确定。皂化系数是指中和 1g 松香所需的碳酸钠的质量（g），一般松香的皂化系数为 160～180，可取 180 为宜。配制时可将碳酸钠 1kg 配比水 8.6～10kg 的溶液备用，1kg 松香粉需要 1kg 上述浓度的碳酸钠溶液。碳酸钠溶液相对密度为 1.125～1.16。

③ 将碳酸钠溶液煮沸，边搅拌边徐徐加入松香粉或触熔松香，皂化过程加热的火要小，保持溶液沸腾即可，熬制过程随时补充热水以抵偿水分的蒸发，并按配方量加入松香乳化剂搅拌均匀，勿使松香粉凝聚结底，全部松香加完后，再继续熬煮半小时以上。

④ 松香酸钠乳液配比：碳酸钠 13.8kg、氢氧化钠 6kg。松香 25kg、水 180.2kg、松香乳化剂（斯盘 20）250～500mL。

⑤ 熬制的松香酸钠取出少量以水稀释，外观澄清透明，无混浊物及沉淀物，即为皂化完全。

(2) 施工方法

将松香酸钠引气剂加入混凝土搅拌机拌合料中搅拌 15～25min 可制得加气混凝土。其掺量为 3%～5%，水泥用量每立方米不少于 320kg。

配方 147 松香热聚物类引气剂

松香热聚物类引气剂是松香与苯酚在浓硫酸存在及较高温度下发生缩合和聚合作用，变成分子量较大的物质，再经氢氧化钠处理的产物。

(1) 原料 苯酚、硫酸（98%）、氢氧化钠、松香粉。

(2) 主要生产设备 带有蒸汽夹套和冷却设备的搪瓷反应釜、大口成品储罐。

(3) 配方 配合比见表 8-8。

表 8-8 松香热聚物类引气剂配合比

原料名称	质量份	原料名称	质量份
苯酚	35	硫酸(98%)	2
氢氧化钠	4	松香粉	70

(4) 配制方法

① 将松香粉、苯酚、硫酸分别按配比量倒入带搅拌器和冷凝器的反应釜内加以搅拌，徐徐加热升温至 70～80℃，保温反应 6h；

② 暂停加热，加入 30%氢氧化钠溶液，继续加热升温至 100℃，搅拌 2h；

③ 停止加热，稍静置，趁热倒入塑料包装桶内，即成为松香热聚物引气减水剂。

(5) 施工方法

① 本品宜配成 1% 的水溶液使用，掺量为水泥用量的 0.2%～0.5%。

② 搅拌时，松香热聚物引气剂 1%的水溶液和水泥先搅拌 1min，再加砂石搅拌 2min。

配方 148 皂苷类引气剂

多年生乔木皂角树果实皂角或皂荚中含有一种味辛辣刺鼻物质，主要成分为三萜皂苷。其分子结构如下：

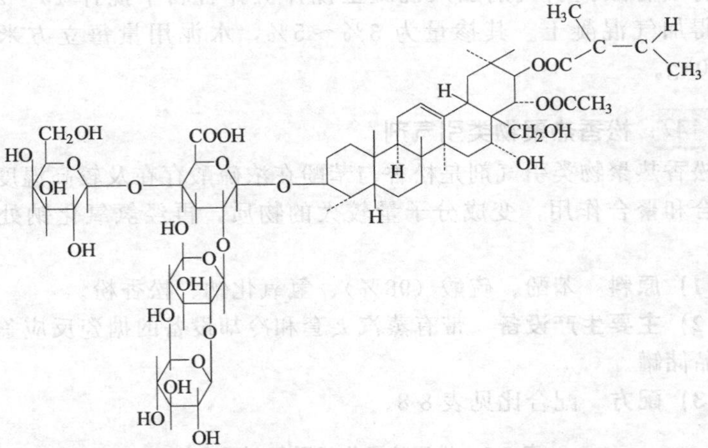

皂苷分子中的葡萄糖单元具有很多羧基，能与水分子形成氢键，亲水性很强，而苷元基中的苷元是亲油性的憎水基。皂苷属非离子型表面活性剂，引气性能好，当其溶于水后，大分子被吸附在气液界面上，形成两种基团的定向排列，从而降低了气液界面的张力，使新界

面的产生变得容易。若用机械方法搅拌溶液，就会产生气泡。皂苷类引气剂分子结构较大，形成的分子膜较厚，气泡壁的弹性和强度较高，气泡能保持相对的稳定。

皂苷的生产方法主要是通过对含三萜皂苷类物质进行热水抽提、浸泡、过滤；再将浸出液熬成膏状或加工成粉状直接使用或经复合均可。皂苷类引气剂起泡性能较弱，掺量较大，混凝土达到相同含气量，皂苷类引气剂的掺量大约为松香类引气剂的 3～4 倍。国内皂苷类引气剂的主要品种为 SJ 系列。

8.3 加气混凝土、泡沫混凝土专用外加剂配方

8.3.1 发泡剂配方

配方 149 加气混凝土发泡剂

已有技术生产的铝粉，必须经脱脂处理后方可使用，本品生产过程中以蜡代替硬脂酸作为球磨添加剂，解决了铝粉加工使用过程中粉尘污染问题。本品用作加气混凝土发泡添加剂，不需进行脱脂处理，可直接加水使用，可使加气混凝土制品气孔均匀，生产成品率高，彻底解决了铝粉在使用过程中产生的结团、黏结问题，提高了产品质量。本品用作加气混凝土的发泡剂。

(1) 配方 见表 8-9。

表 8-9 加气混凝土发泡剂配合比

原料名称	质量份
铝粉	100
蜡	2～4

(2) 配制方法

将铝锭经熔化、雾化工序制成颗粒状，进行分级处理，选择粉度为 1mm 的颗粒状铝粉，向每 100 份铝粉中添加 2～4 份合成蜡，合成蜡先切割成 15～25mm 的小块，与铝粉混合后一同加入球磨机中，在氮气压力 120～400Pa，含氧量 2%～8%（体积分数），球直径10～20mm，转速 25～35r/min 的工艺条件下进行球磨。

(3) 施工方法

本品可直接加水稀释，加入水泥浆中。掺入量为水泥用量的0.3%～1.0%。

配方150 LC-01 型泡沫混凝土发泡剂

LC-01 型泡沫混凝土发泡剂是采用双（或多）亲水基团表面活性剂和稳定剂复合配制而成的高效泡沫混凝土发泡剂，使用时按 1∶100 稀释，发泡倍数可达 5.0～5.6m³/kg，接触水泥、粉煤灰浆料，消泡率<12%，即每千克 LC-01 发泡剂可生产 4m³ 以上的 4 级泡沫混凝土；按 1∶60 稀释，发泡倍数≥3.5m³/kg，接触水泥，几乎不消泡，即每千克 LC-01 发泡剂可生产不低于 3.5～3.8m³ 的 4 级泡沫混凝土（含粉煤灰 40%），其抗压强度为 1.2～1.5MPa。使用 LC-01 型泡沫混凝土发泡剂较好地解决了泡沫混凝土发泡剂的发泡倍数与泡沫和混凝土浆料接触时的稳定性之间的矛盾，提高了每千克发泡剂制备泡沫混凝土的产量及其制品的抗压强度。

(1) 配方 见表 8-10。

表 8-10 LC-01 型泡沫混凝土发泡剂配合比

原料名称	质量份	原料名称	质量份
NaOH(99%)	38	AES(脂肪醇聚氧乙烯醚硫酸钠,70%)	32
琥珀酸(丁二酸、工业品,95%)	2.4	6501(椰子油脂肪酸二乙醇酰胺,95%)	0.1
硼砂(工业品,95%)	2.1	双氧水(工业品,27.5%)	0.1
三乙醇胺(工业品,85%)	8	水	适量
松香(工业品,二级)	22		

(2) 配制方法

① 将松香加热熔融，边熔边搅拌，温度升到 200℃左右冒青烟，呈红棕色时，停止加热，冷却后将此松香碾碎成细粉，通过 0.6mm 筛孔备用。

② 将部分 NaOH 与琥珀酸、硼砂、三乙醇胺混合投入反应釜内，加入适量的水（软水或蒸馏水）加热升温 85℃至 100℃，保温反应 1h 冷却放料制得中间产品 A。

③ 将剩余 NaOH 溶解于水并加热煮沸，边搅拌边徐徐加入松香粉使松香全部熔化，在搅拌下缓缓加入 NaOH 溶液，待继续加入时

反应比较平稳后（此时体系反应温度降至100℃以下）可较快地加入剩余NaOH溶液，继续反应1～1.5h后，加入AES再搅拌混合1h即制得中间产品B。

④ 按配方比例取6501和双氧水搅拌均匀后密封，升温至100～105℃，继续保温反应3h，冷却至室温即得中间产品C，将中间产品B、C按配方比例先行混合，然后与中间产品A混合，加入反应釜中，按产品固含量30%要求，用剩余的水洗涤相关容器后，加入反应釜中，继续搅拌反应1h，即制得LC-01型泡沫混凝土发泡剂。

配方151 B-2型防水混凝土泡沫剂

(1) 产品特点与用途

在粉煤灰泡沫混凝土砌块中掺入B-2型防水混凝土泡沫剂，其饱和吸水率<5%，热导率小，抗渗等级≥P35，抗冻标号≥D200，抗冻性能提高3倍，从而使其防水、保温、隔热性能显著提高。本品可用于制作屋面防水型膨胀珍珠岩泡沫混凝土，可使防水、隔热工程一次完成。

(2) 配方

① 配合比　见表8-11和表8-12。

表8-11　B-2型防水混凝土防水剂配合比

原料名称	质量份	原料名称	质量份
碳酸钠	0.15	氨水	3.16
氢氧化钾	0.72	水	91.87
硬脂酸	4.10		

表8-12　B-2型防水混凝土泡沫剂配合比

原料名称	质量份	原料名称	质量份
松香(工业品,二级)	1	骨胶	1.5
氢氧化钠	0.125	水	2.19

②配制方法

a. 金属皂类防水剂配制

(a) 首先将硬脂酸放在锅内加热熔化，再将1/2用量的水放入另一锅内加热至50～60℃时，依次加入碳酸钠，并保持恒温。

(b) 将熔化好的硬脂酸慢慢加入并迅速搅拌均匀，此时将产生大量气泡，要防止溢出。待全部硬脂酸加入后再将另一半水徐徐加入拌匀制成皂液。

(c) 当皂液冷却至30℃以下时加入一定量的氨水搅拌均匀，然后用0.6mm筛孔的筛子过滤皂液，除去块粒和沫子，将滤液装入密闭的塑料包装桶中，置于阴凉处储存备用。

b. 松香胶泡沫剂配制

(a) 将骨胶称量后放入内套锅内，隔水加热，待全部溶解为止配制成骨胶溶液。

(b) 将氢氧化钠配成碱液，放入内套锅内，隔水加热，待碱液温度到达70～80℃，将松香粉末加入，熬煮2～4h，制成松香碱液。

(c) 待熬好的松香碱液和胶液冷却至50℃左右，将胶液倒入碱液中，搅拌混合均匀即成为松香胶泡沫剂。

c. B-2型防水混凝土泡沫剂配制：将上述松香胶泡沫剂、金属皂类防水剂在50～55℃下，按6∶4比例混合均匀即制得B-2型防水混凝土泡沫剂。

配方152 石油磺酸铝泡沫剂

石油磺酸铝泡沫剂是将98%浓硫酸加入煤油中使之发生磺化反应，然后用浓度为20%的NaOH溶液进行中和，加热蒸馏出未磺化的煤油后，再加入适量的NaOH溶液即可。使用时，再与浓度为1.16kg/L的硫酸铝溶液，按1∶2的比例配合，混合搅拌均匀即得石油磺酸铝泡沫剂。

配方153 FP-2三萜皂苷植物蛋白发泡剂

(1) 性能特点

FP-2三萜皂苷植物蛋白发泡剂是由多年生乔木皂角树果实皂角或皂荚进行粉碎、浸提、煮熬加工制成，主要成分为三萜皂苷，属非离子型表面活性剂引气性能好，当其溶于水后，大分子被吸附在气液界面上，形成两种基团的定向排列，从而降低了气液界面的张力，使新界面的产生变得容易。若用机械方法搅拌溶液，就会产生气泡。皂苷类引气剂分子结构较大，形成的分子膜较厚，气泡壁的弹性和强度较高，气泡能保持相对的稳定。

(2) 配方

① 配合比 见表 8-13。

表 8-13 FP-2 三萜皂苷植物蛋白发泡剂配合比

原料名称	质量份	原料名称	质量份
皂荚	80	水	5
碳酸钠	3		

② 配制方法

a. 粉碎 对富含三萜皂苷的植物原料进行粉碎，碎粒要求能通过孔径为 2.5mm 的筛子，以植物原料∶水＝1∶2 的比例，预先在水中浸泡 1 天。

b. 煮熬 在 95～150℃的温度下，煮熬 2～4h。

c. 压滤 用压滤器将液体和固体料渣分离。

d. 浓缩 在容器中将物料浓缩成固含量 20%～40%的液料。

e. 混合 加入改性剂碳酸钠进行混合，混合时间 30min 制得固含量为 20%～40%的 FP-2 型三萜皂苷植物蛋白发泡剂。

配方 154 轻质混凝土墙材发泡剂

(1) 产品特点与用途

本品可使墙材内形成足够的气泡，且分布均匀，大小一致，使墙材具有低容重、高强度、保温、隔热、防水、吸声、防火等优良性能。使用轻质混凝土墙材发泡剂能减轻结构自重，提高墙体建筑物抗裂性，缩短施工周期，大大减少建筑物能耗损失，对建筑节能十分重要。本品主要应用于制造轻质混凝土墙材。

(2) 配方

配合比 见表 8-14。

表 8-14 轻质混凝土墙材发泡剂配合比

原料名称	质量份	原料名称	质量份
双氧水(27.5%)	85	氯化镁	10
盐酸(32%)	2	磷酸(85%)	3

(3) 配制方法 将原料各组分混合均匀即可。

配方 155 泡沫混凝土专用泡沫剂

成分	用量/kg	成分	用量/kg
骨胶	5	氢氧化钠	2.5
松香	2.5	水	90

配制方法：将骨胶粉碎后，用水浸泡 24h，然后水浴加热熬制 1～2h，制得胶液。松香粉碎后，过 100# 细筛。将 50%的氢氧化钠水溶液加热至 70～80℃，搅拌下加入松香，加料完毕，熬制 2～4h，制得松香碱液，并冷至 50℃，将 50℃的胶液于快速搅拌下加入松香碱液中，搅拌到表面漂浮有小泡为止，即得泡沫剂。

施工方法：将泡沫剂用适量水稀释，加入水泥浆中。得到的泡沫混凝土干容密度为 500kg/m³，抗压强度为 0.8～1.5MPa。可用于保温层施工，每次浇灌厚度不宜超过 50cm。

配方 156 松香胶泡沫剂

松香胶泡沫剂是由油松香（100～140g/m³）、皮胶或骨胶（150～200g/m³）、NaOH 或 KOH（18～24g/m³）加水熬制而成。

具体制法：15kg 烧碱（NaOH）用水溶后加入松香，在 100℃水浴锅内搅拌 2h，松香需先碾成末过细筛，共 10kg 松香末待用；待水浴锅内烧碱液温度达到 70～80℃时将松香粉徐徐撒入同时不停搅拌，全部松香加完后熬煮 2～4h，期间适当补充被蒸发的水分；将 1.25kg 骨胶粉碎成碎块并加计量过的水量浸泡 24h，用水热套锅加热使胶全溶，加热时间不超过 2h；将冷却至不超过 50℃的胶液倒入松香碱液并快速搅拌至表面有小泡为止。全部用水量应控制在 23kg。以上产出的松香泡沫剂成品为 50kg。

8.3.2 稳泡剂配方

配方 157 SP 气泡稳定剂

(1) SP 气泡稳定剂配合比（质量份）

油酸∶三乙醇胺（月桂酰二乙醇胺）∶水＝1∶3∶36。

(2) 制法 将原料各组分混合均匀即可。

(3) 使用方法 掺入量为泡沫混凝土混合材质量 0.4～0.5L/m³。

配方158 三乙醇胺稳泡剂

(1) 三乙醇胺稳泡剂配合比（质量份）

猪油（或羊油）	5.0	氢氧化钠	0.03
三乙醇胺	15	水	180

(2) 制法 将氢氧化钠加水配成10%溶液备用。将猪油加热到80℃左右，缓慢滴入氢氧化钠溶液，边加边搅拌防止溢出。加完后再加入剩余的水和三乙醇胺，搅拌均匀即成一种性能优良的稳泡剂。

(3) 用途 本品用作混凝土稳泡剂。掺量为水泥用量的0.05%。

配方159 加气混凝土稳泡剂

(1) 加气混凝土稳泡剂配合比（质量份）

尼纳尔（月桂酰二乙醇胺）	0.24	氧化石蜡皂	1
骨胶	0.5～1.0	水	60
拉开粉（NNO、丁基萘磺酸钠）	2		

(2) 制法

① 将骨胶粉碎后，用水浸泡24h，然后水浴加热熬制1～2h，制得骨胶溶液甲液。

② 将氧化石蜡皂粉碎后倒入反应锅中，加热至70～80℃，使石蜡熔化制得乙液。

③ 按配方量称取水、NNO拉开粉、尼纳尔加入反应釜内，搅拌溶解均匀制得丙液。

④ 将甲液骨胶溶液、乙液氧化石蜡皂液缓缓滴入丙液中，保温搅拌反应2～3h，停止加热，静置片刻，略降温之后趁热放入成品贮罐，即制得胶状加气混凝土稳泡剂。

(3) 用途 本品用作加气混凝土稳泡剂。掺量为水泥用量的0.05%～0.08%。

8.3.3 发泡剂技术标准与检测方法

(1) 国外技术指标

① 项目

a. 发泡倍数 泡沫体积大于发泡剂水溶液体积的倍数。

b. 沉降距 泡沫柱在单位时间内沉陷的距离。

c. 泌水量 单位体积的泡沫完全消失后所分泌出的水量。

② 技术要求

a. 发泡倍数　大于 20 倍。

b. 1h 泡沫的沉降距　不大于 10mm。

c. 1h 泌水量　不大于 80mL。

(2) 国内技术标准和检测方法

① 方法 A

a. 泡沫稳定性　用泡沫沉陷距衡量泡沫稳定性。泡沫发生后，取内径为 6cm，高 9cm 的容器（或用尺寸相近容积约为 $250cm^3$ 的容器）盛满新发生的泡沫，刮平表面，在泡沫上覆一张纸，平静地放在无风处，40min 后量取泡沫沉陷距。

b. 起泡力　用泡沫高度衡量起泡力。取一定量的发泡剂，加一定量的水配成溶液，用 60-2F 型电动搅拌机中速搅拌 10min，量取泡沫高度。

② 方法 B

a. 技术标准　以起泡高度及消泡时间来判定发泡剂质量。

b. 将 1000mL 量筒竖直放置，沿筒壁注入 200mL 的待测引气溶液，注意不能产生气泡，封住筒口，30s 颠倒共计 10 次后，静置，立即使用直尺测量起泡高度（即泡沫最高处与液面之间的距离），记录消泡时间，试验用溶液质量分数为 0.1%。

第9章 混凝土速凝剂

9.1 概述

速凝剂是能够加快混凝土凝结和硬化速度的一种调凝剂。它能使混凝土在很短时间内凝结、硬化。速凝剂在喷射混凝土、喷射砂浆及抢修补强工程、灌浆止水混凝土中应用广泛，同时在隧道涵洞、矿山井巷等喷锚支护等混凝土工程中已成为不可缺少的一种外加剂。

9.1.1 速凝剂的种类

同缓凝剂一样，可作为速凝剂的化合物按照化学成分也可分为无机和有机两大类。国内目前主要的速凝剂都为无机盐类。大部分速凝剂的主要成分为铝酸钠（铝氧熟料），其它具有速凝作用的无机盐包括碳酸钠、铝酸钙、氟铝酸钙、氟硅酸镁、硅酸钠、氟硅酸钠、氯化亚铁、硫酸铝和三氯化铝等。可作为速凝剂使用的有机物则有三乙醇胺和聚丙烯酸、聚甲基丙烯酸、羟基丙烯酸、丙烯酸钙等可溶性树脂。

作为混凝土速凝剂，一般很少采用单一的化合物，常用具有多种速凝作用的化合物复合而成。按其主要成分分类可分为以下 4 类。

(1) 铝氧熟料、碳酸盐系 其主要速凝成分为铝氧熟料、碳酸钠以及生石灰。铝氧熟料是由铝矾土矿（主要成分为 Na_2AlO_2，其中 Na_2AlO_2 含量可达到 60%～80%）经过 1300℃左右的高温煅烧而成。这类产品以铝酸盐和碳酸盐为主，再复合一些其它的无机盐类组成，是粉状产品。典型产品如红星一型，它是由铝氧熟料（主要成分是铝酸钠、硅酸二钙）、碳酸钠和氧化钙按 1∶1∶0.5 的配比，在球磨机中混合而成，细度为 4900 孔/cm^2 标准筛的筛余＜10%。

此类产品国内有红星 1 号、711 型、782 型、J85 型、尧山型等。这种速凝剂含碱量较高，对混凝土后期强度影响大，但加入一定量的无水石膏在一定程度上有所改善。

(2) 铝氧熟料、明矾石系 其主要成分为铝矾土、芒硝($Na_2SO_4 \cdot 10H_2O$)。经煅烧成为硫铝酸盐熟料后，再与一定比例的生石灰、氧化锌共同研磨而成。产品的主要成分为：铝酸钠、硅酸三钙、硅酸二钙、氧化钙和氧化锌。这种速凝剂含碱量低，加入氧化锌后提高了后期强度，而早期强度发展缓慢。国内典型产品如阳泉一号。

(3) 硅酸钠系 这类产品以硅酸钠（水玻璃）为主要成分，再与无机盐类复合而成，是液体产品，这种速凝剂凝结、硬化很快，早期强度高，抗渗性好，可在低温下施工。但混凝土收缩较大，主要用于止水堵漏。此类产品有国产的NS水玻璃速凝剂、快燥精、水玻璃防水堵漏剂。国外产品有奥地利的西卡-1、瑞士的西古尼特-W。

(4) 新型复合液态速凝剂 这类复合型液态速凝剂代表了速凝剂的发展方向。包括以无机速凝剂与有机稀释剂复合型、以无机速凝剂和有机速凝剂复合型和一些以水溶性树脂为主要成分的低碱性有机速凝剂，如以$Al_2(SO_4)_3 \cdot K_2CO_3$、$Na_2CO_3$、铝酸盐、氟硅酸盐、锂盐等无机速凝剂与萘磺酸甲醛缩合物稀释剂的复合，以丙烯酸钙或丙烯酸镁为主体的有机液态速凝剂等。

9.1.2 速凝剂的性能特点

速凝剂的作用是使混凝土喷射到工作面上后很快就能凝结。因此速凝剂必须具备以下几种性能。

(1) 使混凝土喷出后3～5min内初凝，10min之内终凝。

(2) 有较高的早期强度，后期强度降低不能太大（小于30%）。

(3) 使混凝土具有一定的黏度，防止回弹过高。

(4) 尽量减小水灰比，防止收缩过大，混凝土硬化后具有一定的强度和耐久性，提高抗渗性能。

(5) 对钢筋无锈蚀作用。

9.1.3 速凝剂的工程应用

速凝剂主要用于配制喷射混凝土和止水堵水速凝早强混凝土。其中喷射混凝土广泛用于以下场合。

(1) 地下工程的初期支护和最终衬砌 如地铁工程、地下隧道、水工涵洞、矿山竖井平巷等地下工程；

(2) 破坏建筑物的修复和加固 如损坏的墙体、厂房、料仓、烟囱、混凝土柱板梁等结构；

(3) 地基基础和边坡工程 如各种地下建筑和高层建筑地下结构中基坑开挖的钻孔桩墙、道路、住宅、堤坝等的边坡和斜坡工程；

(4) 新型的薄板和折板建筑结构工程 采用喷射混凝土薄板屋顶的建筑包括商场、仓库、天文馆、医院、飞机场集散站、展览厅等公共建筑结构。据测标统计，对折板屋顶，喷射厚度＜20cm 时，喷射混凝土的成本低于浇筑混凝土。对墙体、当墙厚小于 10cm 时，喷射混凝土的造价要比浇筑混凝土低 1/4 左右。

喷射混凝土由于掺加了速凝剂可使水灰比较小，密实度高，抗裂性好；早期强度增长快，能加速模板的周转；免除了混凝土的垂直、水平运输及振捣，减少了对模板的压力。对于斜度大的角区也可不支设模板。另外喷射混凝土还可用于耐火混凝土的施工，充水构筑物、充气模板上应用。

9.2 混凝土速凝剂配方

配方 160 混凝土高强减水速凝剂

(1) 产品特点与用途

本品施工用水量较低，减水率为 15%～18%，速凝效果好，掺量少，在掺量约 4%的情况下，可使水泥在数分钟内凝结，早期强度性能好，生产耗碱量低，碱性小，经济效益好；对人体无毒害，腐蚀性小，抗渗能力强，吸水性小，干缩率、回弹量小。本品适用于地下工程喷射混凝土和地面混凝土，可以加快混凝土的凝结和提高早期强度，减少回弹和塌落，从而缩短施工周期。

(2) 配方

① 配合比 见表 9-1。

表 9-1 混凝土高强减水速凝剂配合比

原料名称	质量份	原料名称	质量份
矾泥	100	NF 萘系高效减水剂	40
工业铝酸钠	60		

② 配制方法　将矾泥在150～200℃下烘干至含水量小于2%后，磨细过80目筛。

将粉状NF萘系高效减水剂、工业铝酸钠、磨细烘干矾泥投入球磨机内混合均匀，粉磨至4900孔筛筛余小于10%即可。

(3) 产品技术性能

见（1）产品特点与用途。

(4) 施工方法

本品掺量为水泥质量的4%～5%。干法喷射加入水泥及骨料中，湿法喷射须在喷嘴处以压缩气流加入。

配方161　水泥混凝土速凝剂

(1) 产品特点与用途

用本品配制的喷射混凝土，水泥的凝结时间能满足喷射作业要求，回弹率低，后期强度高。28d抗压强度保留率达到80%以上，掺加硫酸锌，28d抗压强度保留率达到90%以上。

本品以铝氧熟料及促凝活性剂矾泥为主要组分，用碱量少（每吨可节约纯碱100kg左右），后期抗压强度降低少，同时又降低了成本，减少了对操作人员皮肤的损害。

本品生产工艺无特殊要求，设备及资金投入少，现有外加剂厂转产容易。

本品用于配制喷射混凝土，适用于矿井喷锚支护工程。

(2) 配方

① 配合比　见表9-2。

表9-2　水泥混凝土速凝剂配合比

原料名称	质量份	原料名称	质量份
铝氧熟料	55	硬石膏	8
矾泥	32	生石灰	5
硫酸锌	5		

② 配制方法　将以上各原料配成混合料，混合均匀后在球磨机中粉磨，通过0.08mm方孔筛，要求筛余小于10%。

(3) 产品技术性能

① 对硅酸盐水泥、普通硅酸盐水泥、矿渣硅酸盐水泥有较好的适应性，掺量为水泥质量的4%时初凝<3min，终凝<7min，回弹率

低，后期强度高，龄期 1d 的抗压强度>8MPa，28d 抗压强度保留率达到 90%以上。

② 黏结性好，一次性喷层厚度平均大于 100mm，回弹量平均可控制在 12.5%以下，粉尘浓度小于 $10mg/m^3$。

③ 对人体无毒害，无刺激性气味，对钢筋无锈蚀作用。

(4) 施工方法

① 掺量为水泥质量的 4%～5%。

② 由于凝结时间短，应在喷射前再加入。

③ 干法喷射一般加入水泥及骨料中，湿法喷射须在喷嘴处以压缩气流加入。

④ 控制水灰比。一般地，水灰比越大，速凝效果越差。水灰比宜在 0.4～0.45，以喷出物不出现干斑、不流淌、色泽均匀时为宜。

⑤ 进行湿养护。

配方 162 无碱复合液体速凝剂

(1) 产品特点与用途

本品生产工艺简单，性能优良，初凝时间小于 2min，终凝时间不大于 7min。能够降低混凝土构筑物体内碱腐蚀，提高强度及喷射混凝土耐久性质量。本品适用于地下工程喷射速凝混凝土、砂浆、水泥净浆。

(2) 配方

① 配合比　见表 9-3。

表 9-3　无碱复合液体速凝剂配合比

原料名称	质量份	原料名称	质量份
硫酸铝	60	甘油	0.2
三乙醇胺	6.5	水	31.8
海泡石	1.5		

② 配制方法　配制时将各种原料混合搅拌均匀即可。

(3) 施工方法

① 掺量为水泥质量的 6%～8%。干法喷射加入水泥及骨料中，湿法喷射须在喷嘴处以压缩气流加入。

② 由于凝结时间短，应在喷射前再加入。

③ 使用速凝剂时，应对水泥适应性进行试验，才能达到预期的

效果。

配方163 KD混凝土速凝剂

(1) 产品特点与用途

KD混凝土速凝剂以铝氧熟料及促凝活性剂煅烧明矾石为基料，含碱量低，后期混凝土抗压强度降低少，掺量为水泥质量的4%～5%，可使水泥浆5min内初凝，10min内终凝，喷射混凝土28d的强度保留值为90%，喷料黏结性能好，一次性喷层厚平均大于100mm，回弹率平均为10%～18%，回弹量少。粉尘浓度低<10mg/m³，工作面可见度好，对操作人员皮肤几乎无腐蚀。

KD混凝土速凝剂适用于各类井巷、喷锚支护、隧道、洞室以及其它地下工程的喷射混凝土、喷射砂浆及堵漏抢修工程。

(2) 配方

① 配合比　见表9-4。

表9-4　KD混凝土速凝剂配合比

原料名称	质量份	原料名称	质量份
铝氧熟料	70	硫酸锌	5
煅烧明矾石	25		

② 配制方法　将以上各原料配成混合料，混合均匀后在球磨机中粉磨，通过0.08mm方孔筛，要求筛余小于10%即可。

(3) 产品技术性能

① 水泥净浆初凝<5min，终凝<10min；

② 1d抗压强度>8MPa，28d抗压强度比>95%；

③ 抗渗等级>P18。

(4) 施工方法

① 掺量为水泥质量的4%～5%。

② 由于凝结时间短，应在喷射前再加入。

③ 干法喷射一般加入水泥及骨料中，湿法喷射须在喷嘴处以压缩气流加入。

④ 控制水灰比。一般地，水灰比越大，速凝效果越差。水灰比宜在0.4～0.45，以喷出物不出现干斑、不流淌、色泽均匀时为宜。

⑤ 进行湿养护。

配方164 改性铝酸盐高效低碱液体速凝剂

(1) 产品特点与用途

本品为含硅酸盐、碳酸盐低碱液体速凝剂，掺量为水泥质量的2%～5%时，可使水泥浆在4min内初凝，10min内终凝，1d强度在10MPa以上，28d强度保存率大于80%。本品含碱量低，无钠离子腐蚀，无刺激性气味，对人体和工作环境无危害，喷料黏性好，一次喷层可达设计厚度。一次喷拱为10～15cm，侧壁可达20cm以上，回弹量平均为20%，工作面粉尘浓度低，可见度好。改性铝酸盐低碱液体速凝剂抗渗性能强，耐久性稳定，本品在－5～35℃的温度下具有良好的储存稳定性，有利于延长混凝土构件的使用寿命，保证工程质量。

本产品适用于各类井巷、隧道、洞室以及其它地下工程的喷射混凝土、喷射砂浆及堵漏抢修工程。

(2) 配方

① 配合比　见表9-5。

表9-5　改性铝酸盐高效低碱液体速凝剂配合比

原料名称	质量份	原料名称	质量份
碱金属铝酸盐溶液	250	水	214
铝酸盐改性剂	36		

其中碱金属铝酸盐溶液、铝酸盐改性剂：

原料名称		质量份	原料名称		质量份
碱金属铝酸盐溶液	氢氧化钠	20	铝酸盐改性剂	碳酸钠	20
	氢氧化铝	30		硅酸钠	40
	水	50		水	29

② 配制方法

a. 将氢氧化钠和水加入反应釜内，加热至120℃，加入氢氧化铝搅拌反应4h，制得碱金属铝酸盐溶液。

b. 将碳酸钠和水加入反应釜内，加热升温至60～70℃，加入硅酸钠搅拌均匀，形成透明的溶液即为铝酸盐改性剂。

c. 将碱金属铝酸盐溶液加入反应釜内，启动搅拌机快速搅拌，通过计量罐向反应釜滴加铝酸盐改性剂，在20～70min内滴完。当出现凝胶时，将配方量1/3的水经计量加入反应釜内，继续反应1h，最后形成透明溶液，即为改性铝酸盐低碱液体速凝剂。

(3) 施工方法

① 由于凝结时间短，应在喷射前再加入。

② 本品在混凝土中的适宜掺量为水泥质量的2%～5%，使用时以溶液与拌合用水同时加入，溶液中的水量应从拌合水中扣除。

③ 选用适应性好的水泥。不同水泥的速凝效果不同。同一种水泥因其存放时间不一而效果不同。尽量使用新鲜的水泥，风化了的水泥速凝剂效果降低。

④ 选择适宜的掺量。掺量与气温有关，如气温低时掺量适量增加，气温高时适当减少。

⑤ 缩短混合料的停放时间。速凝剂事先与水泥、砂、石混拌时，由于砂石均含有一定的水分，速凝剂在遇水喷出前已与水泥发生作用。因此混合料的停放时间，以严格控制在不超过20min为宜，最好是加入速凝剂后立即喷出。

⑥ 进行湿养护。

配方165 BS混凝土防水促凝剂

(1) 产品特点与用途

防水剂是一种能够降低砂浆、混凝土在静水压力下的透水性的外加剂，同时具有防水和促进混凝土快速凝固的双重作用。本品是以硅酸钠（水玻璃、泡花碱）为基料，加入其它几种碱金属皂化合物配制而成的一种绿色或棕黄色浆状黏性液体，具有促凝作用的快速堵漏材料。BS防水促凝剂在掺入水泥后能与之生成不溶性物质，堵塞砂浆中的毛细孔道和形成憎水性壁膜，是提高水泥砂浆和混凝土其密实性和不透水性抗渗、防水、抗冻的外加剂，适用于工业与民用建筑地下室、地下坑道、隧道、水池、水塔、设备基础以及处于地下和潮湿环境中的砖石砌体防水防潮工程。

(2) 配方

① 配合比　见表9-6。

表9-6　BS混凝土防水促凝剂配合比

原料名称	质量份	原料名称	质量份
硅酸钠	20.0	硫酸铜	0.05
重铬酸钾	0.05	水	3

②配制方法 将水加热至沸，加入重铬酸钾和硫酸铜，待全部溶解后，冷却至30～40℃，然后将此溶液倒入硅酸钠（相对密度1.63）中混合搅拌均匀，静置0.5h后即可使用。

(3) 产品技术性能

本产品质量指标见表9-7。

表9-7 BS混凝土防水促凝剂质量指标

序号	项目	质量指标
1	相对密度	1.04(浆状)
2	凝结时间(防水促凝剂掺量占水泥重5%时)	
	初凝,不得早于	1h
	终凝,不得迟于	8.5h
3	体积安定性	
	经沸煮、汽蒸及水浸后,应无翘曲、龟裂现象	合格
4	不透水性	
	掺促凝剂占水泥重5%时,应比未掺促凝剂的提高百分数,不得小于	50%
5	抗压强度	
	掺促凝剂占水泥重5%时,应比未掺促凝剂的提高或降低百分数	提高不得小于10% 降低不得大于15%

(4) 施工方法

BS混凝土防水促凝剂用做修补渗漏水中，配成促凝水泥浆（掺量为水泥质量的1%）。快凝水泥砂浆（按1∶1的比例将促凝剂与水泥混合，达到水灰比0.45～0.5）、快凝水泥胶浆［水泥∶促凝剂＝1∶(0.5～0.9)］，用于堵塞局部渗漏。

配方166 KD混凝土促凝剂

KD混凝土促凝剂是促进水泥混凝土在很短时间内快速凝结、硬化的外加剂。一般与水泥中矿物质作用生成稳定的难溶化合物凝胶体，加速水泥浆凝聚结构的生成。KD混凝土促凝剂主要用于配制喷射混凝土和止水堵水速凝早强混凝土。

配方①

偏铝酸钠	18	硫酸钙	20
碳酸钠	60		

配制方法：将各成分磨细混匀。

施工方法：直接加入混凝土拌和料中，掺量为水泥质量的5%～10%。

配方②

硫酸钠	22	氢氧化铝	5

配制方法：将各物料磨细混匀。

施工方法：掺量为水泥质量的2.5%～3.0%。

配方167 CNL混凝土硬化剂

CNL硬化剂具有速凝、防水、防渗等性能，它能使混凝土在很短时间内凝结、硬化，是能够加快混凝土凝结和硬化速度的一种速凝剂。CNL硬化剂适用于喷射混凝土、喷射砂浆及抢修补强工程、灌浆止水混凝土工程、隧道涵洞、矿山井巷喷锚支护等混凝土工程。

配方①

白蜡	36.4	椰子油	8.4
大豆油	6.6	二十六烷酸	3.2
精制亚麻仁油	8.4	硬脂酸	6.8
三聚氧酸乙酯	适量	水	25

配制方法：将上述组分（除三聚氧酸乙酯外）混合，缓慢加热至白蜡熔解，反应温度保持在80～83℃，然后加入三聚氧酸乙酯，保持反应温度，搅拌2h，乳化反应完全即得混凝土硬化剂。

配方②

碳酸钠	120	硫酸钙	44
偏铝酸钠	36		

配制方法：将物料混合研匀即成为速凝硬化剂。使用时直接加入混凝土拌合料中，掺入量为水泥质量的0.5%～1.0%。

配方③

硫酸铜	2	重铬酸钾	2
水玻璃（相对密度1.63）	2	水	120

配制方法：将水加热至水沸，加入硫酸铜及重铬酸钾，搅拌使之溶解后，冷却至30～40℃，最后将此溶液倒入水玻璃中，搅拌均匀，放置0.5h后即成为速凝、防水硬化剂。

配方④

氢氧化铝	100	硫酸钠	44

配制方法：将物料按配比混合研磨均匀，即得混凝土硬化剂。使

用时直接与混凝土拌合料混合均匀，掺量为水泥质量的2.5%～3.0%。

配方⑤

碳酸钠	4.2	20%氨水	62
氟化钠	0.1	氢氧化钾	16.4
硬脂酸	82.6	水	183.7

配制方法：将硬脂酸溶在水中，再加入其余组分混合搅拌均匀即可。本品具有快硬、速凝、防水、防渗、抗渗、抗冻等作用，可用于配制水泥砂浆，用于地下水管、水池、水塔等建筑工程。掺量为水泥质量的4%左右。

配方168 KW喷射混凝土速凝剂

(1) 产品特点与用途

本品是以铝氧熟料及促凝活性剂矾泥为主要组分，用碱量少（每吨可节约纯碱100kg左右），后期抗压强度降低少，同时又降低了成本，减少了对操作人员皮肤的损害。本品对硅酸盐水泥、普通硅酸盐水泥、矿渣硅酸盐水泥有较好的适应性，水泥的凝结时间能满足喷射作业要求：掺量为水泥质量的4%时初凝＜3min，终凝＜7min。回弹率低，后期强度高，龄期1d的抗压强度＞8MPa，28d抗压强度保留率达到90%以上。KW速凝剂黏结性好，一次性喷层平均厚度大于100mm，回弹量平均可控制在12.5%以下，粉尘浓度小于10mg/m^3。KW速凝剂对人体无毒害，无刺激性气味，对钢筋无锈蚀作用，适用于配制喷射混凝土，用于矿井喷锚支护工程。

(2) 配方

① 配合比　见表9-8。

表9-8 KW喷射混凝土速凝剂配合比

原料名称	质量份	原料名称	质量份
铝氧熟料	60	甲酸钙	15
矾泥	25		

② 配制方法　将以上各原料配成混合料，混合均匀后在球磨机中粉磨，通过0.08mm方孔筛，要求筛余小于10%。

(3) 产品技术性能

① 水泥净浆凝结时间：初凝≤3min，终凝≤7min。

② 回弹率：12.5%左右，粉尘浓度小于 10mg/m³。

③ 28d 强度保留值可达未掺者 90%。

④ 抗渗等级>P18。

(4) 施工方法

① 掺量为水泥质量的 4%～5%。

② 由于凝结时间短，应在喷射前再加入。

③ 干法喷射一般加入水泥及骨料中，湿法喷射须在喷嘴处以压缩气流加入。

④ 控制水灰比。一般地，水灰比越大，速凝效果越差。水灰比宜在 0.4～0.45，以喷出物不出现干斑、不流淌，色泽均匀时为宜。

⑤ 进行湿养护。

配方 169 A880 高强喷射混凝土速凝剂

(1) 产品特点

掺用 A880 高强喷射混凝土速凝剂可以增加混凝土的内聚力和早期料浆的黏度，掺量为水泥质量的 3%～4%，能使水泥浆在 1～3min 初凝，2～6min 终凝，料浆初凝时间短，黏性好，回弹量少，喷侧墙一次厚度可达 20～25cm，适用于地下工程的喷射混凝土及结构自防水的支护工程、防漏、堵漏及地面混凝土快速施工。

(2) 配方

① 配合比　见表 9-9。

表 9-9　A880 高强喷射混凝土速凝剂配合比

原料名称	质量份	原料名称	质量份
铝酸钠	1	生石膏	1
纯碱	1	生石灰	2

② 配制方法　将以上各原料配成混合料，混合均匀后在球磨机中粉磨，通过 0.08mm 方孔筛，要求筛余率<10%，4900 孔/cm² 筛筛余≤15%。

(3) 产品技术性能

① 本产品主要速凝成分是铝酸钠和碳酸钠，为灰白色粉末，掺

量为水泥质量的3%～4%，能使水泥浆在1～3min初凝，2～6min终凝。

② 黏性好，回弹量少。喷侧墙一次可达20～25cm，顶部可达10cm，回弹量平均为20%左右，工作面粉尘浓度低，可见度好。

③ 在适宜掺量下，水泥净浆的抗压强度，1d为不掺者的3倍左右，28d为不掺者的80%以上。

④ 对硅酸盐水泥、普通硅酸盐水泥、矿渣硅酸盐水泥有较好的适应性。

(4) 施工方法

本产品掺量为水泥质量的3%～5%，可根据与水泥的适应性、气温的变化和施工技术要求，在推荐掺量范围内调整确定最佳掺量。使用时先将水泥、砂、石料一次混合，然后在喷浆机出口处加水搅拌即时喷射。

配方170 建筑用水溶性速凝胶粉

(1) 产品特点与用途

本品为水溶性胶粉，各组分可以很好地亲和、相容在一起，使用时只需加定量的水拌合便可，生产工艺简单，施工使用方便，主要应用于建筑物薄抹灰外保温系统、陶瓷面砖等建筑材料的黏结，黏结层密实，不空鼓、抗裂性、防水性、耐候性优异，在保证工程质量的前提下，可有效地提高施工进度。

(2) 配方

① 配合比　见表9-10。

表9-10　建筑用水溶性速凝胶粉配合比

原料名称	质量份	原料名称	质量份
425# 普通硅酸盐水泥	50	甲基纤维素醚	2.5
粉煤灰(2级)	40	聚乙烯醇1788微粉	2
甲酸钙	5	可再分散聚合物乳胶粉	0.5

② 配制方法　按配方计量称取425#普通硅酸盐水泥、粉煤灰、甲酸钙、甲基纤维素醚、聚乙烯醇1788微粉、附加剂可再分散聚合物乳胶粉等投入球磨机内混合均匀，粉磨至细度通过0.08mm筛孔筛，筛余率<10%，出料用内衬塑料袋的编织袋密封包装即可。

配方 171　高性能防水喷射混凝土速凝剂

(1) 产品特点与用途

本品为灰白色结晶粉末。主要成分为偏铝酸钠（$NaAlO_2$）、碱性小，腐蚀性低，具有微膨胀作用，可提高混凝土的抗渗、抗裂和防水性能。黏性好，回弹率在35%左右。促凝增强效果好，对水泥适应性强，碱性弱，对锚喷作业人员危害小。混凝土后期强度损失少，掺量为3%。凝结时间：初凝≤1.7min；终凝≤4.4min。1d抗压强度≥10.7MPa，28d挤压强度比≥87%，抗渗等级≥P10。高性能防水喷射混凝土速凝剂适用于配制C30高性能喷射混凝土的各种工程。如矿山、井巷、铁路、隧道以及要求防水抗渗、速凝的混凝土工程。

(2) 配方

① 配合比　见表9-11。

表9-11　高性能防水喷射混凝土用粉状速凝剂配合比

原料名称	配方计算方法	每吨用料/kg
铝氧熟料(AOC)	以$NaAlO_2$对水泥的最佳掺量以0.9%计，又根据分析结果知$NaAlO_2$在铝氧熟料中的含量56.92%，因此0.9除以0.5692得1.58，1.58除以3乘以1000即得铝氧熟料用量	527
碳酸钠(FDN)	以FDN对水泥的掺量以0.3%计，即0.3除以3乘以1000即得FDN用量	100
三乙醇胺[$N(C_2H_4OH)_3$]	以三乙醇胺对水泥的掺量以0.03%计，即0.03除以3乘以1000即得三乙醇胺用量	10
粉煤灰	1000减去以上用料即得	363

② 配制方法

a. 按配方计量将铝氧熟料、碳酸钠、粉煤灰投入球磨机内混合粉磨至细度控制在4900孔筛筛余小于10%即可。

b. 按配方量称取三乙醇胺加入喷液漏斗内缓缓注入球磨机粉料中，继续粉磨30～40min冷却出料包装。

③ 主要生产设备　球磨机、粉碎机、喷液漏斗、筛网式过滤器。

(3) 产品技术性能

按JC 477—2005标准检验结果及混凝土试验结果见表9-12和表9-13。

表 9-12 按 JC 477—2005 标准检验结果

检验单位	掺量/%	凝结时间/min		1d 抗压强度/MPa	28d 抗压强度比/%
		初凝	终凝		
北京建材质检站	3	2.2	6.5	11.3	89
自检	3	1.7	4.4	10.7	87
自检	3	2.3	5.1	10.4	92
普通速凝剂、自检	3	2.1	5.3	7.2	72

表 9-13 掺高性能防水喷射混凝土速凝剂混凝土试验结果

试验单位	配合比(质量比) 水泥：砂：石：水：速凝剂	抗压强度/MPa		
		1d	7d	28d
中铁隧道局二处试验室	1：1.68：1.68：0.44：0.03	—	33.0	44.1
	1：1.91：1.91：0.46：0.03	—	28.8	37.9
	1：2.17：2.26：0.50：0.03	21.1	26.3	33.8
中铁隧道局试验室	1：1.8：1.8：0.42：0.045	—	31.8	38.1
	1：1.8：1.8：0.42：0.045	抗渗等级大于 P15		

(4) 施工及使用方法 本品掺量为水泥质量的 3%。干法喷射加入水泥及骨料中，湿法喷射须在喷嘴处以压缩气流加入。

配方 172 NS311 水玻璃速凝剂

配方① 将水玻璃调制成 30 波美度（°Bé）直接用于混凝土喷射，为降低水玻璃溶液的黏度，增加流动性，可在 30°Bé 水玻璃中加入 0.07%的重铬酸钾或 0.05 的铬酐。一般 2min 后混凝土即硬化，1d 强度达 26MPa。

配方② 在 600mL 水玻璃溶液中，加入 10g 固体亚硝酸钠和 1mL 的三乙醇胺，水玻璃的浓度根据不同需要选定，2min 后混凝土即硬化。

本品适用于隧道、涵洞和支护工程中的喷射混凝土、混凝土抢修工程、锚固和止水堵漏工程。NS311 速凝剂在混凝土中的适宜掺量为水泥质量的 2%～7%。

配方 173 SN 无碱速凝剂

(1) 产品特点与用途

本品无碱、无氯、无刺激性气味，黏结性能好，回弹量低，后期强度保存率高、抗渗级别高。SN 速凝剂贮存期较长，能够抵抗温度的变化，能使混凝土在短时间内急速凝结并较快建立强度，SN 速凝剂无碱，对混凝土内部钢筋无锈蚀作用，适合喷射施工工艺和修补、止水堵漏等特殊工程，可广泛适用于隧道、涵洞、桥梁、支护和抢修等工程。

(2) 配方

① 配合比　见表 9-14。

表 9-14　SN 无碱速凝剂配合比

原料名称	质量份	原料名称	质量份
硫酸铝	40	硅溶胶	1
尿素	7	水	25

② 配制方法

a. 将硫酸铝投入球磨机内，经磨碎加工，细度过 80～300 目标准筛，筛余量小于 5%为合格半成品。

b. 将磨碎后的硫酸铝加入水中，在 40～100℃的条件下溶解后加入硅溶胶。

c. 用高速搅拌机在转速为 800～10000r/min 的条件下强力搅拌 10～30min。

d. 搅拌均匀后用乳化机乳化 5～10min，即为无碱干粉速凝剂。

(3) 产品技术性能

① 掺量为水泥质量的 3%～5%，2min 初凝，7min 终凝。喷射混凝土 28d 的强度保留值为 90%。

② 喷料黏性好，一次喷层可达设计厚度。一次喷拱为 10～15cm，侧壁可达 20cm 以上回弹量平均为 20%，工作面粉尘浓度低，可见度好。

③ 喷射混凝土由于掺用了速凝剂可使水灰比减小，混凝土密实度高，抗裂性好，早期强度增长快，能缩短工程施工周期。

④ 无碱、无氯离子腐蚀，对人体几乎无腐蚀性，混凝土抗渗性、耐久性提高。

(4) 施工方法

SN 无碱速凝剂掺量为水泥质量的 3%～5%，施工方法与喷射混凝土粉剂速凝剂相同。

配方来源：尚红利．无碱速凝剂．中国专利 200510107216.9.2006.

第10章 混凝土泵送剂

泵送剂是一种能改善混凝土拌合物泵送性能的外加剂。

混凝土原材料中掺入泵送剂，可以配制出不离析泌水，黏聚性好，和易性、可泵性好，具有一定含气量和缓凝性能的大坍落度混凝土，硬化后混凝土有足够的强度和满足多项物理力学性能要求。泵送剂可用于高层建筑、市政工程、工业民用建筑及其它构筑物混凝土的泵送施工。由于泵送混凝土具有缓凝性能，亦可用于大体积混凝土、滑模施工混凝土。泵送剂亦可用于现场搅拌混凝土，用于非泵送的混凝土。

水下灌注桩混凝土要求坍落度在180～220mm左右，亦可用泵送剂配制。

目前我国的泵送剂，氯离子含量大都≤0.5%或≤1.0%，由泵送剂带入混凝土中的氯化物含量是极微的，因此泵送剂适用于钢筋混凝土和预应力混凝土。

10.1 混凝土泵送剂的组成

泵送混凝土要求有良好的流动性及在压力条件下较好的稳定性，即坍落度大、泌水率小、黏聚性好。能改善混凝土泵送性能的外加剂有：减水剂、缓凝减水剂、高效减水剂、缓凝高效减水剂、引气减水剂等。随着泵送工艺的发展，专用于泵送混凝土的外加剂——泵送剂得到了发展。泵送剂大多是复合产品，具有如下组分。

① 流化组分　如减水剂或高效减水剂，其作用是在不增大或略降低水灰比的条件下，增大混凝土的流动性，即基准混凝土的坍落度为6～8cm，而加泵送剂后增大到12～22cm，并且在不增加水泥用量的情况下，28d抗压强度不低于基准混凝土。

② 引气组分　其作用是在混凝土中引入大量的微小的气泡，提高混凝土的流动性和保水性，减小坍落度损失，提高混凝土的抗渗性

及耐久性。

③ 缓凝组分　其作用是减小运输及停泵过程中的坍落度损失，降低大体积混凝土的初期水化热。

④ 其它组分　如早强组分、防冻组分、膨胀组分、矿物超细掺合料等，其作用是加速模板周转、防止冻害、改善混凝土级配，防止泌水离析，增加体积稳定性，增加混凝土耐久性，防止碱-骨料反应。

10.2 混凝土泵送剂的特点

① 减水率要高　因为泵送混凝土流动性好，坍落度大，必须采用减水率高的减水剂或复合减水剂。

② 坍落度损失小　坍落度的经时损失必须满足商品混凝土与泵送混凝土的要求。为了尽可能减小水灰比，最好坍落度损失控制在1～2h之内损失10%左右。

③ 不泌水、不离析、保水性好　尤其是压力泌水率要尽可能低，以保证泵送的顺利进行，不堵泵。

④ 有一定的缓凝作用　一方面可保持坍落度损失小，同时可降低水化热，推迟热峰出现，以免产生温度裂缝。

⑤ 混凝土内摩擦小　既不能泌水又要易于流动，因此泵送剂必须有一定的引气性，以减小阻力，防止堵泵。

10.3 混凝土泵送剂的工程应用

(1) C60泵送混凝土在上海东方明珠电视塔中的应用

上海东方明珠电视塔标高0～180m，共泵送C60混凝土16846m^3，泵压在13～20MPa之间。混凝土采用两台0.5m^3强制式混凝土拌合机现场搅拌。标高0～151m采用普茨曼BSA2100HD固定泵，标高151m以上采用普茨曼BSA2100HD-CAP固定泵。

(2) C10、C15低标号混凝土泵送剂的应用

低标号的贫混凝土，由于水泥用量较低，为保持足够的坍落度，必须加大用水量，不但会增加混凝土的泌水和收缩而且在泵送过程中，在泵压作用下水和砂浆易从粗骨料中渗出导致粗骨料集中而堵塞泵管。把这些不宜泵送或勉强可泵的混凝土变成易于泵送的混凝土所

用的泵送剂是以增稠剂及保水剂为主要特点的泵送剂。

使用这种泵送剂可以用 200kg/m^3 水泥或 250kg/m^3 水泥配制 C10、C15 级混凝土。其性能如表 10-1 所示。

表 10-1 混凝土拌合物性能

混凝土等级	混凝土类别	水灰比	坍落度/%	含气量/%	凝结时间(h：min)		凝结时间差		常压泌水率/%	压力泌水率/%
					初凝	结凝	初凝	结凝		
C10	普通混凝土	0.88	18.0	—	10：38	19：28	—	—	13.1	80.9
	泵送混凝土	0.88	16.5	3.1	15：16	22：58	4：38	+3：30	12.6	75.8
C15	普通混凝土	0.74	17.5	—	10：18	16：27	—	—	12.5	85.3
	泵送混凝土	0.74	16.3	2.4	13：42	20：54	+3：24	+4：27	9.6	66.3

10.4 混凝土泵送剂配方

配方 174 VF-2 型混凝土缓凝流化剂

(1) 产品特点与用途

本品性能优良，能够克服碱矿渣混凝土急凝的缺点，将碱矿渣混凝土有效地在工程中推广应用，初凝时间可在 1～70h 之间任意调整，不降低碱矿渣混凝土的强度；后期混凝土体积不收缩，泵送混凝土时工作性好，工作过程不离析、不泌水、泵压低，初始坍落度 230mm，5h 后仍保持坍落度 220mm。

VF-2 型混凝土缓凝流化剂可以掺入碱矿渣混凝土中，配制各种泵送混凝土、大体积混凝土和商品混凝土，起到缓凝作用。

(2) 配方

① 配合比 见表 10-2。

表 10-2 VF-2 型混凝土缓凝流化剂配合比

原料名称	质量份	原料名称	质量份
重铬酸钾	350	水玻璃	130
白砂糖	250	氢氧化钠	100
苯酚	70	水	100

② 配制方法 按配方量将各组分原材料倒入反应釜中搅拌混合均匀即可。

(3) 产品技术性能

① VF-2 混凝土缓凝流化剂能够降低碱矿渣混凝土凝胶体黏度，

减缓硅酸根离子快速聚合，隔离碱离子与矿渣粒子的接触，阻止化学反应的进行，促使碱矿渣混凝土缓凝。

② VF-2 流化剂可以自动调节碱矿渣水泥水化反应的 pH 值，自动补偿水化反应后碱金属离子及硅酸根离子的数量，减小混凝土坍落度损失。

③ 用 VF-2 流化剂配制的泵送混凝土工作性好，工作过程不离析、不泌水、泵压低、坍落度损失小。初始坍落度 230mm，5h 后仍保持坍落度 220mm。

(4) 施工方法

① 本剂掺量为水泥质量的 0.8%～2%。

② 以在混凝土拌合物加水时掺入为宜。

③ 搅拌时间：一般应不少于 1.5min。

配方 175 EP-1 型混凝土高效复合泵送剂

(1) 产品特点与用途

EP-1 型泵送剂系复合型高效多功能液体泵送剂，主要成分有 NF 型萘磺酸钠甲醛缩合物高效减水剂、缓凝剂、引气剂和保塑剂、早强剂等。它既可显著地提高可泵性，又可提高混凝土的早期强度、抗渗性及耐久性。

本产品执行中华人民共和国国家标准 GB 8076—2008 中高效减水剂及建材行业标准 JC 473—2001 混凝土泵送剂一等品质量标准，其特点是硫酸钠含量低，减水率大，早强和增强效果显著，对凝结时间无影响。本品具有缓凝、增强、保塑、坍落度损失小、可泵性好，且能降低水泥水化放热峰值等多种功能。本品无毒、不易燃，对钢筋无锈蚀作用，可广泛应用于大体积混凝土、商品混凝土、高层建筑、道路、桥梁及水工混凝土和地下工程等各类泵送混凝土。

(2) 配方

① 配合比　见表 10-3。

表 10-3　EP-1 型混凝土高效复合泵送剂配合比

原料名称	质量份	原料名称	质量份
NF 萘系高效减水剂	22	三聚磷酸钠	2.5
AT 缓凝减水剂	7	羧乙基甲基纤维素	1.2
木质素磺酸钙	2.5	F-4 聚羧酸钠盐分散剂	6
十二烷基苯磺酸钠	0.8	水	57.2
柠檬酸	0.8		

② 配制方法

a. 在带有搅拌器、回流冷凝器的反应釜中加入水572kg、木质素磺酸钙25kg、NF萘系高效减水剂220kg、AT缓凝减水剂70kg、羧乙基甲基纤维素12kg、三聚磷酸钠25kg、柠檬酸8kg开机搅拌，加热升温100℃，保温反应2h，溶解均匀制成混合液。

b. 通过计量罐向反应釜滴加F-4聚羧酸钠盐分散剂，在30～40min内滴完，将反应物降温至60～65℃，再用30%氢氧化钠水溶液将反应物pH值调至6～7，搅拌均匀即可降温出料，用塑料桶包装入库贮存。本产品保质期1年。

(3) 产品技术性能

① 本品为棕褐色液体，密度(1.17±0.02)g/mL。主要成分是β-萘磺酸钠甲醛缩合物。硫酸钠含量≤1%、水泥浆流动度≥240mm。

② 缓凝时间合适，初凝和终凝时间均延长2～3h。

③ 减水率大，增强效果显著。减水率15%～20%，龄期3～5d的混凝土达设计标号的70%，7d达设计标号，28d提高20%左右。

④ 流化功能高，混凝土坍落度可由0～5cm提高到15～25cm，坍落度损失小，可泵性显著改善，而强度不降低。

⑤ 可节省水泥15%～20%，应用525号普通硅酸盐水泥可配制C40～C60高强混凝土，与粉煤灰双掺时可节省水泥20%～30%，每吨产品可节省水泥15t以上。

⑥ 混凝土的抗渗性、抗冻性和抗碳化性能显著提高。抗渗标号可达S15。

⑦ 水泥适应性好，对以硬石膏为调凝剂的水泥也适用。

⑧ 对混凝土收缩及碱-骨料反应无不良影响，对钢筋无锈蚀危害。

(4) 施工方法

① 本产品掺量范围1%～2%（以胶凝材料量计)，可根据与水泥的适应性、气温的变化和混凝土坍落度等要求，在推荐范围内调整确定最佳掺量。

② 按计量，直接掺入拌合水中或混凝土，搅拌时间适当延长。

③ 在计算混凝土用水量时，应扣除液剂中的水量。

④ 在使用本产品时，应按混凝土试配事先检验与水泥的适应性。

⑤ 低温时可与早强减水剂、防冻剂复合使用。

配方 176 SJ 型缓凝低碱混凝土泵送剂

(1) 产品特点与用途

SJ 型系复合低碱泵送剂。其主要成分为木质素磺酸盐减水剂、萘系高效减水剂、缓凝剂和保塑剂等。本产品具有增塑、缓凝、低引气、坍落度损失小、可泵性好，且能降低水泥水化放热峰值，可防止混凝土拌合物在泵送管路中离析或阻塞，改善其泵送性能等多种功能。SJ 型泵送剂不含氯化物，对钢筋无锈蚀作用，适用于配制各种泵送混凝土、大体积混凝土和商品混凝土。

(2) 配方

① 配合比　见表 10-4。

表 10-4　SJ 型缓凝低碱混凝土泵送剂配合比

原料名称	质量份	原料名称	质量份
NF 萘系高效减水剂	68	三聚磷酸钠	22
木质素磺酸钙	25	沸石粉	22
柠檬酸	8	粉煤灰	30
羧乙基甲基纤维素	25		

② 配制方法　按配方量将各组成原料投入球磨机内混合研磨 30～40min 分散均匀，细度过 300 目标准筛，筛余量小于 5%，即可放料用内衬塑料袋编织袋包装入库贮存。产品保质期 1 年。

(3) 产品技术性能

① 掺 SJ 泵送剂的混凝土，与基准混凝土同水灰比的前提下，减水率可达 8%～14%，混凝土各龄期强度均有提高，3～7d 提高 20%～30%，28d 仍可提高。

② 掺 SJ 泵送剂的混凝土和易性好，泌水率极低，混凝土坍落度增加值≥8cm，2h 坍落度损失率＜20%；黏聚性好，可降低泵输送压力 5～10kg/cm^2，大大提高单位输送量。

③ 对干缩无不利影响，对钢筋无锈蚀危害。

④ SJ 型缓凝低碱混凝土泵送剂匀质性指标见表 10-5。

表 10-5　SJ 型缓凝低碱混凝土泵送剂匀质性指标

项　目	指　标	项　目	指　标
外观	棕色粉末	pH 值	6～7
细度	30 目筛筛余≤5%	表面张力	51.6×10^{-5}N/cm
不溶物	≤2%	Cl$^-$ 含量	0.85%
含水率	≤3%	水泥浆流动度	230mm(掺量 1.3%,水灰比 0.35)

(4) 施工方法

① 掺量范围：为水泥质量的0.4%～1.2%，掺量以0.5%～0.8%效果为佳。

② SJ泵送剂以粉剂直接掺加，或配成溶液与拌合水一起掺加皆可。

③ 如以粉剂直接掺加，必须先与水泥和骨料干拌30s以上，再加水搅拌，搅拌时间不得少于2min。

配方177 AN-8高效泵送剂

(1) 产品特点与用途

本品由阴离子表面活性剂高效减水剂、引气剂、缓凝剂复合组成，能有效地改善混凝土拌合物的泵送性能，提高可泵性，并能使新拌混凝土在较长时间保持流动性和稳定性。掺量为水泥质量的0.6%～1.2%，减水率为10%～20%，3d强度增长率30%～50%，28d强度提高20%～30%，初终凝凝结时间可延长1～3h，含气量3%～4%，常压、压力泌水分别减少50%、40%。AN-8高效泵送剂适用于配制商品、泵送、大体积、高强、高性能混凝土、夏季施工等。

(2) 配方

① 配合比 见表10-6。

表10-6 AN-8高效泵送剂配合比

原料名称	质量份	原料名称	质量份
三聚磷酸钠	0.4	萘磺酸甲醛缩合物高效减水剂	25
白砂糖	2.5	磺化三聚氰胺高效减水剂	22
六偏磷酸钠	0.8	聚羧酸磺酸盐高效减水剂	8
十二烷基苯磺酸钠	5	水	36.3

② 配制方法

a. 将水加入带有搅拌器、回流冷凝器的反应釜内，加热升温100℃，按配方计量依次加入三聚磷酸钠、白砂糖、六偏磷酸钠和十二烷基苯磺酸钠，搅拌30min，使物料完全溶解后，再加入浓度为38%的萘磺酸甲醛缩合物高效减水剂、浓度为30%的磺化三聚氰胺高效减水剂，搅拌30min，保温反应2h，溶解均匀制成混合液。

b. 通过计量罐向反应釜内滴加浓度为30%的聚羧酸磺酸盐高效减水剂，控制滴加时间在30min内滴完，将反应物降温至60～65℃，再用30%氢氧化钠水溶液将反应物pH值调至6～7，搅拌均匀即可降温出料用塑料桶包装入库贮存。本产品保质期1年。

(3) 产品技术性能

① 本产品具有减水率高，能显著地提高混凝土的和易性，改善可泵性。坍落度增加值14～18cm，保留值30min为12cm，60min大于10cm，含气量≤3%，凝结时间延长1～3h，水泥的初期水化热降低，可泵性显著提高。

② 减水率10%～20%左右，龄期3d强度增长率30%～50%，28d强度提高20%，抗渗性和抗冻性及抗碳化性能显著提高。

③ AN-8可有效地提高混凝土的抗受压泛水能力，防止管道阻塞。

④ 本品无毒、不燃、不含氯盐，对钢筋无锈蚀危害。

(4) 施工方法

① 本品的适宜掺量为水泥质量的0.6%～1.2%。根据对混凝土性能的不同要求和施工条件的变化，掺量可适当调整，但最大掺量不要超过2%。

② AN-8泵送剂可与拌合水同时加入，如有条件建议后于拌合水加入，效果更佳。

③ 如利用混凝土搅拌车运输中拌合，一般运输时间应大于30min，待到达现场后，应加速搅拌1min。

④ AN-8可与其它外加剂复合使用，在正式使用前，必须通过试验确定效果。

配方178 M17混凝土复合泵送剂

(1) 产品特点与用途

M17泵送剂系复合型液体高效混凝土泵送剂，主要成分有NF萘磺酸钠甲醛缩合物高效减水剂、木质素磺酸钙早强减水剂、缓凝剂、引气剂等组成。掺入本品能改善混凝土的泵送性，并可使混凝土在较长时间保持流动性和可泵性。M17泵送剂具有缓凝、增强、保塑、坍落度损失小，可泵性好，且能降低水泥水化放热峰值等多种功能。在掺量范围内，减水率可达10%～18%，凝结时间延缓1～5h，坍落度可由5～7cm增至14～22cm。本品用作混凝土砂浆泵送剂，适用于配制商品、泵送、大体积混凝土和大流动度混凝土。

(2) 配方

① 配合比 见表10-7。

表10-7 M17混凝土复合泵送剂配合比

原料名称	质量份	原料名称	质量份
NF萘磺酸钠甲醛缩合物高效减水剂	25	十二烷基苯磺酸钠	0.8
木质素磺酸钙早强减水剂	10	水	56.2
糖钙	8		

② 配制方法 在带有搅拌器、回流冷凝器的反应釜中加入水、NF萘磺酸钠甲醛缩合物高效减水剂、木质素磺酸钙早强减水剂、缓凝剂糖钙、引气剂十二烷基苯磺酸钠开机搅拌，加热升温100℃，保温反应2h，分散溶解均匀，将反应物降温至50℃用30%氢氧化钠溶液把pH值调节到8～9，冷却降温出料用塑料桶包装入库贮存。产品保质期1年。

(3) 产品技术性能

① M17泵送剂对水泥具有较强的分散作用，能使水灰比不变的情况下，大大提高混凝土拌合物的流动性，大幅度减少混凝土中的用水量，减水率为10%～18%，龄期3～7d的混凝土抗压强度分别提高20%～50%，28d强度提高15%～30%。

② 掺入M17泵送剂可延缓水泥的凝结时间1～5h，3h之内混凝土拌合物仍可保持良好的泵送性。而且混凝土早期强度并不降低。

③ M17配制的泵送混凝土其坍落度损失小，坍落度可由5～7cm增至14～22cm。保留值30min为12cm，60min大于10cm。含气量2%～3%左右，水泥的初期水化热降低，可泵性显著提高。

④ 对混凝土收缩无不良影响，对钢筋无锈蚀危害。

(4) 施工方法

① 本品的适宜掺量为水泥质量的0.6%～1.2%。根据对混凝土性能的不同要求和施工条件的变化，掺量可适当调整，但最大掺量不要超过2%。

② M17泵送剂可与拌合水同时加入。如有条件，建议后于拌合水加入，效果更佳。

③ 如利用混凝土搅拌车运输中拌合，一般运输时间应大于30min，待到达现场后，应加速搅拌1min。

④ M17可与其它外加剂复合使用，在正式使用前，必须通过试验确定效果。

配方179 AN混凝土泵送剂

AN混凝土泵送剂由高效减水剂、引气剂、缓凝剂等多种成分复合而成。它既可有效改善混凝土拌合物的泵送性，又可使混凝土在较长时间保持流动性、可泵性。掺量为水泥质量的2%～3%，坍落度增加值≥16cm，含气量≤3.5%，凝结时间延长2～3h，0.5h、1h坍落度保留值分别≥20cm、≥15cm，减水率16%～30%，龄期3d、7d、28d混凝土抗压强度分别提高>60%、>40%、25%左右。AN混凝土泵送剂对混凝土收缩无不良影响，对钢筋无锈蚀危害。适用于配制商品搅拌混凝土、大体积混凝土、钢筋混凝土、轻骨料混凝土、桥梁、水工和路面等结构。

(1) 配方 见表10-8。

表10-8 AN混凝土泵送剂配合比

原料名称	质量份	原料名称	质量份
萘磺酸甲醛缩合物(38%)	25	蔗糖	0.15
氨基磺酸盐(38%)	20	六偏磷酸钠	0.3
脂肪族羟基磺酸盐(30%)	40	十二烷基苯磺酸钠	0.5
三聚磷酸钠	0.25	水	13.8

(2) 配制方法

将水加入反应釜内，升温至60℃，依次加入缓凝剂三聚磷酸钠、蔗糖、六偏磷酸钠和引气剂十二烷基苯磺酸钠，搅拌30min，使物料完全溶解后，再加入浓度为38%的萘磺酸甲醛缩合物、浓度为38%的氨基磺酸盐和浓度为30%的脂肪族羟基磺酸盐高效减水剂，搅拌15min后，降温至23℃出料包装即制得AN混凝土泵送剂。

(3) 使用方法

AN混凝土泵送剂掺量为水泥质量的2%～3%。

配方180 SP高性能混凝土泵送剂

SP高性能混凝土泵送剂为棕褐色液体，浓度20%～40%，密度1.08～1.28g/m^3，主要成分由β-萘磺酸甲醛缩合物、聚羧酸盐高效减水剂、缓凝剂、引气剂和保塑剂复合组成。SP高性能混凝土泵送剂作为控制混凝土坍落度损失型高性能混凝土泵送剂，可有效改善混凝土的流动性和施工性，大幅度降低混凝土的坍落度损失，减水率达 25%以上，坍落度增加值为 12～18cm 以上，保留值 30min 为 12cm，60min 大于 10cm，所配制的混凝土坍落度在 2～4h 内基本不损失，含气量 2%～3%左右，龄期 3～28d 的强度提高 15%～30%，抗渗性和抗冻性显著提高，混凝土强度和耐久性有较大幅度的增加，可用来配制 C20～C100 各种强度等级的混凝土。SP 高性能混凝土泵送剂在混凝土中的适宜掺量为水泥（包括矿物掺合料）质量的 2%～5%，具体掺量应根据使用混凝土流动性的增加值和混凝土坍落度的保持性效果，通过试验确定。SP 高性能混凝土泵送剂主要适用于商品预拌混凝土、大体积混凝土、钢筋混凝土、轻骨料混凝土、桥梁、建筑、水工和路面等构筑物。

(1) 配方 见表 10-9。

表 10-9 SP 高性能混凝土泵送剂配合比

原料名称	质量份	原料名称	质量份
萘磺酸甲醛缩合物高效减水剂	32	柠檬酸	2.2
聚羧酸磺酸盐高效减水剂	7.5	葡萄糖酸钠	2
十二烷基苯磺酸钠	1.3	水	55

(2) 配制方法

先将水加入带有搅拌器的反应釜中，再将萘磺酸甲醛缩合物高效减水剂、聚羧酸磺酸盐高效减水剂、引气剂十二烷基苯磺酸钠、缓凝剂柠檬酸、保塑剂葡萄糖酸钠依次加入反应釜中，搅拌、溶解 2～6h，搅拌均匀出料包装，即得固含量 40%棕褐色液体高性能混凝土泵送剂。

配方 181 多功能补偿收缩混凝土泵送剂

多功能补偿收缩混凝土泵送剂主要成分：萘磺酸甲醛缩合物高效减水剂、改性木质素磺酸盐减水剂、膨胀剂、缓凝剂、引气剂、保塑剂等。由于含有硫铝酸钙膨胀剂膨胀材料，使混凝土硬化过程中会产生一定的体积膨胀，补偿混凝土温度收缩，减少预应力损失，达到抗裂防渗的目的。本产品能显著改善混凝土可泵性，具有减水、增强、增塑和抗渗防水效果，和易性好，不泌水，抗压强度高。减水率大，增强效果显著；减水率15%～20%，龄期3～7d的抗压强度均提高50%～90%以上，28d挤压强度提高15%～30%左右。掺多功能补偿收缩混凝土泵送剂的混凝土流化功能高，可使混凝土坍落度提高10cm以上，泌水率下降40%，坍落度经时损失小，可泵性显著改善，而强度不降低。

本品掺量为混凝土中水泥质量的1%～1.9%，对用于要求防水的泵送混凝土，其掺量为混凝土中水泥质量的1.9%～4%。多功能补偿收缩混凝土泵送剂适用于配制强度等级≤C60各类泵送混凝土、商品、大体积、高强、高性能混凝土。

(1) 配方 见表10-10。

表10-10 多功能补偿收缩混凝土配合比

原料名称	质量份	原料名称	质量份
萘磺酸甲醛缩合物高效减水剂	25	硫酸铝	0.38
硫酸铝铵	4	过氧化氢	0.2
改性木质素磺酸盐减水剂	4.4	氢氧化钠	调节 pH≥5
十二醇硫酸钠	0.02	水	65

(2) 配制方法

取萘磺酸甲醛缩合物高效减水剂、硫酸铝铵、改性木质素磺酸盐减水剂、十二醇硫酸钠、硫酸铝和过氧化氢混合后，加水搅拌均匀，再用氢氧化钠30%水溶液调节pH值≥5，即制得多功能补偿收缩混凝土泵送剂。

配方182 无碱高强混凝土泵送剂

无碱高强混凝土泵送剂，主要成分无碱型萘系高效减水剂、木质素磺酸钙普通减水剂、缓凝剂、引气剂、增强剂和保塑剂等复合制成。本产品具有减水、增塑、缓凝、低引气、坍落度经时损失小，可泵性好，且能降低水泥水化放热峰值，可防止混凝土拌合物在泵送管路中离析或阻塞，改善其泵送性能等多种功能。该产品3d、7d、28d强度增加值可达15%～25%甚至更高。掺无碱高强混凝土泵送剂混凝土坍落度1h之内稳定在180～200mm，而且混凝土的可泵性好。掺无碱高强混凝土泵送剂的混凝土与基准混凝土同水灰比的前提下，减水率可达8%～14%，混凝土各龄期强度均有提高。无碱高强混凝土泵送剂不含氯化物，对钢筋无锈蚀作用，适用于配制各种泵送混凝土、大体积混凝土和商品混凝土。

(1) 配方 见表 10-11。

表 10-11 无碱高强混凝土泵送剂配合比

原料名称	质量份	原料名称	质量份
无碱型萘系高效减水剂	1	沸石粉	6.9
木质素磺酸钙减水剂	0.2	OP 乳化剂	0.2
葡萄糖酸钙	0.4	粉煤灰	0.8
皂角粉	0.5		

其中无碱型萘系高效减水剂配比：

原料名称	质量份	原料名称	质量份
萘	1	甲醛	0.7
硫酸	0.9	石灰	0.4
水	0.05	细石灰粉	—

(2) 配制方法

a. 萘加硫酸，在 135℃下硬化 3～5h，加入甲醛和水，在 90℃下缩合 4～5h，加入石灰，拌匀、晾干，磨细至 100 目即为无碱型高效减水剂。

b. 按配方量将无碱型萘系高效减水剂、木质素磺酸钙减水剂、缓凝剂葡萄糖酸钙、增强剂沸石粉、引气剂皂角粉、稳定剂 OP 乳化剂、辅料粉煤灰投入球磨机内混合研磨 30～40min 分散均匀，细度过 300 目标准筛，筛余量小于 5%，出料包装即可制得灰褐色粉状无碱型高强混凝土泵送剂。

(3) 使用方法

无碱型高强混凝土泵送剂掺量为水泥质量的 0.5%～1.2%，可以粉剂直接掺加，或配成溶液与拌合水一起掺加即可。

配方来源：蒋德双. 混凝土泵送剂和制备方法. 中国专利. 200610054242.4.2006-10-11.

配方 183 FTS 高效泵送剂

(1) 产品特点与用途

FTS 高效泵送剂由高效减水剂、引气剂、缓凝剂等多种成分复合而成，它既可有效改善混凝土的泵送性，又可使混凝土在较长时间保持流动性，还可提高混凝土的早期强度、抗渗性及耐久性。FTS高效泵送剂适用于配制强度等级为C50～C60的高强度、高性能商品、泵送、流态混凝土、防水混凝土、大体积混凝土、道路混凝土、港工混凝土、滑模、大模板施工、夏季施工等。

(2) 配方

① 配合比　见表10-12。

表10-12　FTS高效泵送剂配合比

原料名称	质量份	原料名称	质量份
水	13.8	NF萘磺酸甲醛缩合物高效减水剂(38%)	25
三聚磷酸钠	0.25	AT缓凝高效减水剂(38%)	20
蔗糖	0.15	聚羧酸盐高效减水剂(30%)	40
六偏磷酸钠	0.3	十二烷基苯磺酸钠	0.5

② 配制方法　将水加入反应釜内，升温至60℃，按配方量依次加入三聚磷酸钠、蔗糖、六偏磷酸钠和十二烷基苯磺酸钠，搅拌30min，使所加物料完全溶解后，再加入浓度为38%的NF萘磺酸甲醛缩合物高效减水剂、AT缓凝高效减水剂和浓度30%的聚羧酸盐高效减水剂，搅拌40min后，降温至25℃，即制得FTS高效泵送剂。

(3) 产品技术性能

① 减水率：16%～30%。

② 坍落度增加值≥16cm。

③ 0.5h、1h坍落度保留值分别≥20cm、≥15cm。

④ 含气量：≤3.5%。

⑤ 3d、7d、28d强度可分别提高>60%、>40%、>25%。

(4) 施工方法

本产品掺量范围为水泥质量的2%～3%，可根据与水泥的适应性、气温的变化和混凝土坍落度要求等，在推荐范围内调整确定最佳掺量。FTS为棕褐色液体可与拌合水同时加入。如有条件，建议后于拌合水加入，效果更佳。

配方184　聚羧酸系泵送剂

(1) 产品特点与用途

聚羧酸系泵送剂由醚类聚羧酸系减水剂、缓凝剂葡萄酸钠、柠檬酸钠、木质素磺酸钠和水复合而成。本品为液体外加剂，适用于各种硅酸盐水泥泵送商品混凝土。聚羧酸系泵送剂具有掺量低、减水率高（减水率达到 30%以上），保塌性好，（1h 坍落度经时损失小于 15mm）对混凝土强度贡献大（7d 抗压强度提高 85%以上，28d 抗压强度提高 70%以上）等优点。聚羧酸系泵送剂特点在于使用的缓凝、引气等辅助材料种类较少，各种组分间相容性较好，作为液体泵送剂避免了不溶物、漂浮物以及刺激气味的存在，产品稳定性好，无分层、沉淀、强腐蚀性等现象，且具备良好的减水率、保坍性，较低的压力泌水，一定的引气性能，可降低水泥早期水化热，其综合性能优异。

应用聚羧酸系泵送剂可大幅度降低商品混凝土生产成本，便于商品混凝土生产过程中对产品质量的控制，将为企业降本增效，对提升行业竞争力具有较大的经济效益和社会效益。

(2) 配方

① 配合比　见表 10-13。

表 10-13　聚羧酸系泵送剂配合比

原料名称	质量份	原料名称	质量份
醚类聚羧酸系减水剂	250～325	木质素磺酸钠	8～12
葡萄糖酸钠	25～40	水	675～750
柠檬酸钠	6～10		

② 配制方法　取聚羧酸系减水剂母液（醚类，40%固含量）32.5kg、水 67.5kg 加入反应釜中混合均匀后，依次加入葡萄糖酸钠（含量 98.5%）3kg、柠檬酸钠（含量 99%）0.7kg、木质素磺酸钠 1.2kg，搅拌均匀，即制得聚羧酸系泵送剂。

(3) 产品技术性能

掺用本品制得的混凝土和易性优良，减水率高（减水率达到 30%以上），1h 坍落度经时损失小于 15mm；对比基准混凝土，添加本品的泵送混凝土，在各个龄期的强度均有不同程度的提升；硬化后的混凝土在外观、裂缝控制、抗渗、耐久性能等方面表现优异。另外，本品所用的储存、运输设备不用经常清洗，清洗频率可由常规的每年 6 次下降到每年 1 次，大大减轻了对环境的污染。

(4) 施工方法

聚羧酸系泵送剂适用于在 C15～C60 混凝土中应用，其掺量为混凝土中胶凝材料质量的1%～1.7%。

配方来源：李萍，周转运等. 聚羧酸系泵送剂及其应用. CN 102775090A. 2012.

配方185 聚羧酸系高减水保坍早强型高效泵送剂

(1) 产品特点与用途

聚羧酸系高减水保坍早强型高效泵送剂是将浓度为20%的聚羧酸醚类外加剂作为母液与浓度为20%的聚羧酸酯类与硫代硫酸钠在40～50℃的水环境中进行化合形成特定结构的合成产物。化合后添加葡萄糖酸钠、木质素磺酸钠进行复合，复合过程结束后，常温下加入离子膜碱进行酸碱度调整使pH值至6～8，添加十二烷基硫酸钠引气剂和异噻唑啉酮类防腐防霉杀菌剂后制成。本产品具有较高的稳定性，减水率高，水泥适应性广泛，可适用于有早强要求的各种标号泵送混凝土。本品特别适用于对初期保坍性和早强要求的混凝土，也可用于高标号混凝土、自密实混凝土、高性能混凝土、超高强混凝土等，与一般的聚羧酸系外加剂产品相比，本品在初期施工阶段保坍性能好，混凝土减水率高，可明显降低原配合比中的水泥用量，有效改善混凝土和易性、可泵性，提高硬化混凝土早期强度，和混凝土长期耐久性。本品对水泥适应面较广，受四季温度变化影响小，生产简便，既经济又环保。

(2) 配方

① 配合比 见表10-14。

表10-14 聚羧酸系高减水保坍早强型高效泵送剂配合比

原料名称	质量份	原料名称	质量份
聚羧酸醚类外加剂(浓度20%)	70	离子膜碱	0.3
聚羧酸酯类外加剂(浓度20%)	5	十二烷基硫酸钠	0.1
硫代硫酸钠	0.6	异噻唑啉酮类防腐防霉杀菌剂	0.2
葡萄糖酸钠	1.5	去离子水	20.8
木质素磺酸钠	1.5		

② 配制方法

a. 将上述组成与配比的去离子水20.8kg加入反应釜内并升温至40～50℃，加入聚羧酸醚类外加剂70kg，加入聚羧酸酯类外加剂5kg和硫代硫酸钠0.6kg，保持温度搅拌30min，形成特定结构的合成物；

b. 添加葡萄糖酸钠1.5kg、木质素磺酸钠1.5kg进行复合，搅拌30min；

c. 待冷却至常温后，加入0.3kg离子膜碱进行酸碱度调整使pH值调整至6～8，添加十二烷基硫酸钠引气剂0.1kg和异噻唑啉酮类防腐防霉杀菌剂0.2kg后继续搅拌30min，即为成品。

(3) 产品技术性能

聚羧酸系高减水保坍早强型高效泵送剂在符合GB 8076—2008《混凝土外加剂》国家标准和JG/T 223—2007《聚羧酸系高性能减水剂》行业标准的基础上，在某些具体指标上具有优势，特别在初期施工阶段的保坍性能，混凝土早期强度方面具有较高的优势，水泥适应性广泛、产品性价比较高。本产品从开发至今已在多项重大工程中应用。经搅拌站实际数据表明，应用本产品的混凝土在性价比、水泥适应性、混凝土初期施工保坍性、和易性、保水性、可泵性、混凝土早期强度、混凝土长期耐久性等方面均表现优异。

(4) 施工方法

本品掺量为水泥质量的0.8%～2%，以在混凝土拌合物加水时掺入为宜。

配方来源：郭执宝，何仙琴．聚羧酸系高减水保坍早强型高效泵送剂．CN 103241978A．2013.

配方186 聚羧酸系高性能泵送剂

(1) 产品特点与用途

目前，大部分泵送剂采取复配法生产，采用的减水剂多以萘系、氨基系和脂肪族系等减水剂。由于萘系减水剂存在减水率偏低、混凝土坍落度经时损失大、黏度过高等缺点；氨基磺酸系减水剂的分子量太小，容易导致水泥浆体泌水，混凝土坍落度损失较快，但分子量太大时，其减水分散性又要受到影响；脂肪族系减水剂为棕红色液体，使拌制的混凝土、砂浆容易着色，单独使用拌制的混凝土坍落度经时损失快。聚羧酸系减水剂是综合性能优异的第三代高性能减水剂。用聚羧酸系减水剂配制的泵送剂具有抄量低、材料适应性强、减水率高（减水率达到30%以上）、保坍性好（1h坍落度经时损失小于15mm）、含气量低（小于3%）、对混凝土强度贡献大（3d抗压强度提高90%以上，7d抗压强度提高85%以上，28d抗压强度提高70%

以上）。聚羧酸系泵送剂的特点在于泵送剂各种组分间相容性较好，产品性能稳定，无分层、沉淀、强腐蚀性等现象，且具备良好的材料适应性、减水率、保坍性，较低的压力泌水，一定的引气性能，可降低水泥早期水化热，其综合性能优异。应用本产品可大幅度降低商品混凝土生产成本，便于商品混凝土生产过程中对其产品质量的控制，将为企业增效，提升行业竞争力起到强有力的推动作用。

本品可广泛适用于C15～C70预拌商品混凝土、大流动性混凝土、高强泵送混凝土、自密实混凝土、大体积混凝土、桥梁工程混凝土等。

(2) 配方

① 配合比　见表10-15。

表10-15　聚羧酸系高性能泵送剂配合比

原料名称	质量份	原料名称	质量份
聚羧酸系减水剂(醚类、40%固含量)	3.25	白糖(蔗糖分≥99.6%)	0.03
葡萄糖酸钠(纯度98.5%)	0.3	十二烷基硫酸钠	0.004
柠檬酸钠(纯度99%)	0.06	水	6.75
三聚磷酸钠	0.02		

② 配制方法　取醚类聚羧酸系减水剂母液3.25kg，水6.75kg加入反应釜中混合均匀后，依次加入葡萄糖酸钠0.3kg、柠檬酸钠0.06kg，三聚磷酸钠0.02kg、白糖0.03kg、十二烷基硫酸钠0.004kg搅拌均匀，即制得聚羧酸系高性能泵送剂。

(3) 产品技术性能　见表10-16。

表10-16　聚羧酸系高性能泵送剂主要性能指标

检测项目		技术标准	测试结果
减水率/%		≥25	30
泌水率比/%		≤60	26
含气量/%		≤6.0	1.8
凝结时间差/min	初凝	-90～+120	+115
	终凝		-110
抗压强度比/%	1d	≥170	200
	3d	≥160	195
	7d	≥150	191
	28d	≥140	179

续表

检测项目	技术标准	测试结果
1d 坍落度经时变化量/mm	≤80	25
硫酸根含量/%	1	0.290
氯离子含量/%	1	0.022
总碱量/%	1	1.649

注：采用标准 GB 8076—2008、GB 8077—2012。

(4) 施工方法

推荐掺量为混凝土中水泥用量的 1.2%。

配方来源： 李萍等. 一种聚羧酸系泵送剂及其应用. CN 102849980A. 2013.

配方 187 保坍型混凝土泵送剂

(1) 产品特点与用途

在混凝土泵送和施工中，经常会遇到混凝土坍落度损失快的问题，造成堵泵、不易施工或无法施工的现象，延长了施工工作时间，造成人力、物力的浪费，是混凝土公司和施工方产生矛盾的一个导火索。针对上述存在的技术问题，本产品在总结常用控制坍落度损失方法的基础上，将羧酸类接枝共聚物复合到萘系减水剂中，具有分散性好、坍落度保持能力强的特点，解决了掺萘系泵送剂混凝土坍落度损失快的问题。保坍型混凝土泵送剂对环境无污染，对人体无危害，无废弃物，属绿色环保外加剂。

(2) 配方

① 配合比 见表 10-17。

表 10-17 保坍型混凝土泵送剂配合比

原料名称	质量份	原料名称	质量份
萘或同系物	80	十二烷基硫酸钠	2
脂肪族化合物	6	甲醛纤维素	0.2
葡萄碳酸钠	2	羧丙甲基纤维素	0.3
羧酸类接枝共聚物	2	水	7.5

② 配制方法 按配方计量将各组成材料混合搅拌均匀即可。

组成材料质量份配比范围：萘或同系物 60～80、脂肪族化合物 6～8、葡萄碳酸钠 1～5、羧酸类接枝共聚物 1～5、十二烷基硫酸钠

1～3、甲醛纤维素 0.1～0.5、羟丙甲基纤维素 0.1～0.5，其余为水。

(3) 产品技术性能 见表 10-18～表 10-20。

表 10-18 保坍型混凝土泵送剂的匀质性指标

检测项目	控制指标	测试结果
固含量/%	35.5±0.5	35.8
密度/(g/cm³)	1.100±0.005	1.088
pH 值	8.5±0.5	8.4
净浆流动度增加值/mm	≥30	50

表 10-19 保坍型混凝土泵送剂的混凝土性能

试验项目	测试结果	试验项目		测试结果
减水率/%	26.8	凝结时间/min	初凝	+65
含气量/%	2.8		终凝	+50
泌水率比/%	12	1h 坍落度保持率		≥85%
		对钢筋锈蚀作用		无锈蚀

表 10-20 保坍型混凝土泵送剂与普通萘系泵送剂对混凝土的保坍性能对比

泵送剂掺量		水灰比	坍落度/cm				凝结时间/(h：min)	
普通萘系/%	保坍泵送剂/%		普通萘系		保坍泵送剂		初凝	终凝
			SL 0	SL 2h	SL 0	SL 2h		
1.3	1.3	0.525	18	14	18	15.0	7：15	9：30
1.4	1.4	0.525	18	15	18	16.0	7：40	9：50
1.5	1.5	0.525	18	15	18	17.0	11：40	14：15

(4) 施工方法

推荐掺量为混凝土中水泥用量的 1.2%～1.5%。

配方来源：王风丽，王国强．一种保坍型混凝土泵送剂．CN 102992697A．2013．

第11章 混凝土防水剂与絮凝剂

11.1 混凝土防水剂

防水剂是一种能够降低砂浆、混凝土在静水压力下的透水性的外加剂。是用来改善混凝土的抗渗性，用以提高混凝土的水密性和憎水性的专用外加剂。在拌制混凝土过程中，加入粉状、液状或乳液状的防水剂后，可使材料具有渗水、吸水量减水；防水或憎水作用加强。

防水剂按其化学成分可分为无机防水剂、有机防水剂和复合防水剂。

11.1.1 无机防水剂

无机防水剂主要包括氯盐类防水剂（氯化铁、氯化钙）、水玻璃系（硅酸钠类）防水剂、铝盐类防水剂及硅质粉末（粉煤灰、火山灰、硅灰、硅藻土等）锆化合物等。

(1) 氯盐防水剂

主要有氯化钙、氯化铝等和水按一定比例配制而成，掺入混凝土中，在水泥水化硬化过程中，能与水泥及水作用生成复盐，填补混凝土与砂浆中空隙，提高混凝土的密实度与不透水性，以起到防水、防渗作用。氯盐防水剂具有速凝、早强、耐压、防水、抗渗、抗冻等性能。可用于屋面、地下室、仓库、地下防潮层、游泳池、水箱等的防水、抗渗、掺量为水泥用量5%左右。

(2) 氯化铁防水剂

氯化铁防水剂是由氧化铁皮（FeO、Fe_2O_3、Fe_3O_4混合物）、铁粉、盐酸、硫酸铝等和工业盐酸按适当比例、一定顺序常温下在容器中进行化学反应后，生成的一种强酸性液体。氯化铁防水剂可用于配制防水砂浆和防水混凝土，以及其它处于地下和潮湿环境下的混凝土及钢筋混凝土工程和防水堵漏。由于在氯化铁防水混凝土中，要生成大量氢氧化铁胶体，在钢筋的周围生成的氢氧化铁胶膜还可以起到保护钢筋的阻锈作用。氯化铁防水剂的掺量为3%左右。

(3) 硅酸钠类（水玻璃类防水剂）

水玻璃系（硅酸钠类）防水剂以水玻璃为基料辅以硫酸铜、硫酸铝钾、重铬酸钾、硫酸亚铁配制而成的油状液体。主要是利用硅酸钠与水泥水化产物氢氧化钙生成不溶性硅酸钙，堵塞水的通路，从而提高水密性。其它一些硫酸盐类则起到促进水泥产生凝胶物质的作用，从增强水玻璃的水密性，具有速凝、防水、防渗、防漏的功能，可用于建筑物屋面、地下室、水池、水塔、油库、引水渠道的防水堵漏。

(4) 无机铝盐防水剂

无机铝盐防水剂是以铝盐和碳酸钙为主要原料，辅以多种无机盐为配料经化学反应而生成的黄色液体。它抗渗漏、抗冻、耐热、耐压、早强、速凝功能齐全。且本身无毒、无味、无污染。掺量为水泥用量的3%～5%。

无机铝盐掺入混凝土中，即与水泥水化后生成的$Ca(OH)_2$，产生化学反应，生成氢氧化铝、氢氧化铁等胶凝物质，同时与水泥中的水化铝酸钙作用，生成具有一定膨胀性的复盐硫铝酸钙晶体。这些胶体物质和晶体填充在水泥砂浆或混凝土结构的毛细孔及空隙中；阻塞了水分迁移的通道，提高了混凝土的密实性和防水抗渗能力。

无机铝盐适用于混凝土、钢筋混凝土结构刚性自防水及表面防水层。可用于屋顶平面、卫生间、建筑板缝、地下室、粮库屋面地面、隧道、下水道、水塔、桥梁、蓄水储油池、堤坝灌浆，下水井设施及壁面防潮等新建和修旧的防水工程。

11.1.2 有机硅类防水剂

有机硅防水剂主要成分为甲基硅醇钠（钾）和氟硅醇钠（钾），是一种分子量较小的水溶性聚合物，易被弱酸分解，形成不溶于水的，具有防水性能的甲基硅醚防水膜。防水膜包围在混凝土的组成粒子之间具有憎水性能。而且本身无毒、无味、不挥发、不易燃，有良好的耐腐蚀性和耐候性，可用于混凝土预制板，墙体、水泥制品等的防水。

其它有机硅防水剂，还有以有机硅与无机活性硅经聚合而制得的粉状防水剂。这种硅质密实剂掺入水泥砂浆及混凝土后，使其具有微膨胀性、密实性和憎水性。从而达到防水、抗渗效果。可用于厨房、卫生间、地下室、水池等的刚性防水。

以聚活性硅烷为主要成分加偶联剂、催化剂和交联剂经反应而合成的溶剂性防水剂，可作为混凝土的防水涂层，用于外墙、内墙防水。它是一种室温固化的单组分溶剂型建筑防水剂。对孔隙性建筑材料有较强的渗透性，形成的无光泽、无色透明的涂膜层，既憎水又透气，可赋予建筑材料优良的防水性、抗污性、耐化学侵蚀性和耐候性，并能延长建筑物使用寿命。涂膜为弹性体，与基材结合力强，能经受基材内应力变化而不发生剥落。如代表产品 SP-3 建筑防水剂。

11.1.3 金属皂类防水剂

金属皂类防水剂分为可溶性金属皂类防水剂和沥青质金属皂类防水剂两类。

可溶性金属皂类防水剂以硬脂酸、氨水、氢氧化钾（或碳酸钾）和水等，按一定比例混合加热皂化配制而成。为有色浆状物，掺于水泥砂浆或混凝土中，可使水泥质点和骨料间形成憎水吸附层并生成不溶性物质，起填充微小孔隙和堵塞毛细管通路的作用。

沥青质金属皂防水剂系由液体石油沥青，石灰和水混合搅拌，经烘干磨细而成。掺于水泥砂浆和混凝土中，主要起填充微小孔隙和堵塞毛细管通道并形成憎水性壁膜，以提高防水性能。

粉状产品有防水粉，主要成分为氢氧化铝、硫酸亚铁、硫酸铜、氧化钙及硬脂酸钡等材料组成。用于防止混凝土工程渗水，并能阻抗水的渗透压力，因其化学成分稳定，与水泥混凝土凝结后坚韧而有弹性，能起到填充和封闭作用，可以形成一道防水抗渗的保护层。防水粉还具有一定的耐酸、耐碱性能。

防水粉可用于墙壁、屋面、地面、地下室、防空洞、地下仓库、酸、碱水池等工程。

11.1.4 膨胀型防水剂

此类防水剂主要作用机理为由具有微膨胀作用的材料组成，利用其在混凝土中产生的微膨胀作用补偿收缩，防止裂缝产生来达到混凝土刚性自防水的效果。详见本书第 7 章混凝土膨胀剂。

11.1.5 复合型防水剂

有机材料与无机材料复合型防水剂，如根据多孔介质渗流理论而研制的双组分防水剂。通常甲组分由水溶性的无机盐类与稳定剂组成，它具有较强的渗透性，依靠毛细孔吸附力渗透到混凝土内部，被吸附在毛细管内部充润毛细孔壁，充润的结果，改变了毛细孔壁的表面性质，使其表面张力小于水的表面张力，从而由取代而阻止了水分浸入毛细孔。乙组分系以乙醇作稀释剂，由有机酸、醛类与稳定剂、增稠剂组成。它渗透到混凝土毛细孔内部与甲组分的无机盐类发生化学反应，生成有一定黏结力，憎水性好的凝胶物质，进一步堵塞了毛细孔道，阻止了水分在混凝土内的迁移，从而达到防水效果。

它们一般是刚性防水材料，无毒、不易燃、常温下固化。但经常处于干湿交替、温差变化大环境中的混凝土则宜于与柔性防水材料配合使用。

11.1.6 混凝土防水剂配方

配方 188 高性能复合型混凝土防水剂

(1) 产品特点与用途

本品是由有机化合物和无机化合物匹配复合制成的粉状材料，它克服了现有防水剂的缺点，不仅防水效果显著，而且兼容多种功能，施工使用简便，可降低施工成本。本品主要由木钙粉、糖蜜、甲基硅酸钠、烷基苯磺酸钠、水玻璃、明矾石等组成，是具有防水作用明显、防水性能优越、渗透性强、操作简便、无毒、无害等特点的高性能复合型混凝土防水剂。本品可用于抗渗混凝土的施工，也可以制成防水砂浆进行防水补漏处理，其抗渗能力高于现有的抗渗防水剂，其防水有效时间达到 15 年以上。

(2) 配方

① 配合比　见表 11-1。

表 11-1 高性能复合型混凝土防水剂配合比

原料名称	质量份	原料名称	质量份
木质素磺酸钙	11～21	烷基苯磺酸钠	1～2
糖蜜	3～5	水玻璃	12～32
甲基硅酸钠	15～36	明矾石	1.5～3

② 配制方法 按各组分质量配比称取各组分，将称取的木钙粉 21%、明矾石 3%置于搅拌机内，然后将糖蜜 5%、甲基硅酸钠 15%、烷基苯磺酸钠 2.0%、水玻璃 12%先后依次加入木钙粉、明矾石粉中搅拌，温度控制在 150～165℃并搅拌 1h，充分冷却后，包装即得粉体防水剂。

(3) 产品技术性能

① 提高抗渗指标（以 425 号混凝土标准试块为例）≥300%。

② 提高强度≥30%。

③ 耐老化、防水有效时间（人工加速试验≥1500h）≥15 年。

(4) 施工方法

高性能复合型混凝土防水剂掺量为水泥用量的 0.2%～0.5%，使用配制高标号防水混凝土时，掺量可为 0.5%～1.0%。本品可配制成一定浓度的溶液掺用或直接干掺，干掺应有足够的拌合时间。

配方来源：钱惠贤. 一种复合型混凝土防水剂. CN 102503236A. 2012.

配方 189 有机硅高抗渗防水剂

(1) 产品特点与用途

本品以活性硅烷及有机硅改性无机硅酸盐为主要成分配制而成，充分发挥了有机硅化学稳定性好、憎水疏水性佳、与无机硅酸材料的亲缘性及良好的化学结合力、特殊的表面性能等优点。本品对提高水泥构筑物抗渗指标功效卓著，并具有增强、抗风蚀碳化、抗冻融耐腐蚀、抗酸碱盐害、改善自涤性及延长使用寿命等综合防水保护功能。有机硅防水剂为复合水基溶液，具有高度的渗透性。它能渗透到水泥建筑物内部并与碱性物质反应，偶联，生成不溶于水的凝胶体，从而堵塞内部空隙，封闭毛细孔通道，增加密实度，形成可靠的永久性防水层，并可以改善水泥构筑物的机械强度，适用于以水泥为主要胶结料的砂浆、混凝土构件、构筑物的密封防水，如混凝土刚性屋面、基础地坪、卫生间、仓库、高速水泥公路、机场跑道、地下室、水池(塔)、储罐、地铁、隧道涵洞等的防水防潮抗渗漏工程。

(2) 配方

配合比 见表 11-2～表 11-5。

① 配方（1）

表 11-2　有机硅高抗渗防水剂配合比

原料名称	质量份	原料名称	质量份
乙醇	100～220	30%氢氧化钠溶液	45～60
甲基三氯硅烷	1800～2000	冰	80000～12000
水	10000～15000		

配制方法：先将按比例的水和甲基三氯硅烷搅拌水解，在温度为0～6℃下静置3～4h，然后进行加热，加热温度为80～90℃，加热时间为1～1.5h，再按比例加入碱乙醇搅拌，然后进行加热，加热温度为80～90℃，加热时间为1～1.5h，最后调整成品的pH值和密度即成。

优点：消除了生产过程中产生的有毒气体和液体，不污染环境，并且制备方法简单。

② 配方（2）

表 11-3　有机硅高抗渗防水剂配合比

原料名称	质量份	原料名称	质量份
甲基三氯硅烷	5～10	乙醇	5～10
氢氧化钠	30～40	水	45～55

配制方法：按比例经混合、搅拌、分散、中和、过滤等工艺方法制成。该防水剂喷涂式防水剂，配方及制备方法独特，制得的防水剂无毒、无味、不挥发，不燃烧，对皮肤无刺激，使用方法简单。该防水剂有很强的渗透性，能产生高效的防水、抗渗、憎水、防风化、抗紫外线、耐酸碱效果。

③ 配方（3）

表 11-4　有机硅高抗渗防水剂配合比

原料名称	质量份	原料名称	质量份
有机硅高抗渗防水剂	20～35	LH-F 混凝土缓凝流化剂	0～20
本质素磺酸钙	5～15	柠檬酸	0.5～1.5
硫酸铝	3～10	水	45～60

配制方法：按配比经混合、搅拌、分散、溶解、过滤等工艺制成。该防水剂是集高效防水、减水、泵送于一体的并具有微膨胀多

功能的液态防水剂，它可满足大流态防水混凝土的泵送施工技术要求。

④ 配方（4）

表 11-5 有机硅高抗渗防水剂配合比

原料名称	质量份	原料名称	质量份
甲基三氯硅烷	3.0～4.0	氢氧化钠 30%溶液	30～40
硫酸铝	0.00～0.06	水	96～97

配制方法：同配方（1）。

该防水剂可用喷涂或刷涂施工方法对建筑内、外墙进行防水施工，也可掺入水泥砂浆中对屋顶、地下、地下室等处进行防水施工，它具有成本低，无污染、使用寿命长、防水效果好的优点，可广泛应用于混凝土构件、建筑材料、油田钻探、装饰瓷砖和石膏制品上。

(3) 产品技术性能

有机硅高抗渗防水剂技术性能指标见表 11-6。

表 11-6 有机硅高抗渗防水剂技术性能指标

序号	项目	单位	技术指标
1	外观		无色透明，无气味，无毒，不燃的水性溶液
2	密度	g/cm^3	＞1.100
3	pH 值		13±1
4	运动黏度	cm^2/s	10.5±0.5
5	表面张力	MN/m	25.5±0.5
6	凝胶化时间	h	初凝：2.0±0.5 终凝：3.0±0.5
7	渗透性 $\frac{\text{24h 渗入深度}}{\text{7d 渗入深度}}$	mm	$\frac{\geq 10}{> 30}$
8	防水性 $\frac{\text{水压 1MPa}}{\text{时渗入高度}}$	mm	＜150
9	贮存稳定性		10 次循环合格，室温贮存 12 个月质量不变

(4) 施工方法

① 清理基层，铲除浮浆杂物，清洗油污、沥青、油性涂料等。对空

隙、裂缝、破损部位应采用同标号水泥砂浆、混凝土进行修复。

② 在施工的表面先喷上足够的水，待呈面干饱和状后再行施工。

③ 用低压喷雾器喷射整个表面两次，即在第一次喷后将干前，再喷第二次。小面积可用刷子刷。

④ 使用防水剂后 3h 或将干前，用水润湿表面，不能用太多水，以免冲淡药力，24h 后，可看见有白色物质于水泥表面，随即用水清洗拭去，并继续保持表面湿润。48h 后重复用水清洗，直至表面不再析出白色物质为止。

⑤ 湿的表面如地下室或外墙，按照规定的步骤进行，施工前流动水必须截止。

⑥ 新固化的混凝土，脱模后可用防水剂喷涂整个表面。本品覆盖度每千克防水剂可涂刷 3～4m^2。

配方 190 高渗透性复合防水剂

(1) 产品特点与用途

本品渗透性高，能有效、高速填充建筑材料的毛细管通道，防水性、耐候性良好。高渗透性复合防水剂可用于抗渗混凝土的施工，也可以制成防水砂浆进行防水补漏处理，其抗渗能力高于现有的抗渗防水剂，其防水有效时间达到 15 年以上，且具有无毒、无害，使用方便等特点。

(2) 配方

① 配合比　见表 11-7。

表 11-7　高渗透性复合防水剂配合比

原料名称	质量份	原料名称	质量份
甲基硅醇钠	8～20	聚乙烯醇 1788 型	20～30
聚丙烯酰胺	20～30	硅灰石粉(320 目)	10～25
扩散剂 CNF	0～7	AE 引气减水剂	0～15

② 配制方法

a. 粉碎　先将聚丙烯酰胺、聚乙烯醇放入粉碎机内粉碎至 100 目以上备用。

b. 按配方量将 AE 引气减水剂配成 1% 水溶液与有机硅防水剂甲

基硅醇钠水溶液注入混合机喷液漏斗内，打开阀门，利用物料对流扩散混合法被其吸附。

c. 搅拌混合　按配方量称取硅灰石粉、扩散剂 CNF 投入锥形双螺旋混合机内，搅拌 30～40min，混合均匀，再加入已粉碎好的聚丙烯醇胺、聚乙烯醇，经充分搅拌均匀即为成品，可出料包装。

(3) 产品技术性能

① 提高抗渗指标，以 425 号混凝土标准试块为例，应≥300%。

② 提高强度≥30%。

③ 耐老化、防水有效时间（人工加速试验≥1500h）≥15 年。

(4) 施工方法

① 高渗透性复合防水剂掺用量为水泥用量的 0.2%～0.5%，使用配制高标号防水混凝土时，掺量可为 0.5%～1.0%。

② 高渗透性复合防水剂可配制成一定浓度的溶液掺用或直接干掺，干掺应有足够的拌合时间。

建议用户根据工程具体条件与要求，参照上述说明进行混凝土试配试验，以获得最佳使用效果。

配方 191　RCH 高抗渗防水剂

(1) 产品特点与用途

RCH 高抗渗防水剂系由链烷烃、氯化石蜡乳胶复合蔗糖棕榈酸酯、硬脂酸、羟乙基纤维素、氢氧化钙等与水进行水解聚合反应而制得，属憎水性表面活性剂。RCH 高抗渗防水剂系由它们的羧酸基与水泥水化产物氢氧化钙作用，形成不溶性钙皂的薄的络合吸附层，长链的烷基在水泥表面形成憎水层。本品固含量 30%，稀释后用于浸渍水泥板，可起防水效果，将本品按水泥砂浆 1.5%质量比掺合，可以制作防水水泥砂浆。掺 RCH 各龄期混凝土强度及抗渗标号均高于基准混凝土。随着 RCH 掺量的增加混凝土强度和抗渗能力明显增加，掺量为水泥质量的 2%时，3d、7d 和 28d 强度可分别提高 50%、45%和 30%，增强效果显著。掺量为水泥质量的 2%时，抗渗压力可达 4.0MPa 以上，混凝土及砂浆的抗渗标号提高 3～5 倍，并能显著地降低混凝土及砂浆的吸水性。

RCH 高抗渗防水剂适用于配制有高抗渗要求的防水、抗渗混凝土和砂浆。

(2) 配方

① 配合比　见表 11-8。

表 11-8　RCH 高抗渗防水剂配合比

原料名称	质量份	原料名称	质量份
链烷烃(熔点 57℃)	90.0	蔗糖硬脂酸酯	2.5
氯化石蜡(熔点 67℃)	10.0	羟乙基纤维素	1.5
氢氧化钙	0.2	水	200.0
蔗糖棕榈酸酯	7.5		

② 配制方法　将除水以外的各物料按配比量混合，加热至 80℃，高速搅拌，滴加水进行乳化 30min，即得链烷烃石蜡乳胶高抗渗防水剂。

(3) 产品技术性能

① 减水率：≥15%。

② 抗渗等级：≥P50。

③ 3d、7d、28d 抗压强度比分别为 50%、45%和 30%。

④ 48h 吸水量比：≤50%。

⑤ 抗渗性提高 3～5 倍。

⑥ 透水压力比：≥300%。

(4) 施工方法

掺量为水泥质量的 1.5%～2%，可根据与水泥的适应性、气温变化和施工技术要求，在推荐掺量范围内调整确定最佳掺量。使用时用水稀释后代替水拌合混凝土或水泥砂浆。

配方 192　HSM-D 高效防水剂

(1) 产品特点与用途

HSM-D 高效防水剂是以硬脂酸、氢氧化钾、氨水等可溶性金属皂类和水按一定比例混合加热皂化配制而成，掺于水泥砂浆或混凝土中，可使水泥质点和骨料间形成憎水吸附层并生成不溶性物质，起填充微小孔隙和堵塞毛细管通路的作用。HSM-D 防水剂具有防水、防潮、增强、塑化功能，能较好地提高砂浆和混凝土的防水性或抗渗性，适用于配制有防水和抗渗要求的各类混凝土、砂浆。

(2) 配方

① 配合比　见表 11-9。

表11-9 HSM-D高效防水剂配合比

原料名称	质量份	原料名称	质量份
硬脂酸	4.13	氟化钠	0.005
碳酸钠	0.21	氢氧化钾	0.82
氨水	3.1	水	91.735

② 配制方法　将一半配方量的水加热至50～60℃，把碳酸钠、氢氧化钾和氟化钠溶于水中，将加热熔化的硬脂酸徐徐加入混合液中，并迅速搅拌均匀，最后将另一半水加入，搅拌成皂液，待冷却至25～30℃，加入定量氨水，搅拌均匀即成。

(3) 产品技术性能

HSM-D高效防水剂匀质性指标见表11-10。

表11-10 HSM-D高效防水剂匀质性指标

项目名称	技术指标
外观	乳白色液体
相对密度	0.98～1.00
pH值	7～9
凝结时间(防水剂掺量占水泥质量5%时)	初凝不得早于1h 终凝不得迟于8.5h
体积安定性	经沸煮、汽蒸及水浸后,应无翘曲现象
不透水性	防水剂掺量占水泥重5%时,比未掺加防水剂的提高百分数不得小于50%
抗压强度	防水剂掺量占水泥重5%时,比未掺加防水剂的提高或降低百分数,降低不得大于15%
其它	无毒、不燃

(4) 施工方法

HSM-D掺量按所需用水泥重量的1.5%～5%的防水剂掺入，用水稀释后与拌合水一起加入水泥砂浆内搅拌。

材料配合比可按水泥∶砂子＝1∶3（体积比），水灰比是0.4～0.5，防水剂∶水＝1∶9（质量比）。

配方193 HFE有机硅高效复合防水剂

(1) 产品特点与用途

本品将高碱性的甲基硅醇钠有机硅防水剂与偏酸性萘磺酸甲醛缩合物复合改性，以丙烯酸乳液和硝酸铝作pH值调节剂制成中性高效复合型防水剂应用于地下工程、堤坝、泵送抗渗混凝土、交通工程、水池、污水处理场、建筑工程中的一般防水和特殊防水工程，尤其适用于彩色装饰混凝土及景观混凝土的抗渗防水工程。本品配以10～20倍的水稀释用于混凝土墙面及砖墙面、彩色混凝土罩面防水工程，工程应用效果显著，无原有机硅防水剂的析碱现象，在地下防水工程中无须泵送剂可直接泵送，坍落度增加值达150mm，抗渗能力达2.5MPa以上。

(2) 配方

① 配合比　见表11-11。

表11-11　HFE有机硅高效复合防水剂配合比

原料名称	质量份	原料名称	质量份
甲基硅醇钠	15	松香热聚物	0.9
萘磺酸甲醛缩合物	25	丙烯酸乳液	10
三乙醇胺	0.9	硝酸铝	20
硫代硫酸钠	15		

② 配制方法　按配方计量称取水和萘磺酸甲醛缩合物高效减水剂投入反应釜内，用30%氢氧化钠溶液将其pH值调至5～8，保持偏酸性，与高碱性的甲基硅醇钠有机硅防水剂混合搅拌，并加入早强剂三乙醇胺、硫代硫酸钠、松香热聚物继续搅拌30～40min混合成棕色液体防水剂。用于彩色装饰混凝土时，需用丙烯酸乳液和硝酸铝将其液体防水剂pH值调至中性即可。

(3) 施工方法

本品施工可采用喷涂或刷涂法，每千克本品可涂刷3～4m²。用作混凝土防水剂，掺量为水泥用量的0.2%～0.5%，配制高标号防水混凝土时，掺量可为0.5%～1.0%。

配方194　BR高效复合防水剂

(1) 产品特点与用途

BR高效复合防水剂是以活性二氧化硅（粉煤灰、矿渣微粉、硅藻土）为基料，复配聚羟酸磺酸盐高性能减水剂、CNF分散剂及无机硫酸盐硫酸铝等配制而成的无机粉状防水剂。本品无毒、无臭、不挥发、不燃、对皮肤无刺激。使用方便，生产利用工业废料为基材，有利于环境保护。将BR防水剂掺入水泥砂浆或混凝土中能提高混凝土骨料粒子的黏结握裹力，改善混凝土坍落度，不泌水离析，搅拌后形成的团状胶结构，能封闭混凝土游离水外析的通道，降低骨料间隙，振捣时可达到同频振动，均质固化，抗渗≥S_{32}。掺用 BR 防水剂的混凝土构筑物可减去中间防水夹层从而降低了施工难度和施工成本。

本品适用于平顶屋面楼面防水和平房楼地面防渗防潮工程。

(2) 配方

① 配合比　见表 11-12。

表 11-12　BR 高效复合防水剂配合比

原料名称	质量份	原料名称	质量份
活性二氧化硅矿粉(粉煤灰、矿渣微粉硅藻土)	85	硫酸铝	8
聚羟酸磺酸盐高性能减水剂	4	CNF 分散剂(苄基萘磺酸钠甲醛缩合物)	3

② 配制方法　按配方量将上述各种原料经准确配料均化投入球磨机中混合研磨，磨至细度（0.8mm 筛筛余）小于 10%即可。

(3) 产品技术性能

BR 高效复合防水剂匀质性指标见表 11-13。

表 11-13　BR 高效复合防水剂匀质性指标

项　　目	指　　标	测 试 结 果
不透水性(8d)	8d 后无漏水，粉体较干燥，少量结块	合格
耐酸性(5%HCl)	8d 后无漏水，粉体被轻微腐蚀	合格
含水率/%	0.4	符合要求
松散密度/(kg/cm³)	500	符合要求
细度		
比表面积/(m²/kg)	≥250	合格
0.08mm 筛筛余/%	≤10	合格
抗冻性 300mm 水柱高	三个循环后开始漏水	合格
三个循环	粉体较干燥，少有结块	合格
耐热性(90℃)	8d 后	无漏水
耐碱性(5%NaOH)	8d 后	粉体较干燥

(4) 施工方法

BR 高效复合防水剂掺量为水泥用量的 8%，可配制 1∶2.5 高抗渗砂浆（厚 30mm，水灰比≤0.5，养护 7d，抗渗值 P≥32），无需基面干燥即可操作使用。BR 防水剂与普通硅酸盐水泥及硅酸盐特种水泥，可配制特高抗渗砂浆、高强型抗渗微骨料混凝土（厚 30mm，水灰比≤0.5，养护 7d，抗渗值 P>35）。

配方 195 CCCW 防水剂

(1) 产品特点与用途

水泥基渗透结晶型防水剂简称 CCCW 防水剂，是以硅酸盐水泥、石英砂等为基材，掺入活性化学物质以及各种添加剂配制而成的一种新型防水材料，可以用作涂层或直接渗入混凝土或砂浆中以增强其抗渗性。

水泥基渗透结晶型防水剂的特点是，与水作用后，材料中含有的活性化学物质，通过水为载体向混凝土内部渗透，并在混凝土中形成不溶于水的结晶体，填塞混凝土中的毛细孔道及微裂缝，从而使水泥素浆、水泥砂浆和混凝土等基层的抗渗压力增强 200～500 倍，以达到持续的防水效果，并延长其使用寿命，同时又不会降低强度。这种"渗透结晶"而堵塞毛细孔道的化学物质起着渗透结晶的作用，可使混凝土和砂浆表面或内部出现的微细裂纹自行愈合，而使混凝土致密、防水。水泥基渗透结晶型防水材料是治理大面积渗漏水中具有重要意义的一类止水堵漏材料。CCCW 防水剂适用于地下工程、地铁工程、饮用水厂、污水处理设施、桥梁路面、隧道、水利工程和核电站、工业与民用建筑工程、旧建筑物防水破坏后的修补、防渗、抗渗等领域，以及经过处理的混凝土构筑物的整体防水不渗漏工程。

(2) 配方

① 配合比　见表 11-14。

表 11-14　CCCW 防水剂配合比

原料名称	质量份	原料名称	质量份
525R 硅酸盐水泥	32	RE2971 固体粉状消泡剂	0.1
石英砂	41	催化剂倍耐克 89 结晶活性母料	4～6
增黏剂 1788 聚乙烯醇微粉	0.8	无机填料	
助凝剂硅酸钠(粉状)	3	粉煤灰	5
增强分散剂 NF 萘系高效减水剂	0.4～0.6	熟石膏粉	3
CEA 明矾石混凝土膨胀剂	2.5～3.5		

注：催化剂倍耐克 89 结晶活性母料，美国 HT 研究所专利，深圳市倍耐克防水材料有限公司生产。

② 配制方法

a. 原材料使用前应通过 40 目的筛网将原料进行筛析，原料堆放及生产过程中不得受潮，所有原材料的含水率应控制在＜0.3%，含泥量应控制在＜0.9%，活性结晶母料易吸水，在雨天空气湿度高于65%时不宜生产，生产的产品应在 5h 内进行包装。

b. 将原材料按配比正确称量后，在室温，空气中相对湿度不高于65%的情况下，按规定程序和时间加入搅拌机中进行搅拌，搅拌必须均匀，搅拌时间不少于 3min，产品应密封包装，置于阴凉、通风、干燥条件下保存。

(3) 产品技术性能

水泥基渗透结晶型防水剂的物理力学性能见表 11-15。

表 11-15 水泥基渗透结晶型防水剂的物理力学性能

试验项目		性能指标	试验项目		性能指标
减水率/%	≥	10	凝结时间差		
泌水率比/%	≤	70	初凝/min	≥	20
抗压强度比/%			终凝/h	≤	24
			收缩率比(28d)/%	≤	125
7d	≥	120	渗透压力比(28d)/%	≥	200
28d	≥	120	第二次抗渗压力(56d)/MPa	≥	0.6
含气量/%	≤	4.0	对钢筋的锈蚀作用		对钢筋无锈蚀危害

注：摘自 GB 18445—2001。

(4) 施工方法

① 将新、旧混凝土基层表面的尘土、杂物彻底清扫干净，必要时还需将基层表面作凿毛处理，并用水冲洗干净。

② 将水泥基渗透结晶型防水剂（粉剂）与水按规定的比例进行配比，搅拌均匀，使防水剂配制成膏状材料，然后按顺序涂刷或喷涂在干净、潮湿而无明水的基层表面上，涂层的厚度以控制在 1.5～2.0mm 为宜。

③ 当涂层凝固到不会被喷洒水损伤时，即可及时喷洒水或覆盖潮湿麻袋、草帘等进行保湿养护，但不能覆盖不透气的塑料薄膜，养护时间不得少于 3d，即可形成水泥基渗透结晶型防水涂层。

配方 196 高性能混凝土抗渗防水剂

(1) 产品特点

高性能混凝土抗渗防水剂由萘磺酸甲醛缩合物高效减水剂、硫铝酸钙类膨胀剂、引气剂十二烷基苯磺酸钠、有机硅防水剂复合组成。在混凝土中掺量占胶凝材料总量5%～10%，可配制出坍落度为(22±2) cm、抗渗等级≥P20以上的高性能抗渗防水混凝土。与基准混凝土相比，掺该防水剂的混凝土其减水率可达16%以上，泌水率≤60%，渗透高度比在30%，48h吸水量比≤60%，3d、7d、28d抗压强度比分别为15%、145%、130%，初、终凝延缓3～6h。高性能混凝土抗渗防水剂渗透性高，能有效、高速填充建筑材料的毛细管通道，防水性、耐候性良好。适用于配制各类防水、抗渗混凝土和砂浆。其掺量为水泥用量的8%～10%。

高性能混凝土抗渗防水剂的配制工艺过程如下。

(2) 配方 见表11-16。

表11-16 高性能混凝土抗渗防水剂配合比

原料名称	质量份	原料名称	质量份
萘磺酸甲醛缩合物高效减水剂	12	甲基硅醇钠有机硅防水剂	0.06
硫铝酸钙类膨胀剂	63	硅灰	24.9399
十二烷基苯磺酸钠	0.0001		

(3) 配制方法 按配方量称取萘磺酸甲醛缩合物高效减水剂、硫铝酸钙类膨胀剂、十二烷基苯磺酸钠引气剂、填料硅灰投入锥形双螺旋混合机内，搅拌30～40min，混合均匀，再将甲基硅醇钠有机硅防水剂水溶液注入混合机喷液漏斗内，打开阀门，利用物料对流扩散混合法被其吸附，经充分搅拌混合均匀，即可出料包装。

配方197 聚羧酸系混凝土复合防水剂

(1) 产品特点

聚羧酸系混凝土复合防水剂具有减水率高、单方混凝土水泥和水用量较其他防水剂低的特点，从而降低了混凝土内部的自收缩（化学收缩）和干收缩（物理收缩），增加了密实度，混凝土毛细裂缝减少，抗压强度提高，达到了防水抗渗的功能。聚羧酸系混凝土复合防水剂水渗透高度比小，渗透高度比≤16%，48h吸水量比不大于26%，28d收缩率比不大于102%，抗渗等级高于同掺量的其他防水剂。

聚羧酸系混凝土复合防水剂具有减水泵送、防水抗渗、防缩抗裂的功能，无毒、不污染环境、黏结牢固、寿命长，而且可在干、湿基础上施工，适用于高强混凝土、泵送混凝土、大体积混凝土、流态混凝土、自密实混凝土、水工混凝土、地下防水混凝土、各种内在结构自防水混凝土。

(2) 配方 见表 11-17。

表 11-17 聚羧酸系混凝土复合防水剂配合比

原料名称	质量份	原料名称	质量份
聚乙二醇单甲醚	10	过硫酸铵	0.2
马来酸酐	2	去离子水	44
对甲苯磺酸	0.3	自来水	37
对苯二酚	0.1	葡萄糖酸钙	4.5
烯丙基磺酸钠	1.4	乳化剂 OP-10	0.5

(3) 配制方法

① 酯化与配料 向反应釜中投加聚乙二醇单甲醚、马来酸酐、对甲苯磺酸和对苯二酚，升温至 80～140℃，反应 4～6h，降温至 60℃左右。按配料要求加入烯丙基磺酸钠和去离子水，制成单体混合液。

② 聚合与中和 向聚合釜中加入配方规定量的去离子水，升温至 65～95℃，连续从高位槽中分别加入单体混合液和引发剂过硫酸铵水溶液，进行聚合反应。反应终止后，冷却至 55℃，加液碱 30% 氢氧化钠水溶液中和至 pH＝6.5～8。

③ 复合 向反应釜中投加配方量的羧基化合物柠檬酸钠和引气乳化剂 OP-10，加入规定量的自来水，搅拌使其充分溶解后，加入步骤②所得的物料，搅拌混合均匀后出料包装，取样检测。

配方 198 CP 型高抗渗外加剂

(1) 产品特点与用途

CP 型高抗渗外加剂是为了克服诸如“确保时”、“披克漏”、“堵漏灵”和“防水宝”等防水材料的刚性有余而柔性不足研制的，其中复合了有机聚合物胶黏材料而成为刚柔结合的防水涂料。

① 性能特点

a. 能够适应不同基层，对基层具有足够的黏结强度，能够消除黏结不牢、空鼓等弊病；

b. 施工操作性能优异，黏聚性好，能够消除或减缓气候、基层和操作等因素的影响；

c. 涂膜具有刚柔结合的特性，可以适应基层的尺寸变化（膨胀或收缩）和起到好的抗渗防水的功能；

d. 具有良好的耐水、耐候、耐腐蚀、耐老化和抗冻融等性能。

② 适用范围

a. 适用于屋面、地下室防水工程。施工时按照自来水：CP 外加剂＝1：（1.5～2）搅拌均匀，调制成浆料。采用“二布三涂”施工工艺，涂层厚度 3mm 左右。

b. 适用于墙体、地面、浴室、厨房、卫生间等防水装修，以及水池、下水管道等的抗渗、堵漏。

c. 适用于混凝土界面处理。施工时可用 CP 外加剂调制成浆料涂刷或刮涂在混凝土、砖石等基层上进行界面黏结处理。

d. 适用于建筑维修工程，如旧楼房的抗震加固，屋面、墙体裂缝处理，地面及墙壁等的翻新处理，各种水泥制品、混凝土结、排水管的维修等。

e. 适用于大理石、花岗石石材、瓷砖、马赛克等饰面材料的耐水黏结和防渗勾缝。

f. 适用于勾缝和密封工程，门窗与墙体间的接缝密封处理。

(2) 配方

① 配合比　见表 11-18。

表 11-18　CP 型高抗渗外加剂配合比

原料名称	质量份	原料名称	质量份
42.5 级硅酸盐水泥	40	重质碳酸钙	5
R1551Z 可再分散乳胶粉	3	粉煤灰(2 级)	15
1788 聚乙烯醇微粉	2	石英粉	6
SEAL80 新型硅烷基粉末憎水剂	1	NF 萘系高效减水剂	3
硬脂酸钙	5	RE2971 消泡剂	0.2

② 配制方法　按配方量将各种原料投入立式混合机中，在车间空气湿度不高于 65％的情况下，搅拌 25～40min，混合均匀即可出料包装入库贮存。

(3) 产品技术性能

CP 型高抗渗外加剂主要技术性能指标（受检砂浆性能指标）符

合 GB 8076—2008、JC 474—2008 砂浆、混凝土防水剂标准。

黏结强度	≥0.7MPa
抗压强度	16.2MPa
抗折强度	5.2MPa
不透水性（0.2MPa、稳压 1h）	不透水
耐冷融循环性（－20～30℃，30 次循环）	无裂纹、无起皮、脱落

（4）施工方法

① 防水施工时，只需要将 CP 外加剂与自来水按照比例调制成浆料，即可使用。屋面和地下室、水池防水采用“二布三涂”工艺施工，外墙和卫生间防水可采用单涂工艺施工。

② 建筑饰面材料（石材、面砖）粘贴施工时按照自来水：CP 外加剂＝1：2.5 搅拌均匀，调成膏状，即可按照薄涂粘贴工艺施工。

③ 调制后的材料必须在 3h 内用完。夏天高温天气防水涂层、黏结层硬化后应及时、定时进行水养护。

配方 199 高效水泥复合防水剂

（1）产品特点与用途

高效水泥复合防水剂是采用苯乙烯与丙烯酸丁酯、甲基丙烯酸甲酯单体聚合，复配乳化剂、松香酸钠防水剂制成。高效水泥复合防水剂利用苯丙聚合物乳液水解稀释后代替混凝土中应加的水量，在结构表面迅速形成防水层，使混凝土内部毛细孔壁表面性质改变，使其表面张力小于水的表面张力，阻止水分浸入毛细孔。填充了无法完全消除的孔隙，从而由内到外形成保护层，达到彻底防水的效果。当以稀释水代替混凝土应加水量加入后，水泥的水化过程因水量减少而比正常情况长，较长的水化过程使热量的产生减少，这样因水泥固化过程中的干缩作用而产生的发状裂纹也会减少。另外，本品中的聚合物作为骨架物质，既可提高结构强度，又可使其具有一定的柔性和弹性，结构抗拉强度、压剪强度、柔度均得到提高，不易断裂。高效水泥复合防水剂主要用于各种防水工程的防水处理，如游泳池、水池、卫生间、浴室、厨房、地下室、内外墙、隧道、渠道、地铁、人防工程抗渗防漏等，可用于制作下水道、排污管道、造纸厂废水管道等，还可用于黏结大理石、瓷砖等贴面装饰材料。

（2）配方 见表 11-19。

表 11-19 高效水泥复合防水剂配合比

原料名称	质量份	原料名称	质量份
苯乙烯	20	十二烷基磺酸钠(乳化剂)	0.05
丙烯酸丁酯	25	去离子水	45
甲基丙烯酸甲酯	14	碳酸氢钠	调节 pH 值=8～10
甲基丙烯酸	1	太古油	8
丙烯酸	1	松香酸钠防水剂	5
过硫酸铵(引发剂)	0.1		

(3) 配制方法

向反应釜中加入配方规定份数的去离子水，加入乳化剂十二烷基磺酸钠，搅拌均匀，将单体苯乙烯、丙烯酸丁酯、甲基丙烯酸甲酯、甲基丙烯酸、丙烯酸加入反应釜中，用碱（碳酸氢钠）调 pH 值至 8～10。加入引发剂过硫酸铵，升温至 70～85℃，回流反应 1～2h，出料后加入配方规定量的太古油搅拌均匀，再加入松香酸钠防水剂乳液，搅拌均匀成乳白色乳状液即可。本品掺量为水泥用量的 4%～6%，可根据与水泥的适应性、气温变化和施工技术要求在推荐范围内调整确定最佳掺量。

配方 200 水泥基渗透结晶型砂浆防水剂

(1) 产品特点与用途

水泥基渗透结晶型砂浆防水剂是由活性化学成分、减水保水组分、抗裂组分、膨胀组分等复合组成的新型高效水泥基粉状砂浆防水剂，具有渗透结晶、整体防水、减水、密实、增强、补偿收缩、减少开裂、防止渗漏等优越性能。

在有水存在的条件下，其活性化学成分中的活性化合物硅氧烷乳液向砂浆内部渗透扩散，在孔隙和裂缝中形成大量不溶于水的晶体，填充和封堵了渗水的孔隙与裂缝。早期使砂浆处于饱和状态将有助于晶体向内部生长。抗裂组分聚丙烯特种微细纤维，对酸、碱具有极强的抵御能力。聚丙烯纤维经过抗紫外线处理，具有一定的抗紫外线老化能力，可以保证纤维在砂浆中的长期使用寿命。本品可以起到完全物理性加筋，达到抗裂补强作用，可有效提高砂浆对塑性收缩、离析、水化热、温度应力等因素导致的非结构性裂纹的抗裂能力，可以大大提高砂浆的韧性和抗裂变形能力。

水泥基渗透结晶型砂浆防水剂主要应用于配制防水、抗渗、抗裂各类混凝土及砂浆，掺量为水泥质量的 3%～4%。

(2) 配方 见表 11-20。

表 11-20 水泥基渗透结晶型砂浆防水剂配合比

原料名称	质量份	原料名称	质量份
高铝熟料	52	膨润土	8
硅氧烷乳液	5	硅酸钠	5
十二水硫酸铝钾	5.5	甲基萘磺酸盐缩聚物	18
氢氧化钙	6	聚丙烯纤维(纤维长度 15mm)	0.5

(3) 配制方法

首先将水性硅氧烷乳液加入膨润土中，在搅拌机中搅拌均匀，把该浆体烘干，然后在球磨机中研磨成粉料，细度一般为 150～250 目。加入表面活性分散剂甲基萘磺酸盐缩聚物以及高铝熟料、硫酸铝钾、氢氧化钙和硅酸钠，搅拌混合均匀，最后加入聚丙烯纤维，使其均匀地分散在粉体中，形成成品即可出料包装。

配方来源：刁申玲．砂浆、混凝土的防水添加剂：中国专利. 99113010.3. 2000-12-20.

配方 201 有机硅粉末防水剂

(1) 产品特点与用途

有机硅化合物的基本结构单元由硅-氧链节构成，侧链则通过硅原子与其它各种有机基团相连。因此，在有机硅化合物的结构中既含有“有机基团”，又含有“无机结构”，这种特殊组成和分子结构具有突出的耐热性、稳定性和耐候性。有机硅材料具有很低的表面张力，能降低被覆盖基材的表面能，使其具有出色的憎水性，同时又不封闭基材的透气微孔，使其具有透气呼吸功能。本品将水溶性成膜物质制成溶液，将极细矿物载体与有机硅高效防水剂混合，形成匀质二元分散体，将二元分散体加入水溶性成膜物质溶液中，按一定比例混合均匀形成三元分散体，经真空干燥聚合，制成聚硅氧烷含量 30%～75%的有机硅粉末防水剂。本品是一种高效可再分散的白色有机硅聚合物粉末，在极低的掺量下即可获得优秀的憎水性，防水效果持久，其防水层的寿命一般可达 10～15 年。

本品采用无溶剂设计，无毒、环境友好，与水具有良好的和易性，易于与建筑材料拌合，生产工艺简单，无须复杂设备，原材料充足，适用范围广，可以以干粉形式直接内掺于水泥、混凝土、砂浆，密封接缝材料、石膏、灌浆材料中，特别适合于干粉砂浆。还可以加水形成液态防水剂的形式供使用。本品可广泛用作砖瓦、墓碑、石刻、道路、桥梁、混凝土构件、陶瓷等建筑材料的防水剂。

(2) 配方

① 配制方法

a. 将成膜物质聚乙烯醇粉末溶解在室温水中，并且边搅拌边加入水中，如果溶解不完全，则将其加热至50℃，最好为70℃，溶解时间约30min，然后冷却至室温，使其仍保持溶液状态，质量分数为5%。

b. 将纳米碳酸钙配制成乙醇悬浮液，碳酸钙与乙醇质量比为1∶3。将纳米碳酸钙载体和聚二甲基硅氧烷防水剂混合形成均匀二元分散体，其中纳米碳酸钙的质量为聚二甲基硅氧烷防水剂质量的15%，搅拌速度为900r/min，搅拌时间45min。

c. 将质量分数为5%的聚乙烯醇水溶液加入纳米碳酸钙载体-聚二甲基硅氧烷高效防水剂的二元分散体中，并且搅拌使其形成聚乙烯醇成膜物质-纳米碳酸钙载体-聚二甲基硅氧烷防水剂三元分散体，其中聚乙烯醇占总质量的36%，搅拌速度为1500r/min，搅拌时间45min。

d. 将上述制得的匀质三元分散体用旋转蒸发仪在真空度0.08MPa、温度45℃的工艺条件下，干燥6h，制得由聚乙烯醇包裹聚二甲基硅氧烷防水剂的聚合物硬块。

e. 将聚合物硬块冷却至室温。

f. 将上述聚合物硬块采用粉碎设备将其粉碎成300μm的粉末，该粉末中有效成分占有机硅粉末防水剂质量的55%。

② 配方范围

a. 所述的水溶性膜物质选自聚乙烯醇、甲基纤维素、羧甲基纤维素、羟乙基纤维素、羟丙甲基纤维素、聚乙烯基吡咯烷酮、明胶、阿拉伯胶树胶、麦芽糊精或淀粉中的一种或几种。水溶性成膜物质在溶液中的质量分数为2%～30%。

b. 所述无机矿物载体可选自极细偏高岭土、纳米碳酸钙、极细白炭黑、二氧化硅、沸石粉、滑石粉等无机矿物中的一种或几种，粒径为 10～100mm。

c. 所述极细矿物载体颗粒悬浮液为乙醇、甲醇或二氯甲烷悬浮液，载体与有机溶剂按 1∶(1～7) 混合。

d. 所述有机硅高效防水剂可选自硅烷或聚硅氧烷液体中的一种或两种复配。硅烷和硅氧烷的复配比例为 (99～50)∶(1～50)。

e. 所述极细矿物载体的质量为有机硅高效防水剂的 8%～30%，有机硅粉末防水剂中聚硅氧烷和硅烷的含量应占有机硅粉末防水剂总质量的 30%～75%。

(3) 产品技术性能

本品的防水效果见图 11-1。

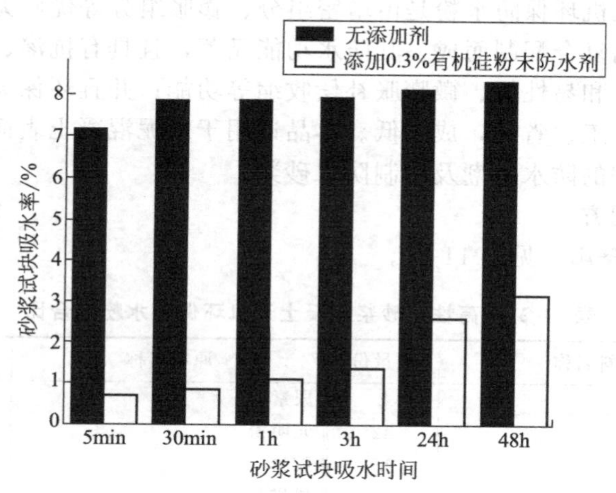

图 11-1 有机硅粉末防水剂的防水效果

(4) 施工方法

推荐掺量：以干粉形式使用，为干粉总量的 0.1%～1%。

配方来源：张维，张永娟等. 一种有机硅粉末防水剂的制备方法. CN 102249593A. 2011.

配方 202 高性能砂浆混凝土无机环保防水粉

(1) 产品特点与用途

本品由硫酸铝、硫酸铝钾、硫酸亚铁、氯化钠、尿素、元明粉、胶粉、粉煤灰制成，硫酸亚铁具有膨胀功能，使松散结构成密实结构，补偿了水泥混凝土的收缩，堵塞了毛细孔隙，使水分子无法渗入通过；尿素对水泥有抗冻性作用；胶粉有水泥分散性，增强了对水泥的流动性。将本品掺入混凝土砂浆后，可促进水泥颗粒的水化，与水泥反应生成 $Al(OH)_3$（铝胶）、C—S—H、大量钙钒石晶体等物质，铝本身有抗紫外线功能和反射作用，按晶体掺杂效应同时掺入起着无机复合作用，达到联动效应，晶体生长长大，向周围挤压，阻止和抵消了水泥混凝土微裂的扩展，并通过胶体连成一体，胶体进入了毛细孔和微裂缝中，在水泥混凝土中彻底形成永久坚固防水结构，产生微膨胀后，水泥中大量细丝结构消失，微小松散颗粒凝结成块、错重叠加，使骨料的薄弱环节——过渡带得到了根本改善。所以，高性能砂浆混凝土无机环保防水粉是由增密组分、膨胀组分等优质无机粉料和其它添加剂复合配制而成，其防水功能显著，且具有抗渗、抗裂、抗冻、耐蚀、和易性好、微膨胀补偿收缩等功能；并且环保无毒，其施工方便，省工、省时，成本低。本品适用于水泥混凝土表面密封防水及地下工程的防水防潮及配制防水砂浆。

(2) 配方

① 配合比　见表 11-21。

表 11-21　高性能砂浆混凝土无机环保防水粉配合比

原料名称	质量份	原料名称	质量份
硫酸铝	2	尿素	2.5
硫酸铝钾	42	元明粉	2.5
硫酸亚铁	15	胶粉	0.5
氯化钠	2	粉煤灰	33.5

② 配制方法　取硫酸铝 2kg、硫酸铝钾 42kg、硫酸亚铁 15kg、氯化钠 2kg、尿素 2.5kg、元明粉 2.5kg、胶粉 0.5kg、粉煤灰 33.5kg；将这些原料磨成颗粒度为 100～150 目的粉末；依次将原料粉末混合、搅拌均匀，制得砂浆混凝土无机防水粉。

③ 配方范围　硫酸铝 1.5～2.0、硫酸铝钾 42～48、硫酸亚铁 12～16、氯化钠 1.5～2.5、尿素 1.5～2.5、元明粉 1.5～2.5、胶粉 0.1～0.5、粉煤灰 30～35，所述的胶粉为可分散性乳胶粉或可再分散性乳胶粉。

(3) 产品技术性能　见表 11-22。

表 11-22 高性能砂浆混凝土无机环保防水粉技术性能指标

项目		指标	项目		指标
泌水率比/%		34	抗压强度比/%	28d	108
初凝时间/min		76	渗透高度比/%		29
抗压强度比/%	3d	131	吸水量比/%		65
	7d	110	收缩率比/%		124

(4) 施工方法

掺量为水泥用量的3%～5%，水泥用量不得低于300kg/m³，搅拌时间延长30s，防水混凝土湿养护不少于14天。

配方来源：王福刚，汪永安．高性能砂浆混凝土无机防水粉及其制备方法．CN 102211890B. 2013.

配方 203 混凝土和砂浆用防水凝胶

(1) 产品特点与用途

本品利用三聚氰胺、硫酸铝在配方体系中起交联剂的作用，与植物油、硬脂酸、聚乙烯醇相互作用，形成稳定的有机无机网络凝胶体系。硅酸钠贯穿于有机网络体系内，与水泥在水化过程中形成无机凝胶相，起填充孔隙、增强防水网的作用。通过该工艺配方制成的防水凝胶可以在混凝土、砂浆内部形成一种互穿凝胶网络防水结构，有效防水成分能够牢固填充于混凝土、砂浆中微小孔隙，增强混凝土、砂浆抗渗、抗老化能力，延长防水使用寿命。

本品主要特点如下。

① 通过本工艺制备的防水材料通过有机无机络合反应，形成稳定的大分子凝胶束，大分子中无机部分与水泥成分形成稳定锚固，有机部分在混凝土、砂浆内部形成一种互穿凝胶网络形成防水结构，牢固填充于混凝土、砂浆中微小孔隙和堵塞毛细通道、切断和减少渗水孔道，增加了结构的密实性，具有优异的抗渗抗裂性能，大大延长防水寿命，同时能够增强混凝土和砂浆结构强度。

② 在没有水浸泡情况下，防水凝胶干燥收缩，可形成气体分子通过的凝胶孔，使混凝土、砂浆具有可呼吸性，提高建筑物的舒适性，防止结露、发潮和霉变产生，遇水情况下，防水凝胶吸湿溶胀，防水作用自动生效。

③ 本产品在生产、使用过程中无毒、无味、无三废排放。

本品适用于混凝土和砂浆抗渗、防水、防潮施工。

(2) 配方

① 配合比　见表 11-23。

表 11-23　混凝土和砂浆用防水凝胶配合比

原料名称	质量份	原料名称	质量份
植物油(棕榈油)	16	硅酸钠	8
硬脂酸	7	聚乙烯醇	6.8
碱性化合物(氢氧化钾)	8	磷酸三丁酯	0.7
三聚氰胺	8.5	水	40
硫酸铝	5		

② 配制方法

a. 称取 40kg 水 、16kg 棕榈油和 7kg 硬脂酸于反应釜中，加热至 70℃，搅拌 30min，搅拌速率为 60r/min；

b. 在步骤 a 的基础上，称取 8kg 氢氧化钾加入反应釜中，在 75℃下，加热搅拌 30min；

c. 在步骤 b 的基础上，称取 8.5kg 三聚氰胺、5kg 硫酸铝和 6.8kg 聚乙烯醇投入反应釜中，在 75℃温度下，加热搅拌 1h，搅拌速率 80r/min；

d. 在步骤 c 的基础上，称取 8kg 硅酸钠和 0.7kg 磷酸三丁酯投入反应釜中，降温至 55℃，搅拌 30min，冷却至 40℃形成防水凝胶。

(3) 施工方法

将 1 份混凝土和砂浆用防水凝胶与 5 份 90℃热水搅拌溶解后，再加入 75 份水稀释，静置 45min，形成果冻状凝胶，与水泥、砂和轻骨料混合，搅拌形成砂浆，用于抗渗、防水、防潮施工。

配方来源：王万金，贺奎等．一种混凝土和砂浆用防水凝胶及其制备、应用方法．CN 102795804A. 2012.

配方 204　聚酯单组分防水剂

(1) 产品特点与用途

聚酯单组分防水剂成膜后延伸率大，富于弹性，耐寒耐热耐老化性能好，它具有较强渗透性，依靠毛细孔吸附力渗透到混凝土内部，被吸附在毛细管内部充润毛细孔壁，充润的结果改变了毛细孔壁的表面性质，使其表面张力小于水的表面张力，从而阻止了水分浸入毛细孔，进一步堵塞了毛细孔道，阻止了水分在混凝土内的迁移，从而达到防水效果。本品具有防水性能可靠，不用混合，施工方便，成本低廉，性能优良的特点，适用于建筑物屋面、地面、墙面的防渗漏。

(2) 配方

① 配合比　见表 11-24。

表 11-24　聚酯单组分防水剂配合比

原料名称	质量份	原料名称	质量份
PVC	80	200# 溶剂汽油	80
丁苯乳胶	10～15	邻苯二甲酸二丁酯	10
甲苯	200	紫外线吸收剂 UV-531	2～5
环氧树脂	10	100# 沥青	5～10
聚醚树脂	30		

② 配制方法

用溶剂甲苯、200# 溶剂汽油分别溶解 PVC 和丁苯乳胶；用真空抽入聚合釜，同时加入增强剂环氧树脂、聚醚树脂和增塑剂邻苯二甲酸二丁酯，启动搅拌；当温度升为 85℃时，保温反应 2h；2h 后升温至 95～100℃保持 1h；1h 后降温为 65℃，加入紫外线吸收剂 UV-531 和 100# 沥青，搅拌混合均匀；1h 后出料，包装。

(3) 产品技术性能　见表 11-25。

表 11-25　聚酯单组分防水剂物化指标

指标名称	掺防水剂混凝土		掺防水剂砂浆	
	一等品	合格品	一等品	合格品
凝结时间差/min				
初凝	－90～＋120	－90～＋120	不早于 45	不早于 45
终凝	－120～＋120	－120～＋120	不迟于 10h	不迟于 10h
泌水率/%	≤80	≤90	—	—
净浆安定性	合格	合格	合格	合格
抗压强度比/%				
7d	≥110	≥100	≥100	≥95
28d	≥100	≥95	≥95	≥85
90d	≥100	≥90	≥85	≥80

续表

指标名称	掺防水剂混凝土		掺防水剂砂浆	
	一等品	合格品	一等品	合格品
渗透高度比/%	≤30	≤40	—	—
透水压力比/%	—	—	≥300	≥200
48h吸水量比/%	≤65	≤75	≤65	≤75
90d收缩率比/%	≤110	≤120	≤110	≤120
抗冻性能(50次冻融循环)	≤100	≤100	—	—
对钢筋锈蚀作用	对钢筋无锈蚀作用			
氯离子含量	应在生产厂控制值相对量的5%之内			

(4) 施工方法

制备混凝土时掺入水泥质量5%～6%的聚酯单组分防水剂代替等量水泥，可制成高强度、高抗渗的防水混凝土。施工时混凝土要求振捣密实，不得出现蜂窝、麻面，混凝土（砂浆）浇捣后必须加强养护，保持充分潮湿，养护日期不得少于14d。

配方205 多功能混凝土防水剂

(1) 产品特点与用途

多功能混凝土防水剂是集高效防水、减水于一体，并具有微膨胀多功能的液态防水剂。它掺入量低（占水泥质量的2%），可满足大流态防水混凝土的泵送施工技术要求。商品混凝土掺入防水剂后，既能起到防水作用，又不需要掺加泵送剂、减水剂等外加剂就能满足混凝土的保塑和泵送要求，应用非常方便。本品具有防水性能好、减水率大、掺量低、微膨胀、保塑时间长、可泵性好以及使用方便等特点，可广泛应用于具有防水抗渗要求的混凝土工程，防水混凝土既可采用现场搅拌又可应用于配制大流动度的防水混凝土的泵送施工。

(2) 配方

① 配合比 见表11-26。

表11-26 多功能混凝土防水剂配合比

原料名称	质量份	原料名称	质量份
甲基硅醇钠	25	柠檬酸	1
萘磺酸盐甲醛缩合物	10	硫酸铝	5
木质素磺酸钙	8	水	51

② 配制方法　将各组分加入反应釜中反应，在温度100～140℃；工作压力0.1～0.2MPa的条件下，反应3～4h后，即可降温至40℃冷却出料包装。

(3) 产品技术性能

① 在与基准混凝土相比同坍落度和等水泥用量的前提下，混凝土减水率可达10%～20%，3～7d强度可提高30%～50%，28d强度仍有提高。

② 掺用本品能有效改善混凝土孔结构，同时析出凝胶，堵塞混凝土内部毛细孔通道。抗渗性能与基准混凝土相比，渗水高度≤30%；抗渗等级达到P25以上，其防水效果特别显著。

③ 具有良好的可泵性，混凝土的和易性好，泌水率小，与基准混凝土相比，在水灰比相同的前提下，坍落度增加值≥100mm，2h混凝土坍落度损失率<20%，可显著改善施工的操作性。

④ 具有微补偿收缩功能，与基准混凝土相比，混凝土28d收缩率比≤110%。

⑤ 可延缓水泥水化放热速率，能有效防止混凝土开裂。

⑥ 在保持与基准混凝土同等强度，同等坍落度的前提下，掺用本品可节省水泥10%～15%。

本产品质量指标符合JC 475—2004标准，见表11-27。

表11-27　多功能混凝土防水剂物化指标

指标名称	掺防水剂混凝土		掺防水剂砂浆	
	一等品	合格品	一等品	合格品
凝结时间差/min				
初凝	－90～＋120	－90～＋120	不早于45	不早于45
终凝	－120～＋120	－120～＋120	不迟于10h	不迟于10h
净浆安定性	合格	合格	合格	合格
泌水率/%	≤80	≤90	—	—
抗压强度比/%				
7d	≥110	≥100	≥100	≥95
28d	≥100	≥95	≥95	≥85
90d	≥100	≥90	≥90	≥80
渗透高度比/%	≤30	≤40	—	—
透水压力比/%	—	—	≥300	≥200

续表

指标名称	掺防水剂混凝土		掺防水剂砂浆	
	一等品	合格品	一等品	合格品
48h 吸水量比/%	≤65	≤75	≤65	≤75
90h 收缩率比/%	≤110	≤120	≤110	≤120
抗冻性能(50 次冻融循环)	≤100	≤100	—	
对钢筋锈蚀作用	对钢筋无锈蚀作用			
氯离子含量	应在生产厂控制值相对量的5%之内			
相对密度	1.25～1.26			

(4) 施工方法

① 本品掺量为水泥用量的2%～2.5%，可根据与水泥的适应性、气温变化和施工技术要求，在推荐掺量范围内调整确定最佳掺量。

② 现场搅拌，可与石子、砂子、水泥及其它拌合料一次混合，然后加水搅拌，比不掺适当延长 30s。

③ 商品混凝土，可采用先掺法，也可采用后掺法。

④ 在使用本品时，应按混凝土配合比事先检验与水泥的适应性。

⑤ 凡是要求缓凝的混凝土，应事先按混凝土配合比检验凝结时间。

⑥ 在水泥变更品种或新进水泥或在与其它外加剂合用时，先检验其共容性。

配方来源：李东光主编．实用防水制品配方集锦．北京：化学工业出版社，2009.

配方 206 无机防水膨胀剂

(1) 产品特点与用途

工程中，许多建筑物地下室、屋面，公路、桥梁都达不到设计使用寿命，有的工程仅投入使用几年就受到严重破坏，不得不进行修复，其主要原因是目前的防水材料及混凝土外加剂普遍含 Cl^-、K^+、Na^+ 过重，加入到混凝土中，与混凝土中活性二氧化硅发生反应，生成碱的硅酸盐凝胶而产生混凝土膨胀开裂，这就是工程中常见的碱-骨料反应，同时加速了对钢筋锈蚀，导致混凝土开裂渗水。无机防水膨胀剂由水泥、硫酸铝、硫酸铝钾、硫酸亚铁、氯化钠、尿素、石膏、硫化钠、粉煤灰按一定比例混合搅拌均匀而成。无机防水膨胀剂的主要防水原理是硫酸亚铁与水泥反应后生成铝胶与大量的钙矾石晶体，再加入氯化钠和硫化钠后，起着无机复合作用，这些晶体在混凝土内蔓延，堵塞了水泥混凝土中的毛细孔通道，增强了水泥混凝土的密度，同时也提高了混凝土的抗压强度。铝本身有抗紫外线功能，具有反射作用，尿素起着抗冻作用，硫酸亚铁在水泥混凝土中还起着膨胀作用。本品具有高效防水、防潮、膨胀、抗裂、抗渗等功能，对钢筋无锈蚀作用，能达到永久性结构自防水效果。

无机防水膨胀剂主要用作水泥混凝土防水防潮抗渗抗裂的外加剂。

(2) 配方

① 配合比　见表 11-28。

表 11-28　无机防水膨胀剂配合比

原料名称	质量份	原料名称	质量份
普通硅酸盐水泥	15～25	尿素	0.1～0.3
硫酸铝	0.1～0.5	硫酸钠	0.1～0.3
硫酸铝钾	3.5～6.5	石膏	35～45
硫酸亚铁	1.0～2.5	粉煤灰(1 级)	25～35
氯化钠	0.1～0.2		

② 配制方法　取水泥 20kg、硫酸铝 0.3kg、硫酸铝钾 5.6kg、硫酸亚铁 1.5kg、氯化钠 0.2kg、尿素 0.2kg、硫酸钠 0.2kg、石膏 40kg、粉煤灰 32kg，将这些原料粉磨成颗粒度为 100～150 目的粉末，再将原料粉末混合、搅拌均匀，即制得混凝土无机防水膨胀剂。

(3) 产品技术性能　见表 11-29。

表 11-29　无机防水膨胀剂技术性能指标

项　目	技术指标	项　目	技术指标
细度(比表面积)/(m^2/kg)	347	抗压强度/MPa	
		7d	26.8
凝结时间差/min		28d	46.1
初凝	130		
终凝	270	渗透高度比/%	31
限制膨胀率/%		吸水量比/%	66
7d	0.026		
28d	−0.016	对钢筋锈蚀作用	对钢筋无锈蚀作用

(4) 施工方法

掺量为水泥质量的10%～15%，水泥用量不得低于300 kg/m^3，搅拌时间延长30s，防水混凝土养护不少于14d。

配方来源：王福刚，汪永安等．混凝土无机防水膨胀剂及其制备方法．CN 102219430B. 2013.

11.2 混凝土絮凝剂（抗分散剂）

掺入新拌混凝土中使混凝土在水下浇筑施工时，抑制水泥流失和骨料离析的外加剂称为絮凝剂。用于水下不分散混凝土时统称为抗分散剂。

11.2.1 混凝土絮凝剂的特点与适用范围

抗分散剂在日本称水下不分散剂（NDCA），是制备水下不分散混凝土的关键材料，主要作用是提高混凝土的黏聚性和充填性，由水溶性高分子化合物和充填用细颗粒掺合料作为主要成分。

混凝土絮凝剂用于配制水下不分散混凝土及预填骨料混凝土的砂浆，使其可以在水下浇筑而不发生骨料与水泥浆在水作用下分离的混凝土。水溶性高分子化合物是高效增稠剂，可用于其它混凝土中作增稠剂。

11.2.2 混凝土絮凝剂的主要品种及作用机理

抗分散剂的主要组分是絮凝剂，即水溶性高分子聚合物。水溶性高分子作为絮凝剂最常用的有三类：阴离子型的是聚丙烯酸钠、水解聚丙烯酰胺、藻蛋白酸钠等；非离子型的是聚氧乙烯、苛性淀粉、聚丙烯酰胺等；阳离子型的在水下不分散混凝土中没有应用。

絮凝剂作用机理既有化学因素，也有物理因素。化学因素是使悬浮粒子电荷丧失，成为不稳定粒子然后聚集。物理因素则是通过架桥、吸附作用而成絮团。

Ca^{2+}的存在对阴离子聚合物的絮凝作用有很大促进作用。絮凝剂的相对分子质量对絮凝效应有极大影响，相对分子质量大于100万的阴离子和非离子型聚合物可以作絮凝剂，而分子量小的，如2000～5000时是很好的分散剂，聚丙烯酸钠是典型的这类物质。溶液的酸碱度对絮凝作用也很有影响。

(1) 聚丙烯酰胺 (PAM)

聚丙烯酰胺是含有 50%以上丙烯酰胺单体的聚合物，是丙烯酰胺（结构简式 $CH_2=CHCONH_2$）及其衍生物的均聚体和共聚体的统称。PAM 是一种线性水溶性高分子，产品主要形式有水溶液胶体、胶乳和粉末体三种，并且有阴离子型、非离子型和阳离子型。固体 PAM 的相对密度为 1.302，临界表面张力 30～40mN/m。其显著特性是亲水性高，较其它水溶性高分子聚合物更具亲水性，易吸附水分和保持水分，干燥后有强烈的吸水性，能以各种百分比溶于水，但要注意防止溶解时的结团和不宜超过 50℃溶解。它是目前世界上应用最广的高分子絮凝剂，也是我国目前使用最多的絮凝剂。一般高分子量 PAM 溶液浓度不超过 0.5%，而低分子量的溶液用于絮凝时浓度不超过 0.02%。

聚丙烯酰胺的分子量从 10^3～10^7。低分子量的作分散剂的增稠剂。高分子量的作絮凝剂。

(2) 聚氧化乙烯

聚氧化乙烯是环氧乙烯经多相催化反应实现开环聚合而成的高分子均聚物。相对分子质量小于 20000 称聚乙二醇，结构式 $\leftarrow CH_2CH_2O \rightarrow_n$。相对分子质量在 20000 以上的称聚氧化乙烯。由于生产厂家不同被简写为 PEO（日本）和 POLYOX（美国）。聚乙二醇为液体而聚氧化乙烯是白色蜡状体，完全溶于水，在低浓度情况下即有很高的黏性。在碱性和中性条件下很稳定。但与酚、木质素磺酸盐、尿素因产生缔合作用易沉淀，大量应用在采矿、造纸、建材等工业作絮凝剂、减阻剂以及作为混凝土的塑化剂和保坍剂，用量低至十万分之几，掺量的多少与聚氧化乙烯分子量大小有关。

此外，聚乙烯醇、纤维素酯、淀粉胶也可用作絮凝剂。

抗分散剂的其它组分如高效减水剂（氨基磺酸盐与萘基高效减水剂复合作用）、有机物乳液（丙烯酸、石蜡、聚丙烯酰胺乳液）无机细填料膨润土、石棉粉、硅灰等，用于减少用水量，提高强度，增加凝聚力，改善混凝土操作性能和提高保水性能。

11.2.3 混凝土絮凝剂应用于水下不分散混凝土施工时的注意事项

① 絮凝剂应防潮保存，避免变质。计量误差粉剂不宜超过 3%，

水剂宜控制在1%以内。

② 施工时要用强制式搅拌机，投料要讲求顺序。正确的投料顺序是：粗骨料→水泥→抗分散剂→砂，加料后干拌1～2min，然后加水湿拌3～5min，减水剂、缓凝剂应先加入拌合水中。

③ 浇筑方法最常采用的是导管施工法、开底容器施工法和泵压施工法。除浅水工程外一般不采用直接倾倒浇筑施工。水下不分散混凝土浇筑施工一般以静水浇灌为主，需注意尽可能不扰动混凝土，水中落差为30～50cm，水流速不大于0.5m/s，混凝土流失量较少。若是连续浇筑，须在混凝土还有流动性时浇筑后续混凝土。水下不分散混凝土自流平的持续时间不超过1h。

④ 养护时须设置模板或用苫布覆盖，以防混凝土表面被冲刷。梁板底模拆模强度为15MPa，侧立面及基础为5MPa。

11.2.4 混凝土絮凝剂配方

配方207 高分子絮凝剂聚丙烯酸钠

(1) 产品性能与用途

本品是一种低分子量的阴离子型聚电解质，又称高分子絮凝剂。本品能与沉淀物质吸附作用而成絮团防止结垢，是很好的分散剂；除用作净化水的絮凝剂外还可用于石油开采时调节注入水的黏度，制糖工业澄清糖液，用作颜料分散剂，处理合成纤维的糊剂，以及用作土壤改良剂、胶乳增稠剂、纸张增强剂、食品添加剂，适用于混凝土在水下浇筑施工时抑制水泥流化和骨料离析作抗分散剂。

(2) 生产原理

把丙烯酸的水溶液用过硫酸铵为引发剂进行水溶液聚合，使用分子量调节剂异丙醇，并控制引发剂的用量，可以合成出低分子量的聚丙烯酸。然后在制成的聚丙烯酸水溶液中，加入浓的氢氧化钠溶液进行中和，即得本品。

(3) 配方

① 配合比 见表11-30。

表11-30 高分子絮凝剂配方

原料名称	规格	用量/(kg/t)	原料名称	规格	用量/(kg/t)
丙烯酸	工业品	248	异丙醇	工业品	44
过硫酸铵	工业品	20	水	蒸馏水	688

② 工艺流程简图

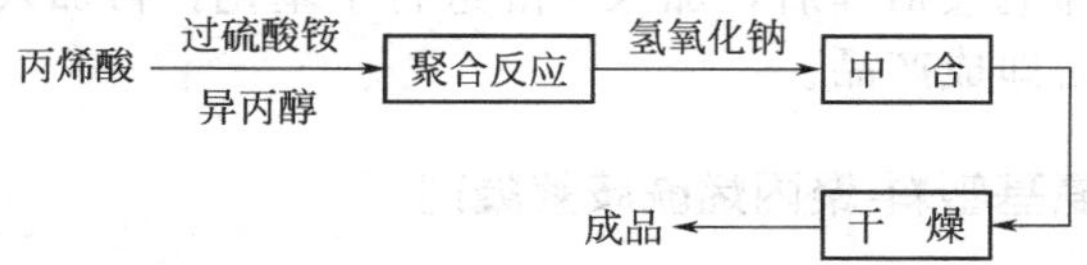

③ 操作工艺

a. 反应釜中放入 688kg 蒸馏水和 5.5kg 过硫酸铵，搅拌，使过硫酸铵溶解。

b. 往盛有过硫酸铵水溶液的反应釜中加入 27.5kg 丙烯酸单体和 44kg 异丙醇，继续搅拌并加热，使温度达到 65～70℃。

c. 把 220.5kg 丙烯酸单体和 14.5kg 过硫酸铵用少量的水溶解，制成溶液，将此溶液渐渐加入到反应釜内，在 2～3h 内全部加完。

d. 由于聚合反应放出热量，反应釜内温度有所升高。反应液逐渐回流，在温度 90～95℃下回流 1h，停止加热，搅拌冷却至室温。得到的聚丙烯酸水溶液为无色透明的黏稠液。往其中加入 30%浓度的氢氧化钠溶液，边搅拌边进行中和，使溶液的 pH 值达到 10～12，即制得聚丙烯酸钠盐水溶液。

溶液经蒸发干燥处理，在 50℃烘箱内烘干，最后可再于真空烘箱烘干，得到白色的固体。聚合物产率可达 90%。

(4) 生产工艺

① 配方　见表 11-31。

表 11-31　聚丙烯酰胺生产配方

原料名称	规格	用量/(kg/t)	原料名称	规格	用量/(kg/t)
聚丙烯酰胺	工业品	150	氢氧化钠	工业品	15
甲醛	工业品	15	水	蒸馏水	801
二甲胺	工业品	19			

② 工艺流程简图

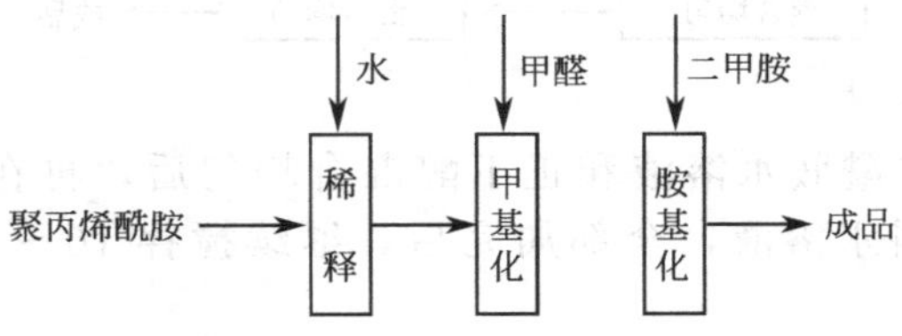

③ 操作工艺

把聚丙烯酰胺稀释后，加入甲醛进行甲基化，再加入二甲胺进行氨基化，最后即成产品。

配方 208 氨基塑料-聚丙烯酰胺絮凝剂

(1) 产品性能与用途

本品絮凝能力强，应用范围广，处理水介质中的无机悬浮固体时，脱水速度快。能够絮凝磷酸盐矿石、碱式二氧化钛、高岭土、蒙脱土、石棉、硫酸铁、硫酸铝、碳酸钙、碳酸氢钠以及化工、造纸等行业中的一些副产物和残渣。氨基塑料-聚丙烯酰胺絮凝剂适用于水介质中悬浮固体的絮凝，造纸工业中的干强剂和填料保留助剂。适用于水下混凝土施工用抗分散剂。

(2) 生产原理

本品根据水溶性聚丙烯酰胺与水溶性氨基塑料对絮凝水介质中的悬浮固体具有协同效应的现象，将上述两种絮凝剂按一定质量比混合而成。

(3) 生产工艺

① 配方 见表 11-32。

表 11-32 氨基塑料-聚丙烯酰胺絮凝剂配合比

原料名称	规格	用量/(kg/t)	原料名称	规格	用量/(kg/t)
聚丙烯酰胺水溶液	工业品	610	正丁醇	工业品	40
氨基塑料水溶液	工业品	350			

② 工艺流程简图

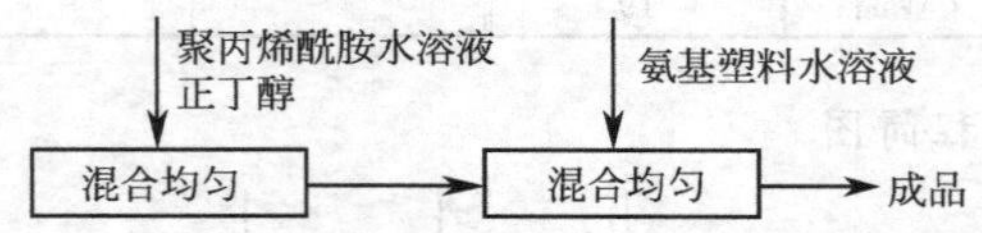

③ 操作工艺

将聚丙烯酰胺水溶液和正丁醇混合均匀后，再在搅拌中缓缓加入氨基塑料水溶液，全部加完后，继续搅拌 10～15min，即得成品。

配方 209 乳状高浓度聚丙烯酰胺

(1) 产品性能与用途

本品浓度大于 30%，易溶于水，外观为乳白色液体，对环境无污染；适用于絮凝各种废水中悬浮物颗粒，可作为多种废水处理的絮凝剂，亦可适用于水下混凝土施工用抗分散剂。

(2) 生产原理

将粉末状聚丙烯酰胺、非水溶性溶媒和表面活性剂混合后，快速搅拌乳化即得本品。

(3) 生产工艺

① 配方　见表 11-33。

表 11-33　乳状高浓度聚丙烯酰胺

原料名称	规　格	用　　量/(kg/t)
聚乙烯乙二醇乙醚	工业品,分子量 2000	46
液体石蜡	工业品	651
聚丙烯酰胺	工业品,分子量 800 万	303

② 工艺流程简图

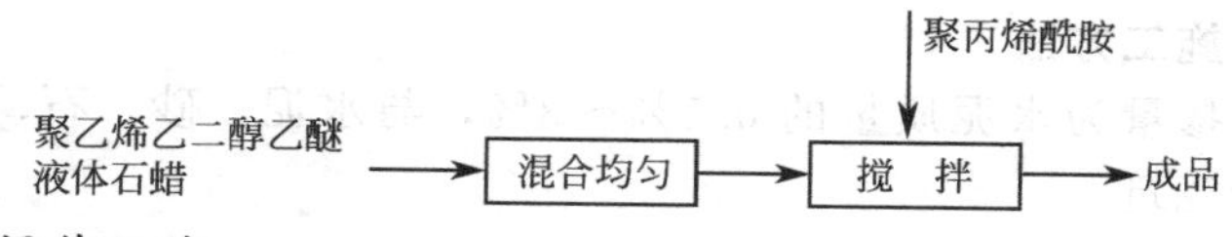

③ 操作工艺

首先将聚乙烯乙二醇乙醚与液体石蜡混合均匀，然后继续搅拌，在搅拌中将聚丙烯酰胺粉末逐步加入，搅拌均匀，使其乳化分散成为均一的乳状液产品。

配方 210 MCS-B 型水下混凝土高效抗分散剂

(1) 产品特点与用途

MCS-B 型水下混凝土高效抗分散剂采用海泡石纤维与羟丙基甲基淀粉作基料，可以减少甲基纤维素的用量，最大限度地降低了生产成本，通过调整铝酸钠配方用量，可以使水下混凝土的凝固时间得到调节。HCS-B 型水下混凝土高效抗分散剂具有在水下直接浇注施工而不分散、不离析，在水下自填充模板和自密实的性能，可以提高混凝土在水下浇注后的结构体性能，得到较高的早期和后期强度。本品可预先混拌好，在施工时一次加入。MCS-B 型抗分散剂对钢筋无腐蚀作用，施工使用方便，可远距离运输和泵送施工，适用于水下混凝土浇筑施工时抑制水泥流化和骨料离析作抗分散剂。

(2) 配方

① 配合比　见表 11-34。

表 11-34　MCS-B 型水下混凝土高效抗分散剂配合比

原料名称	质量份	原料名称	质量份
甲基羟乙基纤维素醚	6	硫铝酸钙	20
丙二醇聚氧丙烯聚氧乙烯醚	2	羟丙基甲基淀粉	4
海泡石纤维	10		

② 配制方法　按配方量称取甲基羟乙基纤维素醚、海泡石纤维、硫铝酸钙、羟丙基甲基淀粉投入 DSH 型非对称双螺旋锥形混合机内，打开混合机喷液装置注入丙二醇聚氧丙烯聚氧乙烯醚，利用固体材料表面吸附特性，以及表面活性剂的分散作用，采用物料对流扩散混合法混合搅拌 40min，即可出料用内衬塑料袋的编织袋包装入库贮存。产品保质期 1 年。

(3) 施工方法

本品掺量为水泥质量的 0.1%～3%，与水泥、砂、石、水一同拌合进行浇筑。

配方 211　MCS-V 型水下混凝土抗分散剂

(1) 产品特点与用途

本品具有在水下直接浇筑施工而不分散、不离析，在水下自填充模板和自密实的性能，可以提高混凝土在水下浇筑后的结构体性能，简化水下浇筑工艺，节省劳力，可远距离运输和泵送施工。掺 MCS-V 型水下混凝土抗分散剂混凝土用水量减少，水灰比低，提高了混凝土的黏结力、抗冻、抗压强度等性能。由 MCS-V 型抗分散剂配制的水下混凝土的工作度大大提高，保塑效果好，坍落度损失小，混凝土的初始坍落度值大于 450mm，60min 大于 500mm，中边高度差在初始和 60min 后均小于 20mm。掺 MCS-V 抗分散剂硬化混凝土的强度，7d 均大于 63%，28d 均大于 72%，满足水下抗分散混凝土的龄期水陆强度比要求。掺 MCS-V 抗分散剂混凝土不泌水，富有保水性，其抗渗、弹性模量、钢筋握裹力接近或高于普通水下混凝土，满足混凝土的抗水洗、自流平、无施工缝等特殊要求。MCS-V 型抗分散剂适用于水下混凝土浇筑施工时抑制水泥流化和骨料离析作抗分散剂。

(2) 配方

① 配合比　见表 11-35。

表 11-35　MCS-V 型水下混凝土抗分散剂配合比

原料名称	质量份	原料名称	质量份
甲基羟乙基纤维素醚	9	萘磺酸甲醛缩合物高效减水剂	59
聚丙烯酰胺	13	硬脂酸	0.6
十二烷基苯磺酸钠	0.4	沸石粉	18

② 配制方法　按配方量将各组分投入立式混合机内混合搅拌均匀即可。

(3) 产品技术性能

本品可加入到水下混凝土拌合物中，使其在水中不分散，得到较高的早期和后期强度，7d≥63%，28d≥72%，泌水率<0.5%，使水下混凝土具有良好的填充性能。按混凝土水泥用量的5%掺用后可配制出施工性能好、坍落度大于450mm、水泥流失量<1.5%、抗分散性优良的高性能水下抗分散混凝土。

(4) 施工方法

本品在混凝土中的掺量为水泥质量的0.5%～3.5%，可与水泥、砂、石、水一同拌合进行浇筑。

配方 212　水下不分散混凝土用快凝絮凝剂

(1) 产品特点

本品可使水下灌浆拌合物具有优良的抗分散性、自流平性，可减少水下灌浆拌合物浇筑时对水质的污染，对狭小间隙浇筑具有优良的填充性，可降低因灌浆拌合物分散造成的硬化强度损失，并可提高灌浆硬化物与钢筋的黏结力。在水下不分散混凝土施工中掺用快凝絮凝剂可使混凝土的凝结时间在10～15h，早期强度提高36%，并且在混凝土凝结前30min保持泵送能力。

水下不分散混凝土用快凝絮凝剂主要应用于江河湖海的护坡工程、大坝基础被水淘空部位的修复工程、桥梁基础沉井的封底工程。

(2) 配方

① 配合比　见表 11-36。

表 11-36　水下不分散混凝土用快凝絮凝剂配合比

组别	原料名称	质量份
A组分	甲基纤维素	1
	氨基磺酸盐甲醛缩合物	1.2
	木质素磺酸盐	0.3
	粉煤灰	1.8
	沸石粉	2.2
B组分	甲酸钙	1.3
	硅灰	1.8
	偏硅酸钙	1.2
A组分∶B组分		1∶0.7

② 配制方法　将B组分甲酸钙、硅灰、偏硅酸钙等原料用搅拌机混合均匀后投入球磨机研磨，将1份A组分与0.7份B组分用立式混合机混合搅拌15min即可使用。

配方 213　水下不分散无收缩灌浆材料专用外加剂

(1) 产品特点与用途

应用水下不分散无收缩灌浆材料专用外加剂可在水下直接灌浆施工而不分散、不离析，硬化浆体强度高，具有较高的体积稳定性，无收缩。浆体具有良好的流动性和可灌性，可采用压力灌浆工艺施工，尤其适用于长流程、细管径的灌浆作业施工。施工操作工艺简单，对环境无污染。

本品主要应用于各类混凝土工程的水下修补与加固以及水下基础加固等。

(2) 配方

① 配合比　见表 11-37。

表 11-37 水下不分散无收缩灌浆材料专用外加剂配合比

原料名称	质量份	原料名称	质量份
羟丙基甲基纤维素	4	甲酸钙	4
聚丙烯酰胺	3	碳酸钾	18
聚羧酸系高效减水剂	15	三萜皂苷引气剂	0.06
UEA 膨胀剂	24	沸石粉	31.96

② 配制方法 按配方量将各原料通过球磨机混合研磨，搅拌 45min 至 1h，细度过 300 目筛，筛余量小于 5%，放料，用内衬塑料袋编织袋包装即可。产品保质期 1 年。

第12章 砂浆外加剂

建筑砂浆在建筑工程中是一种用量大、用途广泛的建筑材料。砂浆是由胶凝材料、细骨料及水组成的混合物。砂浆按其作用可分为砌筑砂浆与抹面砂浆。砌筑砂浆作为胶结材料将各种砌块胶结成结构稳定的整体，使应力从上层通过砂浆均匀地传递到下层。抹面砂浆是对建筑物进行装饰的材料。墙体、地面及梁柱结构的表面都需要抹面。它不仅能修饰建筑物的表面，并能保护建筑物免受外部环境的侵蚀。

掺入建筑材料中，能改变建筑材料和易性和黏度的物质称为塑化、稠化剂。塑化、稠化剂主要用于建筑砂浆。

12.1 砂浆塑化剂

砂浆塑化剂是一种表面活性物质，能显著地降低溶液的表面张力，在砂浆搅拌过程中产生大量封闭而微小的气泡（直径一般为0.25～2.5mm），从而可提高砂浆拌合物的和易性，提高砂浆的抗冻性和抗渗性。在砌筑砂浆中应用可节省50%以上的石灰膏，甚至代替全部石灰膏；在抹灰砂浆中可节省一半左右的石灰膏。国内应用的砂浆塑化剂主要成分是松香皂。

配方 214 RF 砂浆微孔塑化剂

砂浆微孔塑化剂主要成分为松香皂化物及十二烷基苯磺酸钠，还有少量的三聚磷酸钠及其它一些引发剂、增强剂等。其主要成分松香皂化物及十二烷基磺酸钠属阴离子表面活性剂。它们能在砂浆中产生大量的微小气泡。由于这些气泡的作用，使砂浆具有较大的弹性和不透水性，表现出很好的流动性、保水性和易于铺展，具有较高的强度和黏结力，又有提高抗渗和抗冻融性能。使用 RF 砂浆微孔塑化剂可以节省原材料，节约能源和防止环境污染。加入 RF 砂浆微孔塑化剂可以节约砌筑砂浆中的全部石灰和抹灰砂浆中的部分石灰，社会、经济效益显著。本品适用于各类砌筑、抹灰砂浆和干粉砂浆及预拌砂浆。

(1) 配方

① 配合比　见表 12-1。

表 12-1　RF 松香皂砂浆微孔塑化剂配合比

原料名称	规格	用量
松香	粉碎后过 5mm 孔径筛	14kg
石碳酸	热水溶化	7kg
氢氧化钠	加少许热水溶解成 30%溶液	800g
硫酸		400mL
十二烷基苯磺酸钠		1.2kg
三聚磷酸钠		2.5kg
水		80kg

② 配制方法

a. 将松香粉、石碳酸、硫酸分别按配比量加入带搅拌器和冷凝器的反应釜内加以搅拌，徐徐加热升温 70～80℃，保温反应 6h。

b. 暂停加热，加入 30%氢氧化钠溶液，继续加热升温至 100℃，搅拌 2h。

c. 停止加热，稍静置，趁热倒入塑料包装桶内，即成为松香热聚物引气剂。

d. 将十二烷基苯磺酸钠、三聚磷酸钠加水溶化，升温 70～80℃，计量称取松香热聚物引气剂 22kg 混合搅拌均匀，所得红棕色透明黏液即为 RF 松香皂砂浆微孔塑化剂。

③ RF 砂浆微孔塑化剂生产工艺流程图

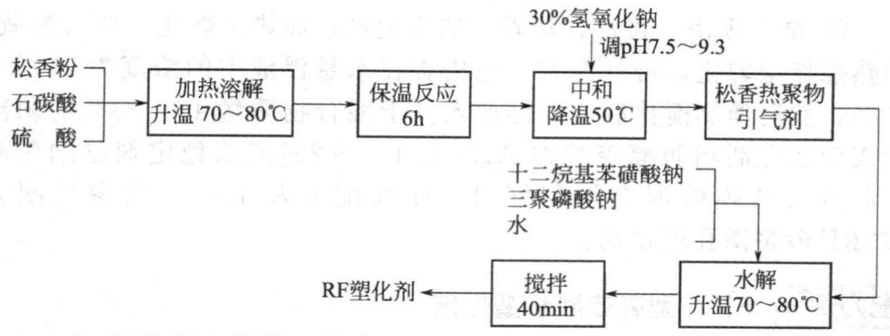

(2) 产品技术性能　见表 12-2。

掺加本品的砂浆性能见表 12-3 和表 12-4。

表 12-2 RF 松香皂砂浆微孔塑化剂的技术指标

项目	指标	项目	指标
外观	红棕色透明液体	表面张力	3%溶液 28～30mN/m
pH 值	3%溶液 7.5～9.5		

表 12-3 掺砂浆微孔塑化剂砂浆性能指标

材料用量/(kg/m³)			水灰比	稠度/cm	泌水率比/%	凝结时间/min		抗压强度/MPa		
水泥	砂	RF 微孔塑化剂				初凝	终凝	3d	7d	28d
500	1500	0	0.7	9.5		85	145	2.5	10.8	24.2
500	1500	0.15	0.7	11.5	68	115	170	2.4	11.5	25.6

表 12-4 掺砂浆微孔塑化剂砂浆的抗冻性能

材料用量比			水灰比	稠度/cm	标养 28d 强度/MPa	50 次冻融循环		
水泥	砂	RF 微孔塑化剂				强度/MPa	外观	强度损失率/%
1	3	0	0.7	9.2	25.1	13.3	起砂	47
1	3	0.0003	0.63	9.5	24.7	22.8	完整	4.8

配方 215 松香酸钠微孔塑化剂

配方

① 配合比　见表 12-5。

表 12-5 松香酸钠微孔塑化剂配合比

原料名称	用量	原料名称	用量
碳酸钠	13.8kg	水	180.2kg
氢氧化钠	6kg	AES	250～500mL
松香	25kg		

② 配制方法　将松香粉碎，加适量水，加热至熔化，加入纯碱，加热搅拌至匀化，再补充水，至松香在水悬浮液中的浓度为 25%～40%，然后加热搅拌混匀，再加入基于混合物质量 1%～3%的阴离子表面活性剂脂肪醇硫酸钠 AES 和 1%～2%泡沫稳定剂尼纳尔和 1%～2%苯磺酸混合均匀即可。详细配方及生产工艺参见配方 223RF 砂浆微孔塑化剂。

配方 216 FP-1 型高效砂浆塑化剂

(1) 产品特点与用途

FP-1 型系复合多功能砌筑和抹灰用砂浆外加剂，外观为棕色粉粒状，产品性能优良，高效、无污染，掺量小，使砂浆在不降低流动性的情况下，具有良好的保水性和黏聚性；既解决了因建筑砂浆而引起的墙体渗漏、起砂、开裂等质量问题，又扩大了施工应用范围，适用于建筑工程施工和装饰中的砌筑砂浆和抹灰砂浆，还适用于基础墙等潮湿部位的施工应用。可使砂浆具有良好的工作性能，而且具有较好的强度、黏结强度、抗收缩性能。

(2) 配方

① 配合比　见表 12-6。

表 12-6　FP-1 型高效砂浆塑化剂配合比

原料名称	质量份	原料名称	质量份
羧乙基甲基纤维素	3	木质素磺酸钙	30
十二烷基硫酸钠	4	重质碳酸钙	63

② 配制方法　将各组分混合均匀即可。

(3) 产品技术性能

① 主要技术性能

a. 与相同水泥用量的石灰水泥砂浆比较，28d 强度提高 20%～40%，在相同情况下，可节省水泥 8%～10%。

b. 砌体或抹面砂浆中应用可节省石灰膏 50%～100%，即 1kg 砂浆外加剂可节省 10t 石灰。

c. 混凝土中掺入本剂可减水 7%～8%，能改善砂浆的和易性、扩散性、乳化性和发泡效果，抗冻和抗渗性能显著改善。

d. 具有提高砂浆和黏聚性和操作性，使粉饰面层光滑，克服起壳、空鼓、防止砂浆层开裂，减少落地灰，节省材料，提高工效。

② FP-1 型高效砂浆外加剂主要物化指标　见表 12-7。

表 12-7　FP-1 型高效砂浆塑化剂物化指标

项目名称	指　标	项目名称	指　标
外观	棕色粉粒状	起泡率	≥3.5 倍
有效成分	>78%	消泡时间	≥7h
含水率/%	<20%	凝结时间之差/min	±90
pH 值	8～10		

(4) 施工方法

① 本产品掺量范围：按水泥用量的7%～8%计算。

② 根据气温的变化和施工操作要求，可在推荐掺量范围内适当调节。

③ 预拌砂浆的搅拌时间不宜少于2min。

配方 217 FP-2型高效砂浆塑化剂

(1) 产品特点与用途

FP-2型高效砂浆外加剂可以全部替代石灰膏而不影响砂浆的工作性和强度，同时砂浆体积不减少；使用本品后，砂浆用水量可以减少25%以上，砂浆的饱满度、内聚性及粘结力明显提高，收缩显著降低，减少起壳、开裂等弊病，并且使砂浆具有抗冻、抗渗、保温、隔热、隔音等功效；使用FP-2型高效砂浆外加剂可以使资源消耗量大幅度降低，具有非常显著的环保效益。本品可替代石灰膏适用于建筑砌筑砂浆和抹灰砂浆。

(2) 配方

① 配合比 见表12-8。

表 12-8 FP-2型高效砂浆塑化剂配合比

原料名称	质量份	原料名称	质量份
木质素磺酸钙	42.8	十二烷基磺酸钠	6
SJ-1型引气剂	20	重质碳酸钙	40
羧乙基甲基纤维素	10	聚乙二醇	5

② 配制方法 依次将木钙、SJ-1型引气剂、羧乙基甲基纤维素、聚乙二醇、十二烷基磺酸钠、重质碳酸钙加入混合机或球磨机中，然后混合均匀，混合搅拌30～50min即可得到成品。

产品放料后，必须立即包装入库封闭贮存，防止受潮。

(3) 产品技术性能

① 匀质性指标 见表12-9。

② 匀质性检验指标 见表12-10。

(4) 施工方法

① 外加剂的掺量为水泥质量的0.2%～0.4%，使用时，不需预先加水溶化，直接加入砂浆拌合料中即可。

表 12-9 FP-2 型高效砂浆塑化剂匀质性指标

项目	指标	项目	指标
外观	灰褐色粉末	起泡率	≥3.5 倍
有效成分	>78%	消泡时间/h	≥7
含水率/%	<20	凝结时间之差/min	±90
pH 值	8～10		

表 12-10 砂浆塑化剂匀质性检验指标

项目	指标	项目		指标
pH 值	8～10.5	未皂化松香含量/%	<	5
固体粉含量或含水量	对液体塑化剂，应在生产厂所控制值的相对量的 30% 对固体塑化剂，应在生产厂所控制值的 5%以内	表面张力/(mN/m)	<	35
		起泡力/mL	>	115
		消泡时间/h	>	2
		3min 剩余泡沫率/%	>	85

② 按水泥、外加剂和砂的次序加入搅拌机中，并预拌数秒后加水搅拌，搅拌时间增加 1～3min。

③ 砌筑材料（砖、砌块等）和墙面的表面处理，以及操作要求与常规砂浆施工相同。

配方 218 FP-3 型高效砂浆塑化剂

(1) 产品特点与用途

FP-3 型高效砂浆塑化剂适用范围广，对环境无污染，产品性能优良，不仅能改善砂浆在低灰/砂比情况下的和易性，而且从技术角度提高了砂浆的抗压强度、保水性和抗冻融循环性，大幅度改善了砂浆的黏聚性、稠度、稳定性和施工性能；FP-3 型高效砂浆塑化剂适用于砌筑砂浆、抹面砂浆和装饰砂浆，可以完全替代建筑石灰膏，掺用后有助于降低砂浆用水量和水泥用量，提高强度和耐久性，减小收缩开裂危害。

(2) 配方

① 配合比 见表 12-11。

② 配制方法 按配方量将各组分搅拌混合均匀即可。

表 12-11　FP-3 型高效砂浆塑化剂配合比

原料名称	质量份	原料名称	质量份
NF 萘系高效减水剂	24	十二烷基苯磺酸钠	3
糖钙缓凝减水剂	35	沸石粉	31
羧乙基甲基纤维素	7		

(3) 产品技术性能

① 掺量为胶结材料的 0.2%～0.6%，砂浆的含气量为 3.5%～5.5%，从而大幅度提高砂浆的和易性（可塑性及保水性）、抗渗性及抗冻性。用于混合砂浆可节省 50%～100%的石灰；用于抹灰砂浆可节省 30%～40%的石灰，用于水泥砂浆可节省 10%的水泥。在砌筑或抹灰砂浆中应用，可取代全部或部分石灰。

② 无毒、对环境无污染。

(4) 施工方法

本品的常用掺量为水泥质量的 0.2%（砌筑砂浆）、0.4%～0.6%（抹灰砂浆）、0.4%（填筑砂浆）。使用时，不需预先加水溶化，可直接加入砂浆混凝土拌合料中即可。

配方 219　FP-4 型高效砂浆塑化剂

(1) 产品特点与用途

本品分散性好，能改善砂浆的流动性和泌水性，不易分层离析，不影响砂浆的体积，并可提高强度；施工方便，有利于降低费用，节省人工，充分利用了工业废渣，既可降低成本，又有利于环境保护。本品能替代石灰膏，很好地提高砂浆的和易性、保水性和密实性。适用于砌筑和抹灰砂浆。

(2) 配方

① 配合比　见表 12-12。

表 12-12　FP-4 型高效砂浆塑化剂配合比

原料名称	质量份	原料名称	质量份
松香酸钠乳液	20	轻质碳酸钙	60
十二烷基硫酸钠	6	钠基膨润土	44
木质素磺酸钙	8	粉煤灰	60
十二烷基苯磺酸钠	2		

② 配制方法　按配比将以上原料投入球磨机内混合研磨 40min，细度为过 300 目筛的筛余量小于 5%，放料，用内衬塑料袋编织袋包装，贮存于干燥库房内，注意防潮，产品保质期两年。

(3) 产品技术性能

本品的匀质性指标见表 12-13。

表 12-13　FP-4 型高效砂浆塑化剂匀质性指标

项目名称	指标	项目名称	指标
外观	棕色粉末	pH 值(溶液质量分数 10%、常温)	9±1
含水率/%	10±5		
泡沫高度(溶液质量分数 10%,常温)/mL	70^{+30}_{-5}	含气量/%	>3
稳泡时间(溶液质量分数 10%,常温)/min	≥4	凝结时间之差/min	±90

(4) 施工方法

掺量为每 50kg 水泥用 100g 外加剂。

配方 220　FP-5 型高效砂浆塑化剂

(1) 产品特点与用途

本品配方不采用松香皂，工艺流程易于掌握，产品性能优良，易溶于水，可促使砂浆中的水泥等粉状物在水中迅速分散，调控水泥的水化进程，提高工程质量。掺用本品可提高水泥砂浆的抗冻、抗渗、保温、耐热、耐久性能，能替代混合砂浆中的石灰，还可减少水泥用量，增加砂浆的容积、饱满度，减少落地灰。

(2) 配方

① 配合比　见表 12-14。

表 12-14　FP-5 型高效砂浆塑化剂配合比

原料名称	质量份	作用
烷基聚氧乙烯醚硫酸钠	30	表面活性剂
十二烷基苯磺酸钠	30	引气剂
木质素磺酸钙	20	引气、减水
亚硝酸钠	30	水泥激发剂
碳酸钠	20	水泥激发剂
脂肪醇聚氧乙烯醚	10	增稠剂
钠质膨润土	60	载体
海泡石(硅酸镁)	70	载体
粉煤灰	30	载体

② 配制方法　将引气剂和表面活性剂、水泥激发剂、增稠剂投入混合机内搅拌混合均匀后，加入载体材料，再搅拌混合均匀出料包装即可。

(3) 产品技术性能

① 主要技术性能　FP-5型高效砂浆塑化剂系有机和无机复合塑化剂，由于能产生大量微小气泡，显著地改善了砂浆的和易性，可节约水泥10%左右，节约用水量8%～10%，可提高砂浆强度20%～40%，从而可以达到节约原材料，改善砂浆性能、提高抗压强度，取得显著的经济技术效益的目的。

② 匀质性指标　见表12-15。

表12-15　FP-5型高效砂浆塑化剂匀质性指标

项目名称	指标	项目名称	指标
外观	棕褐色粉末	消泡时间	≥7h
含水率	≤22%	混凝土掺入本剂的抗渗指标	≥S10
pH值	8～9	抗冻融	≥12倍
起泡率	≥3.5倍		

(4) 施工方法

① 掺量范围　砌筑砂浆：为水泥用量的0.2%～0.4%。抹灰砂浆：为水泥用量的0.5%～0.6%。

② 掺入外加剂的砂浆，其搅拌时间应适当延长，一般为2.5～3min。

③ 本剂存放过程中不宜受潮。如受潮出现结块，经粉碎后仍可使用。

配方221　FS-M高效建筑抹灰砂浆外加剂

(1) 产品特点与用途

本品掺量小，产品性能稳定，搅拌后的砂浆具有良好的工作稠度和黏聚性能，砂浆和易性好，其保水性能大为提高。砂浆上墙硬化后极大减少或消除了墙面空鼓、开裂、粉化、疏松等质量通病。掺用FS-M高效砂浆外加剂可使墙面具有自呼吸功能，协助水泥砂浆利用环境中的水汽进行持续性长时间自养护，保证了水泥砂浆充分水化从而使砂浆达到最佳强度，使水泥砂浆硬化后具有防水、防结露、调湿、保湿的功能，扩大了产品应用范围。

FS-M 高效建筑抹灰砂浆外加剂适用于建筑内外墙粉刷抹灰作业中的水泥砂浆和混合砂浆。

(2) 配方

① 配合比　见表 12-16 和表 12-17。

表 12-16　FS-M 高效建筑抹灰砂浆外加剂配合比

原料名称	质量份	原料名称	质量份
粉煤灰(2 级)	60	脂肪醇聚氧乙烯醚	10
木质素磺酸钙	20	助剂	10

表 12-17　FS-M 高效建筑抹灰砂浆外加剂助剂配合比

原料名称	质量份	原料名称	质量份
羧甲基纤维素	20	聚丙烯酸树脂	35
1788 型聚乙烯醇微粉	35	聚氧化乙烯	10

② 配制方法

a. 助剂配制：按配方量将助剂各组分搅拌混合均匀即可。

b. 按配方量称取粉煤灰、木质素磺酸钠、脂肪醇聚氧乙烯醚及助剂等加入到混合机内，进行充分搅拌，搅拌时间 40min，混合均匀即可出料包装。

(3) 施工方法

本品掺量范围为水泥质量的 0.05%～0.4%，最佳掺量为水泥质量的 0.1%～0.2%。使用时，不需预先加水溶化，直接加入砂浆拌合料中即可。

配方 222　ASP-1 高效砂浆塑化剂

(1) 产品特点与用途

ASP-1 高效砂浆塑化剂是由有机高聚物和无机化学外加剂复合而成的新型粉状引气型砂浆外加剂。本品能够在保证砂浆工作性能、满足现行标准规范要求的条件下，大幅度提高砂浆的抗压强度、黏结强度和抗渗性，并显著降低砂浆的收缩率，以提高砂浆的各种物理力学性能和耐久性能。掺用本品具有提高工效、降低工程造价、净化环境、文明施工、节约能源等多方面作用，社会、经济效益显著。

ASP-1 高效砂浆塑化剂适用于各类砌筑、抹灰砂浆和干粉砂浆及预拌砂浆。

(2) 配方

① 配合比　见表 12-18。

表 12-18　ASP-1 高效砂浆塑化剂配合比

原料名称	质量份	原料名称	质量份
改性凹凸棒黏土(磨细比表面积>300m²/kg)	96.4	甲基羟乙基纤维素醚	0.4
		AF 高效引气减水剂	3.2

② 配制方法　按配方计量称取改性凹凸棒黏土、甲基羟乙基纤维素醚，打开混合机喷液装置注入 AF 高效引气减水剂投入 DSH 型非对称双螺旋锥形混合机内，采用物料对流扩散混合法混合搅拌 40min 即可出料用内衬塑料袋的编织袋包装入库贮存，产品保质期 1 年。

(3) 产品技术性能

ASP-1 高效砂浆塑化剂匀质性指标见表 12-19。

表 12-19　ASP-1 高效砂浆塑化剂匀质性指标

项　目	指　标	项　目	指　标
外观	棕褐色粉粒状	起泡率	≥3.5 倍
细度 2mm 筛余量	<5%	含气量/%	>3
含水率/%	<20	消泡时间/h	>7
泡沫高度(溶液质量分数 10%,常温)/mL	70^{+30}_{-5}	凝结时间之差/min	±90
		抗压强度比/%	
稳泡时间(溶液质量分数 10%,常温)/h	≥4	7d	100
		28d	100
pH 值(溶液质量分数 10%,常温)	8～9	收缩率比/%	≤138
		泌水率比/%	≤50

(4) 施工方法

掺量范围：砌筑砂浆为水泥用量的 0.2%～0.4%、抹灰砂浆为水泥用量的 0.5%～0.6%。使用时，不需预先加水溶解，直接加入砂浆混凝土拌合料中即可。

配方223 ASP-2高效砂浆塑化剂

(1) 产品特点与用途

ASP-2高效砂浆塑化剂是一种表面活性剂，主要成分为乙氧基化烷基硫酸钠及十二烷基苯磺酸钠、聚羟酸磺酸盐等阴离子表面活性剂，能显著降低溶液的表面张力，在砂浆搅拌过程中产生大量封闭而微小的气泡，从而可提高砂浆拌合物的和易性，提高工效，使砌筑时砂浆松软、饱满、黏结力强，克服墙面空鼓、易脱落、起泡等现象，提高砂浆的抗冻性和抗渗性。在砌筑砂浆中应用ASP-2可节省50%以上的石灰膏，甚至可以完全取代石灰，成本低、掺量少，在水泥砂浆配比不变的情况下可节水10%～20%，可节约水泥15%～20%，提高工效5%以上。用ASP-2调制的砂浆存放5h不沉淀，保水性好。

本品无毒、无辐射、无污染、无公害、绿色环保，适用于各种建筑的砌筑、内外墙抹灰、贴瓷砖、地面砖、水泥空心砖、路面砖等。

(2) 配方

① 配合比 见表12-20。

表12-20 ASP-2高效砂浆塑化剂配合比

原料名称	质量份	原料名称	质量份
石膏	90	十二烷基苯磺酸钠	3
乙氧基化烷基硫酸钠	6	聚羧酸磺酸盐高效减水剂(粉剂)	2

② 配制方法 按配比将以上原料投入球磨机内混合研磨40min，细度过300目筛，筛余量小于5%，放料用内衬塑料袋编织袋包装，贮存于干燥库房内，注意防潮，产品保质期1年。

(3) 施工方法

掺量：每100kg水泥添加本品100～150g，在砂浆中可完全取代石灰并可节约水泥。使用前先在搅拌机内放入少量水，称取本品开动搅拌机看到水泡后，再将水泥和砂倒入搅拌机内搅拌，同时加水。

配方224 砌筑、抹灰砂浆塑化剂

(1) 产品特点与用途

本品是由有机高聚物和无机化学外加剂复合的引气型粉状或液体外加剂，属阴离子活性材料。使用砌筑、抹灰砂浆塑化剂搅拌砂浆产生的微泡稳定性好，其微泡间距一般在0.25～2.5mm，使水泥水化反应充分，改善了砂浆的和易性。本塑化剂可分散水泥颗粒，增加水泥体积，减少砂粒之间的摩擦力，具有良好的和易性、稠度和保水性。能更有效的提高建筑工程质量，克服传统混合砂浆的缺点，使砌筑砂浆更易施工操作，薄层施工时可延长操作，厚层施工时，具有良好的抗流挂性，黏结强度高，不易开裂，在砌筑中使用，其饱满度提高，硬化后具有抗冻、减水、防渗、耐久、抗裂、保温、隔热等作用。本品可代替混合砂浆中的全部石灰或节约部分水泥，社会、经济效益显著，适用于各类砌筑、抹灰砂浆和干粉砂浆及预拌砂浆。

(2) 配方

① 配合比　见表12-21。

表12-21　砌筑、抹灰砂浆塑化剂配合比

原料名称	质量份	原料名称	质量份
松香	10	聚乙烯醇	10
氢氧化钠	1	水	90

② 配制方法　按松香∶氢氧化钠∶水的质量比为10∶1∶10，将水、氢氧化钠加入水浴锅中加热到60℃，再将粒径为1mm的松香粉末均匀加入；按聚乙烯醇∶水的质量比为10∶80，加入聚乙烯醇和水，待松香全部溶解，成为浅黄色稠体，继续沸煮2h，浓缩成暗棕色的膏状体。

(3) 产品技术性能

对砌筑、抹灰砂浆塑化剂的砌筑砂浆检测结果见表12-22，其中抗压强度按照JGJ/T 98—2010砌筑砂浆配合比设计规程的规定进行检测；稠度、保水率、凝结时间、密度按照JGJ/T 70—2009建筑砂浆基本性能试验方法进行检测。

(4) 施工方法

① 按塑化剂与水的质量比为1∶10，将本品用水稀释，制得稀释的塑化剂。

② 按本品的配比质量是水泥+粉煤灰质量的0.1%～0.3%。把稀释的塑化剂加入到砂浆中，搅拌均匀，即可使用。

配方来源：杨军，谢秋柏等．一种砌筑、抹灰砂浆塑化剂和制法．CN 103121806A. 2013.

表 12-22 对砌筑、抹灰砂浆塑化剂的砌筑砂浆检测结果

强度等级	配合比(质量份)					稠度/mm	保水率/%	凝结时间/min	密度/(kg/m³)	抗压强度/MPa
	水泥	砂子	粉煤灰	塑化剂	水					
M15.0	1	3.82	0.5	1	0.76	90	85.64	5.15	2146	19.2
				2		91	87.23	6.30	2123	18.1
				2.5		92	91.54	8.10	2108	17.9
				3		92	94.12	9.50	2094	15.5
M10.0	1	5.36	0.55	1	1.07	90	85.72	5.45	2163	15.6
				2		91	86.83	6.38	2094	14.6
				2.5		92	92.56	7.26	2086	13.8
				3		93	93.86	9.20	2080	11.6
M7.5	1	6.00	0.60	1	1.20	90	85.90	5.50	2130	9.9
				2		91	87.22	6.40	2084	8.5
				2.5		92	93.33	7.30	2075	8.3
				3		92	94.58	8.40	2069	7.9
M5.0	1	6.85	0.65	1	1.37	90	84.82	5.30	2123	

注：表中塑化剂的掺量范围是水泥与粉煤灰质量之和的0.1%～0.3%。

配方 225 新型商品砂浆用缓凝剂

(1) 产品特点与用途

砂浆缓凝剂的种类很多，目前常用的有木质素磺酸钠及其衍生物、低分子量纤维素及其衍生物、羟基羟酸、有机磷酸复合物等，但这些缓凝剂往往在水泥砂浆颗粒表面难形成一层难溶的薄膜，对水泥砂浆的水化难起屏障作用，阻碍了水泥砂浆的正常水化，导致水泥砂浆的水化速度加快，或者缓凝作用不明显，缩短水泥正常的凝结时间。新型商品砂浆用缓凝剂主要由葡萄糖酸钠、柠檬酸、三聚磷酸钠、焦磷酸钠、木质素磺酸钙、水等组成。该缓凝剂具有较好的缓凝作用，稳定性好，水泥适应性广，减水率高、无毒、环保性能好等特点，特别适用于干混预拌商品砂浆的缓凝保水。

(2) 配方

① 配合比　见表12-23。

表 12-23 新型商品砂浆用缓凝剂配合比

原料名称	质量份	原料名称	质量份
葡萄糖酸钠	150	焦磷酸钠	15
柠檬酸	250	木质素磺酸钙	20
三聚磷酸钠	10	水	50

② 配制方法

a. 称取葡萄糖酸钠 150g/L、柠檬酸 250g/L、三聚磷酸钠 10g/L、焦磷酸钠 15g/L、木质素磺酸钙 20g/L、水 50g/L，备用。

b. 将配方中的水加热升温至 30℃，保温，边搅拌边加入三聚磷酸钠、焦磷酸钠、木质素磺酸钙，保持温度 30℃搅拌 30min，溶解后高速离心去除沉淀物，再转入反应锅内。

c. 开动搅拌机，升温至 45℃左右，保温。边搅拌边依次加入葡萄糖酸钠、柠檬酸，保温搅拌 30min。

d. 自然冷却至室温，再次进行高速离心除去沉淀物后，出料包装成品。

(3) 施工方法

本品常用掺量为 0.1%～0.2%。

配方来源： 顾宗法．一种砂浆用缓凝剂．CN 103265203A. 2013.

配方 226 新型砂浆精

砂浆精也称水泥塑化剂。主要作用是改善砂浆的和易性、保水性、减水性，提高后期强度，提高砌抹效率，减少落地灰，节约水泥和石灰，在砂浆中起到扩散水泥、乳化发泡等作用。可克服起壳、开裂等通病，在充气混凝土、普通混凝土的地面、打底或面层使用最佳。砌筑中的砂浆饱满度高，硬化后具有抗冻、减水、防渗、耐久、抗裂、保温、隔热等作用。但是目前砂浆精均是粉状材料，加工和使用粉尘大，伤害操作人员的身体，而且市面上销售的砂浆精都加有石粉、粉煤灰、砖沫、沙子等填充料，这些填充料在施工中起不到任何作用，反而增加了施工成本，也是一种资源浪费。

新型砂浆精用于抹灰时对墙面湿润程度要求低，砂浆收缩小，保水性好，调制好的灰 6～8h 不沉淀，不必反复搅拌，加快施工速度，提高劳动效率。

(1) 新型砂浆精的主要特点

① 改善砂浆的和易性、保水性、提高砌抹效率、减少落地灰、节约水泥和白灰；

② 提高水泥的后期强度，并具有分散水泥、抗冻、减水、防渗耐久、早强等作用；

③ 抗空鼓开裂等通病，彻筑时砂浆膨松，柔软，防塌落性好，黏结力强，降低成本。

(2) 新型砂浆精的配制方法

① 用水5kg稀释1～2kg乙氧基化烷基硫酸钠；

② 用水3kg稀释0.5～1kg脂肪酸二乙醇酰胺；

③ 用2kg水溶解0.5～1kg葡萄糖酸钠或柠檬酸；

④ 溶解完全后混合均匀添加4～5kg防腐剂苯甲酸钠；

⑤ 加精制盐0.4～0.8kg；

⑥ 得成品，用塑料容器分装。

(3) 施工方法

本品掺量范围：砌筑砂浆0.5%～0.8%，抹灰砂浆0.8%～1.2%，以胶凝材料计，内掺。

配方来源：张晓龙. 一种新型砂浆精的制作方法. CN 102584082A. 2012.

12.2 砂浆稠化剂

12.2.1 甲基纤维素醚

甲基羟乙基纤维素醚（MHEC）和甲基羟丙基纤维素醚（HPMC）一起统称为甲基纤维素醚（Methyl Cellulose），简称MC。甲基纤维素醚是干粉砂浆中非常重要的添加剂之一，主要起到保水和增稠的作用。

甲基纤维素醚是以木质纤维或精制短棉纤维作为主要原料，经化学处理后，通过氯化乙烯、氯化丙烯或氧化乙烯等醚化剂发生反应所生成的粉状纤维素醚。纤维素的分子结构是由失水葡萄糖单元分子键组成的，每个葡萄糖单元含有3个羟基。当在一定条件下，羟基被甲基、羟乙基、羟丙基等基团所取代，生成各类不同的纤维素品种。被甲基取代称为甲基纤维素，被羟乙基取代称为羟乙基纤维素，被羟丙基取代称为羟丙基纤维素。由于甲基纤维素是一种通过醚化反应生成的混合醚，以甲基为主，但含有少量的羟乙基或羟丙基，因此被称为甲基羟乙基纤维素醚或甲基羟丙基纤维素醚。

(1) 甲基纤维素醚的制备技术

① 将精制棉花或短绒粕 10g 置于约 20 倍量的 40%～50% Na_2O 水溶液中，于室温下浸渍数小时，压榨至为原料的3～5 倍量。将此产物放入不锈钢制高压釜中，加入 50g 氯化甲烷，在搅拌下于 100℃ 反应 2～3h，随着反应的进行高压釜内压力即逐渐降低。反应完毕后用热水洗涤，并对残留物进行减压干燥。所得甲基纤维素醚的取代度为 1.6～2.0，制取更高取代产物时须重复进行此反应。

② 在醋酸纤维素的丙酮溶液中交替加入 NaOH 水溶液和硫酸二甲酯，使醋酸纤维素进行皂化时在其活化状态下立即进行甲基化；醋酸纤维素分散在水中的情况下进行甲基化；借助季铵碱使纤维素在溶解状态下和甲基化试剂进行反应，采用重氮甲烷或采用甲苯磺酸甲酯的方法等进行甲基化反应。

(2) 甲基纤维素醚主要用途

① *涂料增稠剂* 增稠剂是以 MC 为主要原料，配以其它原料及助剂精制而成。它具有良好的增稠及防腐作用。用于高档乳胶漆涂料中，可改进流平性，防止沉淀分层，是一种良好的涂料增稠剂。使用该产品可使装修后的墙面平滑、光亮、效果佳。

② *抗裂砂浆胶* 抗裂砂浆胶是以 MC 为初粘材料，配以高分子共聚乳液及助剂制成的一种胶黏剂。把它加入到水泥∶砂＝1∶1 的混料中，调成抗裂砂浆，用做加气水泥砖的勾缝和墙面抹平材料。其特点是粘接牢固、使用方便、用量小、可降低成本，并保证施工质量。它能解决水泥砂浆的皲裂、脱落、空鼓等质量问题。

12.2.2 羧甲基纤维素醚

羧甲基纤维素醚（CMC）是一种重要的纤维素醚，是天然纤维经过化学改性后所获得的一种水溶性好的聚阴离子化合物，易溶于冷热水。它具有乳化分散性、固体分散性、不易腐败、生理上无害等不同寻常的和极具价值的综合物理、化学性质，是一种用途广泛的天然高分子衍生物。CMC 的优越性能如增稠性、保水性、代谢惰性、成膜成形性、分散稳定性等，可用作增稠剂、保水剂、润滑剂、乳化剂、助悬浮剂、药片基质、生物基质和生物制品载体等。

CMC 在工业中的应用最广，制备技术也很成熟。一般选用 30%～40%NaOH 溶液制成碱纤维素，压榨至原料的 6 倍量，然后加入大致与所用 NaOH 浓度相当的一氯醋酸钠（50%水溶液）于 50℃下反应 5～8h。产物用乙醇反复进行沉淀和洗涤。当有不溶解物存在时，首先把它溶解于稀 NaOH 溶液，然后，用乙醇重新沉淀加以精制。此法制得的产物其取代度大致为 1.0 左右，制取更高取代度产物时需要反复进行这一反应。以棉花为原料通过羧甲基化制取可溶性纤维素是可行的。

最新的用两次浸渍法制备羧甲基纤维素醚（CMC）的方法是以 18%～20%的碱液对纤维素进行浸渍碱化，然后压榨到可压榨比为 2.8～3.0，再用 11%～13%的碱液浸渍，最后压榨比达2.8～3.0，所得碱纤维素均匀性好，游离碱含量较低，醚化剂利用率可达55%～60%，是目前较先进的工艺。

12.2.3 羟丙基甲基纤维素醚（HPMC）

羟丙基甲基纤维素醚的制备大多采用液相法，由此方法制得的成品均匀性较好。工艺流程大致与其它纤维素醚相仿，其流程示意图见图 12-1。

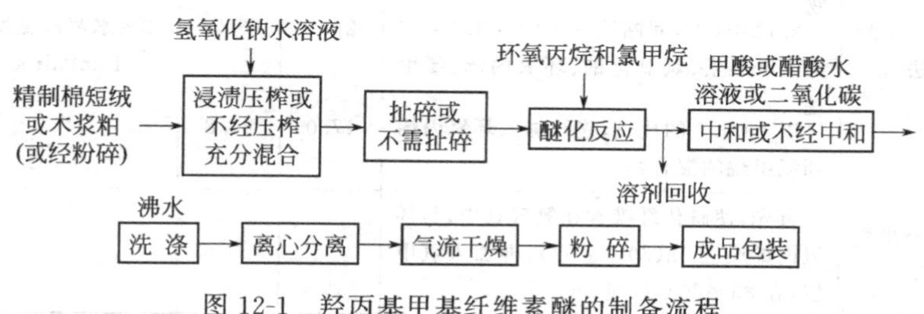

图 12-1 羟丙基甲基纤维素醚的制备流程

关于制备碱纤维素所用碱液的质量分数，一般在 35%～50%，纤维素：碱液（质量比）=(1：0.5)～(1：2.6)，碱液用量比较小的是将碱液喷入，不经压榨即与纤维素进行醚化反应；碱液用量较大的是将 50%的碱液加入大量惰性溶剂中，然后加入纤维素来制备碱纤维素。惰性溶剂在反应过程有使热传导均匀和易于控制温度的作用，在反应完成后，可经共沸除去大部分水和副反应有机化合物。

制备具有不同含量的甲氧基和羟丙基以及不同黏度的品种的羟丙基甲基纤维素醚时，可控制纤维素与不同量的碱和水的比例与不同老化时间和温度先制成碱纤维素，然后将碱纤维素与不同比例用量的氯甲烷和环氧丙烷反应，在不同的温度和时间下来制备所需要规格的产品。反应温度，大多经一定时间分段升温，最后升至60～80℃，也有高至 80～90℃，都是在自然产生的压力下（20atm 以上，1atm＝101325Pa）进行反应，反应时间，一般在 4～10h 左右，反应时间和温度都可根据所制成品的要求来决定。

至于醚化剂氯甲烷和环氧丙烷的加入步骤，有将两种醚化剂分别先后加入的二步法，也有一次同时加入的一步法；还有将两种同时加入反应一段时间后，再补加其中的一种。目前大多数采用的方法还是一次同时加入，较为方便。HPMC 的取代度与性质，随工艺而不同（见表 12-24）。

表 12-24　HPMC 制备工艺与其性质的关系

方法	工艺要点	产品指标		
		甲基取代度	羟丙基取代度	其它
一步醚化法	28.33Pa 下，连续加入环氧丙烯，然后，间接地加入环氧丙烯和氯甲烷混合物	20.2	25.4	水不溶物≤0.05
	2.1MPa 下，间断地以 1∶2∶4.5∶10 加入纤维素、氢氧化钠、环氧丙烯、氯甲烷	27.5	6.5	2%水溶液黏度 14mPa·s
	以 1∶1.0 的比例，连续加入环氧丙烯和氯甲烷的混合物	17.0	24.8	
分步醚化法	首先，使碱化纤维素在氮气氛中，与环氧丙烯反应 3h(30～60℃)，再加入氯甲烷，在 35～80℃反应 5h		23.5	

以下分别就羟丙基甲基纤维素醚的两种制备方法进行举例。

(1) 一步醚化法

实例① 粉末状棉绒与 50%氢氧化钠水溶液在 60℃时混合，在反应釜压力为 2.26×10^{-4}MPa 情况下，连续通入环氧丙烯。再通入组成为 52%甲醚、43%氯甲烷与 5%环氧丙烷混合气体。再次加入 50%氢氧化钠溶液，并混合之。继续通入氯甲烷，在 80℃反应 1h，反应产物羟丙基甲基纤维素醚的甲基取代度为 20.2%，羟丙基取代度为 25.4%，不溶物＜0.05%。在反应中，氯甲烷的转化率为 53.8%，环氧丙烷的转化率为 42.6%。

实例② 将粉末状纤维素、50%氢氧化钠水溶液、氧化丙烯和氯甲烷依次加入反应釜，在 80℃保温 30min，压力维持在 2.07MPa。反应产物 HPMC，具有甲基取代度为 27.5%，羟丙基取代度为 6.5%，黏度为 14Pa·s（2%水溶液）。

实例③ 将 50%氢氧化钠水溶液喷洒在棉线上，并加热到 85℃，加入氧化丙烯、氯甲烷，继续加热，直到反应完全。结果可得含有甲基取代度为 17.0%，羟丙基取代度为 24.8%的羟丙基甲基纤维素醚。在反应中，甲基转化率为 37.8%，氧化丙烯转化率为 26.2%。

(2) 分步醚化法

实例① 首先使纤维素粉末与氧化丙烯在氮气流中反应 3h，反应温度为 30～60℃。然后再用氯甲烷处理 5h，反应温度在 35～80℃。得到羟丙基取代度为 23.5%的羟丙基甲基纤维素醚。

实例② 先使碱性纤维素粉末与氧化丙烯在卤代烃存在时发生反应，然后再在氢氧化钠存在下，与氯甲烷反应得到羟丙基甲基纤维素醚。该反应中，氧化丙烯与氯甲烷的转化率分别为 42.6%与 41.0%。

12.2.4 羟乙基纤维素醚

羟乙基纤维素醚（HEC）作为一种非离子型的表面活性剂，HEC 是强亲水性物，本身表面活性小。它可与月桂基硫酸钠键接，形成高表面活性的络合物。HEC 和聚甲基丙烯酸酯，能在水溶液中产生缔合增稠作用，赋予产品所需的剪切稀释流变性。

羟乙基纤维素醚的制备方法如下。

① *配制方法* 50g 脱脂棉在 50g、16.6%的 NaOH 水溶液中浸渍 1h，压榨后（约 3.5 倍量），室温熟化 24h，得碱纤维素。在其中加入 500mL 丙酮和 208 环氧乙烷，在密闭容器中，20～22℃下放置 24h，分离丙酮层，并用醋酸酸化的甲醇溶液中和，用甲醇反复洗涤，干燥，得羟乙基纤维素醚。改变环氧乙烷用量，可制得不同取代

度的产物，见表12-25。

羟乙基纤维素醚的技术指标见表12-26。

羟乙基纤维素醚的黏度规格见表12-27。

表12-25　不同取代度的羟乙基纤维素醚

环氧乙烷用量/(g/50g纤维素)	14	20	32	39	65
产物的取代度	0.35	0.35	0.45	1.00	1.95

表12-26　羟乙基纤维素醚的技术指标

项　目		指　标	项　目		指　标
摩尔取代度		1.8～2.0	pH值		6.0～8.5
水分/%	≤	10	灰分/%	≤	5
水下不溶物含量/%	≤	0.5	黏度(20℃水溶液)/mPa·s		5～60000

注：HEC的型号用HS-6000表示，6000意为公称黏度，经表面处理的型号为HS-6000S。

表12-27　羟乙基纤维素醚的黏度

规　格	黏度/mPa·s	规　格	黏度/mPa·s
6000	4000～7000	30000	26000～34000
10000	8000～12000	40000	36000～44000
15000	13000～17000	50000	45000～54000
20000	18000～22000		

取代度为0.05～0.15的HEC，能分散在0℃的碱水中S（取代度）为0.2～0.9的，为碱可溶性物，而1.0以上的则为水溶性物。水溶性HEC不会经加热就发生凝胶化，因此，可以认为它是亲水性更强的纤维素醚。以其水溶液可制得透明的薄膜。

② HEC的作用　HEC除具有增稠、悬浮、黏合、乳化、成膜、分散、保水及提供保护作用外，还具有以下性能：

a. HEC可溶于热水或冷水，高温或煮沸下不沉淀，使它具有大范围的溶解性和黏度特性，即非热凝胶性；

b. 本身非离子型可与大范围内的其它水溶性聚合物、表面活性剂、盐共存，是含高浓度电解质溶液的一种优良的胶体增稠剂；

c. 保水能力比甲基纤维素高出一倍，具有较好的流动调节性；

d. HEC的分散能力与公认的甲基纤维素醚和羟丙基纤维素醚相比分散能力最差，但保护胶体能力最强。

由于保水能力较强，HEC 是水泥浆、砂浆有效的增稠剂和黏结剂，将其掺入砂浆可改善流动性和施工性能，并能延长水分蒸发时间，提高混凝土初期强度和避免裂纹。用于粉刷石膏、黏结石膏、石膏腻子可显著提高其保水性和黏结强度。

③ 羟乙基纤维素醚的溶解与配制方法

a. 向容器中加规定量的干净水，在低速搅拌下加入 HEC，搅拌至所有物料完全湿透；

b. 搅拌至所有 HEC 完全溶解后再加配方量其它组分搅拌均匀；

c. 表面处理的 HEC 应将其分散于水中，等物料全溶湿后加碱或氨水调 pH 值至 8～10 即可形成黏度。

12.2.5 羧甲基淀粉钠

羧甲基淀粉钠（CMS）又称羧甲基淀粉醚、淀粉乙醇酸钠。

(1) 物化性质 羧甲基淀粉钠为白色或淡黄色无定型自由流动不结块的淀粉状粉末，无臭、无味、无毒。常温下溶于水形成透明的黏性液体，呈中性或微碱性，具有良好的分散力和结合力。在冷水中迅速形成稠状胶体溶液，胶体溶液遇碘变成蓝色。在 pH 值为 2～3 时羧甲基淀粉钠水解失去黏性，并可析出淀粉沉淀。羧甲基淀粉钠的吸水性及吸水膨胀性强、黏着力强、化学性能稳定、乳化性好。具有良好的黏结、增稠、保水、乳化、悬浮、分散等功能。

(2) 制备原理 由淀粉在碱性条件下与氯乙酸钠反应，即可制得。反应式如下：

$$\text{St—OH} + ClCH_2COONa + NaOH \longrightarrow \text{St—OCH}_2COONa + NaCl + H_2O$$

(3) 生产工艺 将淀粉悬浮在乙醇中，于常温下搅拌反应 30min，再加入固体氢氧化钠，强烈搅拌 45min，再缓缓加入氯乙酸钠，持续搅拌 30min。在 50～60℃下醚化，反应一定时间后再加入氢氧化钠水溶液，然后用乙酸中和至 pH 值为 6，过滤后再用乙醇洗涤、烘干、粉碎、过筛，即制得羧甲基淀粉钠。工艺流程见图12-2。

(4) 质量标准

外观	白色粉末状	含乙醇酸钠/%	≤3

取代度	0.7～0.8	黏度（2%，25℃）/Pa·s	40～60
pH 值（196.25℃）	6.5～7.5	含氯化物/%	≤7
有效成分/%	≥90		

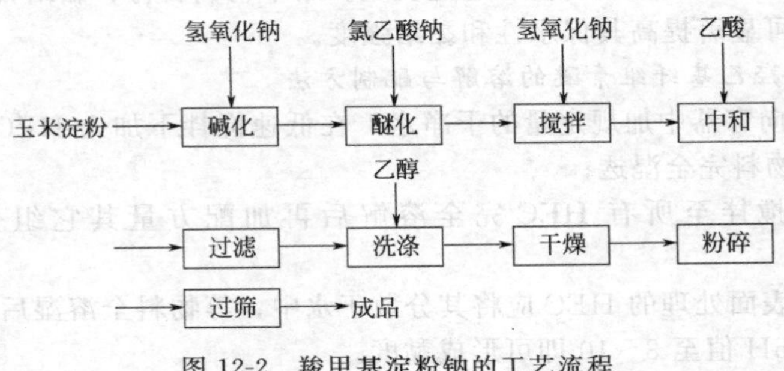

图 12-2　羧甲基淀粉钠的工艺流程

12.2.6　砂浆稠化剂配方

配方 227　干粉砂浆用新型保水剂

(1) 产品特点与用途

纤维素醚类保水剂在建材工业具有极其广泛的用途，用量很大，可以作为保水剂、增稠剂、黏结剂等。在各种干粉砂浆中，纤维素醚起到重要的作用，纤维素醚对于砂浆体系的保水性、需水量、黏结性、缓凝性和施工性能有着重要的影响。纤维素醚不仅保水性能优异，还具有黏聚力高、耐久性好等特点。近年来，随着棉花与木材价格的上涨，纤维素醚类保水剂价格不断攀升，使用成本太高限制了其在干粉砂浆中的应用。

干粉砂浆用新型保水剂是将磺酸类单体、酰胺类单体和溶剂混合加热至 45～55℃，保温 0.2～1h，然后将反应体系的 pH 调至 5～7，向反应体系中加入交联剂，加热至 55～80℃，再加入引发剂后反应 2～8h，冷却至室温后将体系 pH 调至中性即可。干粉砂浆用新型保水剂具有良好的保水性和触变性，价格便宜，可部分或完全取代纤维素醚类保水剂，可应用于水泥砂浆、石膏基砂浆、砂浆增稠剂或砂浆黏结剂。

(2) 配方

① 配合比　见表 12-28。

表 12-28 干粉砂浆用新型保水剂配合比

原料名称	质量份	原料名称	质量份
2-甲基丙烯酰胺-2-甲基丙磺酸	185	乙二醇二烯丙基醚	6
水	300	过硫酸铵	4
甲基丙烯酰胺	17.4		

② 配制方法　在三口烧瓶中加入 185g 2-甲基丙烯酰胺-2-甲基丙磺酸、水 300mL 和 17.4g 甲基丙烯酰胺；将溶液加热至 50℃保温 30min，然后用液碱（浓度为 30%的氢氧化钠溶液）作 pH 调节剂，将溶液的 pH 调至 5；加入 6g 乙二醇二烯丙基醚（交联剂），将反应溶液加热至 62℃，然后加入 4g 的过硫酸铵（引发剂），将反应溶液搅拌 30min 后保温 4h，冷却至室温，用液碱将反应体系 pH 调节至中性，即制得建筑干粉砂浆用新型保水剂。

③ 配方范围　所述磺酸类单体、酰胺类单体、溶剂、交联剂和引发剂的质量比为 1∶(0.05～0.2)∶(0.5～2.5)∶(0.01～0.2)∶(0.01～0.1)。所述磺酸类单体选自丙烯酰胺、甲基丙烯酰胺、异丙基丙烯酰胺、*N*-乙烯基己内酰胺、*N*-乙烯基-2-吡咯烷酮或 *N*、*N*-亚甲基双丙烯酰胺中的任一种。所述溶剂可选自乙醇、甲醇或异丙醇、水中的任一种。所述交联剂可选自乙二醇二烯丙基醚、二甘醇二烯丙基醚或三甘醇二烯丙基醚中的任一种。所述引发剂选自过硫酸铵、过硫酸钾或过氧化苯甲酰中的任一种。

(3) 产品技术性能

按砂加气混凝土砌块墙体应用技术规程附录 B 保水性试验方法(DBJ/CT035) 进行保水性试验，保水率为新拌砂浆经滤纸吸水 15min 后的保水性。

将 500g 水泥、500g 细砂和干粉砂浆用新型保水剂 2.0g 混合均匀后测试各项指标；再将新型保水剂更换成市场上的普通纤维素醚类保水剂按照质量比 3∶7进行对比测试，结果见表 12-29。

从表中的测试数据可以看出，新型保水剂与市场上的普通纤维素醚类保水剂在相同掺量下的保水性比较接近。而且不影响抗压强度、砂浆的泌水率也与纤维素醚类保水剂相接近，均达到施工性能要求；将新型保水剂部分替代纤维素醚类保水剂时，砂浆的保水性也达到 $4mg/cm^2$ 左右，说明新型保水剂具有良好的保水性和工作性，成本却大大低于纤维素醚类保水剂，可以部分或全部取代纤维素醚类保水剂，广泛应用于水泥砂浆、石膏基砂浆、砂浆增稠剂或砂浆黏结剂。

表 12-29 干粉砂浆用新型保水剂技术性能指标

保水剂	掺量/%	稠度/mm	泌水率/%	抗压强度/(MPa)	保水性/(mg/cm²)	缓凝性	触变性
未掺加	—	48	12	26.5	156	无	+
新形保水剂	0.2	49	0.15	26.3	7.2	无	+++
HPMC-1	0.2	49	0.16	26.3	4.0	严重	+
新型保水剂＋HPMC-1	0.2	48	0.15	26.2	4.1	无	++

(4) 施工方法

干粉砂浆用新型保水剂推荐掺量为 0.16%～0.2%。

配方来源：张鑫，赵立群等．一种建筑干粉砂浆用新型保水剂及其制备方法和应用．CN 103241977A．2013.

配方 228 干混砂浆用环保型水泥基增强增稠剂

(1) 产品特点与用途

干混砂浆用环保型水泥基增强增稠剂是利用废弃混凝土块生产再生骨料后留下的水泥浆体粉末，加入纤维素醚、木质素磺酸盐等改性剂后进行粉磨至一定细度并搅拌混合均匀而成。将本品掺加到干混砂浆中，可显著提高砂浆的抗压强度和黏结强度，大比例地取代砂浆中的水泥、粉煤灰和矿渣粉等胶凝材料，降低原材料成本；同时可使新拌砂浆具有良好的增稠性、保水性和抗流挂性。本品适用于各种水泥基干混砂浆，具有良好的社会和经济效益。

(2) 配方

干混砂浆用环保型水泥基增强增稠剂，其各种成分的含量为：以粒径小于 2.0mm 的水泥浆体、砂浆 1000kg 为基准，加入 2～10kg 木质素磺酸钠，0.1～0.5kg 羟甲基/乙基纤维素醚，0～10kg 碱性激发剂等。其中，所述粒径小于 2.0mm 的水泥浆体、砂浆可选自废弃混凝土生产再生骨料后剩余的砂浆。

配制方法如下。

a. 原料预处理：将利用废弃混凝土生产再生骨料后剩余的粒径小于 2.0mm 的水泥浆体、砂浆烘干；

b. 配料计量：取 a 步所得的原料，以 1000kg 为基准，加入 2～10kg 木质素磺酸钠，0.1～0.5kg 羟甲/乙基纤维素醚，0～10kg 碱性激发剂等；

c. 将 b 步所制得的混合物投入到行星式开流球磨机中进行粉磨、混合、搅拌；控制粉磨速度和时间，使粉磨比表面积达到 $350m^2/kg$ 以上；如粉体比表面积达不到 $350m^2/kg$，则需重新按步骤 b 配料计量粉磨加工；

d. 将粉体比表面积合格的产品先转入中转库，待数量达到一定程度，则进入均化库进行混合均化成一批产品，取样进行相关性能检测，并根据检测结果出具产品使用建议书。

图 12-3 是干混砂浆用环保型水泥基增强增稠剂生产工艺流程图。

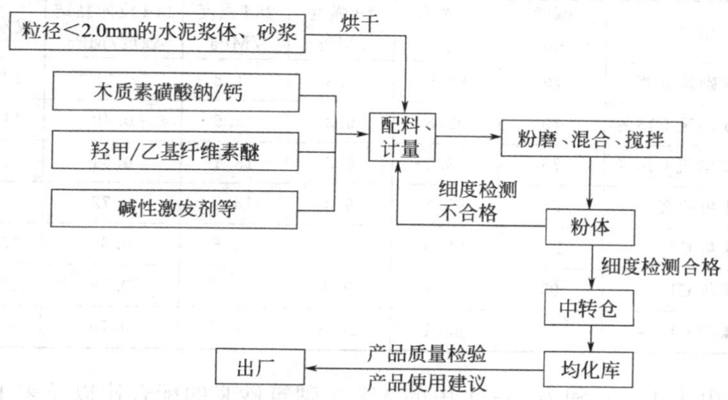

图 12-3 干混砂浆用环保型水泥基增强增稠剂生产工艺流程

(3) 产品技术性能

干混砂浆用环保型水泥基增强增稠剂与现有技术的应用效果对比（配合比见表 12-30～表 12-32）如表 12-33 所示。

表 12-30 目前常用 M7.5 砌筑砂浆和 1∶3抹灰砂浆的配合比

编号	水泥/kg	粉煤灰/kg	中砂/kg	纤维素醚/kg	塑化剂/kg
M7.5 砌筑砂浆	215	60	1000	/	0.5
1∶3抹灰砂浆	250	90	1000	0.2	0.7

表 12-31 应用本增稠剂 M7.5 砌筑砂浆的配合比

编号	水泥/kg	粉煤灰/kg	中砂/kg	增稠剂/kg
M7.5 砌筑 C20%	170	50	1000	55
M7.5 砌筑 C15%	180	40	1000	55
M7.5 砌筑 C10%	190	30	1000	55

表 12-32 应用本增稠剂 1∶3抹灰砂浆的配合比

编号	水泥/kg	粉煤灰/kg	中砂/kg	增稠剂/kg
1∶3抹灰 C20%	200	70	1000	70
1∶3抹灰 C15%	212	58	1000	70
1∶3抹灰 C10%	225	45	1000	70

表 12-33 环保型水泥基增强增稠剂与现有技术的应用效果对比

编号	稠度/mm	保水率/%	7d 强度/MPa	28d 强度/MPa	14d 拉伸黏结强度/MPa	成本/元
M7.5 砌筑砂浆	75	84.5	5.8	11.8	0.53	122.7
M7.5 砌筑 C15%	70	92.8	6.2	12.5	0.49	119.4
M7.5 砌筑 C10%	75	93.2	6.8	13.1	0.54	121.0
1∶3抹灰砂浆	90	95.3	9.4	16.5	0.72	149.1
1∶3抹灰 C20%	100	95.6	8.9	16.6	0.69	135.8
1∶3抹灰 C15%	95	94.8	9.8	17.3	0.79	137.7
1∶3抹灰 C10%	90	95.1	10.3	18.5	0.76	139.8

由表 12-30 和表 12-31 中的 M7.5 砌筑砂浆的配合比以及表 12-33 中砂浆的性能和成本可以看出，使用干混砂浆用环保型水泥基增强增稠剂取代一定比例的水泥和粉煤灰，固定用量为 55kg 时，砂浆的稠度、抗压强度和 14d 拉伸黏结强度与基准相同，但砂浆的成本有一定下降，特别是本品中具有增稠性能，砂浆的保水性大幅度提高。

由表 12-30 和表 12-32 中的 1∶3抹灰砂浆的配合比以及表 12-33 中砂浆的性能和成本可以看出，使用本品取代一定比例的水泥和粉煤灰，固定用量为 70kg 时，砂浆的稠度、抗压强度和 14d 拉伸黏结强度与基准相同。本品具有增稠性能，与外掺一定量的增稠剂效果相当，砂浆的保水性基本保持在 95%左右；但由于 1∶3抹灰砂浆可不需掺昂贵的增稠剂，砂浆的成本大幅度降低。

配方来源：高仁辉，焦楚杰．一种干混砂浆用环保型水泥基增强增稠剂及其制备方法．CN 102515612A．2012．

12.3 砂浆触变润滑剂

砂浆触变润滑剂是经过特殊加工处理的，适用于矿物基（干粉料）系统和膏状系统的粉状流变添加剂，其基本材料是片层状的硅酸盐矿物，是由一种十分薄的（大约 1mm，7 个原子厚）、直径比较宽（大约 1000mm）的盘片状材料组成，它是一种具有晶内溶胀能力的双八面体晶体结构的三层式矿石。

12.3.1 砂浆触变润滑剂的化学式、分子结构和物理结构

(1) 砂浆触变润滑剂的化学式

化学式：$Si_4O_{10}[Me_2(OH)_2]$。

(2) 砂浆触变润滑剂分子结构和物理结构

触变润滑剂分子结构和物理结构如图 12-4 及图 12-5 所示。

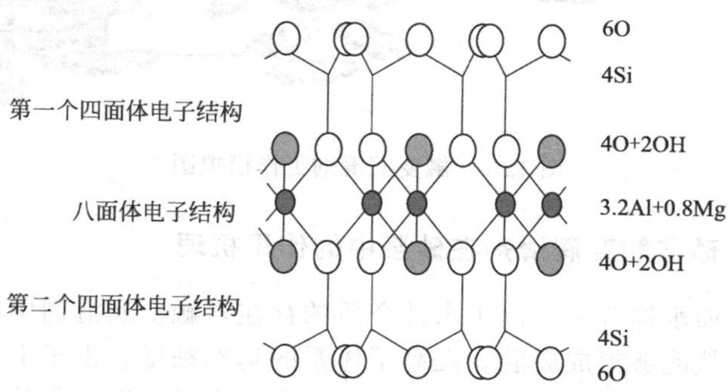

图 12-4 触变润滑剂分子结构

12.3.2 砂浆触变润滑剂的增稠机理

在水性介质中，这些层状的溶胀性硅酸盐能够形成凝胶，即所谓的卡屋结构，使水相得以增稠，提高了体系的基本黏度。另外，当施加的剪切力超过某一极限能量（屈服值）时，该结构能够可逆地被破

坏（图 12-6）。

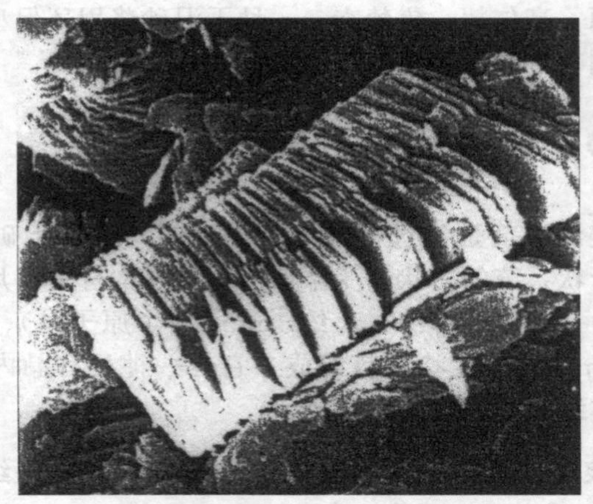

图 12-5 触变润滑剂物理结构（微观电镜扫描图）

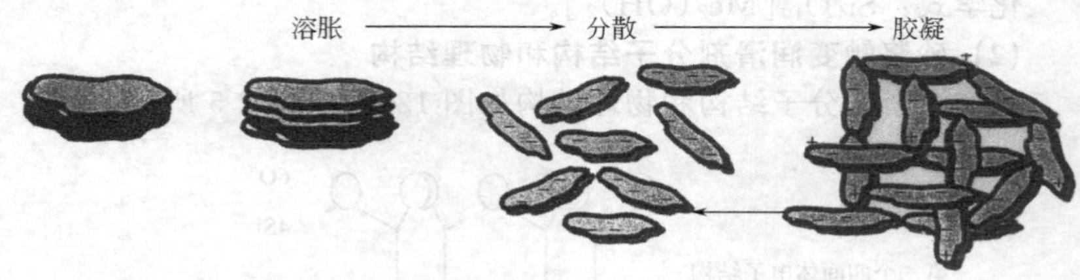

图 12-6 触变润滑剂工作模拟图

12.3.3 砂浆触变润滑剂在砂浆中的作用机理

砂浆加水拌合后，由于水性介质的存在，触变润滑剂中层状的溶胀性硅酸盐能够形成凝胶，提高了体系的基本黏度。由于卡屋结构的形成，改善了砂浆的流动行为，此行为在流变学上以屈服值表示。屈服值的形成可以提高砂浆的稳定性，可以克服在施工时砂浆下垂或结团等负面效应，因此触变润滑剂可用于厚层砂浆的施工。屈服值的形成也可以明显改善膏状砂浆的耐贮存性以及自流平体系的抗沉淀性。它能够防止添加剂和颜料的沉淀，可以抑制渗色和泌出。

当砂浆在进行泵送、搅拌或涂刮时，剪切力在轻微增加就足以克服屈服值。卡屋结构被可逆地破坏，由于硅酸盐自身的薄片结构，在砂浆中起到润滑剂的作用，降低了相对黏度，改善了砂浆的施工性。触变润滑剂具有较大的比表面积，可以大量吸水，虽不能像纤维素醚一样有效地保持水分，但可适当增加材料的需水量，可以配合纤维素醚起到辅助保水的作用。图 12-7 显示了抹灰砂浆中添加触变润滑剂对黏度及屈服值的作用效果。

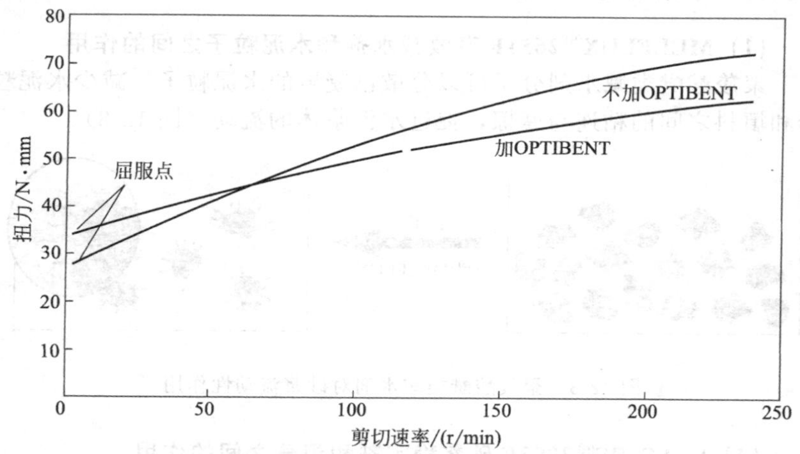

图 12-7　抹灰砂浆中黏度及屈服点的变化

OPTIBENT 是美国 ROOKWORD 公司生产的触变润滑剂

砂浆触变润滑剂提高了材料的屈服值，因此能够提高稳定性，同时由于在施工过程中剪切力的存在，降低了材料的相对黏度，从而明显地改善了材料的施工性能。

12.4　砂浆稳定剂

12.4.1　砂浆稳定剂的基本概念

砂浆稳定剂是一种适合于高流动性水泥基建筑材料的高分子聚合物，材料加水拌合进行施工时能有效地减少砂浆体系的泌水和离析。自流平砂浆的传统稳定剂最常使用的产品是超低黏度的纤维素醚。德国 BASF 公司开发的一种合成高分子共聚物 STARVIS® 3003F 或 STARVIS® 4302F。由于其特殊的性能，以稳定剂 STARVIS® 3003F+

MELFLUX® 2651F（聚羧酸醚类减水剂）结合配制的自流平砂浆来替换干酪素＋低黏度纤维素醚类结合的自流平砂浆，或其它类型的高效减水剂＋低黏度纤维素醚类配制的自流平砂浆，以达到高质量的自流平效果。

12.4.2　砂浆稳定剂在砂浆中的作用机理

(1) MELFLUX® 2651F 高效减水剂和水泥粒子之间的作用

聚羧酸醚类减水剂分子可以分散已凝聚的水泥粒子、减少水泥粒子和填料之间的粘连与摩擦，促进水泥浆体的流动（图 12-8)。

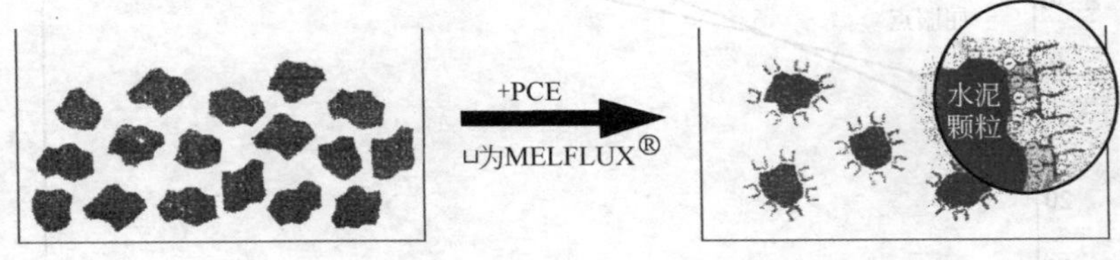

图 12-8　聚羧酸醚类减水剂对砂浆流动性作用

(2) STARVIS® 3003F 砂浆稳定剂和组分之间的作用

STARVIS® 3003F 砂浆稳定剂加入到自流平材料中，稳定剂遇水溶解，黏度提高，阻碍水泥颗粒及填料的沉积，防止砂浆泌水，但浆体仍具有很好的流动性（图 12-9)。

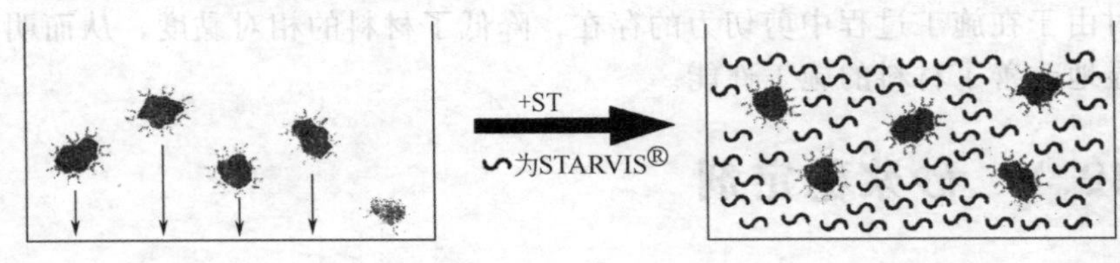

图 12-9　STARVIS® 3003F 砂浆稳定剂对流动性浆体防沉淀和离析作用

第13章 聚合物胶乳外加剂

13.1 可再分散乳胶粉

可再分散乳胶粉的研究始于1934年德国的聚醋酸乙烯（PVAC）类可再分散乳胶粉、第二次世界大战中日本的粉末乳胶。20世纪50年代后期，原西德开始可再分散乳胶粉的工业化生产。当时，可再分散乳胶粉也主要为聚醋酸乙烯类型，主要用于木胶、墙面底漆和水泥系壁材等。但是由于可再分散乳胶粉的可再分散性、最低成膜温度、耐水性和耐碱性等性能的局限，其使用受到了较大限制。直到20世纪60年代，最低成膜温度为0℃、有较好耐水性和耐碱性的可再分散乳胶粉被开发出来后，其使用才广泛起来，使用的范围也扩展到各种结构和非结构建筑黏合剂、干混砂浆改性、墙体保温及饰面系统、墙体抹平胶和密封灰膏、粉末涂料和建筑腻子等领域。

可再分散乳胶粉具有与原分散体相同的效果，即在干燥或固化过程中黏结颜料或填料，提高它们对有机或无机基材的黏结强度。由于水溶性保护胶体存在，所以保水性亦有所改善，在水硬性胶凝材料的改性中这是一个重要的优点。这种水硬性胶凝材料（如水泥）要有适量的水才能固化，如果这种胶凝材料施用的很薄，水分就会因被基材吸收或蒸发掉，结果没有足够的水分进行水合作用，达不到足够的强度。

添加可再分散乳胶粉有双重的作用，首先是提高砂浆的保水性，形成一层膜减少水分的蒸发；其次它还起额外的黏结作用提高砂浆黏结强度。

当可再分散乳胶粉与水泥等无机黏结料一起使用时，它可以对混凝土和砂浆进行改性。此类产品通称为聚合物水泥砂浆，视具体应用可分为：混凝土修补砂浆、普通修补砂浆、地坪砂浆、自流平地坪砂浆、墙地砖黏结剂、勾缝剂、抹灰料、隔热保温板黏结料及抹灰料、密封砂浆、粉体涂料等。

13.2 聚合物胶乳粉

可再分散乳胶粉是细分散有机聚合物中使用最多的一种，它是将特殊的乳胶喷雾干燥加工而成。胶乳是一种存在分散体系中的聚合物，是由几种基本聚合物离子悬浮在水中形成的。这些基本聚合物离子经过喷雾干燥，从起初的 2μm 左右聚集在一起，形成了80～100μm 的球形颗粒。如果将这些乳胶粉在水中搅拌就会形成稳定的分散液，其性能与原来的分散液相同。聚合物乳液失水干燥时会成膜，此成膜过程一般是不可逆的，这一特性是它能改进普通砂浆应用性能的基础。因此，在将聚合物乳液干燥制得可再分散乳胶粉时，能够保持其成膜过程中可逆就成为技术关键。为解决这一技术难题，分散体粒子用水溶性的保护胶体包覆，该包覆层防止聚合物粒子之间不可逆聚结。其工艺过程如图 13-1 所示。

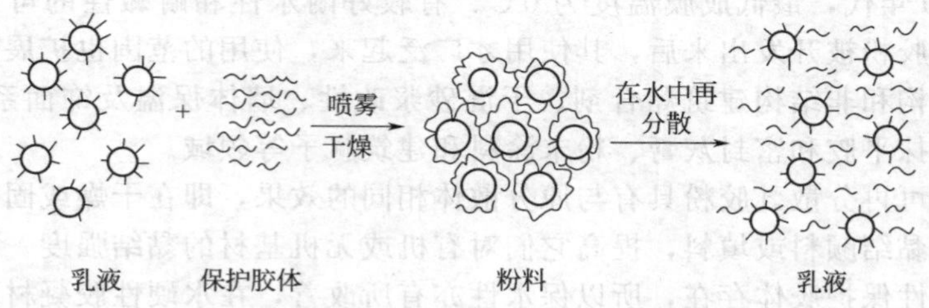

图 13-1 可再分散乳胶粉的制备工艺过程

生产可再分散乳胶粉的难点就是必须在高温下将这些在室温下就会形成连续膜，甚至是发黏的连续膜的分散液转变成流动性的粉体，因此，并不是所有的分散液都可以转变成可再分散的乳胶粉的。

扫描电子显微镜图片中显示出在喷雾干燥过程中分散的颗粒会产生凝聚，结构通常形成空心的结构。

用非聚乙烯醇稳定的，含有乙烯基吡咯烷酮均聚物作分散剂的水溶液聚合物分散体系，通过雾化制得在水中可再分散的聚合物粉末。

该分散体系中最好含 3%～20%（5%～18%最佳）分散剂。在分散体系中的聚合物是一种乙烯/氯乙烯共聚物；一种丙烯酸共聚物，一种乙酸乙烯酯/乙烯、丙烯酸酯共聚物或一种乙酸乙烯酯/乙烯/丙烯酸共聚物。

可再分散乳胶粉的制备主要分两个步骤：乳液聚合和干燥。

(1) 乳液聚合

① 聚合用单体 乳液聚合用单体决定了可再分散乳胶粉的类型。用于制备可再分散乳胶粉的聚合物单体主要为烯属不饱和单体，包括各种乙烯酯类和丙烯酸酯类。由于可再分散乳胶粉主要用于建筑结合材和黏合剂中，而醋酸乙烯聚合物以其低廉的价格、较高的黏结强度、无毒无害、生产和使用安全方便等优点，在用于建筑结合材和黏合剂的聚合物乳液中用量最大。

聚醋酸乙烯属于热塑性树脂，软化点低，而且聚合时加入了水溶性的聚乙烯醇（PVA）作为乳化剂和保护胶体，因而其耐热性和耐水性都较差。为了改善其性能，可以加入增塑剂或三聚氰胺-甲醛缩合物。

用于可再分散乳胶粉的聚合单体有：甲基丙烯酰胺、N-羟甲基丙烯酰胺、吡咯烷酮乙烯、有机硅（聚硅氧烷）、月桂酸乙烯（VL）和叔碳酸乙烯（Veova）等。其中，含有 VL 和有机硅的可再分散乳胶粉具有很好的疏水性能，Veova 是高度支链化的叔碳酸乙烯酯，在可再分散乳胶粉中应用的主要为含有 9～15 个 C 的叔碳酸乙烯酯单体，其 T_g 较低，有良好的内增塑作用，它能为可再分散乳胶粉提供极好的耐水性、耐碱性、耐候性和柔韧性，其柔韧性甚至比苯乙烯——丙烯酸酯聚合物粉的还要好。

② 聚合方法 制备可再分散乳胶粉可以使用以水为分散介质的连续或半连续乳液聚合方法，也可以使用种子乳液聚合法。一般使用保护胶体和阴离子或非离子乳化剂或不用乳化剂。制备可再分散乳胶粉所得的聚合物乳液固体含量一般在 40%～60%，可以根据干燥器性能、产品性能要求和干燥前需要加入的其它助剂量调节合适。对于醋酸乙烯-乙烯共聚型乳液，应该稀释到 40%以下。

通常用于表面涂层以及砂浆改性的聚合物玻璃化温度 T_g 大都小于 50℃，而用喷雾干燥制备含水率小于 5%的普通干燥可再分散乳胶粉时，把粉体出口温度定为 45℃以上。T_g 太低时（如 30℃），干粉很容易变软和结块。一般如果出口温度比 T_g 高 30℃以上时，聚合物粉体会发生粘连，比 T_g 高 40℃以上时的聚合物粉体会发生结块，因此，要选择合适的 T_g，以防止聚合物软化和粘连结块，保证粉化。

但是，由于 T_g 高的聚合物乳液，其最低成膜温度（MFT）一般也较高，所以同时也要考虑合适的 MFT，以确保再分散体能在较低的温度下成膜。

③ 保护胶体　为提高可再分散乳胶粉的可再分散性和防止在干燥和储存时结块，在干燥前一般加入保护胶体或表面活性剂（乳化剂）。使可再分散乳胶粉具有较强的亲水性和对碱的敏感性。这些亲水性物质的存在，会降低可再分散乳胶粉最终成膜物的耐水性和黏合性能。最常用的保护胶体是部分水解的聚乙烯醇，其皂化数一般为140～190，黏度在 4～13mPa・s 之间。也可以加入三聚氰胺-甲醛-磺酸盐、萘-甲醛-磺酸盐缩合物、乙烯吡咯烷酮-醋酸乙烯共聚物、酸性硫酸苯酚-甲醛缩合物、糊精和淀粉等。

(2) 乳液干燥

制备可再分散乳胶粉的干燥方法最常用的是喷雾干燥法，也可以用减压干燥法和冰冻干燥法。

大部分可再分散乳胶粉使用并流式喷雾干燥，即粉料运动方向和热风一致，也有使用逆流式喷雾干燥的。干燥介质一般使用空气或氮气。由于喷雾干燥时，乳胶粒子容易出现凝结和变色等问题，因此要严格控制乳液的添加剂、分散情况、乳液固体含量以及喷雾形式、喷雾压力、雾滴大小、进出口热风温度、风速等工艺因素。一般喷嘴的压力在 0.4MPa 左右。热风进口温度在 100～250℃之间，出口温度在 80℃左右。加入惰性矿物防结块剂，如高岭土、硅藻土、滑石粉等，可以防止结块。但是如果在干燥之前加入，防结块剂可能被聚合物包裹成微胶囊而失去作用。大部分都是在干燥器顶部与乳液分别独立地喷入。较好的加入方法是分成两部分加入，一部分在干燥器上部用压缩空气喷入，另一部分在底部与冷空气一起混入。为防止结块，也可以在乳液聚合时，当聚合达到 80%～90%时，对剩余部分进行皂化，或是在乳液中加入三聚氰胺-甲醛缩合物或是利用某种乳化剂乳液。

13.3 可再分散聚合物树脂粉末的种类及其商品

虽然目前可再分散聚合物树脂粉末的品种已经有醋酸乙烯-乙烯共聚型、丙烯酸共聚型和醋酸乙烯-叔碳酸乙烯-丙烯酸酯共聚等类型，但投入广泛应用的大多数是醋酸乙烯-乙烯共聚型，通常称之为VAE可再分散聚合物树脂粉末。表13-1中给出瓦克公司（Wackec-Chemie）的可再分散聚合物树脂粉末的技术性能及其适用领域；表13-2中给出瓦克公司可再分散聚合物树脂粉末的产品的性能。

表 13-1　瓦克公司可再分散聚合物树脂粉末性能

商品型号	技术性能	适用领域
VINNAPAS® RE 5044N	外观 白色粉末；聚合物类型 醋酸乙烯-乙烯酯-乙烯共聚物；固体含量 99%±1%；灰分（1000℃，30min） 10%±2%；表观密度（490±50）g/L；稳定体系 聚乙烯醇；颗粒尺寸（400μm 筛筛余）≤4%；再分散后的乳液粒径 1～7μm；最低成膜温度 0℃；聚合物膜的性质 柔性，不透明	瓷砖胶黏剂与建筑用柔性胶黏剂、外保温胶黏剂和抹面胶浆等
VINNAPAS® RI 551Z	外观 浅米色粉末；聚合物类型 氯乙烯-月桂酸乙烯酯-乙烯三元共聚物；固体含量 99%±1%；灰分（1000℃，30min） 13%±2%；表观密度（450±50）g/L；稳定体系 聚乙烯醇；颗粒尺寸（400μm 筛筛余）≤2%；再分散后的乳液粒径 0.3～9μm；最低成膜温度 0℃；聚合物膜的性质 柔性，不透明	外墙腻子、防水砂浆、瓷砖胶黏剂与建筑用柔性胶黏剂、饰面砂浆等
VINNAPAS® RI 554Z	外观 浅米色粉末；聚合物类型 氯乙烯-月桂酸乙烯酯-乙烯三元共聚物：固体含量 99%±1%；灰分（1000℃，30min） 13%±2%；表观密度（490±50）g/L；稳定体系 聚乙烯醇；颗粒尺寸（400μm 筛筛余）≤2%；再分散后的乳液粒径 0.3～9μm；最低成膜温度 0℃；聚合物膜的性质 柔性，不透明	瓷砖勾缝剂、外保温胶黏剂和抹面胶浆等

表 13-2　瓦克公司可再分散聚合物树脂粉末的性能

项目	产品型号		
	Mowilith DM 200	Mowilith LDM 1646P	Gelvolit LDM 2080P
外观	可自由流动的白色粉末	可自由流动的白色粉末	可自由流动的白色粉末
聚合物类型	醋酸乙烯酯-Veova 共聚物①	醋酸乙烯-乙烯共聚物	醋酸乙烯-叔碳酸乙烯-丙烯酸酯共聚物
固体含量/%	99±1	99±1	99±1

续表

项目	产品型号		
	Mowilith DM 200	Mowilith LDM 1646P	Gelvolit LDM 2080P
密度/(g/L)	400±100	500±100	450±100
灰含量(950℃×30min)/%	11.5±2.5	12.0±1.5	9.50±1.25
玻璃化转变温度/℃	约14	约10	约-4
颗粒含量(大于300μm)/%	<2	<2	<3
最低成膜温度/℃	约0	约0	约0
应用特性	使产品具有良好的可操作性，减少产品使用时的用水量(可相对提高水泥类材料的强度和减少干燥收缩)，增加柔韧性和黏结强度，提高抗拉强度和增加耐磨性	使产品具有良好的可操作性，降低材料的吸水率，增加柔韧性和提高对不同基材的(包括多孔聚苯乙烯板和矿棉板)黏结强度，提高抗拉强度和增加耐磨性	使产品具有良好的可操作性，在很低的添加量下使产品具有明显的疏水效果，增加柔韧性和黏结强度，提高抗拉强度和增加耐磨性

① Veova是乙烯基支链烷烃羧酸单体。

13.4 可再分散乳胶粉的作用机理

掺入可再分散乳胶粉的干混砂浆加水搅拌后，可再分散乳胶粉对水泥砂浆的改性是通过胶粉的再分散、水泥的水化和乳胶的成膜来完成的。可再分散乳胶粉在砂浆中的成膜过程大致分为三个阶段。

第一阶段，砂浆加水搅拌后，聚合物粉末重新均匀地分散到新拌水泥砂浆内而再次乳化。在搅拌过程中，粉末颗粒会自行再分散到整个新拌砂浆中，而不会与水泥颗粒聚结在一起。可再分散乳胶粉颗粒的“润滑作用”使砂浆拌合物具有良好的施工性能；它的引气效果使砂浆变得可压缩，因而更容易进行镘抹作业。在胶粉分散到新拌水泥砂浆的过程中，保护胶体具有重要的作用。保护胶体本身较强的亲水性使可再分散乳胶粉在较低的剪切作用力下也会完全溶解，从而释放出本质未发生改变的初始分散颗粒，聚合物粉末由此得以再分散。在水中的快速再分散是使聚合物的作用得以最大程度发挥的一个关键性能。

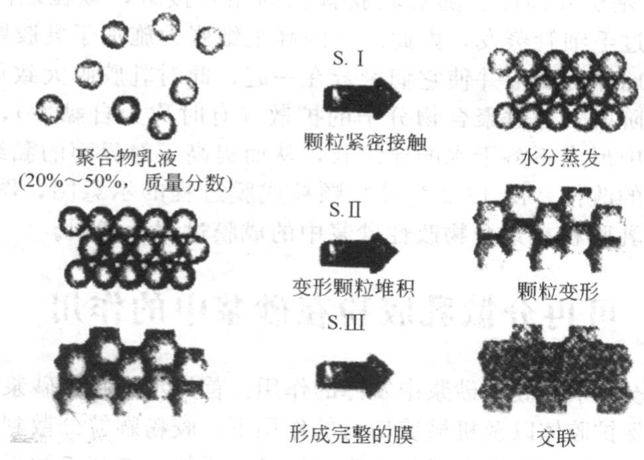

图 13-2　乳胶颗粒成膜过程

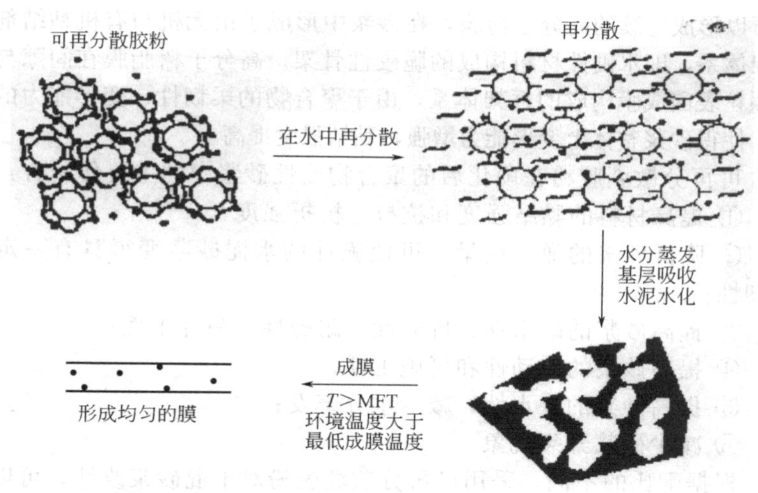

图 13-3　可再分散乳胶粉在聚合物改性砂浆中的成膜过程示意图

第二阶段，由于水泥的水化、表面蒸发和/或基层的吸收造成砂浆内部孔隙自由水分不断消耗，乳胶颗粒的移动自然受到了越来越多的限制，水与空气的界面张力促使它们逐渐排列在水泥砂浆的毛细孔内或砂浆-基层界面区。随着乳胶颗粒的相互接触，颗粒之间网络状的水分通过毛细管蒸发，由此产生的高毛细张力施加于乳胶颗粒表面引起乳胶球体的变形并使它们融合在一起，此时乳胶膜大致形成。

第三阶段，通过聚合物分子的扩散（有时称为自黏性），乳胶颗粒在砂浆中形成不溶于水的连续膜，从而提高了对界面的黏结性和对砂浆本身的改性。图 13-2 为乳胶颗粒成膜过程的示意图，图 13-3 为可再分散乳胶粉在聚合物改性砂浆中的成膜过程示意图。

13.5 可再分散乳胶粉在砂浆中的作用

可再分散乳胶粉在砂浆中发挥的作用：首先水加入到砂浆中后，在亲水性的保护胶体以及机械剪切力的作用下，胶粉颗粒分散到水中，并迅速成膜，在这过程中会引起砂浆含气量的增加，有利于增强砂浆的施工流动性；其次，随着水分的消耗，包括蒸发和无机胶凝材料水化反应的消耗，树脂颗粒渐渐靠近，界面渐渐模糊，树脂相互搭接，适量的胶粉可以形成连续的高分子薄膜，在砂浆中形成了由无机与有机粘结剂的框架体系，即水硬性材料构成的脆硬性骨架。高分子树脂膜在间隙与骨料颗粒表面成膜构成的框架体系，由于聚合物的柔韧性、变形能力的提高，使得砂浆整体上变形能力增强，黏结强度提高。

可再分散乳胶粉在硬化后的聚合物改性砂浆中的主要作用有：

① 提高材料的黏结强度和抗拉、抗折强度；

② 降低砂浆的弹性模量，可使脆性的水泥砂浆变得具有一定的柔韧性；

③ 提高砂浆的耐水性、抗碱性、耐磨性、耐冲击性；

④ 提高砂浆的流动性和可施工性；

⑤ 提高砂浆的保水性，减少水分蒸发；

⑥ 减少砂浆开裂现象。

根据配比的不同，采用可再分散乳胶粉对干混砂浆改性，可以提高与各种基材的黏结强度，并提高砂浆的柔性和可变形性、抗弯强度、耐磨损性、韧性和黏结力以及保水能力和施工性。

13.6 可再分散乳胶粉参考配方

配方 229 丙烯酸可再分散乳胶粉

(1) 产品特点与用途

丙烯酸可再分散乳胶粉是由丙烯酸酯核壳聚合物乳液与抗结块剂硅灰粉按比例进行喷雾干燥制成，本品由于用来喷雾干燥的乳液黏度小，在喷雾干燥过程中不需加水稀释，不需加亲水性保护胶体，降低了产品能耗，大大提高了产品的耐水性能。本品适用于作建筑胶黏剂。

(2) 配方

① 配合比 见表 13-3。

表 13-3a 丙烯酸酯核壳聚合物乳液配合比

<table>
<tr><th colspan="3">原料名称</th><th>质量份</th></tr>
<tr><td rowspan="7">核预乳化液</td><td colspan="2">去离子水</td><td>96</td></tr>
<tr><td rowspan="2">乳化剂</td><td>十二烷基二苯醚二磺酸钠盐</td><td>7</td></tr>
<tr><td>壬基酚聚氧乙烯醚</td><td>2</td></tr>
<tr><td>链转移剂</td><td>十二烷基硫醇</td><td>5.4</td></tr>
<tr><td rowspan="3">混合单体</td><td>N-羟甲基丙烯酰胺</td><td>16.4</td></tr>
<tr><td>丙烯酸</td><td>40</td></tr>
<tr><td>苯乙烯</td><td>207</td></tr>
<tr><td rowspan="3">核引发剂液</td><td colspan="2">去离子水</td><td>80</td></tr>
<tr><td>引发剂</td><td>过硫酸铵</td><td>2.8</td></tr>
<tr><td>缓冲剂</td><td>碳酸氢钠</td><td>2.8</td></tr>
<tr><td rowspan="8">壳预乳化液</td><td colspan="2">去离子水</td><td>216</td></tr>
<tr><td rowspan="2">乳化剂</td><td>烷基醇聚醚型非离子</td><td>5</td></tr>
<tr><td>十二烷基二苯醚二磺酸钠盐</td><td>12</td></tr>
<tr><td rowspan="5">混合单体</td><td>N-羟甲基丙烯酰胺</td><td>8.4</td></tr>
<tr><td>丙烯酸</td><td>17</td></tr>
<tr><td>丙烯酸丁酯</td><td>361</td></tr>
<tr><td>甲基丙烯酸甲酯</td><td>240</td></tr>
<tr><td>甲基丙烯酸羟乙酯</td><td>10</td></tr>
</table>

续表

<table>
<tr><th colspan="3">原料名称</th><th>质量份</th></tr>
<tr><td rowspan="3">壳引发剂液</td><td colspan="2">去离子水</td><td>120</td></tr>
<tr><td>引发剂</td><td></td><td>2.8</td></tr>
<tr><td>缓冲剂</td><td></td><td>2.8</td></tr>
<tr><td rowspan="2">聚合</td><td colspan="2">去离子水</td><td>370</td></tr>
<tr><td>引发剂</td><td></td><td>0.3</td></tr>
</table>

表 13-3b 丙烯酸可再分散乳胶粉配合比

原料名称	质量份
丙烯酸酯核壳聚合物乳液	95
800 目硅灰粉(抗结块剂)	5

② 配制方法

a. 核预乳化液的配制　将去离子水、乳化剂十二烷基二苯醚二磺酸钠盐、壬基酚聚氧乙烯醚和链转移剂十二烷基硫醇加入预乳化反应釜中搅拌溶解，然后在搅拌下加入混合单体，继续搅拌 30min，混合均匀即制得核预乳化液。

b. 壳预乳化液的配制　将去离子水、乳化剂在预乳化釜中搅拌溶解，然后在搅拌下加入混合单体，加完后继续搅拌 30min，即制得壳预乳化液。

c. 壳引发剂液的配制　将去离子水、引发剂和缓冲剂搅拌溶解混合均匀，即制得壳引发剂液。

d. 聚合　将去离子水、引发剂、5%的核预乳化液加到反应釜中，加热升温至 80℃±2℃，反应 20～30min。然后同时滴加剩余的核预乳化液、核引发剂液，在 1h 内滴完核预乳化液，在 1.5h 内滴完核引发剂液，滴完后保温 0.5～1h。再同时均匀滴加壳预乳化液、壳引发剂液，在 2h 内滴完壳预乳化液，在 2.5h 内滴完壳引发剂液，滴完后保温 1～1.5h。降温至 40℃，过滤，出料，即制得丙烯酸酯核壳聚合物乳液。

e. 可再分散聚合物乳胶粉的制备　将上述聚合物乳液与抗结块剂 800 目硅灰粉按比例进行喷雾干燥，喷雾干燥器进口温度 180℃，出口温度 100℃，即可制得流动性很好的丙烯酸可再分散乳胶粉。

③ 配比范围（质量份） 核预乳化液：去离子水 95～97，乳化剂 8～10，单体 *N*-羟甲基丙烯酰胺 8～8.2、丙烯酸 40～48.3、苯乙烯 206～208，链转移剂 5.3～5.5。核引发剂液：去离子水 79～81，引发剂 2.7～2.8，缓冲剂 2.7～2.8。壳预乳化液：去离子水 215～217，乳化剂 16～18，单体 *N*-羟甲基丙烯酰胺 8.3～8.5，丙烯酸 17～25，丙烯酸丁酯 360～362、甲基丙烯酸甲酯 239～241、甲基丙烯酸羟乙酯 9～11。壳引发剂液：去离子水 119～121，引发剂 2.8～2.9，缓冲剂 2.8～2.9。聚合：去离子水 369～371，引发剂 0.2～0.4。

可再分散聚合物乳胶粉：聚合物乳液 95～96，抗结块剂 4～5。

配方 230 醋酸乙烯-乙烯共聚乳液可再分散乳胶粉

(1) 产品特点与用途

醋酸乙烯-乙烯可再分散乳胶粉再分散性能好，产品性能稳定，低温施工适应性强，用于水泥砂浆的黏结强度、抗张强度和耐磨性高、耐温、耐水、耐冻融和耐老化性能好、吸水率和透水率低。本品主要应用于内外墙腻子、外墙外保温、隔热接着材、瓷砖胶黏剂、填缝胶泥、弹性水泥、粉刷修补材、自流平水泥砂浆、粉末型乳胶漆和配制室内装饰性腻子粉等。

(2) 配方

①配合比 见表 13-4。

表 13-4 醋酸乙烯-乙烯共聚乳液可再分散乳胶粉配合比

原料名称	质量份	原料名称	质量份
聚乙烯醇(1788 或 205)	35	叔碳酸乙烯酯	125
乳化剂 OP-10	5	丙烯酸丁酯(BA)	20
引发剂过硫酸铵	1.15	丙烯酸乙酯(EA)	20
醋酸乙烯	325	消泡剂硅酮 691	1
碳酸氢钠	0.75	水	470

② 配制方法

a. 醋酸乙烯-乙烯共聚乳液的配制

(a) 取配方量 25%～30%的聚乙烯醇，在反应釜中用其 10 倍量的水溶解，加入硅酮消泡剂，搅拌，加热升温至 85～95℃，保温溶解 1h。

(b) 降温至75℃，加入OP-10乳化剂，搅拌10min后加入配方量30%的过硫酸铵水溶液，开始滴加丙烯酸丁酯、丙烯酸乙酯、醋酸乙烯和叔碳酸乙烯酯单体，各单体控制在4～5h内均匀加完，滴加温度控制在75～80℃之间。

(c) 自单体开始滴加40min后，缓慢加入总量50%的过硫酸铵水溶液，加入速度控制在与各单体同时加完。

(d) 全部单体加完后再加入总量20%的过硫酸铵水溶液，在85℃以上熟化反应1～1.5h，降温后用碳酸氢钠水溶液调节乳液的pH值至5～7，经过滤装桶备用。

b. 喷雾液的配制

(a) 取剩余的聚乙烯醇，在反应釜中用其6倍量的水溶解，加入适量硅酮消泡剂，搅拌，加热升温至85～95℃，保温溶解1h。

(b) 将配制好的醋酸乙烯-乙烯共聚乳液与喷雾液混合，加水调节黏度至100～120mPa·s、固含量为35%～37%即可。

(c) 喷雾干燥：开动热风炉，使雾化干燥机保持(265±10)℃的热风温度，对中间体分散液醋酸乙烯-乙烯共聚乳液进行雾化干燥即可。

(3) 质量份配比范围

聚乙烯醇34～36，乳化剂4～6，引发剂1～1.5，醋酸乙烯320～325，碳酸氢钠0.75～1，叔碳酸乙烯酯124～126，丙烯酸丁酯20～22，丙烯酸乙酯20～25、消泡剂硅酮1，水465～470。

(4) 产品质量指标

醋酸乙烯-乙烯共聚乳液可再分散乳胶粉的物化指标见表13-5。

表13-5 醋酸乙烯-乙烯共聚乳液可再分散乳胶粉物化指标

项目名称	技术指标	项目名称	技术指标
粒径	80～100μm	50%水溶液黏度	0.5～5.0Pa·s
含量	≥98%	pH值	5～8
堆集密度	300～600g/L	最低成膜温度(MFT)	-5～10℃
灰分	10%～14%		

配方231 乙烯-醋酸乙烯酯共聚物乳液可再分散乳胶粉

(1) 产品特点与用途

乙烯-醋酸乙烯酯共聚物乳液可再分散乳胶粉主要解决了采用聚

合物乳液拌合水泥的方法只能现配现用，不能工厂化大规模生产，不能贮存也不利于环保和长距离运输的技术难题。乙烯-醋酸乙烯酯共聚物乳液可再分散乳胶粉可在水中迅速溶解，迅速地再分散，还可以重新形成具有原液性能的胶乳。本品具有能够大大提高和改善砂浆的内聚力、保水性、黏结强度、柔韧性、耐磨性、抗冲击性等特点。主要用于水泥、石膏等水硬性产品的改性，适合制造建筑外墙外保温或外墙内保温聚合物黏结砂浆、罩面砂浆以及瓷砖黏结石膏等。

(2) 配方

①配合比　见表 13-6。

表 13-6　乙烯-醋酸乙烯酯共聚物乳液可再分散乳胶粉配合比

原料名称	质量份	原料名称	质量份
乙烯-醋酸乙烯酯共聚物乳液	75	碳酸钙	10
聚乙烯醇	5	水	50～55
二氧化硅	10		

② 配制方法　将乙烯-醋酸乙烯酯共聚物乳液加入反应釜中，开动搅拌机，在搅拌下加入聚乙烯醇、二氧化硅、碳酸钙和水，加热升温至 90～95℃，保温反应 2.5h 制得中间体分散液，使雾化干燥机保持 250～260℃的热风温度，对中间体分散液进行喷雾干燥制得胶粉。

(3) 质量份配比范围

乙烯-醋酸乙烯酯共聚物乳液 65～75，聚乙烯醇 5～15，二氧化硅 3～10，碳酸钙 5～12，水 50～55。

配方 232　乙烯-叔碳酸乙烯酯共聚物乳液可再分散乳胶粉

(1) 产品特点与用途

本品可在水中迅速溶解，能够再分散于水中，形成具有黏结性能的乳液。与水泥、半水石膏等材料混合使用，能够显著提高水泥基材料的黏结强度、抗压强度、耐水性能、柔韧性和耐老化性能等。

可再分散乳胶粉以干粉状态供货，不但给产品包装、运输和储存带来方便，而且能够和水泥、石灰、石膏等水硬性、气硬性材料以干粉状态混合，对水泥和石膏进行改性。乙烯-叔碳酸乙烯酯共聚物乳液可再分散乳胶粉可以与多种无机胶凝材料制成具有特殊性能和用途的聚合物水泥干混砂浆、聚合物粉刷石膏等成品干砂浆，其质量稳定、包装方便、防潮、防冻、易于运输和贮存。

(2) 配方

① 配合比 见表13-7。

表13-7 乙烯-叔碳酸乙烯酯共聚物乳液可再分散乳胶粉配合比

原料名称	质量份	原料名称	质量份
乙烯-叔碳酸乙烯酯共聚物乳液	75	碳酸钙	12
聚乙烯醇	10	水	50～55
二氧化硅	3		

② 配制方法 按配方质量份将乙烯-叔碳酸乙烯酯共聚物乳液加入反应釜中，开动搅拌机，在搅拌下加入聚乙烯醇、二氧化硅、碳酸钙和水，加热升温至90～95℃，保温反应2.5h，制得中间体分散液，使雾化干燥机保持250～260℃的热风温度，对中间体分散液进行喷雾干燥即制得乳胶粉。

(3) 质量份配比范围

乙烯-叔碳酸乙烯酯共聚物乳液75，聚乙烯醇10～15，二氧化硅3～10，碳酸钙5～12，水50～55。

(4) 产品技术性能

外观	可自由流动的白色粉末
聚合物类型	乙烯-叔碳酸乙烯酯共聚物
固体含量/%	99±1
密度/(g/L)	450±100
灰含量（950℃×30min）/%	9.50±1.25
玻璃化转变温度/℃	约－4
颗粒含量（大于300μm）/%	<3
最低成膜温度/℃	约0

本产品具有良好的可操作性，在很低的添加量下使产品具有明显的疏水效果，增加柔韧性和黏结强度，提高抗拉强度和增加耐磨性。

第14章 其它混凝土外加剂

14.1 混凝土阻锈剂

钢筋在水分和氧气的作用下，由于产生微电池作用而受到腐蚀。通常，把能阻止或减轻混凝土中钢筋或金属预埋件发生锈蚀作用的外加剂称为阻锈剂。

钢筋混凝土结构物中，由于混凝土本身呈强碱性（pH＞12），同时钢筋一般也要经过“钝化”处理，在钢筋表面形成几百个“纳米”厚度的 Fe_2O_3 保护膜，称为钝化膜，钢筋在混凝土严密的包裹之下是不容易发生锈蚀的。

若在混凝土中氯离子严重超标时，由于 Cl^- 的存在大大提高了导电性以及一些其它离子的存在，使钢筋的钝化膜层遭到破坏，处于易腐蚀状态。在空气、水分存在下钢筋更容易进一步腐蚀，最终对混凝土造成不可逆的破坏。

从对钢筋混凝土腐蚀防护方法来看，有两类：一类是尽量阻止环境中有害侵蚀离子进入混凝土，这包括提高混凝土自身的防护能力和采用表面涂层等办法；另一类方法就是在不能完全阻止有害物质侵入时，从混凝土内部增加缩小和抵制有害物质侵蚀作用的能力。添加阻锈剂就是第二类方法。

14.1.1 常用阻锈剂

常用阻锈剂按阻锈机理不同而分成以下三类。

(1) 阳极型

阳极型阻锈剂使用较广泛，品种也多，主要品种如下。

① *亚硝酸钠* 白色或略呈黄色晶体，易分解放出氧气生成硝酸钠，易燃，有毒，可致癌。较早用作阻锈剂，掺量必须超过 Cl^- 当量，否则会造成深孔腐蚀。近年来由于混凝土含碱量的限制而逐渐减

少使用。

② 亚硝酸钙　亚硝酸钙为白色结晶体，逐步取代亚硝酸钠成为新一代阻锈剂。在混凝土中还有早强作用，但掺量较亚硝酸钠高。可防止碱-骨料反应的发生。

③ 重铬酸盐　重铬酸盐为强氧化剂，有毒，重金属污染源。其作用同亚硝酸钠。

④ 氯化亚锡　氯化亚锡可作阻锈剂及早强剂，掺量很小即能促进钢筋钝化。

⑤ 硼酸、苯甲酸钠　硼酸、苯甲酸钠亦有阻锈作用。

(2) 阴极型

① 表面活性剂类物质　主要有高级脂肪酸铵盐、磷酸酯等。效果不如阳极型，但安全，成本较高。

② 无机盐类　主要有碳酸钠、磷酸氢钠、硅酸盐等。有一定阻锈作用，但掺量较大。

(3) 复合型钢筋阻锈剂

有些物质能提高阳极与阴极之间的电阻，从而阻止锈蚀的电化学过程。使用较多的复合型钢筋阻锈剂为多种阻锈成分的配合使用，取长补短，其综合效果大大优于单一组分的阻锈剂。实际上目前使用的阻锈剂均为含有多种成分的复合型钢筋阻锈剂，兼有阻锈和其它作用，如早强、减水、防冻等作用。

14.1.2 阻锈剂在混凝土中的应用

阻锈剂在混凝土中的作用，不是阻止环境中的有害离子进入混凝土中，而是当有害物质不可避免地进入混凝土之后，利用其阻锈作用，使有害离子丧失或减少其腐蚀能力，使钢筋锈蚀的电化学过程受到抑制，从而延缓了腐蚀的进程，使混凝土延长了使用寿命。

(1) 阻锈剂的应用范围

以氯盐为主的腐蚀环境情况下，如海洋环境、海水浸蚀区、沿海潮差区、浪溅区；使用海沙地区，以含盐水施工混凝土；内陆盐碱地区，盐湖地区；受防冰盐侵害的路、桥；在氯盐腐蚀性气体环境下的钢筋混凝土建筑物；已被腐蚀的建筑物的修复；使用低碱水泥或低碱掺合料的混凝土。

(2) 阻锈剂的应用效果及限制

一次性掺入，效果能保持 50 年左右。而且施工简单、方便、节省工时、费用低。与环氧涂层钢筋保护法、阴极保护法相比，阻锈效果明显，经济效益良好。

阻锈剂使用范围广泛，可用于工业建筑、海工及水工工程、立交桥、公路桥、盐碱地建设工程、已有建筑物修复等。

阻锈剂不宜在酸性环境中使用。使用效果与混凝土本身质量有关，优质混凝土能更好发挥阻锈剂功能，相反，质量差的混凝土即使掺加阻锈剂也很难耐久。此外，钢筋阻锈剂主要使用亚硝酸盐，不适合在饮用水系统应用，使用过程中也容易发生中毒事件，使用中必须加强防护。阳极型阻锈剂多为氧化剂，在高温时易氧化自燃，且不易灭火，存放时必须注意防火。

14.1.3 混凝土阻锈剂配方

配方 233 钢筋混凝土阻锈剂

本品能有效减缓和阻止钢筋混凝土中钢筋的腐蚀，能够阻止或延缓氯离子对钢筋钝化膜的破坏。本品具有用量少，可减少单一阻锈剂用量等特点，主要应用于钢筋混凝土。配方见表 14-1。

表 14-1 钢筋混凝土阻锈剂配合比

原料名称	质量份	原料名称	质量份
水	95	丙烯基硫脲	0.19
钼酸钠	0.05	1,4-丁炔二醇	0.75
二乙烯三胺	4.5		

配制方法：按配方顺序依次将原料加入搅拌机内，搅拌溶解混合均匀即可。

配方 234 钢筋混凝土高效阻锈剂

本品对混凝土性质无任何负面影响，能显著缓解氯离子对钢筋钝化膜的破坏，具有环保、无碱、用量低、与水泥适应性好，并能适当改善混凝土性能等特点，是高效的钢筋阻锈剂。本品适用于海港工程、沿海建筑、工业与民用建筑工程等新拌钢筋混凝土结构。配方见表 14-2。

表 14-2 钢筋混凝土高效阻锈剂配合比

原料名称	质量份	原料名称	质量份
自来水	60	对羟基-*N*-甲基环己胺	10
三乙醇胺	10	硝酸	10
苯甲酸	10		

配制方法：按配方将各组分原料加入自来水中进行搅拌，混合溶解搅拌均匀即得本品。

14.2 混凝土养护剂

保障新浇混凝土中的水泥水化顺利进行的过程称为养护。混凝土养护剂又称混凝土养生液，是一种喷撒或涂刷于混凝土表面，能在混凝土表面形成一层连续的不透水的密闭养护薄膜的乳液或高分子溶液。将其喷涂于混凝土表面，形成一层致密的薄膜，使混凝土表面与空气隔绝，水分不再蒸发，从而利用混凝土中自身的水分最大限度地完成水化作用，达到养护的目的。

混凝土养护剂适用于各种混凝土构筑物的表面。尤其是工程构筑物立面，无法用传统方法实现潮湿养护，喷涂养护液就会起到替代的作用。

14.2.1 养护剂的种类及其作用机理

现有养护剂产品绝大多数为成膜型的，少数为非成膜型的，前者依靠混凝土表面膜阻止水分蒸发，后者依靠渗透作用、毛细管作用，起养护作用。

成膜型养护剂按其化学成分可分为以下 4 类。

(1) 水玻璃类

水玻璃（即硅酸钠）喷洒在混凝土表面。在表面 1～3mm 与氢氧化钙作用生成氢氧化物和水溶性的硅酸钙。其主要反应如下：

$$Ca(OH)_2 + Na_2O \cdot nSiO_2 \longrightarrow 2Na(OH) + (n-1)SiO_2 + CaSiO_3$$

氢氧化物可活化砂子的表面膜，有利于混凝土表面强度的提高。而硅酸钙是不溶物，能封闭混凝土表面的各种孔隙，并形成一层坚实的薄膜，阻止混凝土中自由水的过早过多蒸发。从而保证水泥充分水化，达到养护的目的。这层胶体膜附着在混凝土表面，与混凝土基体连成一体，实际上也是混凝土的一部分，因此对以后的混凝土表面装饰无任何影响。这是它的优点，但这种养护剂保水性能还不够好。磷酸钙收缩大因而易产生覆膜不密封，所以多数水玻璃型养护剂都以复合配方的形式使用。

(2) 乳化石蜡类

乳化石蜡喷涂在混凝土表面，当水分蒸发到一定程度，石蜡微粒相互聚拢，最后形成不透水薄膜，阻止混凝土中水分蒸发而达到自养的目的。乳化石蜡类养护剂保水率可以达到 70%～80%，性能优于水玻璃型。但由于油脂膜留在混凝土表面，对进一步装饰有不利影响，因此，这种养护剂多用于公路、机场跑道、停车场等混凝土层较薄、面积很大又不需进一步装饰的混凝土表面。而水玻璃型多用于工业化用建筑混凝土的养护。

(3) 氯乙烯-偏氯乙烯共聚乳液类

氯乙烯-偏氯乙烯共聚乳液用水稀释，中和，喷涂于混凝土表面，待水分挥发或被混凝土吸水后，聚合物形成连续的薄膜，起到保水和养护作用。

(4) 有机无机复合胶体类

这类产品由有机高分子材料（如聚乙烯醇树脂、聚乙烯醇缩甲醛胶、聚醋酸乙烯乳液、乙烯-醋酸乙烯乳液、氯乙烯-偏氯乙烯共聚乳液、苯乙烯-丙烯酸共聚乳液等）与无机材料（如水玻璃、硅溶胶等）及表面活性剂、渗透剂等多种助剂配制而成。喷涂在混凝土表面，有机高分子材料形成柔性覆盖薄膜，无机材料渗入混凝土表层与$Ca(OH)_2$作用形成致密坚硬表层，有效地防止水分蒸发，达到自养目的。

这类养护剂克服了水玻璃类养护剂涂膜难干、易硬化、龟裂、低温不宜使用的缺点；克服了石蜡乳液不稳定、易留痕迹的缺点；克服了氯乙烯-偏氯乙烯共聚乳液养护面硬、滑、易流淌、泛黄以及价高的缺点。

其次还有非成膜型养护剂。是一类低表面张力的溶液，主要成分为多羟基脂肪烃衍生物，依靠渗透作用在混凝土表面达到养护效果。其主要特点是与混凝土表面无化学作用，不影响混凝土后期装饰或防护处理。

14.2.2 养护剂技术要求

(1) 养护剂技术指标

参照水泥混凝土养护剂 JC901 中有关混凝土养护剂的规定，混凝土养护剂的技术指标见表 14-3。

表 14-3 混凝土养护剂的技术指标

检验项目			一级品	合格品	检验项目		一级品	合格品
有效保水率/%		≥	90	75	固含量/%	≥	20	
抗压强度比[①]/%	7d	≥	95	90	干燥时间/h	≤	4	
	28d		95	90	成膜后浸水溶解性		可溶或不溶[③]	
磨损量[②]/(kg/m²)		≤	3.0	3.5				

① 也可为弯拉强度比，指标要求相同，可根据工程需要或用户要求选测。

② 在对表面耐磨性能有要求的表面上使用混凝土养护剂时为必检指标。

③ 露天养护时，必须为不溶；在其它使用条件下，该指标由供需双方协商。

(2) 混凝土养护剂的质量要求

① 干燥成膜时间≤4h。

② 保水性好，在温度 37.8℃±1.1℃、湿度 32%±2%烘箱内烘 72h，失水率≤0.55kg/m²。

③ 与盖草席湿养护相比，强度保持率（28d）≥95%。

④ 黏度适于 4℃时能用喷雾器喷涂。

⑤ 对阳光反射率≥60%。

⑥ 应能贮存至少 6 个月而不变质。

14.2.3 混凝土养护剂配方

配方 235 砂浆混凝土抗裂减缩外加剂

(1) 产品特点与用途

本品掺入砂浆混凝土后，混凝土的极限抗拉率有较大幅度提高，弹性模量降低，混凝土强度有所提高，混凝土的韧性提高，开裂指数大幅度降低；因而使混凝土早期塑性收缩开裂减小，后期抗裂性能提高。本品的研制解决了目前建筑工程中普遍出现的混凝土开裂现象，延长了建筑工程的使用寿命，提高了工程质量，具有重要的社会效益和经济效益和广泛的市场应用前景。

(2) 配方

① 配合比 见表14-4。

表14-4 砂浆混凝土抗裂减缩外加剂配合比

原料名称	质量份	原料名称	质量份
甲基硅醇钠溶液	1.41	丁醇	4
水	12.69	甲酸钙	5
一级粉煤灰	55.5	十二烷基苯磺酸钠	0.5
聚丙烯短纤维(长度0.2～6mm)	5	偏高岭土	15
RE5044N可再分散乳胶粉	10		

② 配制方法

a. 先将甲基硅醇钠溶液用水稀释20倍，在混合机中用稀释的甲基硅醇钠溶液对粉煤灰和高岭土加压喷雾并搅拌混合均匀。

b. 将已喷雾甲基硅醇钠溶液的粉煤灰、高岭土加热至55～60℃烘干，与可再分散乳胶粉、聚丙烯短纤维、丁醇、甲酸钙、十二烷基苯磺酸钠投入混合机内混合搅拌30～40min，即制得复合型砂浆混凝土抗裂减缩外加剂。

(3) 施工方法

本品掺量范围为水泥质量的0.5%～1.2%，使用时，可直接加入砂浆混凝土拌合料中即可。

配方236 硅酸钠型养护剂

配合比1（质量份）

硅酸钠	15～20
尿素	2～5
氯化镁	2～8
染料	少量
水	81～67

配合比2（质量份）

硅酸钠	20.5～26.5
硅酸铝	0.1～0.03
碳酸铵	0.3～1.8
水	79.1～71.7

配方 237 乳液型养护剂

将乳液分散到水中，形成水色油型稳定乳液，喷洒在混凝土表面，乳液中水分蒸发或被混凝土吸收后，油性乳液颗粒形成不透水膜，阻止混凝土内部水分蒸发，保水率达到 70%以上。多用于大面积混凝土，且表面不做最后装修的工程构筑物。

配合比 1（质量份）

煤油	40～50	石棉粉	1.5～0.5
C_{10}～C_{20}脂肪醇聚氧乙烯醚	2～3	聚乙二醇	0.01～0.004
C_{18}～C_{24}脂肪醇	4～5	水	42.5～51.5

配合比 2（质量份）

混合石油烃（含蜡量＞70%）	15～80	OP-10	0.5
		或烷基苯聚醚磺酸钠	1.3
		水	84～19

配合比 3（质量份）

硬脂酸	8～12	膨润土	7～5.5
碳酸钠	6～7	酒精（无水）	5～6
轻钙	3～4	水分	71～65.5

配方 238 树脂（液体）型养护剂

过氯乙烯树脂也常用于养护液的制作且效果较好。配比：过氯乙烯树脂 9.5%、二丁酯 4%、粗苯 86%、丙酮 0.5%。应向溶剂（粗苯）中缓缓撒入树脂粉，同时搅拌，加毕则每隔 30min 搅拌一次，以加速树脂溶解完全。若很难溶解，可加入丙酮助溶。最后加入二丁酯搅拌均匀即可。

配合比 1（质量份）

煤油	40～50	石棉粉	1.5～0.5
C_{10}～C_{20}脂肪醇聚氧乙烯醚	2～3	聚乙二醇	0.01～0.004
C_{18}～C_{24}脂肪醇	4～5	水	42.5～51.5

配合比 2（质量份）

混合石油烃（含蜡量＞70%）	15～80	OP-10	0.5
		或烷基苯聚醚磺酸钠	1.3
		水	84～19

配合比 3（质量份）

硬脂酸	8～12	膨润土	7～5.5
碳酸钠	6～7	酒精(无水)	5～6
轻钙	3～4	水分	71～65.5

配方 239 YH 型混凝土养护剂

(1) 产品特点与用途

本品以苯丙乳液为基料，复配高浓缩丙烯酰胺溶液配制而成，经喷涂于混凝土表面，待水分挥发或被混凝土吸收后形成固化膜，起到阻隔水分蒸发和保水养护的作用，保证了水泥的充分水化，达到养护的目的。YH 养护剂适用于混凝土道路、地面、框架结构、高耸构筑物的混凝土养护，可取代麻片覆盖浇水养护，节约养护费用。

(2) 配方

① 配合比　见表 14-5。

表 14-5　YH 型混凝土养护剂配合比

原料名称	质量份	原料名称	质量份
38%苯丙乳液	40	4%丙烯酰胺溶液	60

② 配制方法　将丙烯酰胺溶液加入搅拌罐中，低速搅拌，缓缓加入苯丙乳液混合搅拌均匀即可。

(3) 产品技术性能

① 成膜干燥时间≤4h。

② 混凝土表面的水分损失小于 0.55kg/m^2。

③ 耐温性：0～40℃无异常。

④ 不污染混凝土表面。

⑤ 延缓温升、防止裂缝。

⑥ 养护膜 28d 后自行脱落、不影响装修。

(4) 施工方法

将养护剂充分搅拌均匀，用喷雾器喷射于初凝后的混凝土表面。YH 型养护剂参考用量每平方米 5～7kg。

配方 240 乳化石蜡混凝土养护剂

(1) 产品特点与用途

乳化石蜡混凝土养护剂是一种水色油（O/W）型乳状液，将其喷涂在混凝土或砂浆表面，当水分蒸发到一定程度，石蜡微粒就互相聚拢，最后集结成为无色、不透水的薄膜，阻止混凝土或砂浆中水分的蒸发，其保水率可达到70%～80%左右。从而利用混凝土中水分最大限度地完成水化作用达到养护目的。本品适用于混凝土工程的水平面和立面，尤其适用于升板和滑模施工以及复杂形式的混凝土构件中。

(2) 配方

① **配合比** 见表14-6。

表14-6 乳化石蜡混凝土养护剂配合比

原料名称	质量份	原料名称	质量份
石蜡	100	聚乙烯醇	5
硬脂酸	25	三乙醇胺	1
氨水	8	水	861

② **配制方法**

a. 乳化石蜡混凝土养护剂的制备工艺流程 见图14-1。

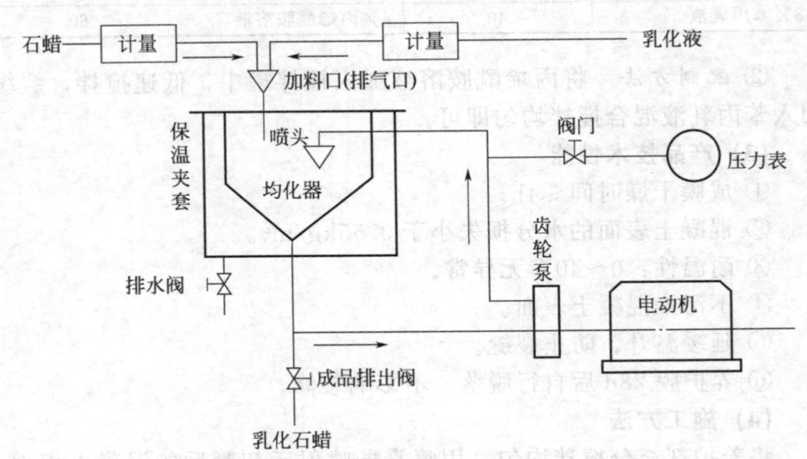

图14-1 乳化石蜡生产工艺流程图

b. 制备方法 采用乳（均）化机将需乳化的混合物用齿轮泵压送到喷头的细小注口，喷出成雾状的混合体，经过几次往复循环，使石蜡分散成很细的微粒，形成稳定的乳状液。在乳化过程中，因物料由不均匀状态逐渐趋于均匀，开始时压力有增高现象，以后就稳定下来。生产正常时，乳化石蜡的乳珠直径为 0.10～0.3μm。

(3) 产品技术性能 见表 14-7。

表 14-7 乳化石蜡混凝土养护剂主要技术性能

项　　目	指标	项　　目	指标
颗粒直径/μm	0.10～0.20	透水性（p=100mm 水柱、72h）	—
pH 值	8.2～8.4	透水性（p=500mm 水柱）	不透
27℃干燥时间/min	19	耐热性(75～80℃,5h)	良

注：初始压力 100mm 水柱，每级压力 100mm 水柱，恒压 10min。1mm 水柱=9.80665Pa。

(4) 施工方法

① 本品严禁加水稀释或与其它养护剂混用。

② 喷涂为佳，喷头距混凝土表面 30cm。

③ 混凝土初凝时喷涂第一度，待养护剂基本成膜后再在其垂直方向喷第二度（夏季 20min，冬季约 1h)。

④ 养护剂用量宜控制在 5～7m^2/kg。

⑤ 本品适用于 5℃以上施工。

配方 241 MNC-T 混凝土养护剂

(1) 产品特点与用途

本品在使用时可直接加到混凝土拌合料中进行搅拌，能均匀地分散存在于混凝土中，等到混凝土吸附水分后，能缓慢释放出来，促进混凝土的初期硬化，起到了混凝土的深层水化作用，使水分缓慢蒸发出来，从而提高了混凝土抗压强度、耐磨性、和易性和表面光洁度。MNC-T 混凝土养护剂适用于公路、机场、烟囱、冷却塔、高层建筑等混凝土工程及水泥制品，可取代草袋覆盖浇水养护，节约养护费用。

(2) 配方

① 配合比 见表 14-8。

表 14-8　MNC-T 混凝土养护剂配合比

原料名称	质量份	原料名称	质量份
丙烯酸	65	氢氧化钾	9
硫酸锌	0.5	氢氧化钠	12
过硫酸铵	0.5	水	100
氧化淀粉	13		

其中氧化淀粉配制：

原料名称	质量份	原料名称	质量份
次氯酸钠	6	亚硫酸钠	2
水	30＋20＋10＋190	淀粉	100
氢氧化钠	8		

② 配制方法

a. 氧化淀粉配制方法

(a) 次氯酸钠加水 30 份溶解备用。氢氧化钠加水 20 份溶解备用。亚硫酸钠加水 10 份溶解备用。

(b) 淀粉加水 190 份搅拌配制成淀粉乳状液，用氢氧化钠溶液调节 pH 值为 9。升温到 40～50℃，20min 滴加次氯酸钠溶液的一半，反应 1h 后再加入另一半。反应 1h 后加入亚硫酸钠水溶液，再保温反应 1h，在反应过程中补加氢氧化钠溶液维持 pH 值为 9，即制得氧化淀粉。

b. MNC-T 混凝土养护剂的配制方法　将乳化剂倒入水中搅拌15～25min 至自然发热后，加入淀粉以 50～150r/min 的速度搅拌 5～15min，再加入丙烯酸缓慢搅拌 3～8min，然后加入稳定剂和引发剂在搅拌下进行聚合反应 2～5h，搅拌速度为 50～150r/min。反应完成后倒入中和槽，5h 后脱水烘干粉碎至 50～150 目微粒状，用塑料袋密封包装储存即可。

(3) 施工方法

MNC-T 养护剂粉剂可与水泥、石子、砂子及其它拌合物一次投入搅拌机内混合，然后加水搅拌均匀即可。参考用量为每千克本品养护 30～40m^2 混凝土。

配方242 JC混凝土养护剂

(1) 产品特点与用途

JC混凝土养护剂不使用有机溶剂，无挥发性有害物质，对环境不会造成二次污染，配方组成材料中使用水溶性有机硅烷，当喷洒在混凝土表面后，能迅速渗透至混凝土内部的毛细孔壁，并与混凝土中的部分水和空气发生化学反应生成二氧化硅阻塞毛细孔通道，形成坚固的防水层，使混凝土内部水分不易蒸发并可阻止外部有害物质侵入，使混凝土处于长期受养护状态，从而提高了混凝土的保水性和耐久性能。

本品适用于混凝土路面、地面、框架结构的混凝土养护。

(2) 配方

① 配合比　表14-9。

表14-9　JC混凝土养护剂配合比

原料名称	质量份	原料名称	质量份
40%苯丙乳液	50	35%硅酸钠溶液	5
6%丙烯酰胺溶液	40	38%有机硅烷溶液	5

② 配制方法　将苯丙乳液、丙烯酰胺溶液、硅酸钠溶液、有机硅烷溶液混合搅拌均匀，即制得JC混凝土养护剂。

(3) 产品技术性能

① 混凝土表面水分损失＜0.55kg/m²。

② 成膜干燥时间＜4h。

③ 耐温性：0～40℃无异常。

④ 保水性好。

⑤ 提高表面强度和耐磨性，防止裂纹发生。

(4) 施工方法

将JC养护剂充分搅匀，用喷雾法或软刷涂敷在初凝后的混凝土表面。

配方243 膨胀吸附型混凝土脱模养护剂

(1) 产品特点与用途

本品可将混凝土表面失水率由4%提高到12.5%，混凝土养护周期从14d减少到7d，从原来脱模偶有粘连现象和外观质量好变成完全无粘连现象，混凝土表面平坦光亮、防雨水冲刷能力大幅度提高。

膨胀吸附型混凝土脱模养护剂适用于混凝土大模板施工、滑模施工、预制构件成型模具等。

(2) 配方

① 配合比　见表14-10。

表14-10　膨胀吸附型混凝土脱模养护剂配合比

原料名称	质量份	原料名称	质量份
硬脂酸	12	聚乙烯醇	4
膨润土	22	皂化机油	15
纯碱	18	松香	6.5
乙醇	5	水	5.5
工业石蜡	12		

②配制方法　将水加热至100℃，松香用粉碎机粉碎至200目以上，将松香与纯碱按等量用人工拌合均匀，倒入搅拌机内。热水加至松香全部溶化后，加入全部工业石蜡和硬脂酸及剩余纯碱，充分搅拌溶化后停加热水，边搅拌边添加冷水进行皂化反应。当搅拌机内温度降至36℃时，加入膨润土和事先用热水溶解好的聚乙烯醇溶液，继续搅拌混合均匀。当搅拌机内温度降至25℃时，加入皂化机油和乙醇，继续搅拌30～40min完成皂化反应并测其流动量达到30～34s时停止搅拌，用泥浆泵注入液体球磨机进行球磨，球磨完成后放入成品池自行氧化，装桶贮存。

(3) 施工方法

本品使用前应搅拌均匀，用喷雾法或软刷涂敷在混凝土模板表面，参考用量为每千克本品涂刷面积8～10m^2。

配方244　水溶性高保水混凝土养护剂

(1) 产品特点与用途

水溶性高保水混凝土养护剂是以纯丙烯酸乳液、苯丙乳液有机高分子聚合物乳液为基料，加入聚羧酸分散剂、成膜助剂、纳米粉状填料复合制成的一种水溶性新型胶状养护剂。与传统的混凝土养护剂相比，具有高保水。一般混凝土的保水率在70%左右，本品的保水率在95%左右，混凝土表面的水分损失小于0.55kg/m^2。施工方便，可用喷射、刷涂、辊涂施工。施工后对混凝土表面无污染、无色彩变化。抗压强度比高，传统养护剂的抗压强度比<95%，本品的抗压强度比≥95%。无毒、无臭、不燃，对混凝土无腐蚀性，对人体无害。

该养护剂喷涂在混凝土表面，不仅可在混凝土表面迅速形成覆盖薄膜，同时可与混凝土浅层游离氢氧化钙作用，在渗透层内形成致密、坚硬表层，阻止水泥混凝土中水分蒸发，使水泥充分水化而达自养目的。本产品适用于公路、机场、烟囱、冷却塔、高层建筑等混凝土工程及水泥制品，可取代草袋覆盖浇水养护，节约养护费用。

(2) 配方

① 配合比　见表 14-11。

表 14-11　水溶性高保水混凝土养护剂配合比

原料名称	质量份	原料名称	质量份
纯丙烯酸乳液	70	醇酯十二(2,2,4-三甲基-1,3-戊二醇单异丁酸酯)	7
苯丙乳液	10		
滑石粉(纳米级粉状填料)	12.5	聚羧酸盐分散剂	0.5

② 配制方法

将醇酯十二成膜助剂按照配比计量兑入苯丙聚合物乳液中，搅拌均匀，再将粉状纳米填料与聚羧酸盐分散剂按配比拌合均匀后以1∶1的比例与水混合制成浆料，然后与已拌有成膜助剂的苯丙乳液进行物理混合，按照配比在搅拌釜中混合均匀，即制得水溶性高保水混凝土养护剂。

(3) 施工方法

① 按使用浓度配制，不需要任何溶剂稀释，夏季适量加入<20%的水。

② 在新浇混凝土表面泌水消失或拆模后立即涂刷。

③ 可喷涂、刷涂、辊涂，小面积工程可用手动喷雾器如喷浆机或农药喷雾器喷涂，大面积工程可用气动喷雾器喷涂，用刷子刷涂，用涂料辊筒辊涂。一般要求涂刷两遍，每千克本品可涂刷 5～8m^2。

配方 245　高效水泥混凝土养护剂

(1) 产品特点与用途

高效水泥混凝土养护剂是以无机黏结剂硅酸钠为基料，添加复合增强剂配制而成，具有渗透、成膜、黏结、增强等性能。既能加速水泥水化，加速混凝土硬化，又可保护并防止钢材生锈。它可供无钢筋混凝土和预应力钢筋结构的混凝土工程作为养护剂使用。施工现场使用时，可按水泥用量的1.52%～2.7%将稠液倒入混凝土搅拌机中，代替水灰比中的部分水分，作为混凝土的配方水使用。所拌混凝土浇筑体脱模后，室温养护即可。也可将复合液加水，配成1%的稀释液，按50%、30%、20%的比例，对已脱模的混凝土浇筑体进行三次喷涂或刷涂，每天一次。

(2) 配方

① 配合比　见表14-12。

表14-12　高效水泥混凝土养护剂配合比

原料名称	质量份	原料名称	质量份
硅酸钠(水玻璃)	75	复合增强剂	14.56
无机黏结剂	357.7	催化剂(氧化铈)	0.21
阻锈防锈剂(亚硝酸钠)	6.44	稀释剂(水)	84

其中无机黏结剂：

原料名称	质量份	原料名称	质量份
硅酸钠(水玻璃)	175	水	少量
尿素	3.85		

复合增强剂：

原料名称	质量份	原料名称	质量份
无水硫酸钠(元明粉)	4.2	水	少量
食盐	1.32		

② 配制方法

a. 无机黏结剂的制备：取配方量的水玻璃加入容器中，加入少量热水（50～60℃），加入尿素，搅拌均匀、溶化、备用。

b. 复合增强剂的制备：取热水（50～60℃）加入容器中，加入无水硫酸钠、食盐溶化、搅拌均匀备用。

c. 在搅拌下，将阻锈剂亚硝酸钠、催化剂氧化铈和水依次加入剩余硅酸钠中。

d. 将步骤 a、b、c 制备的产物，混合搅拌均匀，装桶密封包装即可。

14.2.4 混凝土养护剂使用注意事项

① 根据施工条件，选用合适的养护剂。如低温下施工，不能用水玻璃类养护剂；沙漠及阳光强烈日照下，不宜选用透明养护剂；垂直面施工应选用附着力强的养护剂而不宜用易流淌的氯偏类养护剂。

② 应正确掌握喷涂时间。过早时，影响成膜，混凝土表面泌水粉化；过晚时，混凝土易出现裂缝（尤其干热季节）。

一般地，在混凝土初凝时喷第一度。待养护剂成膜后（指触法不粘时，夏季约 20min，冬季 1h）喷第二度，方向与第一度垂直。

③ 养护剂用量为第一度 0.10～0.15kg/m^2，第二度 0.08～0.12kg/m^2。

④ 有些养护剂（如有机无机复合胶类）严禁加水稀释或与其它养护剂混用，以免破坏新型胶体，影响养护剂使用效果。

⑤ 养护剂喷涂均匀，采用喷雾器喷涂时，喷头距混凝土表面 30cm 为宜。

⑥ 低温条件下施工，除选用合适养护剂外，应覆盖保温，最好在混凝土中掺早强外加剂。

⑦ 养护剂喷涂后未成膜前，如遇雨淋应重新喷涂。

⑧ 贮存期过长已破乳者不得使用，以免影响成膜性能。

⑨ 注意现场储存，加盖，现配现用，避光等。

14.3 混凝土脱模剂

混凝土的成型需借助模板来固定，混凝土形成一定的强度后又必须拆除模板。混凝土脱模剂又称模板分离剂或隔离剂，是一种涂覆或喷洒在模板内壁上，在模板与混凝土表面之间起隔离与润滑作用，用以克服模板与混凝土表面的黏结力，使混凝土在拆模时可以顺利地脱离模板的外加剂，保持了混凝土形状的完好无损，也保护了模板不致损坏。混凝土脱模剂主要用于大模板施工、滑模施工、预制构件成型模具等。

14.3.1 脱模剂的种类

脱模剂按其外观、作用效果和化学成分有不同的分类，见表14-13。

表14-13 脱模剂的种类

分类方法	种 类
外观	固态、溶液、乳液、膏状
作用效果	一次性、长效性
化学成分	皂类、纯油类、水质类、乳化油类、溶剂类、聚合物类、化学活性脱模剂、油漆类、有机高分子类

(1) 皂类脱模剂

最早使用于木模板的脱模剂，也称隔离剂。它的主要成分为动植物油（也可以用矿物油）加碱皂化以后形成的乳化液，也可以直接用肥皂乳液。其脱模作用主要是利用皂乳液的润滑及隔离作用。这类脱模剂成本低，涂刷方便，适用于木模、地模、混凝土预制场长线台座及混凝土胎膜等脱模用。皂类脱模剂只能使用一次，即每次脱模后，模板再次使用前仍需涂刷。因此使用受到限制。

(2) 纯油类脱模剂

20世纪60年代以后钢模大量代替木模后出现的一类脱模剂。主要成分为矿物油、植物油、动物油等。使用较多的是石油系列产品中黏度较低、流动性较好的矿物油，如机油、润滑油、废机油等。但这些油污染混凝土表面，影响随后的装饰；油与混凝土中碱作用导致混凝土表面粉化。作为改性剂可加入表面活性剂使油膜变薄，扩散、增加其耐冲刷性。

(3) 水质脱模剂

水质类脱模剂主要是以皂角、海藻酸钠、滑石粉、脂肪酸皂等为原料的脱模剂，常用于涂刷钢模。该脱模剂配制简单，成本低，使用方便，缺点是每涂一次不能多次使用，在冬季、雨季施工时，缺少防冻、防雨的有效措施，应慎用。

(4) 乳化机油类脱模剂

乳化机油类脱模剂采用润滑油、乳化剂、稳定剂等通过乳化设备制成，将油类分散在连续的水相中，一般以机油作为原料进行乳化，制成水包油型（O/W）和油包水型（W/O），稳定剂能保证脱模剂有很好的成膜性能。这种脱模剂生产工艺简单，成本低，易清模，脱模效果好，混凝土表面光洁，对钢模、木模均适用。但贮存稳定性和耐雨淋能力稍差。

(5) 溶剂类脱模剂

溶剂类脱模剂以石蜡或金属皂（加脂肪酸盐、癸酸盐等）为主料，溶于汽油、煤油、柴油、苯、甲苯、松节油等有机溶剂而成的一类脱模剂。其特点是脱模效果好，耐雨水、耐低温能力强，但成本较高，适用于钢模、木模，并对混凝土表面有一定的污染。

(6) 聚合物类脱模剂

聚合物类脱模剂以甲基硅树脂、不饱和聚酯、环氧树脂、醇酸树脂等为主料，芳烃（苯、甲苯）为溶剂，称之为稀释剂配成的脱模剂，脱模效果良好，可以多次使用，但造价较高，更新涂层（膜）即清模困难。

(7) 化学活性脱模剂

其活性成分主要是脂肪酸，这些弱酸可与混凝土中游离氢氧化钙等缓慢作用，产生不溶于水的脂肪酸盐，致使表层混凝土不固结而达脱模。这类脱模剂脱模效果好，无污染，无毒，不腐蚀模板，但过量后会引起混凝土表面粉化。

(8) 油漆类脱模剂

如醇酸清漆、磁漆等可作脱模剂，涂刷后可反复使用 20～25 次，但价格高，现场补模、清模困难。

(9) 有机高分子脱模剂

其原料为水溶性高分子成膜物质，无色透明，水玻璃状液体，喷涂在模板和混凝土表面，20min 内即形成一层透明薄膜，黏附于模板及混凝土表面，其作用机理为成模及隔离作用，优点为成膜性能好，混凝土表面光洁，价格低廉、无毒、无味、无污染使用方便，可喷、可涂。适用于各种类型模板。

此外，按脱模剂的制备工艺可分为皂化类、乳化类、溶剂类、合成及复合类；按作用持续效果可分为一涂一用类（涂刷一次可脱模一次）及长效类（脱模剂涂刷一次可脱模数次）；按成品外观可分为固体粉末、膏体、溶液及乳液等。

14.3.2 脱模剂的质量要求

① 良好的脱模性能　要求脱模剂能使模板顺利地与混凝土脱离，棱角整齐无损。

② 涂覆方便成膜快　30min 内可速干，既有良好耐水性、防锈性，又能方便涂刷，喷洒。

③ 对混凝土表面装修工序无影响　在混凝土表面不留浸渍、不反黄变色。

④ 对混凝土无害、不污染钢筋、不影响混凝土和钢筋握裹力，对模板和混凝土均无侵蚀。

⑤ 稳定性好　在按使用说明加水稀释后一昼夜内不分层离析。贮存期不低于半年。

⑥ 能连续使用。

14.3.3 脱模剂作用机理

混凝土脱模剂是克服模板和混凝土之间的黏结力或表层混凝土自身内聚力的结果，脱模剂通过化学或物理反应消减这种作用，其作用机理如下。

(1) 机械润滑作用

脱模剂在模板与混凝土之间起机械润滑作用，从而克服了两者之间的黏结力而达脱模。如纯油类及加表面活性剂的纯油类脱模剂。

(2) 隔离膜作用

脱模剂涂于模板后迅速干燥成膜，在混凝土与模板之间起隔离作用而脱模。如水包油或油包水型乳化类脱模剂。

(3) 化学反应作用

如脂肪酸类化学脱模剂，涂于模板后，首先使模板表面具有憎水性，然后与模内新拌混凝土中的游离氢氧化钙起皂化反应，生成具有物理隔离作用的非水溶性皂，既起润滑作用，又延缓模板接触面上很薄一层混凝土的凝固而利于脱模。

14.3.4 脱模剂应用注意事项

(1) 施工工艺

根据不同施工工艺宜注意：现场泵送工艺、宜选油类、聚合物长效类脱模剂；滑模施工或离心制管，宜选成膜且具一定强度的聚合物脱模剂；长线台座构件宜选皂化油类或水质脱模剂；大型构件宜选脱模吸附力小的脱模剂；蒸养混凝土工艺宜选热稳定好的脱模剂，如含石蜡、滑石粉组分的。

(2) 涂抹厚度

在保证脱模效果前提下越薄越好。木模吸收脱模剂多，用量 $8\sim10m^2/kg$；钢模不吸收脱模剂，用量 $10\sim20m^2/kg$。

(3) 涂抹技巧

首先要注意不可涂到钢筋或其它金属埋件上。其次可用喷雾、海绵、宽毛刷、拖把、抹布等根据不同情况使用。

(4) 及时清理模板

使用前先清理模板，使表面干净、没有油污。长期不用的模板用前要先除去防锈油。

(5) 涂抹干燥成膜后方可使用模板

14.3.5 脱模剂配方

配方 246 皂化类脱模剂

皂化反应系指动植物油脂与碱作用生成高碳脂肪酸盐（俗称皂）和甘油、酯与碱作用生成酸（或盐）和醇的反应。皂化类脱模剂就是利用皂化反应制备而成的。

(1) 配合比（质量份）

油脂下脚料	100	水	60
30%氢氧化钠溶液	5～8		

(2) 配制方法

按配比称取油泥及 25%～50%油泥质量的水投入反应釜中，加热至 90℃左右，然后逐渐加入氢氧化钠溶液并不断搅拌熬煮，观察反应物稠度及液面，若稠度适中又无冒泡或油水分离现象，即可停止加碱，并在 90～100℃温度下维持 2～5h，然后加水稀释至所需浓度，控制 pH 值为 7～9，即可出料包装备用。

生产中需注意以下几点。

① 加碱量（以质量分数计） 一般为油泥质量的 5%～8%，若碱过量时，pH 值增大，会产生油水分离；碱量不足时，一部分油脂未

皂化，从而影响脱模效果。同时，浇筑混凝土后，会与水泥中游离碱进一步皂化而影响混凝土质量。若用固体碱，需先加水稀释成碱溶液后再投入反应釜，切不可直接投入。

② 熬制温度及恒温时间　熬制温度一般为90～100℃，恒温时间与油泥品种有关，若用滤土，恒温时间需7h，一般用油米厂油泥，2～5h即可。

③ 充分搅拌并随时补充水分　熬制过程必须充分搅拌（60 r/min），切勿使沉淀物结底。同时，由于水分蒸发，应随时加水补充水分。

配方247　长效脱模剂

① 配比1　不饱和聚酯树脂：甲基硅油：丙酮：环己酮：萘酸钴=1：(0.01～0.15)：(0.30～0.40)：(0.015～0.02)：(0.01～0.015)。每平方米模板各原料用量依次为60g：6g：30g：2g：1g。

② 配比2　101号环氧树脂：甲基硅油：苯二甲酸二丁酯：丙酮：乙二胺=1：(0.10～0.15)：(0.05～0.06)：(0.05～0.08)：(0.10～0.15)。每平方米模板各原料用量依次为60g：9g：3g：3g：6g。

③ 沸水质有机硅　按有机硅水解物：汽油=7：70调制，每平方米模板用50g。

采用长效脱模剂，必须预先进行配合比试验。底层必须干透，才能涂刷第二层。一般可以使用十次左右，不用清理，但价格较高，涂刷也较复杂。

配方248　SF混凝土脱模隔离剂

(1) 产品特点与用途

SF混凝土脱模隔离剂制备工艺简单、成本低廉、无毒、无腐蚀、不污染环境，使用后便于冲洗，脱模后的混凝土构件表面形成一种粉状物极易用水冲洗，保持构件的规则形状。SF脱模剂脱模效果好，在涂刷过程中，涂层产生微气泡，浇筑混凝土时，构件对模板的吸附力大为减弱，模板涂层干后表面形成一层较硬的多孔隔层，在浇灌混凝土后，由于混凝土水化热变成一松脆表层，黏结力小，易脱模。SF脱模剂呈白色胶体状，可使模件表面涂布均匀。主要应用于现浇、预制、钢模板、木模板或地胎模（砂浆面、混凝土面），特别适用于蒸汽养护的混凝土构件。

(2) 配方

① 配合比 见表 14-14。

表 14-14 SF 混凝土脱模隔离剂配合比

原料名称	质量份	原料名称	质量份
淀粉	2	肥皂水溶液(浓度为 18°Bé)	11
滑石粉	3		

② 配制方法 先将肥皂溶于 70～85℃的热水中，达到配方规定的质量浓度，取出规定的份额，待冷却至 16～25℃时，加入淀粉和滑石粉，混合搅拌均匀，即可使用。

③ 配比范围（质量份） 淀粉 1～2.5，滑石粉 2～4，肥皂水溶液 10～12。

(3) 产品技术性能

① 水溶液的 pH 值=13。

② 成膜时间：10～20min。

③ 脱模效果好，表面光洁，不污染混凝土表面，可进行表面装饰。

④ 无毒，不燃，无污染，储运方便。

(4) 施工方法

① 本品使用前应搅拌均匀，然后喷涂或刷涂在干燥清洁的模板上，注意不得漏涂；

② 涂层厚度应均匀，过薄影响脱模效果，过厚则不经济，对于钢模板一般每千克脱模剂可涂刷 25m² 以上；

③ 涂刷脱模剂后约 20min，待脱模剂在模板表面成膜后，即可浇捣混凝土；

④ 每千克脱模剂可涂刷 20～30m²。

配方 249 MNC-5 混凝土脱模粉

(1) 产品特点与用途

本品具有价廉、高效、储运方便、造价低、不腐蚀模板、对人体无害、不污染环境等优点，适用于各种温度下混凝土成型后模板的脱模。

(2) 配方

① 配合比　见表 14-15。

表 14-15　MNC-5 混凝土脱模粉配合比

原料名称	质量份	原料名称	质量份
脂肪酸	50	氯化钠	2
硅酸钠	10	石灰苛化白泥	30
碳酸钠	5	氢氧化钠	30

② 配制方法　首先将脂肪酸加入反应釜内，加热溶化后，再加入氢氧化钠和硅酸钠在约 95℃下反应 2h，然后依次加入碳酸钠、氯化钠、石灰苛化白泥等填充料，同时进行强力搅拌 2～4h，然后升温至 150～200℃再进行干燥，产品固化后冷却进行粉碎包装。

③ 配方范围（质量份）　脂肪酸 5～85、氢氧化钠 2～10、硅酸钠 3～10、碳酸钠 0～5、氯化钠 0～3、石灰苛化白泥 5～85。

(3) 产品技术性能

外观为白色粉末，细度≤10mm，黏度 20～24mPa·s（23℃±2℃），pH 值 6～7。

(4) 施工方法

MNC-5 脱模粉可在施工现场按每 1kg 粉剂加温水 0.8～1kg 稀释成水溶液，涂刷在模板或台座表面上。使成型后的混凝土能与模板和台座隔离。成型后的混凝土表面必须凿毛或打砂处理才可进行后期施工。

配方 250　RH-4 高效水溶性混凝土脱模剂

(1) 产品特点与用途

RH-4 高效水溶性混凝土脱模剂主要以松香、烧碱、醋酸乙烯缩醛乳胶、羧甲基纤维素、悬浮剂凹凸棒粉、滑石粉皂化溶于水配制而成。RH-4 呈白色乳状液体，无油、不沾染钢筋，钢筋与混凝土之间的握裹力不受影响，对模板、混凝土平台、胎膜均无腐蚀作用。产品无毒、无味，对人体、环境无污染，对混凝土结构工程，预制构件表面无任何污染，装饰抹灰黏结牢固，施工效果好，使用方便，成膜干燥快，易于清洗。

RH-4 高效水溶性混凝土脱模剂适用于各种钢模、木模、混凝土模、自然和蒸养混凝土。

(2) 配方

① 配合比　见表 14-16。

表 14-16　RH-4 高效水溶性混凝土脱模剂配合比

原料名称	质量份	原料名称	质量份
松香	3	醋酸乙烯缩醛乳胶	8
烧碱	2	滑石粉	40
凹凸棒粉	24	氯化钠	8
碳酸氢钙	20	水	340
羧甲基纤维素	5		

② 配制方法

a. 基料　将松香、烧碱放入带搅拌器的加热容器内，加水搅拌并加热升温 90～100℃至溶解匀化，保温反应 15～20min，制得基料备用。

b. 增稠剂　取羧甲基纤维素放入容器内，加入 60℃以上的温水 100 份，搅拌溶解均匀，制得增稠剂备用。

c. 胶合剂　将醋酸乙烯缩醛乳胶放入搅拌机内，加水 200 份搅拌稀释均匀，备用。

d. 悬浮剂　将凹凸棒粉加配方余量水搅拌均匀后放入胶体磨中研磨备用。

e. 将以上制备的基料、增稠剂、胶合剂及悬浮剂倒入搅拌机内进行搅拌，然后加入碳酸氢钙、滑石粉及氯化钠混合搅拌均匀、即制得 RH-4 高效水溶性混凝土脱模剂。

(3) 产品技术性能

① 可溶于水，pH＝13，不污染钢筋，不影响抹灰装饰；

② 脱模效果好，表面光洁；

③ 成膜时间：15～20min；

④ 无毒，不燃，无污染，储运方便；

⑤ 对钢筋无锈蚀作用。

(4) 施工方法

本品使用前应搅拌均匀，然后喷涂或刷涂在干燥清洁的模板上，注意不得漏刷，涂刷厚度应均匀，过薄影响脱模效果，参考用量每千克本品涂刷面积 20～30m²。

配方 251 清水混凝土专用脱模剂

(1) 产品特点与用途

① 保护模板。延长模板的使用寿命，具有一定的防腐、防锈功能，可确保模板于室外或阴雨天不生锈。

② 有利于提高混凝土质量，尽显混凝土的本色，达到清水混凝土效果，成型混凝土呈仿大理石状，表面平整光滑、颜色一致，手感细腻、有光泽、无污染，使混凝土制品外观质量上档次，是创优质工程的首选材料。

③ 表面光洁度好，易于脱模和清理，提高工效。

④ 耐磨、附着力好，可多次重复使用。

⑤ 适用广泛，可用于钢模、木模、塑料模，并适用于蒸养环境。

⑥ 施工简单，涂刷一道即可。

本品适用于桥梁、水利水电、工业与民用建筑等清水混凝土工程，涂刷于钢模、木模、竹模、塑料模后，表面具有良好的脱模性能。

(2) 配方

① 配合比 见表 14-17。

表 14-17 清水混凝土专用脱模剂配合比

原料名称	质量份	原料名称	质量份
废机油	89.9	矿物油(食用植物油)	10
亚硝酸钠	0.1		

② 配制方法 将废机油、食用植物油以任意比例均匀混合，缓慢加热到 70～80℃，待混合均匀后于 60～80℃加入活性白土脱色，恒温 40～60min，降温至 40℃以下，过滤除去杂质，然后加入防锈剂、矿物油，出料冷却，用凹凸棒土脱色过滤。最后可加入少量硫酸调 pH 值为 4～4.5。

(3) 施工方法

本品使用前应搅拌均匀，施工方法可采用喷涂或刷涂法喷涂、刷涂在干燥清洁的模板上，涂刷厚度应均匀，注意不得漏刷，参考用量每千克本品涂刷面积 20～30m²。

配方 252 S-2 型混凝土脱模剂

(1) 产品特点与用途

本品采用了以碱皂化动植物油的原理；以 C_{12}～C_{14} 混合脂肪酸为原料，用氢氧化钠进行皂化反应而制得 C_{12}～C_{14} 脂肪酸钠皂，再加入稳定剂配制而成的一种以水为介质的皂化型脱模剂。S-2 型脱模剂以皂化好的动植物油作为成膜材料，其所形成的固化膜的密封性、憎水性、耐磨性以及与模板的粘接性使其具有较好的成膜性能。本品助剂包括皂化剂和消泡剂，皂化剂为氢氧化钠，能使高分子的动物油分散形成稳定的分散体系。由于乳状液在配制过程中易于产生泡沫，泡沫又会影响使用时的成膜性和均匀性，加入消泡剂可以消除泡沫。

S-2 型混凝土脱模剂适用于钢模、木模、混凝土模、自然养护和蒸养混凝土。

(2) 配方

① 配合比　见表 14-18。

表 14-18 S-2 型混凝土脱模剂配合比

原料名称	质量份	原料名称	质量份
猪油	3	洗衣粉	0.132
硬脂酸	5	磷酸三丁酯	0.22
废机油	2.2	甲醛	0.088
氢氧化钠	1.67	水	88

② 配制方法　将猪油、硬脂酸加入反应釜，开动搅拌器搅拌，并加热升温至 80～90℃使之完全溶解，加入氢氧化钠搅拌 15min，再加入水、废机油、洗衣粉和磷酸三丁酯、甲醛等搅拌 30min，冷却为成品。

(3) 产品技术性能

① 脱模效果好，表面光洁，涂一次可脱模 2～3 次。

② 水溶性，pH＝7～9，不污染钢筋，不影响抹灰装饰。

③ 成膜时间：10～20min。

④ 均匀稳定无分层现象。

⑤ 非易燃、易爆，无毒、无腐蚀。

(4) 施工方法

① 本品使用前应搅拌均匀，然后喷涂或刷涂在干燥清洁的模板上，注意不得漏涂。

② 涂层厚度应均匀，过薄影响脱模效果，过厚则不经济，对于钢模板一般每千克可涂刷 25～30m²。

③ 涂刷脱模剂后约 20min，待脱模剂在模板表面成膜后，即可浇捣混凝土。

④ 每千克脱模剂可涂刷 20～30m²。

⑤ 涂刷比较粗糙的地模和模板，配水量可酌情减少。

⑥ 初用本品时，可根据实际情况将本品浓度配制得高一些，或多涂刷几次，效果更佳。

配方 253 水溶性油脂型混凝土脱模剂

(1) 产品特点与用途

本品以松香、机油为原料，经碳酸钠皂化，以甲基纤维素作为稳定剂和增稠剂，生成不易沉淀、黏稠的易于上浆的乳状液体。由于加入了稳定剂，可在常温下保存两年以上不失效。本品无腐蚀性，容易清洗，使用安全，适用于各种类型的混凝土、钢筋混凝土及胶凝材料制品的脱模。

(2) 配方

① 配合比　见表 14-19。

表 14-19　水溶性油脂型混凝土脱模剂配合比

原料名称	质量份	原料名称	质量份
松香	20	甲基或羧甲基纤维素	3
机油	3	水	150
碳酸钠	3		

② 配制方法　先将松香、机油及水放入反应釜中，加热升温至 80～90℃搅拌 1～3min 后，徐徐加入碳酸钠和甲基纤维素（或羧甲基纤维素），搅拌 5～10min 后，温度达到 90～100℃即制成稳定的乳状液体。

(3) 产品技术性能

① 水溶性，pH 值为 7～9。

② 脱模效果好，表面光洁，不污染，不影响混凝土表面装修。

③ 成膜时间：10～20min。

④ 均匀稳定无分层现象。

⑤ 对钢筋无锈蚀作用。

(4) 施工方法

本品使用前应搅拌均匀，施工可采用喷涂或刷涂法喷涂、刷涂在干燥清洁的模板上，涂刷厚度应均匀，参考用量每千克本品可涂刷面积为 20～30m^2。

配方 254 乳化机油混凝土模板脱模剂

本品利用聚乙烯醇作废机油改性剂，与乳化剂、表面活性剂、脂肪酸皂化剂制成乳化机油混凝土模板脱模剂，成本低，胶黏性好，附着力强，成膜后稳定性好，在引力作用下脱模容易。克服了现有同类产品不易干燥，容易污染钢筋混凝土表面，拆模后表面油污清除工作量大等缺陷。配方中应用脂肪酸制成改性乳化机油脱模剂，涂于模板后，使模板表面具有憎水性，然后与模内新拌混凝土中的游离氢氧化钙起皂化反应，生成具有物理隔离作用的非水溶性皂，既起润滑作用，又延缓模板接触面上很薄一层混凝土的凝固而顺利脱模。本品可用作建筑工程浇灌混凝土时的模板表面涂层脱模剂。应用时水与脱模剂的配比为 1：4，涂抹钢模 3～4 次，晾干后 20～30min 即可。

(1) 配方 见表 14-20。

表 14-20 乳化机油混凝土模板脱模剂配合比

原料名称	质量份	原料名称	质量份
乳化油	55	磷酸(85%)	0.01
水	45	氢氧化钾	0.02
脂肪酸	2.5		

其中乳化油：

原料名称	质量份	原料名称	质量份
废机油	85	吐温-60	适量
水	212.5	司盘-60	适量
聚乙烯醇(10%水溶液)	105		

(2) 配制方法

a. 在对废机油进行搅拌的同时加入乳化剂吐温-60、司盘-60，混合搅拌均匀。

b. 向 a 步所得混合物中加入配方量的水进行搅拌，同时加入改性剂聚乙烯醇水溶液。

c. 将 b 步所得乳化溶液加热升温至 60～80℃，在搅拌情况下加入脂肪酸，保温反应 30～40min 后加入水，继续搅拌，混合均匀，直至乳液稳定。

d. 向 c 步所得混合物中缓缓滴加磷酸，搅拌混合均匀后加入氢氧化钾，继续搅拌 30min 混合均匀，冷却降温后即可出料，用塑料桶包装。

配方 255 加气混凝土成型专用脱模剂

在加气混凝土生产的发泡成型工艺料浆浇筑前，将本品喷涂或涂刷在模具表面，可在完成发泡成型的加气混凝土物料与模具表面形成有效的隔离，从而达到顺利脱模的目的。本品以废机油为原料，实现了物料的二次利用，不仅节能环保，而且降低了生产成本。本品不进入成型料坯中，不仅使脱模后料坯的切下料回收利用更容易，而且不会影响产品外观。

(1) 配方 见表 14-21。

表 14-21 加气混凝土成型专用脱模剂配合比

原料名称		质量份
矿物油脂	废机油	35
	石蜡	3
助剂	乳化剂 OP-10	1.5
	聚丙烯酰胺	0.2
水		60.3

(2) 配制方法

a. 将废机油和石蜡混合搅拌均匀（若温度较低需加热），然后加入乳化剂 OP-10 混合搅拌均匀；

b. 将聚丙烯酰胺溶于水，并混合均匀，备用；

c. 将聚丙烯酰胺溶液缓慢滴加入 a 步所得混合液中，边搅拌边加入，加料完毕后继续搅拌 15～20min 即得加气混凝土成型专用脱模剂成品。

配方 256 其它混凝土脱模剂配方

配方①

成分	质量份	成分	质量份
石蜡	1	柴油	1.5～1
滑石粉(或烟灰)	4(2～3)		

配制方法：将 1 份石蜡与 2 份柴油混合后用文火或水浴加热熔化，然后加入剩余柴油拌匀。本品易脱模，板面光滑，但成本较高，蒸汽养护时不能使用，适于混凝土台座。

配方②

成分	质量份	成分	质量份
白灰	1～1.3	黏土	1.5～1

配制方法：本品取材容易，成本低，但土质不好时，不易起模，板面较粗糙，适于土模、混凝土模板等。

配方③

成分	质量份	成分	质量份
10 号机油	640	皂角	160
松香	100	乙醇	45
石油碳酸	50	氢氧化钠	19.5
水	20		

配制方法：按配比将各组分混合均匀即成脱模剂。

配方④

成分	质量份	成分	质量份
乙烯-丙烯-丁二烯共聚橡胶	100	甲醇胺(沸点 171℃)	20
壬基酚聚氧乙烯醚硫酸酯	4	过氧化二异丙苯	2
二氧化硅	50	碳酸钙	5
二氧化钛	5	氧化锌	5
硬脂酸	1		

配制方法：按配比将全部物料混合研磨均匀即可。本品储存稳

定，对模具清洁能力好。

配方⑤

成分	质量份	成分	质量份
石油	16.4～17.4	壬基酚聚氧乙烯醚硫酸钠	0.8～1.2
含油蜡（熔点50～70℃）	1.4～1.8	石灰浆	80.0～81.0

配制方法：按配比将全部物料混合搅拌均匀即可。

配方⑥

成分	质量份	成分	质量份
皂角	1	滑石粉	2
水	1.5		

配制方法：皂角加水煮沸溶化，搅拌糊状即可。使用时加滑石粉搅拌均匀再用。

配方⑦

成分	质量份	成分	质量份
废机油	10	汽油	1.5
水	4	滑石粉	13

配制方法：先将废机油、汽油、滑石粉拌合，再加水拌成均匀乳状液即可。本品可喷也可刷，容易脱模，制品表面比较光滑，但钢筋容易粘油，适用于各种固定胎膜。

配方⑧

成分	质量份	成分	质量份
废机油	1	水泥	0.4～1.2
水	0.4		

配制方法：按配比将全部组分搅拌均匀即成。

配方⑨

成分	质量份	成分	质量份
全氟烯烃	1	磷碳三甲苯酯	1
甲基丙烯酸 C_6～C_{30} 烷酯	10～70		

配制方法：按配比将全部物料混合搅拌均匀即可。

配方⑩

成分	质量份	成分	质量份
海藻酸钠	1	洗衣粉	1
滑石粉	13.3	水	53.3

配制方法：按配比将全部物料混合搅拌均匀即成。

配方⑪

成分	质量份	成分	质量份
塔尔油脂肪酸	15.7	柴油	80.0
单乙醇胺	4.3		

配制方法：按配比将全部物料混合即得混凝土脱模剂。

配方⑫

成分	质量份	成分	质量份
柴油	4	石蜡	1
滑石粉(或石墨粉)	4		

配制方法：将石蜡和柴油混合，文火或水浴加热使之熔化，然后加入滑石粉搅拌均匀即成脱模剂。该脱模剂容易脱模，但成本较高，不适于蒸汽养护。用于混凝土台座件脱模。

配方⑬

成分	质量份	成分	质量份
塔尔油脂肪酸	16.5	柴油	80.0
OP-10	0.5	单乙醇胺	3.0

配制方法：按配比将各组分混合均匀即可。

配方⑭

成分	质量份	成分	质量份
乳化机油	50～55	硬脂酸	1.5～2.5
磷酸(85%)	0.01	苛性钾	0.02
煤油	2.5	水	40～45

配制方法：将乳化机油加热至 50～60℃，将硬脂酸压碎倒入已加热的乳化机油中，搅拌使其溶解。再将 60～80℃热水倒入，继续搅拌呈乳白色为止，最后加磷酸和苛性钾溶液，继续搅拌均匀即成。

用于钢模时1份乳化液加5份清水，搅匀喷涂。

配方⑮

成分	质量份	成分	质量份
废机油	100	皂化油	100
滑石粉	150～200	清水	400～600

配制方法：先将废机油、皂化油混合，加部分水，加热搅拌使其乳化，再加滑石粉和其余的水，搅拌成乳化液。该配方脱模容易，便于涂刷，制品表面光滑。使用时注意钢筋不要粘油。

配方⑯

成分	质量份	成分	质量份
10# 机油	4	乙醇	46
火碱	20	石油磺酸	50
皂角	160	水	20
松香	100		

配制方法：将各组分混合，加热至80℃。保温搅拌3h即成。

配方⑰

成分	质量份	成分	质量份
甲基硅油	200	乙醇胺(固化剂)	0.05～0.4
乙醇	适量		

配制方法：将固化剂乙醇胺加入容器内，用少量的乙醇稀释，搅拌下加入甲基硅油中，直到拌匀为止。乙醇胺的加入量冬天可适当增加，夏天可适量减少。

配方⑱

成分	质量份	成分	质量份
石蜡	2	柴油	6～10
滑石粉	8		

配制方法：将石蜡与柴油混合用文火或水浴加热熔化，然后加入剩余柴油拌匀。本品易脱模，板面光滑，但成本较高，蒸汽养护时不能使用，适于混凝土台座。

配方⑲

成分	质量份	成分	质量份
塔尔油脂肪酸	33	柴油	160
乳化剂 OP-10	1.0	单乙醇胺	6.0

配方⑳

成分	质量份	成分	质量份
塔尔油脂肪酸	31.4	单乙醇胺	6.0
柴油	160		

配制方法：将以上各组分全部物料混合均匀即得混凝土脱模剂。

配方㉑

成分	质量份	成分	质量份
甲基硅油	100	乙醇	适量
乙醇胺(固化剂)	0.2～0.25		

配制方法：先将需要量的固化剂乙醇胺倒在容器里，加入少量的乙醇稀释，在搅拌下注入定量的甲基硅油中，直到搅拌均匀为止。

使用方法：本品适用于各种钢模、木模、混凝土模，自然和蒸养混凝土，施工可采用喷涂，刷涂法喷涂或刷涂在干燥清洁的模板上，参考用量每千克本品喷涂 20～30m^2。

14.4 混凝土减缩剂

能减少混凝土早期收缩的混凝土外加剂称为减缩剂，也称密实剂。主要作用机理是降低孔隙水的表面张力从而减小毛细孔失水时产生的收缩应力。另一方面是增大混凝土中孔隙水的黏度，增强了水在凝胶体中的吸附作用而减小混凝土收缩值。

减缩剂主要成分是聚醚或聚醇及其衍生物。其通用化学式为 $R_1O\ (AO)_nR_2$，R 为 H 或 $C_3\sim C_5$ 烷基；A 为 $C_2\sim C_4$ 环氧基或 $C_5\sim C_8$ 烯基，或这两种不同碳原子数官能团的组合；n 为聚合度，n=1～80。另一种通用的表达式为 $Q[(OA)_pOR']_x$，Q 为$C_3\sim C_{12}$的脂肪烃官能团；p、x 为聚合度，p=0～10，x=3～5。

已被国内外研究和开发的用作减缩剂组分的化合物有：丙三醇、聚丙烯醇（M_w＝424）、新戊二醇（新戊基乙二醇、1,5-戊二醇）、α-甲基-2,4-戊二醇、二丙基乙二醇单丁醚、二丙基乙二醇、聚乙二醇（具胺甲基封端）、具有乙烯基乙二醇支链的聚羧酸。

混凝土减缩剂在我国混凝土外加剂领域中是新品种，目前尚处研究开发阶段。随着自养护混凝土的开发，混凝土减缩剂具有十分广阔的应用前景。

配方 257 密实剂（质量份）

硫酸铜	0.1	水玻璃	40.0
铬矾	0.1	钾铝矾	0.1
重铬酸钾	0.1	水	6.0

配制方法：将 4 种矾盐按比例溶于沸水中，然后降温 50℃，加入水玻璃搅匀即得密实剂。

使用方法：掺入量一般为水泥质量的 3%左右。

密实剂是能减少混凝土和砂浆毛细管空隙并增加其密实程度的外加剂。通常的减水剂都是良好的密实剂。

14.5 混凝土界面处理剂

混凝土界面处理剂又称水泥基界面处理剂，适用于改善砂浆层与混凝土、加气混凝土等基面材料的黏结性能，适用于新老混凝土之间的界面，废旧瓷砖、陶瓷砖等表面的处理，解决这些表面由于吸水特性或光滑而引起面层不易黏结，抹灰层空鼓、开裂、剥落等问题，能够显著增强新旧混凝土之间以及混凝土与抹灰砂浆之间的黏结力，能够取代传统的凿毛工序、保证工程质量和加快施工进度等。

界面处理剂分为Ⅰ型和Ⅱ型，Ⅰ型适用于水泥混凝土的界面处理，Ⅱ型适用于加气混凝土的界面处理。

界面处理剂的物理力学性能见表 14-22。

表 14-22 界面处理剂的物理力学性能

项目			指标 Ⅰ型	指标 Ⅱ型
剪切黏结强度/MPa	7d		≥1.0	≥0.7
	14d		≥1.5	≥1.0
拉伸黏结强度/MPa	未处理	7d	≥0.4	≥0.3
		14d	≥0.6	≥0.5
	浸水处理		≥0.5	≥0.3
	热处理			
	冻融循环处理			
	碱处理			
晾置时间/min			—	≥10

注：Ⅰ型产品的晾置时间，根据工程需要由供需双方确定。

界面处理剂的外观应符合：干粉状产品应均匀一致，不应有结块；液状产品经搅拌后应呈均匀状态，不应有块状沉淀。

界面处理剂有 P 类和 D 类两类。P 类是由水泥等无机胶凝材料、填料和有机外加剂等组成的干粉状产品；D 类是由聚合物分散液（单组分或多组分）构成的产品，聚合物粉——可再分散聚合物粉末也归入 D 类。固体粉剂贮存有效期均为 6 个月，而液体剂贮存有效期为一年。

最先使用的界面剂是以聚甲醛为主要成分的黏合剂。因其防水性差（不耐水）和发散有害气体甲醛，在国内许多地区已被禁止使用。

当前获得迅速发展的界面处理剂主要成分是水溶性高分子粉末，一般称为可再分散聚合物粉末。这些物质主要有如下几种。

(1) 纤维素醚

其中羟甲基乙基纤维素（MHEC）、羟甲基丙基纤维素（MHPC）、羧甲基纤维素等为常用品种。不同的砂浆界面剂中纤维素醚用量不一样，砌筑砂浆和自流平砂浆约掺 0.02%，而抹灰砂浆掺量为 0.1%，在黏结用的砂浆中掺量高达 0.3%～0.7%。

(2) 聚氧化乙烯树脂

这是环氧乙烷开环聚合而成线型螺旋结构，英文缩写因国际上三大生产厂家而分别表示为：PEO、Polyox 和 ALKOX。是一种极易溶于水的高分子树脂，在 65℃以下对热稳定，低毒，使用十分安全。

(3) 聚乙烯基吡咯烷酮（PVP）

可溶于水也可溶于醇、酸等多种有机溶剂。大部分无机盐、表面活性剂等与之有很好的相容性。生物毒性很低，使用安全。

(4) 醋酸乙烯-乙烯共聚物

(5) 叔碳酸乙烯酯-醋酸乙烯共聚物

(6) 改性淀粉

界面处理剂中其余成分还包括高效减水剂、促凝及早强剂、消泡剂等。

14.5.1 界面处理剂的应用原理

使用界面处理剂对混凝土表面进行处理，主要原理是利用界面剂中的聚合物与混凝土面层之间的黏结，即利用聚合物对混凝土面层的机械固定与锚定以及物理固定作用，能够得到比仅用水泥基材料高得多的黏结强度和拉伸强度，而得到一个新的表面粗糙的涂层。由于该涂层与原有墙体表面的黏结力很高，其自身所形成的涂层表面又非常粗糙，因而易于在其上进一步黏结新的材料，从而形成一个具有双向良好黏结性能的过渡层。

14.5.2 界面处理剂的组成材料

(1) 聚合物水泥基界面处理剂

液体的界面处理剂主要材料是合成树脂乳液，在配制成界面处理剂后乳液的浓度已很低。我国最早使用的商品界面剂是以VAE乳液、消泡剂、聚乙烯醇缩醛胶和水配制的。由于VAE乳液的玻璃化温度较低，不需要添加成膜助剂。后来研制开发丙烯酸酯乳液类界面剂时，又需要增加纤维素类溶液、防霉剂和成膜助剂等组分。因而界面剂中必须使用适量的保水剂，即常用的甲基纤维素醚。

界面剂中的有机组分是可再分散聚合物粉末和甲基纤维素醚，无机组分则是普通硅酸盐水泥。对于需要较高早期强度的产品，则需要使用强度等级较高的硅酸盐水泥、快凝快硬硅酸盐水泥、硫铝酸盐早强水泥等。此外对于需要较厚涂层的界面剂，还需要使用细粒径石英砂作为骨架材料（细骨料）。

(2) 无机界面处理剂

无机界面剂的材料组分及其功能见表14-23。

表 14-23 无机界面剂的材料组分及其功能

材料组分	功能	材料举例
水泥	主要胶凝材料，产生强度和各种主要的材料性能	强度等级在42.5级以上的硅酸盐水泥
膨胀剂、高效塑化剂	提高界面剂与混凝土表面的黏结强度，降低混凝土的塑性收缩和干缩	UEA型膨胀剂、JEA低碱明矾石膨胀剂、高效减水剂等
活性矿物掺合料	降低混凝土界面 $Ca(OH)_2$ 含量	沸石粉、超细矿渣粉、硅灰、粉煤灰等

14.5.3 界面处理剂配方

配方 258 几种界面处理剂（见表14-24）

表 14-24 几种界面处理剂参考配方

原材料名称及要求	用量(质量分数)/%		
	普通型	厚涂型	防水型
普通硅酸盐水泥(强度等级≥42.5 级)	94.0～95.0	50.0～55.0	30.0～40.0
可再分散聚合物粉末(最低成膜温度不低于 0℃)	5.0～6.0	4.0～5.0	2.0～3.0
甲基纤维素醚(黏度 15Pa・s)	0.1～0.3	0.1～0.2	0.05～0.10
石英砂(粒径 0.3～0.8mm)	—	35.0～40.0	—
硅灰石粉	—	—	8.0～12.0
减水剂	0.6～1.0	0.3～0.5	0.15～0.25
消泡剂	0.1	0.1	0.1
硅灰	—	—	2.7～3.6
憎水性添加剂(SEAL80)	—	—	0.3
兑水比例(质量分数)/%	约 40	约 30	约 50

配方 259 普通界面处理剂（见表 14-25）

表 14-25 使用德国瓦克公司可再分散聚合物粉末的普通混凝土界面处理剂参考配方

原材料名称	质量份
普通硅酸盐水泥(强度等级≥42.5 级)	500.0
细砂(粒径≤0.1mm)	486.0
甲基纤维素醚(C8681 型)	1.3
高效减水剂(萘系)	3.0
淀粉醚(ST2000 型)①	0.5
可再分散聚合物粉末(RE5010N 型)	5.0
无水硫酸钠(Na_2SO_4)	5.0
加水比例/%	220.0

① 应控制好掺加量。

配方 260 HF 型混凝土界面处理剂

(1) 产品特点与用途

HF 混凝土界面剂又称混凝土界面胶黏剂、界面处理剂，是一种灰色固体粉末，是应用于增强混凝土表面性能或赋予混凝土表面所需要的功能的一种表面处理材料。界面剂主要用于处理混凝土、加气混凝土、粉煤灰砌块等表面，解决这些表面由于吸水特性或光滑而引起面层不易黏结，抹灰层空鼓、开裂、剥落等问题，能够显著增强新旧混凝土之间以及混凝土与抹灰砂浆之间的黏结力，能够取代传统的凿毛工序、保证工程质量和加快施工进度等。经 HF 界面处理剂处理过的基层表面能够增强水泥砂浆对基层的黏结力，并且有较高的耐水、耐湿热、抗冻融性能，避免了抹层空鼓、起壳、脱落的现象。从而代替了人工凿毛处理工艺，省时省工。

HF型聚合物水泥界面剂可以应用于不同的基层，如水泥混凝土基层和轻质砌体基层等。

(2) 配方

① 配合比　见表14-26。

表14-26　HF型混凝土界面处理剂配合比

原料名称	作　用	质量份
425# 硅酸盐水泥	胶凝料	350
细砂(粒径≤0.1mm)	骨料	486
粉煤灰	活性填料	100
硅灰石粉	活性填料	40
U型膨胀剂	膨胀剂	15
MC甲基纤维素醚	保水剂	1.3
钠基膨润土	增稠剂	2
可再分散乳胶粉RE5010N型	黏合剂	5
NF萘系高效减水剂	分散剂	2
水		220

② 配制方法　按配方量将各种原材料投入立式混合机中，搅拌15～30min，即得到成品界面剂。为保证搅拌均匀，可将混合后的产品从出料口放出30kg，并重新投入混合机中进行二次混合。

(3) 产品技术性能

本产品质量符合国家建材行业标准JC/T 907—2002，见表14-27。

表14-27　HF型混凝土界面处理剂的质量要求

项　目			技术指标
剪切黏结强度/MPa	7d	≥	0.7
	14d	≥	1.5
拉伸黏结强度/MPa	未处理7d	≥	0.5
	未处理14d	≥	0.6
	浸水处理		0.5
	热处理		0.5
	冻融循环处理		0.5
	碱处理		0.5
晾置时间/min		≥	10

(4) 施工方法

① 基层处理　用钢丝刷清除混凝土表面的浮灰、疏松物与油污等。

② HF 型界面剂系灰色粉末，使用时只需加水将其调成厚糊状即可（不要有生粉团）。水灰比 1∶3 左右。拌合好的界面剂应放置 5min 左右再使用，效果最佳。

③ 夏天气温较高或干燥墙面施工前应先用水湿润。

④ 调匀后的界面剂可采用辊筒辊涂，也可采用口径大的喷枪喷涂或用铁板刮涂 2～3mm。待界面剂涂层初步干燥（不粘手、不影响抹灰）即可进行下一道工序。

⑤ 每平方米用量为 2～2.5kg。

⑥ 本产品贮藏期为 6 个月。贮存时注意防雨防潮。

配方 261 聚丙烯酸酯乳液弹性封闭剂

参考配合比　见表 14-28。

表 14-28　聚丙烯酸酯乳液弹性封闭剂配合比

原料名称	质量份	原料名称	质量份
聚丙烯酸酯乳液	40	丙二醇	0.50
2%羟乙基纤维素溶液	10	氨水	1.25
磷酸三丁酯(消泡剂)	0.10	水	48
苯甲酸钠(防霉剂)	0.15		

14.5.4 混凝土界面处理剂的施工使用方法

① 基层处理　用钢丝刷清除混凝土表面的浮灰、疏松物与油污等。

② 界面处理剂调制　将界面处理剂按照施工说明书要求的比例，加水调合。调合时可使用手持式搅拌器充分搅拌均匀，成为呈胶黏的稀浆状后，待 5～10min 后即可开始施涂。

③ 施涂时可以采用辊筒辊涂，也可以采用口径大的喷枪喷涂。待界面剂涂层初步干燥（不粘手、不影响抹灰）即可进行下一道工序。

④ 聚合物水泥界面剂可以应用于不同的基层，例如水泥混凝土基层、贴面材料（瓷砖、马赛克、大理石等）基层、加气混凝土基层和轻质砌体基层等，视基层不同和界面处理剂的品种不同，其使用方法和施工步骤有所差别，可以参考产品使用说明书进行施工。

配方 262 苯丙乳液高效混凝土界面处理剂

(1) 产品特点与用途

本品无毒，属水溶性有机界面处理剂，黏结力强，黏结力与粉状界面剂相比可提高一倍以上，斥水力强，稳定性好，生产无“三废”排放，对环境无污染，适用于非长期浸水结构部位的各种需要增强界面黏结的场合。如水泥混凝土基层和轻质砌体基层、新旧混凝土之间以及混凝土与抹灰砂浆之间的黏结的界面处理。

(2) 配方

① 配合比 见表 14-29。

表 14-29 苯丙乳液高效混凝土界面处理剂配合比

原料名称	质量份	原料名称	质量份
水①	64.4	氢氧化钠(30%溶液)	适量
聚乙烯醇	5	尿素	1.5
盐酸(32%)	调 pH=1.8	苯丙乳液(42%)	2
甲醛(37%)	2.5	乙二醇	0.1
水②	27.6		

② 配制方法

a. 先将水①加入反应釜内，加热升温至 40～70℃，再加入聚乙烯醇进行搅拌，并继续升温至 85～100℃，搅拌 0.5～2h，调温至 90～93℃，加盐酸调 pH=1.5～2，再加入甲醛进行缩醛反应，直至半透明的缩醛胶团漂浮于水面。

b. 迅速将水②加入反应釜后用 30%氢氧化钠溶液调 pH=4～5，加入尿素对水相中的游离甲醛进行处理，使之逐渐生成脲醛树脂。

c. 降温至 50～55℃使步骤 a 所得聚乙烯醇缩醛胶与步骤 b 所得脲醛树脂共溶于水，混合搅拌形成透明胶液。

d. 将步骤 c 所制得的透明胶液用氢氧化钠调 pH=8～9，静置 6～12h 后加入苯丙乳液混合搅拌均匀，再加入磷酸三丁酯或乙二醇进行消泡，即制得苯丙乳液界面处理剂成品。

(3) 施工方法

将界面剂按照水灰比 1∶3 左右的比例，加入水泥、砂拌合料中，调和呈胶黏的稀浆状后待 5～10min 后可采用辊筒辊涂，也可以采用口径大的喷枪喷涂。待界面剂涂层初步干燥（不粘手、不影响抹灰）

即可进行下一道工序施工。参考用量：每平方米用量为 2～2.5kg。

配方 263 混凝土高效界面处理剂

(1) 产品特点与用途

将本品事先涂抹在混凝土表面，由于具有非常好的保水性和黏结强度，经处理后混凝土表面比较粗糙，可以大大改善后续抹面砂浆饰面层与混凝土之间的黏结强度和拉伸强度，从而形成一个具有双向良好黏结性能的过渡层，且处理剂凝结硬化后具有很好的耐水、耐高温和抗冻融循环性，干缩率低，避免了使用过程中产生开裂、空鼓和起壳。

本品适用于对现浇混凝土、黏土砖、混凝土砌块、预制混凝土大板和硅酸盐加气块表面装饰层施工前的预处理。

(2) 配方

① 配合比　见表 14-30。

表 14-30　混凝土高效界面处理剂配合比

原料名称	质量份	原料名称	质量份
42.5 级普通硅酸盐水泥	32.93	硫铝酸盐膨胀剂	1.65
石英砂(10 目)	27.66	甲基纤维素醚	0.15
石英砂(26 目)	11.86	可再分散聚合物粉末(RE5010N 型)	0.74
石英砂(120 目)	25.01		

② 配制方法　按配方质量份将各种原材料投入立式混合机中，搅拌 15～30min，混合均匀，即制得成品界面剂。

(3) 施工方法

本品为灰色干粉状物质，使用时，加水搅拌均匀成浆状，适宜的加水量为干粉状材料质量的 15%～40%，具体加水量根据使浆体达到所需稠度和施工性能要求确定。

配方 264 水泥基防水界面胶黏剂

(1) 产品特点与用途

水泥基防水界面胶黏剂由硅酸盐水泥熟料、石膏、聚合物和混合材料等组成。该种界面剂的开发主要是为了解决诸如加气混凝土、轻质多孔砌体、瓷砖、马赛克以及刚性防水基层施涂防水涂膜等情况的需要而开发的一种基层表面的预处理剂。水泥基防水界面胶黏剂适用于混凝土、砂浆旧墙面翻修、刚柔复合屋面防水补漏和地下室、水池等防水工程施工等。

(2) 配方

① 配合比　见表 14-31。

表 14-31　水泥基防水界面胶黏剂配合比

原料名称	质量份	原料名称	质量份
42.5 级普通硅酸盐水泥	40	可再分散聚合物乳胶粉(RE5010N 型)	3.5
硬石膏	12	聚羧酸磺酸盐高效减水剂	2
沸石粉	12	憎水性添加剂(SEAL80)	0.3
硅灰石粉	15	消泡剂	0.2
粉煤灰	15		

②配制方法　按配方量将各种原材料投入立式混合机中，搅拌 15～30min，即得到成品界面剂。为保证搅拌均匀，可将混合后的产品从出料口放出 30kg，并重新投入混合机中进行二次混合。

(3) 产品技术性能

界面黏结强度 2.0MPa，界面抗剪强度 1.29MPa，试块抗渗达到 2.5MPa，抗冻融－15～20℃25 次循环无开裂、起皮和脱落。

(4) 施工方法

本品系灰色粉末，使用时只需加水将其调成厚糊状即可（不要有生粉团）。水灰比 1∶3 左右。拌合好的界面处理剂放置 5min 左右再使用，效果最佳。每平方米用量 2～3kg。

配方 265　水泥基粉煤灰干粉状混凝土界面处理剂

(1) 产品特点与用途

本品主要用于处理混凝土、加气混凝土、粉煤灰砌块等表面，解决这些表面由于吸水特性或光滑而引起面层不易黏结，抹灰层空鼓、开裂、剥落等问题，能够显著增强新旧混凝土之间以及混凝土与抹灰砂浆之间的黏结力，能够取代传统的凿毛工序、保证工程质量和加快施工进度等。经界面剂处理过的基层表面能够增强水泥砂浆对基层的黏结力，并且有较高的耐水、耐湿热、抗冻融性能，避免了抹层空鼓、起壳、脱落的现象。从而代替了人工凿毛处理工艺、省时省工。另外，粉煤灰原料的使用也为固体废物的利用开辟了新的途径，有利于环境保护。

粉煤灰干粉状混凝土界面处理剂可以应用于不同的基层，如水泥混凝土基层和轻质砌体基层等。

(2) 配方 见表 14-32。

表 14-32 水泥基粉煤灰干粉状混凝土界面处理剂配合比

原料名称	质量份	原料名称	质量份
粉煤灰(2 级)	40	可再分散乳胶粉(RE5010N 型)	2.5
细砂(粒径≤0.1mm)	31	激发剂(硫酸钙)	2
MC 甲基纤维素醚(保水剂)	0.4	425# 硅酸盐水泥	23
消泡剂(RE2971 型)	0.1	氧化钙	1

(3) 配制方法

取 2 级粉煤灰，加入立式混合机中，再加入保水剂 MC 甲基纤维素醚、消泡剂、可再分散乳胶粉（细度为 200 目的 RE5010N 型聚合物）、激发剂硫酸钙、425# 硅酸盐水泥、氧化钙和细砂（粒径≤0.1mm），边加料边搅拌，待全部加完后，再搅拌 15～30min，使其混合均匀后，即可得到干粉状水泥基混凝土界面剂。

(4) 使用方法

水泥基粉煤灰干粉状混凝土界面处理剂掺量为水泥质量的 12%～14%。

第15章 矿物外加剂

高性能混凝土中活性矿物掺合料是必要的组分之一，它可降低温升，改善工作性，增进后期强度，并可改善混凝土内部结构，提高混凝土耐久性和抗侵蚀作用能力。高强高性能混凝土中掺有矿物外加剂(掺合料)，如粉煤灰、磨细矿渣粉、磨细沸石凝灰岩粉、硅粉、偏高岭土粉或其中几种的复合使用。磨细矿渣粉是指炼铁高炉熔渣经水淬而成的粒状矿渣，然后干燥磨细并掺有一定量石膏粉。粉煤灰是发电厂用煤粉作能源用于排法排出的烟道灰磨细而成。磨细沸石凝灰岩粉是由一定品位的沸石凝灰岩经磨细至规定细度而成的粉。硅粉是冶炼硅铁合金时经烟道排出的硅蒸气氧化冷凝后收集得到的以无定形二氧化硅为主要成分的微细粉末。偏高岭土是高岭土在700℃脱水后粉磨得到的人工制备的活性矿物外加剂。此外石灰岩破碎并磨细的石灰石粉也是矿物外加剂的一种。矿物外加剂常在混凝土中复合使用。

由于矿物外加剂的主要成分为氧化硅、氧化铝，具有火山灰活性，在混凝土中可代替部分水泥以改善混凝土性能。矿物外加剂适用于各类预拌混凝土、现场搅拌混凝土和预制构件混凝土。特别适用于高强混凝土、高性能混凝土、大体积混凝土、地下、水下工程混凝土、压浆混凝土和碾压混凝土等。

15.1 矿渣微粉

粒化高炉矿渣磨细后的细粉称为矿渣微粉。矿渣是高炉炼铁时产生的废渣，在高炉出渣口将熔融状态的渣倒入冲渣池，经水急冷后的高炉水淬矿渣。经粉磨后即可得到磨细矿渣，一般的细度都在4000cm^2/g以上。细度大的矿渣具有高度活性。储存时间久会使活性下降。磨细矿渣细度愈大活性愈好，将磨细矿渣直接掺入混凝土中作掺合料时，可使混凝土的多项性能得到大的改善。

磨细矿渣的主要成分如下：

SiO_2	CaO	Al_2O_3	MgO	FeO	S
31%～34%	38%～43%	13%～16%	<5%	0.5%	1%

磨细矿渣的碱度：

$$\frac{CaO+MgO+Al_2O_3}{SiO_2}>1.4$$

高炉渣在急冷水淬后，大部分来不及结晶成玻璃体，因而具有较大活性。如果缓慢冷却生成稳定的结晶，则不易产生化学反应，矿渣的水淬程度可以用玻璃化率来表示。其活性可用强度活性指数 K 表示：

$$K=\frac{\text{掺 }50\%\text{磨细矿渣软炼胶砂抗压强度}}{100\%\text{纯水泥软炼胶砂抗压强度}}\times 100\%$$

分别以 K_{7d}、K_{28d} 表示。

磨细矿渣细度愈大，活性愈好，GB/T 18046—2008“用于水泥和混凝土中的粒化高炉矿渣粉”中将矿渣细粉分为 3 个等级：

	S105	S95	S75
K_{7d}	≥95	≥75	≥55
K_{28d}	≥105	≥95	≥75
相应比表面积/（cm^2/g）	5500～6000	4500～5500	3500～4500

一般在工程上应用时：

比表面积>4000cm^2/g，适用于 C40～C60 混凝土；

比表面积>5000cm^2/g，适用于 C60～C70 混凝土；

比表面积>6000cm^2/g，适用于 C80 以上混凝土。

15.2 粉煤灰

粉煤灰是火力发电厂排放出来的烟道灰，其主要成分为 SiO_2、Al_2O_3 以及少量 Fe_2O_3、CaO、MgO 等，由直径在几个微米的实心和空心玻璃微珠体及少量石英等结晶物质组成。到目前为止，混凝土中所使用的都是干排灰，并经粉磨达到规定细度的产品，但多数用于 C40 以下的混凝土中。

使用于高性能混凝土中的粉煤灰必须是 1 级粉煤灰，其质量标准如下：细度 45μm 方孔筛余≤12%，80μm 方孔筛余≤5%；烧失量≤5%；需水量比≤95%；SO_3 含量≤3%；其中烧失量（含碳量）最好≤3%。

经磨细或风选后的磨细粉煤灰、微珠粉煤灰不但活性好，且由于其粒形效应还可以降低需水量。

15.3 硅粉

硅粉是二氧化硅蒸气直接冷凝成非晶态的球状微粒，是电炉生产硅铁合金或单晶硅的副产品。硅粉形状为球状的玻璃体，具有极微细的粒径，比表面达 200000cm^2/g，其平均粒径小于 0.1μm。质量好的硅粉，SiO_2 含量在 90%以上，其中活性 SiO_2 达 40%以上［测其在饱和 $Ca(OH)_2$ 溶液中的溶解度来表示］，其活性很高。硅粉对混凝土的增强作用十分明显，当硅粉内掺 10%时，混凝土的抗压强度可提高 25%以上。但随着硅粉掺量的增加，需水量也增加，混凝土黏度也增加，硅粉的掺入还会加大混凝土的收缩，因此硅粉的掺量一般在 5%～10%之间。可以和粉煤灰、矿粉、减水剂等复合使用。

15.4 沸石粉

天然沸石是一种经长期压力、温度、碱性水介质作用而沸石化了的凝灰岩。是一种含水的架状结构铝硅酸盐矿物，由火山玻璃体在碱性水介质作用下经水化、水解、结晶生成的多孔、有较大内表面的沸石结构。沸石是由硅铝氧组成的四面体结构，原子多样的连接方式使沸石内部形成多孔结构，孔通常被水分子填满，称为沸石水，稍加热即可去除。脱水后的沸石多孔，因而可有吸附性和离子交换特性，可作高效减水剂的载体，制成载体硫化剂用以控制混凝土坍落度损失。未经脱水的沸石细粉直接掺入混凝土中使水化反应均匀而充分，改善混凝土强度及密实性。其强度发展、抗渗性、徐变、因吸附碱离子而抑制碱-骨料反应能力均较粉煤灰及矿粉更好。天然沸石的化学成分见表 15-1。沸石粉的质量指标见表 15-2。

表 15-1　天然沸石的化学成分/%

SiO_2	Al_2O_3	Fe_2O_3	CaO	MgO	K_2O	Na_2O	烧失量
61～69	12～14	0.8～1.5	2.5～3.8	0.4～0.8	0.8～2.9	0.5～2.5	10～15

表 15-2　沸石粉的质量指标

项　　目		级　　别		
		Ⅰ	Ⅱ	Ⅲ
吸铵值/(mmol/100g)	≥	130	100	90
细度(80μm 方孔筛筛余)/%	≤	4	10	15
需水量比/%	≤	120	120	
28d 抗压强度比/%	≥	75	70	62

注：本表引自 DBJ/T01-64—2002《混凝土矿物掺合料应用技术规程》。

沸石粉多以 5%～10%等量取代水泥。

沸石粉在抑制碱-骨料反应时，除了起降低含碱量和“稀释”作用外，还可以通过它的内表面的吸附和离子交换作用而吸附“固定”一部分 K^+ 和 Na^+，从而降低了游离 K^+、Na^+ 的浓度，进一步缓解了碱-骨料反应的危害。

15.5 偏高岭土

层状硅酸盐构造的高岭土在 600℃加热会失掉所含的结晶水，变成无水硅酸铝 $Al_2O_3 \cdot SiO_2 \cdot AS_2$，也就是偏高岭土。

偏高岭土中的活性成分无水硅酸铝与水泥水化析出的氢氧化钙生成具有凝胶性质的水化钙铝黄长石和二次 C—S—H 凝胶，这些水化产物不仅显著增强了混凝土的抗压强度，而且还增强了抗弯和劈裂抗拉强度，增加了纤维混凝土抗弯韧性。这些由偏高岭土水化生成的产物的后期强度仍不断增长，甚至和硅粉的增强作用相当。

掺偏高岭土不影响混凝土的和易性及流动性，在相同掺量如 5%且保持同坍落度情况下，掺偏高岭土的混凝土黏稠性较掺硅灰的小，表面易于抹平，比后者可节约 25%的高效减水剂。同时掺偏高岭土和粉煤灰的混凝土流动性比单掺的明显增大。当偏高岭土掺量达到20%水泥量时，能有效地抑制碱-骨料反应。

15.6 石灰石粉

将石灰石磨细至 $3000m^2/g$ 的细度即成为矿物外加剂。除了具有微骨料作用掺入混凝土能减少泌水和离析外，石灰石粉能延缓混凝土坍落度损失，增大贫混凝土坍落度，还因与铝酸盐反应生成水化碳铝硅酸钙而增加混凝土的强度。

15.7 高强高性能混凝土矿物外加剂应用技术要点

（1）配制强度等级 C60 以上（含 C60）的混凝土，宜采用 1 级粉煤灰、沸石粉、S105 或 S95 级矿粉或硅粉，也可采用复合掺合矿物以使其性能互补。

（2）掺矿物外加剂的混凝土，应优先采用硅酸盐水泥、普通水泥和矿渣水泥。

（3）混凝土掺矿物外加剂的同时，还应同时掺用化学外加剂，其相容性和合理掺量应经试验确定。

（4）掺矿物外加剂混凝土设计配合比时应当遵照 JCJ 55《普通混凝土配合比设计规程》的规定，按等稠度、等强度级别进行等效置换。

掺矿物外加剂混凝土粉煤灰取代水泥的最大限量见表 15-3。

表 15-3　粉煤灰取代水泥的最大限量/%

混凝土种类	硅酸盐水泥 525 号	普通水泥 525 号	普通水泥 425 号	矿渣水泥 425 号
碾压混凝土	70(11 级灰) 60(111 级灰)	60	55	30
拱坝混凝土	30	25	20	15
面板混凝土	30	25	20	—
泵送混凝土 压浆混凝土	50	40	30	20
抗冻融混凝土 钢筋混凝土 高强混凝土	35	30	25	—
抗冲耐磨混凝土	20	15	10	—

注：本表摘自 DL/T 5055—1996，表中水泥为原标准水泥标号。

掺矿物外加剂混凝土最小水泥用量、最小胶凝材料用量及最大水灰比见表15-4。

表15-4 掺矿物外加剂混凝土最小水泥用量、最小胶凝材料用量及最大水灰比

矿物掺合料种类	用途	最小水泥用量/(kg/m³)	最小胶凝材料用量/(kg/m³)	最大水灰比
粒化高炉矿渣粉复合掺合料	有冻害、潮湿环境中的结构	200	300	0.50
	上部结构	200	300	0.55
	地下、水下结构	150	300	0.55
	大体积混凝土	110	270	0.60
	无筋混凝土	100	250	0.70

注:1. 表中的最大水灰比为替代前的水灰比。

2. 掺粉煤灰、沸石粉和硅粉的混凝土应符合JGJ55《普通混凝土配合比设计规程》中的有关规定。

3. 本表引自DBJ/T 01-64—2002。

第16章 绿色高性能混凝土外加剂

16.1 聚羧酸系高性能减水剂

绿色高性能混凝土包含两层含义："绿色"和"高性能"。"绿色"可概括为节约资源、能源；不破坏环境，更应有利于环境；可持续发展，既满足当代人的需要，又不危害后代人的需求能力。

高效减水剂是制备绿色高性能混凝土必不可少的技术措施之一，是在混凝土坍落度基本相同的条件下，能大幅度减少拌合用水量的外加剂。它能使高性能混凝土在水胶比很低时，混凝土拌合物还具有良好的工作性和匀质性。

随着混凝土向高强、高性能、绿色化方向发展，对外加剂特别是减水剂提出了更高的要求。而传统的萘系，三聚氰胺以及木质素减水剂对新拌混凝土具有较好的工作性，但坍落度经时变化大，而且这类减水剂在生产过程中会对环境造成污染，不利于可持续发展。而羧酸类低分子量梳形接枝聚合物由于具有：①掺量低，分散性好；②坍落度保持能力强；③分子结构上自由度大，外加剂制造技术上可控制的参数多，高性能化的潜力大；④在合成中不使用强刺激性物质甲醛和强腐蚀性的浓硫酸，对环境不造成任何污染等优点，故而被广泛应用于绿色高性能混凝土用高效减水剂。

以聚羧酸类为主要成分的高性能减水剂，具有一定的引气性、较高的减水率和较好的坍落度保持性能，生产过程无污染，是绿色环保型的外加剂。国外20世纪90年代开始使用，我国是在21世纪初开始研究和应用的。近几年来，聚羧酸系高性能减水剂在铁路、桥梁、水利水电等混凝土工程建设领域得到了迅速发展并成功推广应用，并且在自密实混凝土、清水混凝土、高强混凝土、高耐久性混凝土、海工混凝土、混凝土预制构件等工程中也开始得到应用，混凝土质量水平不断提高。

国内外大量的工程实践证明，推广应用聚羧酸系减水剂是混凝土质量向高性能化、绿色化方向发展的必然趋势。

16.1.1 聚羧酸系高性能减水剂的定义

聚羧酸系高性能减水剂是一类分子结构为含羧基接枝共聚物的表面活性剂，分子结构呈梳形，主要通过不饱和单体在引发剂作用下共聚而获得，主链系由含羧基的活性单体聚合而成，侧链系由含功能性官能团的活性单体与主链接枝共聚而成，具有高减水率，并使混凝土拌合物具有良好流动性保持效果的减水剂。

16.1.2 聚羧酸系高性能减水剂的结构特性

聚羧酸系高性能减水剂是一种性能独特、无污染的新型高效减水剂，是配制高性能混凝土的理想外加剂。

与其他高效减水剂相比，聚羧酸系减水剂的分子结构主要有以下几个突出的特点：

(1) 分子结构呈梳形，主链上带有较多的活性基团，并且极性较强，这些基团有磺酸基（$-SO_3H$）、羧酸基（$-COOH$）、羟基（$-OH$）和聚氧烷丙烯基团［$-(CH_2CH_2O)_m R$］等。各基团对水泥浆体的作用是不同的，如磺酸基的分散性好；羧酸基除有较好的分散性外，还有缓凝效果；羧基不仅具有缓凝作用，还能起到浸透润湿的作用；聚氧烷基类基团具有保持流动性的作用。

(2) 侧链带有亲水性的活性基团，并且链较长，其吸附形态主要为梳形柔性吸附，可形成网状结构，具有较高的立体位阻效应，再加上羧基产生的静电排斥作用，可表现出较大的立体斥力效用。

(3) 分子结构自由度相当大，外加剂合成时可控制的参数多、高性能化的潜力大。通过控制主链的聚合度、侧链（长度、类型）、官能团（种类、数量及位置）、分子量大小及分布等参数可对其进行分子结构的设计，研制生产出能更好地解决混凝土减水增强、引气、缓凝、保水等问题的外加剂产品。

16.1.3 聚羧酸系高效减水剂的性能优点

① 掺量低、减水率高。一般掺量为胶凝材料的 0.15%～0.25%，减水率一般在 25%～30%，在近极限掺量 0.25%时，减水率一般可

以达到40%以上。与萘系相比，减水率大幅提高，掺量大幅度降低，减水率这一基本性能的优势十分明显。并且带入混凝土中的有害成分大幅度减少、单方混凝土成本可与萘系高效减水剂相当。

② 混凝土拌合物的流动性好，坍落度损失小。2h坍落度基本不损失，其高工作性可保持6～8h，很少存在泌水、分层等现象。

③ 与水泥、掺合料及其他外加剂的相容性好。

④ 可提高用以替代波特兰水泥的粉煤灰、磨细矿渣等掺合料的掺量，从而降低混凝土的成本。

⑤ 对混凝土增强效果潜力大。早期抗压强度比提高更为显著。以3d、7d抗压强度为例，萘系高效减水剂的3d、7d抗压强度比一般在130%左右，而聚羧酸系高性能减水剂的同龄期抗压强度比一般在180%以上。

⑥ 制备过程中不使用甲醛，因此不会对环境造成污染。

⑦ 混凝土收缩低。基本克服了第二代减水剂增大混凝土收缩的缺点。

⑧ 总碱含量极低。其带入混凝土中的总的碱含量仅为数十克，降低了发生碱-骨料反应的可能性，提高混凝土的耐久性。

⑨ 环境友好。聚羧酸盐系高性能减水剂合成生产过程中不使用甲醛和其他任何有害的原材料，在生产和使用过程中对人体健康无危害。

⑩ 有一定的引气量。与第二代（高效）减水剂相比，其引气量有较大提高，平均在3%～4%。可有效提高混凝土的耐久性。

16.1.4 聚羧酸系高性能减水剂的作用机理

聚羧酸系高效减水剂优异的减水功能是由其分子结构所决定的。聚羧酸系高效减水剂分子的主链吸附在水泥颗粒表面，通过静电斥力作用提高水泥-水体系的分散性；分子的侧链对水泥-水体系进行空间阻隔，达到极高的减水率，并增加混凝土的黏聚性，改善混凝土的匀质性。此外，由于主链并未将水泥颗粒表面完全覆盖，因此水泥颗粒表面未被覆盖的部分可进行水化；随着水化进程的加深，水泥-水体系的碱度增加，水泥颗粒间的电层排斥和空间阻隔被破坏，水化过程得以持续进行，从而使得掺减水剂水泥净浆或混凝土可在长时间内保持良好工作性，同时不影响正常凝结。聚羧酸系高效减水剂的减水分散、保坍作用机理主要有以下三个方面。

(1) 静电斥力理论

在水化初期，水泥矿物 C_3A、C_4AF 的水化是水泥颗粒表面带正电荷，对聚羧酸系高效减水剂分子解离形成的 $—SO_3H$ 、$—COOH$ 等的吸附作用较强，此时反离子对在水泥颗粒表面的吸附占主导地位，从而使水泥颗粒因静电斥力作用而分散，水泥-水体系处于稳定的分散状态，宏观表现为掺减水剂水泥净浆和混凝土具有较高的初始流动性。随着水化程度的加深，水泥矿物 C_3S、C_2S 的水化使水泥颗粒表面带负电荷，对减水剂分子的吸附作用较弱，水泥颗粒间的静电斥力作用减弱，此时水泥-水体系的有效分散将不再依赖于静电斥力作用。

(2) Macker 空间位阻效应理论

聚羧酸系高效减水剂分子呈梳形、多支链立体结构，主链带多个极性较强的活性基团，侧链带有亲水性的活性基团，且侧链较长、数量多，所以该类减水剂在水泥颗粒表面呈齿状吸附，易在水泥颗粒表面形成较厚的立体吸附层，在水泥颗粒间形成庞大的立体障碍，从而有效阻滞水泥颗粒的直接碰撞与物理凝聚，阻滞、延缓水泥的水化进程，提高水泥-水体系的分散性和分散保持性，宏观表现为水泥净浆流动度和混凝土坍落度经时损失小。

(3) 反应性高分子释放理论

聚羧酸系高效减水剂的分子结构中有内酯、酸酐、酰胺等反应性基团，在某种程度上具有反应性高分子的特性，可在混凝土碱性环境中发生水解反应，不断补充由于水泥颗粒水化、吸附造成的减水剂浓度下降；另一方面，减水剂分子结构中的含聚氧化烯基链节的长侧链在碱性水溶液环境中容易断裂，生成更低分子量的产物，但不改变分子结构，从而有利于提高减水剂的分散保持性，也有利于控制水泥净浆流动度和混凝土坍落度的损失。

16.1.5 聚羧酸系高性能减水剂的合成方法

聚羧酸系高性能减水剂的合成方法主要有大分子单体直接共聚法、聚合后功能法、原位聚合与接枝法等。

(1) 主要原料

合成聚羧酸系高性能减水剂所选用的主要原料有：

① 烷基聚醚（甲基聚醚） 目前国内生产厂家大多采用先酯化后共聚的工艺路线，因此不同分子量的烷基聚醚是生产聚羧酸系高效减水剂最主要的原材料。一般每生产1t 20%浓度的聚羧酸外加剂需要消耗甲基聚醚0.12～0.18t，所采用MPEG的主要分子量规格有M-350、M-500、M-600、M-750、M-1000、M-1200、M-2000、M-5000。甲基聚醚质量的好坏直接关系到所合成的产品的最终减水和保坍性能。

② 大分子单体 大分子单体是具有一定聚合度的低聚物，它的一端具有可聚合的双键，分子量一般不于5000，通常采用（甲基）丙烯酸单体与烷基聚醚直接进行酯化反应或采用（甲基）丙烯酸酯与烷基聚醚发生酯交换反应制备而成，也可以采用马来酸酐直接与烷基聚醚发生反应制得大分子单体。

国内一些技术实力雄厚的企业大多先采用酯化或酯交换等方法合成具有聚合活性的大分子单体，然后采用自由基聚合工艺将其与其他共聚单体共聚制得聚羧酸减水剂，但工艺路线长，生产比较复杂，产品质量难以控制，因此部分厂家采用向化工企业直接购买大分子单体后共聚的技术路线，工艺操作简单，产品性能较稳定。这类大分子单体主要有（甲基）丙烯酸聚乙二醇聚醚、烯丙醇聚氧乙烯醚等。

③ 不饱和酸 包括马来酸酐、马来酸、丙烯酸、甲基丙烯酸或这些不饱和酸的盐或酯，此外可采用丙烯酸胺、丙烯磺酸钠或甲基丙烯酸钠等不饱和单体。

聚羧酸系高效减水剂主要原材料、控制指标及检测方法见表16-1。

表16-1 聚羧酸系高效减水剂主要原材料、控制指标及检测方法

品名	控制指标	检测方法	贮存注意事项
烷基聚醚	羟值/(mg/KOH/g)		贮存时远离火种、防止阳光曝晒。遇明火或高热可引起燃烧，避免接触水分
	过氧值/(mg/kg)		
	pH值(25℃)		
	水含量(质量分数)/%		

续表

品　名	控制指标	检测方法	贮存注意事项
烯丙醇聚氧乙烯醚	羟值/(mg/KOH/g)		贮存时远离火种,遇明火或高热可引起燃烧
	不饱和度/(mmol/g)		
(甲基)丙烯酸聚乙二醇酯	含量/%		贮存时远离火种,遇明火或高热可引起燃烧,遇高温容易自聚,贮存在 30℃ 以下阴凉、通风的库房内
	不饱和度/(mmol/g)		
丙烯酸	含量/%	GB/T 17530.1—1998 工业丙烯酸纯度测定气相色谱法	本品具有较强的腐蚀性和毒性,对皮肤有刺激性,贮存在 30℃ 以下阴凉通风的库房内,远离火种、热源,防止阳光曝晒。遇明火或高热可引起燃烧爆炸,遇高温容易自聚。
	阻聚剂/$\times10^{-6}$	GB/T 17530.1—1998 工业丙烯酸及酯中阻聚剂的测定	
	水分/%	GB/T 6283—2008 化工产品中水分含量的测定,卡尔·费休法	
甲基丙烯酸	含量/%		
	阻聚剂/$\times10^{-6}$		
	水分/%	GB/T 6283—2008 化工产品中水分含量的测定　卡尔·费休法	
顺丁烯二酸酐	含量/%	GB 3676—2008　工业用顺丁烯二酸酐　滴定分析	贮存于干燥通风的库房内、防火、防潮、防雨淋、日晒

(2) 生产工艺

聚羧酸系高性能减水剂生产工艺分为酯化、共聚合、中和三步反应，其生产工艺流程如图 16-1 所示。

① 配制方法

(a) 用水反复冲洗装有温度计、搅拌装置、滴定装置和油水分离器的反应釜，并烘干。

(b) 依次将烷基聚醚、丙烯酸单体、阻聚剂、催化剂、携水剂

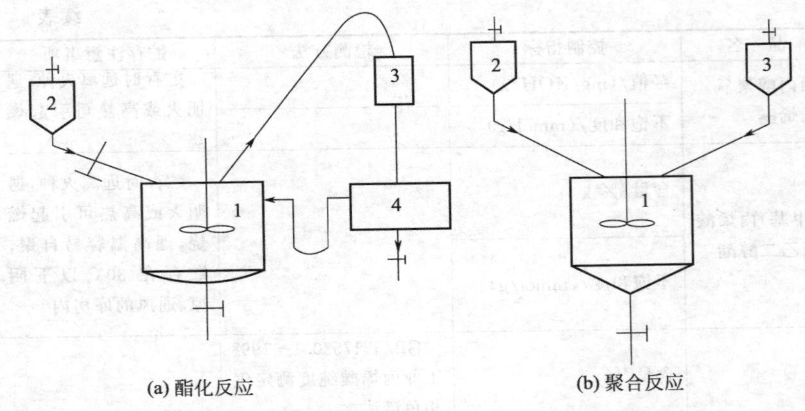

图 16-1　聚羧酸系高性能减水剂生产工艺流程图

1—反应釜；2—高位槽；3—冷凝器；4—油水分离器

加入到反应釜中，升温到 40～150℃回流状态进行酯化反应制备大分子单体，反应时间 2～6h。

（c）酯化反应至终点时，从油水分离器底部的出口接收反应生成的水分，然后蒸馏回收溶剂。将酯化混合料加水降温，并加入其他共聚单体，配制成单体混合溶液，在一定的时间内往聚合釜中滴加单体混合液，同时分开滴加引发剂溶液（有时还需加入链转移剂），滴加完毕后，保温反应 4～6h，自然冷却到 40℃以下加碱溶液中和，调节 pH＝6～9，得到聚羧酸高效减水剂溶液。

② 操作要领　聚羧酸系高性能减水剂生产中最重要的是酯化和聚合工艺。酯化反应是一个化学平衡过程。即羧酸与聚醚的酯化反应速率与酯的水解速率相等。此时反应物与生成物的浓度都不再发生变化。根据平衡原理，增加反应物的浓度、减少生成物的浓度有利于酯化产品的生成，在实际生产中可以增加羧酸的浓度并及时移走反应生成的水分有利于酯的生成。因此操作人员必须严格控制搅拌速度、反应温度，尽可能提高回流速度，以回流管中不冲料为宜。操作人员从反应釜温度计上读出各段温度，做好记录。

共聚工艺中，操作人员应严格控制初始反应温度、物料滴加速度，初始反应温度过高或滴加太快，有发生爆聚的危险。操作人员应记录好各反应段温度和物料滴加时间。

中和工艺中，操作人员要控制好加碱前温度，最好控制在 40℃以下加碱溶液中和，碱液缓慢滴加为宜。pH 值一般控制在 6～9。

③ 主要设备　聚羧酸高性能减水剂的生产设备主要是酯化设备（见图 16-1），酯化设备中最关键的是搅拌桨叶片形式和油水分离器的分离效果。聚合反应釜中最关键的是搅拌桨的搅拌效率，共聚反应必须充分搅拌，有利于单体混合均匀、共聚物分子量分布均匀及散热等。

16.1.6 聚羧酸系高性能减水剂配方精选

配方 266 VS-F 聚羧酸高效减水剂

(1) 产品特点与用途

本品采用一步共聚法，工艺操作简单，反应条件容易控制，产品性能稳定，生产过程不含污染环境的有机溶剂和甲醛，对环境和人体没有危害，不含氯离子，对钢筋无腐蚀，是一种绿色环保的水溶性高分子。制成的聚合物结构比较均一，产品的质量稳定，反应体系的转化率高，残存单体或杂质低聚物的含量少，通过选择功能性单体和合适的链转移剂含量，可以根据用户要求，制备各种结构可控的聚羧酸聚合物，通过组合，可以制备适应性很强的聚羧酸高效减水剂。

VS-F 高效减水剂与水泥的适应性较好，与其他外加剂的配伍性好，在与基准混凝土同坍落度和等水泥用量的前提下，减水率可达 20%～35%，混凝土各龄期强度均有显著提高，3～7d 抗压强度比为 130%～150%，28d 强度仍可提高 20%左右。具有显著的可泵性。与基准混凝土相比，在同水灰比的前提下，净增坍落度≥100mm，2h 坍落度损失率＜15%，扩展度＞500mm，无离析泌水现象，混凝土坍落度保持性好，减水率高，适用于水泥浆、砂浆、混凝土、石膏中，使混合料具有较高的流动性，大幅度降低实际拌合用水量，有效地改善了混凝土的强度和耐久性，体现出低掺量、高分散性、高保坍性等优点。

(2) 配方

① 配合比　见表 16-2。

表 16-2 VS-F 聚羧酸高效减水剂配合比

原料名称		质量份
底料溶液	水	86
	丙烯磺酸钠	6.5
混合单体溶液	水	45
	甲基丙烯酸	9.98
	甲氧基聚氧乙烯甲基丙烯酸酯($n=23$)	28.84
引发剂	过硫酸铵	3.6
	水	68
共聚反应	引发剂	27.2
	50%甲氧基聚氧乙烯甲基丙烯酸酯($n=23$)水溶液	14.2
	30%的三乙醇胺水溶液	调节 pH 值=8

② 配制方法

a. 底料溶液　反应釜中加入底料溶液中的各原料，用氮气吹扫 20～60min，并在氮气氛围中水浴加热至 50～90℃。

b. 制混合单体溶液　按组分及比例配制混合单体溶液，并用氮气吹扫 0～60min 加入适量碱溶液，将混合单体溶液的 pH 值调节为 3～6。

c. 配制引发剂　按组分配制引发剂，并将配好的引发剂用氮气吹扫 0～60min。

d. 共聚反应　将步骤②制得的混合单体溶液和步骤③制得的引发剂滴加到装有底料溶液的反应釜中，引发剂分两部分加入，第一部分在共聚反应中采用连续滴加的方式加入占总量 40%～95%的引发剂，剩余的引发剂作为第二部分在混合单体溶液滴加完毕的反应后期加入。引发剂滴加时间为 1～15h，共聚反应温度控制在 50～90℃，保温 0.5～2h 后，将温度下降到 40℃以下。

e. 制成品　共聚反应完成后，用浓度为 20%～50%的碱溶液调节 pH 值为 5～10，制得聚羧酸高效减水剂。

f. 配制注意事项　本品各组分质量份配比范围为：不饱和羧酸及其衍生物 5～50，聚氧乙烯基烯丙酸酯及其衍生物 45～95，烯丙基磺酸盐 0～30，引发剂 0.5～15，链转移剂 0～15。

不饱和羧酸及其衍生物为丙烯酸、甲基丙烯酸、甲基丙烯酸甲酯、甲基丙烯酸丁酯、甲基丙烯酸羟乙酯、甲基丙烯酸羟丙酯、丙烯酸甲酯、丙烯酸乙酯、丙烯酸丁酯、丙烯酸羧乙酯、甲基丙烯酸月桂酯之一或其组合。

聚氧乙烯基烯丙酸酯及其衍生物为甲氧基聚乙二醇丙烯酸、甲氧基聚乙二醇甲基丙烯酸酯。

烯丙基磺酸盐为丙烯磺酸钠、甲基丙烯磺酸钠。

引发剂为过硫酸铵、过氧化氢、过硫酸钠或过硫酸钾、亚硫酸钠或亚硫酸钾。

链转移剂为 2-巯基乙醇、巯基乙醇、异丙醇及其组合。

(3) 施工方法

本品掺量范围为水泥质量的 0.6%～1.4%，可根据与水泥的适应性、气温的变化和混凝土坍落度等要求，按计量，在推荐范围内直接掺入混凝土搅拌机中使用。

配方 267 MAS 型聚羧酸系高效减水剂

(1) 产品特点与用途

MAS 型聚羧酸系高效减水剂是目前国内外最新研制开发的新型高性能减水剂。它与常用的高效减水剂相比，具有减水率高、掺量低、与水泥适应性好、能够更好地调整混凝土的凝结时间、坍落度损失小、对环境无污染等特点。同时具有改善新拌混凝土各种性能指标和提高工作性等作用。该减水剂具有高减水率，复配减水剂掺量为 0.08%（固含量）时，净浆流动度可达到 260mm，能有效地抑制坍落度损失。MAS 减水剂为浅棕色透明液体，微含氯盐，无腐蚀性，无毒，不易燃，对钢筋无锈蚀作用。

本产品主要成分是苯乙烯磺酸钠-马来酸酐共聚物。适用于各类泵送混凝土、大体积混凝土、高速公路、桥梁、水工混凝土。特别适用于重点工程和有特殊要求的混凝土工程。

(2) 配方

① 配合比　见表 16-3。

表 16-3　MAS 型聚羧酸系高效减水剂配合比

原料名称	质量份	原料名称	质量份
丙烯酸	20	甲基丙烯酸乙酯	4.5
苯乙烯	2.7	马来酸酐	7.5
丙酮	9.0	过硫酸铵(引发剂)	1.3
甲基丙烯酸甲酯	5.0	水	50

② 配制方法

在20%总水量中加入丙烯酸、苯乙烯，25%的丙酮、甲基丙烯酸甲酯、甲基丙烯酸乙酯、60%的过硫酸铵，得到混合单体。将剩余部分的水、引发剂、丙酮和马来酸酐在反应釜中搅拌升温至85℃加入1/3的混合单体，1.5h后加入余下的单体，保温反应2h，冷却至40℃，加入NaOH溶液调pH为6～7，得到含固量16%左右的产品。

(3) 产品技术性能

① 减水率大，早强和增强效果显著。减水率15%～22%，混凝土各龄期强度均有显著提高，3～7d可提高50%～90%，28d仍可提高20%左右。

② 流化功能高。具有显著的可泵性。与基准混凝土相比，在同水灰比的前提下，坍落度增加值≥100mm，2h坍落度损失率<15%。可泵性显著改善，而强度不降低。

③ 缓凝效果：能显著增大混凝土的流动性，改善操作性，可延缓水泥水化放热峰值，避免施工结合层冷缝现象，有效提高其抗裂防水性能。

④ 混凝土的抗渗性、抗冻性和抗碳化性能与基准混凝土相比抗渗指标可提高50%以上。

⑤ 具有改善新拌混凝土的和易性、保水性和泌水性等操作性能。

⑥ 表面光洁：掺用MAS减水剂的混凝土，具有黏聚性强、含气量少和泌水率小等特点，能有效改善高速公路、桥梁等各类清水混凝土表面，光洁美观。

⑦ 张拉抗折：MAS减水剂具有先缓凝后早强的功能，在确保掺量的前提下，可满足混凝土的3d（除缓凝时间）张拉和28d抗折强度要求。

⑧ 特效功能：可根据特定的技术要求，能使新拌混凝土具有超缓凝（缓凝26～48h）、高保坍（2h混凝土坍落度基本不损失，扩展大于400mm）、自流平、免振捣等特点。特别适用于大型桥基、灌桩、基桩和深水、深基的混凝土工程。

MAS型聚羧酸盐高效减水剂物化指标符合GB 50119—2013、JC 473—2001《混凝土泵送剂》标准，见表16-4。

表 16-4 MAS 型聚羧酸盐高效减水剂物化指标

指标名称	一等品	合格品
减水率/%	≥12	≥10
泌水率比/%	≤90	≤95
含气量/%	≥3.0	≥4.0
凝结时间差/min	−90～+12	
抗压强度比/%		
1d	≥140	≥130
3d	≥130	≥120
7d	≥125	≥115
28d	≥120	≥110
收缩率比/%	≤135	
对钢筋锈蚀作用	对钢筋无锈蚀危害	
含固量或含水量	液体外加剂应在生产厂控制值相对量的 3%之内	
水泥净浆流动度	应不小于生产厂控制值的 95%	
pH	应在生产厂控制值的±1 之内	
表面张力	应在生产厂控制值的±1.5%之内	
还原糖	应在生产厂控制值的±3%之内	
总碱量	应在生产厂控制值的相对量 5%之内	
Na_2SO_4	应在生产厂控制值的相对量 5%之内	
泡沫性能	应在生产厂控制值的相对量 5%之内	
砂浆减水率	应在生产厂控制值的±1.5%之内	

(4) 施工方法

① 本品掺量为水泥用量的 0.5%～1.2%，可根据与水泥的适应性、气温的变化和混凝土坍落度等要求，在推荐范围内调整确定最佳掺量。

② 按计量，直接掺入混凝土搅拌机中使用。

③ 在计算混凝土用水量时，应扣除液剂中的水量。

④ 在使用本产品时，应按混凝土试配事先检验与水泥的适应性。

⑤ 在与其他外加剂合用时，宜先检验其共容性。

配方 268 PC 聚羧酸系高性能减水剂

(1) 产品特点与用途

PC 高效减水剂属聚羧酸系高性能减水剂。PC 高效减水剂的化学成分为甲基丙烯磺酸钠与丙烯酸的聚合物的聚乙二醇的酯化物。PC高效减水剂是通过甲基丙烯磺酸钠与丙烯酸在一定条件下发生聚合反应生成含有羧基、磺酸基的高分子主链MAS-AA，然后再与一定分子量的聚乙二醇发生酯化反应合成含有羧基、磺酸基、聚氧乙烯链侧链的高性能PC减水剂。PC高效减水剂具有高减水率，复配减水剂掺量为0.08%（固含量）时，净浆流动度可达到260mm。能有效地抑制混凝土坍落度损失。PC高性能减水剂具有大减水、高保坍和高增强等功能，产品对水泥适应性强，掺量低，适用于配制C30～C100的高流态、高保坍、高强、超高强的混凝土工程。

PC高效减水剂的合成方法通常有光酯化后聚合或先聚合后酯化两种合成方法。采用先酯化合成大分子单体聚乙二醇单丙烯酸酯的合成工艺还不成熟，可先用含有活性基团的单体甲基丙烯磺酸与丙烯酸合成高分子主链，再酯化接枝聚乙二醇侧链，先聚合后酯化合成工艺对合成条件要求不高，控制难度不大，适合工业化批量生产。

(2) 配方

① 配合比　见表16-5。

表16-5　PC聚羧酸系高性能减水剂配合比

原料名称	质量份	原料名称	质量份
丙烯酸	75	对甲苯磺酸	7.5
过硫酸铵(10%水溶液)	20	氢氧化钠(30%水溶液)	调pH=7～8
甲基丙烯磺酸钠	12	水	150
聚乙二醇	60		

②配制方法　在78～82℃条件下，将丙烯酸、引发剂缓慢滴加到甲基丙烯磺酸钠溶液中，大约1.5h滴完，然后保温搅拌反应7d，生成一定分子量的主链MAS-AA。在制得的聚合物MASS-AA中加入聚乙二醇与酯化催化剂，在(100±5)℃条件下，搅拌酯化反应10h，待反应完全后，加入适量水溶解，用氢氧化钠中和到pH为7，制得30%的聚羧酸系高性能减水剂溶液。

(3) 产品技术性能

PC聚羧酸系高效减水剂的产品质量标准见表16-6。

表 16-6 PC 聚羧酸高效减水剂物化指标

项目名称	指标	
	一等品	合格品
减水率/%	≥12	≥10
泌水率比/%	≤90	≤95
含气量/%	≥3.0	≥4.0
凝结时间差/min	－90～＋12	
抗压强度比/%		
1d	≥140	≥130
3d	≥130	≥120
7d	≥125	≥115
28d	≥120	≥110
收缩率比/%	≤135	
对钢筋锈蚀作用	对钢筋无锈蚀危害	
含固量或含水量	液体外加剂应在生产厂控制值的相对量 3%之内	
水泥净浆流动度	应不小于生产厂控制值的 95%	

(4) 施工方法

PC 聚羧酸系高性能减水剂的掺量范围为水泥质量的 0.2%～0.7%。可根据与水泥的适应性、气温的变化和混凝土坍落度等要求，在推荐范围内调整确定最佳掺量。PC 聚羧酸系高性能减水剂的溶液可按计量直接掺入混凝土搅拌机中使用。

配方 269 PCA-JM 聚羧酸系高效减水剂

PCA-JM 聚羧酸系高效减水剂产品性能稳定，长期储存不分层、无沉淀，冬季无结晶；碱含量低；不含氯离子，对钢筋无腐蚀；不含甲醛，无毒无污染，对环境安全。用 30%浓度的本品掺量为水泥质量的 0.8%时，混凝土拌合物坍落度可达 19cm；当掺量为 1.1%时，减水率可达 30%，混凝土 3d 抗压强度提高 60%以上，28d 抗压强度提高 50%以上，90d 抗压强度提高 30%以上。采用 PCA-JM 减水剂配制的混凝土表面无泌水线，无大气泡，色差小，外观质量好，抗冻融能力和抗碳化能力显著提高，28d 收缩率较萘系类高效减水剂低 20%以上。PCA-JM 减水剂可作为高性能混凝土的重要组成部分，适用于多种规格、型号的水泥，尤其适宜与优质粉煤灰、矿渣等活性掺和料配制高强、高耐久性、自密实的高性能混凝土。广泛应用于工业与民用建筑、水利、道路交通工程领域。

(1) 配方

① 配合比 见表16-7。

表 16-7 PCA-JM 聚羧酸系高效减水剂配合比

原料名称	质量份	原料名称	质量份
甲基丙烯磺酸钠	7.91	聚乙二醇(分子量1000)	60
水①	15.82	对甲苯磺酸	7.5
丙烯酸	7.2	水②	175.25
过硫酸铵溶液	适量	氢氧化钠	适量

注：过硫酸铵溶液用量为过硫酸铵1.51与水3.02。

② 配制方法

a. 用过硫酸铵或过硫酸钠为引发剂，将丙烯酸和引发剂缓慢滴加到温度为80℃±5℃的甲基丙烯磺酸钠溶液中，1～1.5h滴加完毕，搅拌反应时间大于6.5h，生成带有活性基团的高分子聚合物。具体工艺方法如下：将甲基丙烯磺酸钠放入反应釜内，加入水①，搅拌均匀，升温，在80℃±5℃温度下一边滴加丙烯酸，一边滴加过硫酸铵溶液，控制滴加速度，滴加完毕后，保持温度80℃±5℃，再反应6.5h以上。

b. 在步骤a制得的带有活性基团的高分子聚合物中加入聚乙二醇，用对甲苯磺酸作催化剂，在温度100℃±5℃的条件下搅拌反应(时间大于10h)，反应完成后，加入水②溶解，用氢氧化钠中和至pH值为7，得到PCA-JM高效减水剂。

③ 配比范围 各组分的配比范围如下：丙烯酸与甲基丙烯磺酸钠反应物质的摩尔比为0.05～0.5，最佳为0.1～0.2；引发剂过硫酸铵的用量为甲基丙烯磺酸钠和丙烯酸总质量的0.5%～10%，最佳为4.5%～6%；步骤b酯化反应所用聚乙二醇与步骤a所用丙烯酸的摩尔比为0.1～0.6，最佳为0.3～0.4；酯化催化剂对甲苯磺酸用量为聚乙二醇和带有活性基团的高分子聚合物总质量的1%～10%，最佳为2%～4%。

(2) 施工方法

PCA-JM聚羧酸系高效减水剂的掺量范围为水泥质量的0.5%～1.2%。

配方 270 VS-1 型聚羧酸系高性能减水剂

(1) 产品特点与用途

VS-1 型聚羧酸系高性能减水剂生产工艺流程简单，制造成本低，反应易于控制，产品性能稳定，减水率高，坍落度损失小，不污染环境，适用于配制高性能混凝土。

(2) 配方

① 配合比　见表 16-8。

表 16-8　VS-1 型聚羧酸系高性能减水剂配合比

原料名称	质量份	原料名称	质量份
聚乙二醇	4	马来酸酐	4
甲基丙烯酸丁酯	3	30%氢氧化钠水溶液	适量，调节 pH=7～8
甲基丙烯酸甲酯	3	水	63
烯醚基聚氧乙烯	23		

② 配制方法　按配方计量，将水注入反应釜内，依次加入聚乙二醇、甲基丙烯酸丁酯、甲基丙烯酸甲酯、烯醚基聚氧乙烯、马来酸酐和碱，搅拌，溶解，混合均匀，加热升温至 70～100℃，当反应釜中出现黄褐色黏稠液体时，表示反应完全，用 30%氢氧化钠水溶液调 pH 为值 7～8，得到 30%聚羧酸盐高性能减水剂。

(3) 施工方法

VS-1 型减水剂掺量范围为水泥质量的 0.5%～1.2%，常用掺量为 1%。

配方 271 VS-2 型聚羧酸系高性能减水剂

(1) 产品特点与用途

在混凝土中掺用为水泥质量 0.5%～1.0%的 VS-2 型聚羧酸系高性能减水剂，可有效减少混凝土的水灰比，改善新拌混凝土孔结构和密实程度，提高混凝土的强度和耐久性，混凝土的抗冻，抗渗、抗折、弹性模量等物理力学性能均有改善。它与常用的高效减水剂相比，具有减水率高、掺量低、与水泥适应性好、坍落度损失小，产品性能稳定，长期储存不分层，无沉淀；冬季无结晶，碱含量低；不含氯离子，对钢筋无腐蚀；无毒不易燃，对环境安全等特点。本品适用于配制高强、高耐久性、自密实的高性能混凝土工程领域。

(2) 配方

① 配合比　见表16-9。

表 16-9 VS-2 型聚羧酸系高性能减水剂配合比

原料名称	质量份	原料名称	质量份
烯丙基聚氧乙烯醚(重均分子量为 2000)	80	甲基丙烯酸	1
		丙烯酸	0.85
过硫酸铵水溶液(10%)	30	甲基丙烯酸羟乙酯	2.6
2-丙烯酰胺-2-甲基丙烯磺酸	2.5	液碱	适量,调 pH 值至 6.8～7.2
马来酸酐	11.8		

② 配制方法　按配合比将水放入反应釜中，加入烯丙基聚氧乙烯醚和链转移剂的水溶液，升温 80～90℃，一边滴加引发剂水溶液，一边滴加不饱和酸及其衍生物的混合液，在 2～6h 内滴完，保温反应 1～6h，经自然冷却至室温，用 30%氢氧化钠水溶液中和至 pH 值为 6.8～7.2，即制得固含量为 30%～40%的聚羧酸系高性能减水剂。

(3) 施工方法

本品掺量范围为水泥质量的 0.5%～1.0%，可根据与水泥的适应性、气温的变化和混凝土坍落度等要求，在推荐范围内调整确定最佳掺量。VS-2 高性能减水剂水溶液可按计量直接掺入混凝土搅拌机中使用。

配方 272　VS-3 型聚羧酸系高性能减水剂

(1) 产品特点与用途

本品的合成产物为淡黄色透明液体，浓度为 30%～65%，在混凝土中掺入水泥质量的 0.5%～5%，即可使混凝土具有高减水率和良好的坍落度保持，能满足较高的施工要求，在配制高强 C60～C80 混凝土时，其弹性模量、抗渗性、抗收缩、抗徐变和耐久性等高性能指标均可满足施工要求。与现有工艺相比，以烯丙基聚乙二醇为原料的新型聚羧酸系高性能减水剂具有合成工艺反应时间短，原材料便宜、生产工艺简单，反应产物性能稳定等特点。VS-3 型聚羧酸系高性能减水剂主要应用于大体积混凝土、桥梁、高速公路、地铁、大坝、水工混凝土、机场等重大工程，特别适用于重点工程和有特殊要求的混凝土工程。

（2）配方

① 配合比　见表 16-10。

表 16-10　VS-3 型聚羧酸系高性能减水剂配合比

原料名称	质量份	原料名称	质量份
烯丙基聚乙二醇（相对分子质量 1500）	33.5	水	60
		过硫酸铵	单体总质量 5%
马来酸酐	3.5	50%氢氧化钠溶液	调节 pH=6～8
丙烯酸甲酯	3		

注：单体总质量系指烯丙基聚乙二醇、马来酸酐和丙烯酸甲酯三者质量之和。

② 配制方法

a. 将烯丙基聚乙二醇（相对分子质量 1500）、马来酸酐、丙烯酸甲酯、水，依次加入反应釜内，混合搅拌均匀。

b. 向反应釜内通入氮气，插上冷凝管，加入单体总质量 5%～8%的过硫酸铵引发剂，加热升温 50～100℃，保温反应 4～10h，待反应物冷却至 20℃后，用 50%的氢氧化钠溶液中和，调节 pH 值至 6～8，即得浓度为 30%的淡黄色透明液体聚羧酸系高性能减水剂。

（3）施工方法

VS-3 高性能减水剂掺量范围为水泥质量的 0.5%～5%，常用掺量为 0.5%～3.0%，可根据与水泥的适应性、气温的变化和混凝土坍落度等要求，在推荐范围内调整确定最佳掺量。VS-3 减水剂溶液按计量直接掺入混凝土搅拌机中使用。

配方 273　VS-4 聚羧酸盐高性能减水剂

（1）产品特点与用途

本品无毒、不含污染环境的残留甲醛和有毒物质，在混凝土中不会释放出有害气体，本品减水率高，早期增强效果好，不缓凝，当掺量为水泥质量的 1.5%时，配制的混凝土含气量一般在 4%～7%，减水率可达 30%，28d 抗压强度为 110%～126%。采用 VS-4 配制的混凝土表面无泌水线、无大气泡、色差小、外观质量好，抗冻融性能和抗碳化能力显著提高，28d 收缩率较萘系高效减水剂低 20%以上。本品性能稳定、长期贮存不分层、无沉淀，冬季无结晶，碱含量低，不含氯离子，对钢筋无腐蚀，对水泥适应性强，适用于多种规格、型号的水泥，尤其适宜与优质粉煤灰、矿渣等活性掺合料相配伍制备高强、高耐久性、自密实的高性能混凝土。

(2) 配方

① 配合比　见表16-11。

表16-11　VS-4聚羧酸盐高性能减水剂配合比

原料名称	质量份	原料名称	质量份
甲氧基聚乙二醇(相对分子质量1500)	80	水	105.27
		甲基丙烯酸②	7.11
甲基丙烯酸①	26	过硫酸铵溶液(10%)	45
阻聚剂(吩噻嗪)	1.31	氢氧化钠溶液(30%)	调节pH=6～7
对甲基苯磺酸	5		

② 配制方法

a. 酯化反应　向反应釜内加入已溶解的甲氧基聚乙二醇（相对分子质量1500），加热升温，同时启动搅拌，温度控制在80～105℃，然后加入甲基丙烯酸①，再依次加入阻聚剂吩噻嗪、对甲基苯磺酸，升温至120～130℃，保温5～7h，制得大分子单体甲氧基聚乙二醇甲基丙烯酸酯。

b. 聚合反应　将酯化反应制得的大分子单体甲氧基聚乙二醇甲基丙烯酸酯加热熔化，然后加入水，加热升温至85～95℃时，开始同时滴加甲基丙烯酸②和10%的过硫酸铵溶液，滴加时间为4h，滴加完后升温至90～100℃，恒温反应2h，经冷却至60℃以下，滴加30%氢氧化钠溶液，调pH=6～7，即制得浓度为30%VS-4甲基丙烯酸类聚羧酸盐高性能减水剂。

(3) 施工方法

本品掺量范围为水泥质量的0.5%～1.5%，常用掺量为0.8%～1%。

配方274　聚羧酸系高性能减水剂(1)

(1) 产品特点与用途

本品采用水作溶剂，将不同相对分子质量的聚乙二醇单甲醚甲基丙烯酸酯进行复配，使水起到链转移剂的作用，通过控制短链和长链的比例，可改变聚合物梳状结构梳齿的长短，控制共聚体系的总固含量，实现对聚合物相对分子质量的控制。本品不使用有机溶剂和有异味的巯基乙醇作链转移剂，因而不会造成环境污染及产品异味，适用于多种不同牌号的水泥，减水率一致性好，采用本减水剂，混凝土减水率可保证在23%以上。本品适用于配制高性能混凝土。

(2) 配方

① 配合比 见表16-12。

表16-12 聚羧酸高性能减水剂(1)配合比

原料名称	质量份	原料名称	质量份
聚乙二醇单甲醚甲基丙烯酸酯(相对分子质量600)	60	水①	120
		过硫酸钠(5%)	60
聚乙二醇单甲醚甲基丙烯酸酯(相对分子质量3300)	60	氢氧化钠(30%水溶液)	适量，调pH=9±0.5
甲基丙烯酸	37	水②	330

② 配制方法 将聚乙二醇单甲醚甲基丙烯酸酯与甲基丙烯酸及水①混合，与5%的过硫酸钠溶液同时滴加到95℃的水②中，5h加完，加完后保温反应2h，接着用30%氢氧化钠溶液中和，调节pH值为9±0.5，再加水调节物料固含量为20%，即为聚羧酸盐高性能减水剂。

(3) 施工方法

本品掺量范围为水泥质量的0.5%～1.2%，可根据与水泥的适应性、气温的变化和混凝土坍落度等要求，在推荐范围内调整确定最佳掺量。

配方275 聚羧酸系高性能减水剂(2)

(1) 产品特点与用途

本品原料易得，生产成本低，产品性能稳定，生产工艺流程简单，反应条件容易控制，无需氮气保护。采用本品配制的混凝土表面无泌水线，无大气泡，色差小，外观质量好，抗冻融能力和抗碳化能力显著提高，28d收缩率较萘系高效减水剂降低20%以上；高保坍，混凝土2h坍落度基本不损失，且几乎不受温度变化的影响，和易性好，抗泌水、抗离折性能好，混凝土泵送阻力小，便于输送。本品适用于配制高性能混凝土，掺量范围为水泥质量的0.5%～1.2%。

(2) 配方

① 配合比 见表16-13。

表 16-13 聚羧酸盐高性能减水剂（2）配合比

原料名称	质量份	原料名称	质量份
聚乙二醇单丙烯酸酯	52.7	过硫酸铵溶液(5%)	34.2
甲基丙烯磺酸钠	7.91	巯基乙醇溶液(10%)	9.36
水	128.91	氢氧化钠(30%溶液)	适量，调节 pH=6.5±0.5
丙烯酸①	10.8		

其中聚乙二醇单丙烯酸酯配合比：

原料名称	质量份	原料名称	质量份
聚乙二醇	100	甲苯	100
浓硫酸	2.14	丙烯酸②	7.2

② 配制方法

a. 酯化反应：以甲苯作为溶剂，浓硫酸作为催化剂，用相对分子质量 1000 的聚乙二醇与丙烯酸①在（90±5)℃条件下进行酯化反应，丙烯酸在（100±10）min 内加完，反应时间为（5±0.5）h，反应完成后，以抽真空的方式抽出体系中的水和甲苯，制得聚乙二醇单丙烯酸酯化物。

b. 聚合反应：在 a 步制得的聚乙二醇单丙烯酸酯化物中加入甲基丙烯磺酸钠和丙烯酸②，用过硫酸铵作为引发剂，巯基乙醇作为链转移剂，在水溶液中于（85±5)℃进行聚合反应，丙烯酸②、引发剂及链转移剂在（100±10）min 内加完，反应时间（6±0.5）h，反应完成后，用氢氧化钠中和至 pH=6.5±0.5，即得成品。

配方 276 聚羧酸系高性能减水剂（3）

(1) 产品特点与用途

本品采用自由基聚合方法，以水为溶剂，聚合过程不使用有机溶剂，生产工艺流程简单易控，无工业“三废”排放，真正做到了清洁生产，产品性能优良，具有掺量低、减水率高、坍落度损失少、与水泥适应性好、可提高粉煤灰和矿渣掺量、节约水泥、对环境无污染等优点，主要应用于高强混凝土、自流平混凝土、泵送混凝土、喷射混凝土等对混凝土工作性、强度、耐久性有较高要求的混凝土工程领域。

(2) 配方

① 配合比　见表 16-14。

表16-14 聚羧酸系高性能减水剂（3）配合比

原料名称	质量份	原料名称	质量份
甲基丙烯磺酸钠	15	引发剂亚硫酸氢钠	1.8
水①	36	过硫酸钾	4.1
马来酸酐	18	水③	51
丙烯酸	22	30%氢氧化钠溶液	调 pH=6～9
聚乙二醇甲基丙烯酸酯	25	硫醇链转移剂	适量
水②	165		

② 配制方法

a. 在装有温度计、搅拌器、滴液漏斗、回流冷凝管、惰性气体导入管的反应釜中，先用惰性气体置换釜中的空气。

b. 向反应釜内加入甲基丙烯磺酸钠单体和水①作为底料，水浴加热至55～80℃。

c. 将事先配好一定浓度的聚氧乙烯不饱和酸酯单体溶液、不饱和酸和（或）衍生物单体溶液、单体混合液、水②和引发剂与水③配制的溶液从不同滴液漏斗同时滴加到反应釜中，在1～2h内滴完后，加入少许硫醇链转移剂，升温至80～90℃，保温反应3～6h，反应结束冷却到20℃用氢氧化钠溶液调节产物pH值为6～9即为成品。

(3) 施工方法

本品掺量范围为水泥质量的0.5%～1.2%，常用掺量为0.4%～1.0%。

配方277 新型聚羧酸系高效减水剂

(1) 产品特点与用途

本品用聚乙二醇与丙烯酸酯化合成聚乙二醇丙烯酸酯（简称A物质）；再将丙烯酰胺与甲醛进行羟甲基化，然后用氨基磺酸进行磺化反应，生成含有碳碳双链并带有酰胺基和磺酸基的B物质；最后用丙烯酸、甲基丙烯磺酸钠、B物质、A物质通过自由基共聚反应制得新型聚羧酸系高效减水剂。B物质是一种带有酰胺基和磺酸基的不饱和物质，能提供极性很强的阴离子磺酸基，其中酰胺基可提高减水剂的流动性和分散性能。新型聚羧酸系高效减水剂的合成方法是在水溶液条件下反应，无污染、符合国际环保发展方向，原料易得价格较低，工艺新颖，反应条件温和，具有高减水率并使混凝土拌合物有良好流动性保持效果，坍落度损失小，产品性能优异独特，适用于配制高性能混凝土。

(2) 配方

① 配合比　见表16-15。

表 16-15　新型聚羧酸系高效减水剂配合比

原料名称		质量份	原料名称		质量份
A物质	聚乙二醇	40.34	聚羧酸系高效减水剂	20%过硫酸钾溶液	1.65
	对苯二酚	0.12		A物质	4.13
	对甲苯磺酸钠	1.63		丙烯酸	2.14
	丙烯酸	23.42		甲基丙烯磺酸钠	1.57
B物质	水	2.5		B物质	20.11
	丙烯酰胺	4.03		水	27
	对苯二酚	0.017		30%氢氧化钠溶液	调节 pH=7
	37%甲醛	4.43			
	氨基磺酸	6.48			

② 配制方法

a. A物质的制备　将聚乙二醇和对苯二酚加入到带有机械搅拌、温度计和回流冷凝管的三口烧瓶中，搅拌下升温至65℃，加入对甲苯磺酸钠，温度升至70℃后，缓慢滴加丙烯酸，滴加完后升温至95℃，保温搅拌反应4h。

b. B物质的制备

(a) 羧甲基化反应　在装有搅拌器、温度计和回流冷凝管的油浴加热的三口烧瓶中，先加入水、丙烯酰胺和对苯二酚，开启搅拌，使丙烯酰胺全部溶于水中，加热控制温度为40～55℃，然后缓慢滴加质量分数为37%的甲醛溶液，再滴加三乙胺保持反应液pH在8.5～10.0之间，搅拌反应2～3h。

(b) 磺化反应　将反应温度升至70～90℃，再加入氨基磺酸到上述溶液中，然后用质量分数为30%的氢氧化钠溶液调pH至10～12，保温反应3～4h，反应结束后，将产品冷却至室温，用浓度10%的硫酸调节pH=7。

(c) 聚羧酸系高效减水剂的制备　在装有搅拌器、温度计、回流冷凝管的油浴加热的三口烧瓶中加入质量分数为20%的过硫酸钾溶液，温度升到70℃，按比例将A物质、丙烯酸、甲基丙烯磺酸钠和B物质溶于水后，采用滴加的方式加入到过硫酸钾溶液中，控制滴加时间60min加完，滴加完后在80℃下保温反应4h，反应结束后，过滤除去溶液中的白色絮状物质，静置并自然冷却至室温，用浓度

30%的氢氧化钠溶液调节 pH=7，即制得黄色溶液状的新型聚羧酸系高效减水剂。

③ 质量配比范围　所述A物质的制备中聚乙二醇与丙烯酸的质量比为1∶0.58，对苯二酚的用量为丙烯酸的0.51%，对甲苯磺酸钠的用量为丙烯酸的6.95%。所述B物质的制备中羟甲基化反应时丙烯酰胺与37%甲醛溶液的质量比为1∶1.1，水的用量为丙烯酰胺的62%，对苯二酚的用量为丙烯酰胺的0.42%。磺化反应时加入氨基磺酸的量与羟甲基化反应时所用丙烯酰胺的量的质量比1.6∶1。所述聚羧酸系高效减水剂制备时A物质∶丙烯酸∶甲基丙烯磺酸钠∶B物质∶水的质量比为1∶（0.52～0.69）∶（0.38～0.76）∶4.87∶（6.54～8.47），20%过硫酸钾的用量为A物质的39.95%～50.12%。

(3) 产品技术性能

① 掺量低、减水率高。一般掺量为水泥用量的0.5%～1.2%，减水率可达25%～30%，在近极限掺量0.25%时，减水率可达40%以上。与萘系减水剂相比，减水率大幅提高，掺量大幅度降低。混凝土各龄期强度均有显著提高，3～7d抗压强度比为130%～150%，28d强度仍可提高20%左右。

② 混凝土拌合物的流动性好，坍落度损失小。2h坍落度基本不损失，掺量为水泥用量的0.25%，混凝土拌合物坍落度可达19cm，其高工作性可保持6～8h，很少存在泌水、分层等现象。

③ 与水泥、掺合料及其它外加剂的相容性好。

④ 混凝土收缩率低。基本克服了第二代减水剂增大混凝土收缩率的缺点。

⑤ 总碱含量极低，降低了发生碱-骨料反应的可能性，提高混凝土的耐久性。

(4) 施工方法

① 本品掺量范围为水泥质量的0.5%～1.2%，可根据与水泥的适应性、气温的变化和混凝土坍落度等要求，在推荐范围内调整确定最佳掺量。

② 按计算直接掺入混凝土搅拌机中使用。

③ 在使用本产品时，应按混凝土配合比事先检验与水泥的适应性。

配方来源：石赟．一种聚羧酸系高效减水剂及其制备方法．CN

102875047A. 2013.

配方 278 醚类两性聚羧酸减水剂

(1) 产品特点与用途

醚类两性聚羧酸减水剂是在第二代聚羧酸减水剂的基础上，通过两步简单反应，在醚类聚羧酸共聚物的分子结构中引入少量的酰胺多胺单元，制备的一种新型醚类聚羧酸减水剂。由于酰胺多胺单元在一定程度上可以改善减水剂在水泥颗粒表面的吸附，代替短侧链起到保塑作用，对提高聚醚类减水剂的保坍性能有良好的帮助。采用本工艺制备的减水剂生产成本较低，反应设备简单，易于控制，产品性能稳定，不仅具有较高的减水率，和易性好，而且具有较高的保坍性。本品可作为高性能混凝土的重要组成部分，适用于多种规格、型号的水泥，尤其适宜与优质粉煤灰、矿渣等活性掺合料相配伍制备高强、高耐久性、自密实的高性能混凝土。

(2) 配方

① 配合比　见表 16-16。

表 16-16　醚类两性聚羧酸减水剂配合比

原料名称	质量份	原料名称	质量份
烯丙基聚氧乙烯醚(相对分子质量 1000～3000)	75～85	丙烯酸	3.5～4.0
		烯丙基磺酸钠	1.0～2.0
乙醇胺	1.5～2.0	过硫酸铵	1.5～2.0
对甲苯磺酸	0.10～0.15	马来酸酐	7.5～8.5

② 配制方法

a. 首先将乙醇胺放入反应釜，开启搅拌并升温，加入少量的冰醋酸，温度达到 45℃时，搅拌的同时加入对甲苯磺酸，搅拌均匀，然后分三批次投入等量的马来酸酐，加料期间温度控制在 80℃，加料结束后保持温度在 92℃，反应 5～7h，待体系酸值不变时停止反应，制得酰胺多胺。

b. 在反应釜内，不断搅拌下，依次投入烯丙基聚氧乙烯醚，去离子水，酰胺多胺、马来酸酐、烯丙基磺酸钠，升温至 55～60℃，搅拌 10min，继续升温至 75～80℃，然后滴加丙烯酸溶液和过硫酸铵溶液，3～3.5h 内滴完，保温 1～1.5h，反应结束后降温至 50℃，补水，加液碱中和至 pH＝6.5～7，制得醚类两性聚羧酸减水剂。

所述丙烯酸溶液中丙烯酸与水的质量比为 16∶9，硫酸铵溶液中硫酸铵与水的质量比为 3∶40。

③ 配方实例

第一步：酰胺多胺的制备。首先将 98kg 乙醇胺放入反应釜，开启搅拌并升温，加入少量的冰醋酸。温度达到 45℃时，搅拌的同时加入 0.66kg 对甲苯磺酸，搅拌均匀，然后分三批次投入马来酸酐，每次投放 43kg，加料期间温度控制在 80℃；加料结束后保持体系温度在 92℃，保温反应 5～7h，待体系酸值不变时停止反应。本反应采用冰醋酸作为分散介质和酸化剂，有利于提高反应酯化率并适当抑制酰胺化反应，保留少量马来酸衍生物中更多的氨基，将有助于改善两性聚羧酸的性能。

第二步：两性聚羧酸减水剂的合成。在密闭性好的反应釜内，不断搅拌下，依次投入相对分子质量为 2400 的烯丙基聚氧乙烯醚 1700kg，去离子水 1400kg，酰胺多胺 50kg，马来酸酐 100kg，烯丙基磺酸钠 30kg，升温至 55～60℃，搅拌 10min，继续升温至 75～80℃，然后缓慢滴加丙烯酸溶液（80kg 丙烯酸＋45kg 水）和过硫酸铵溶液（30kg 过硫酸铵＋400kg 水），3～3.5h 内滴完，保温 1～1.5h，反应结束后降温至 50℃，补水 900kg，加液碱中和至 pH＝6.5～7，制得醚类两性聚羧酸减水剂。

(3) 产品技术性能

当掺量为水泥质量的 0.35％时，60min 混凝土拌合物坍落度可达 195mm，水泥净浆流动度 215mm，混凝土拌合物的流动性好，坍落度损失小。2h 坍落度基本不损失，其高工作性可保持 6～8h，很少存在泌水、分层现象。掺量为 1.2％时，减水率可达 30％，混凝土 3d 抗压强度提高 70％～120％，28d 抗压强度提高 50％～80％，90d 抗压强度提高 30％～40％。按 GB/T 8077—2000 检测标准检测。两性聚羧酸减水剂减水率高、保坍性能好。

(4) 施工方法

① 掺量范围：为水泥质量的 0.5％～1.2％，适宜掺量以0.6％～1.0％效果为佳。

② 按计量可与拌合水同时加入混凝土搅拌机中使用。如有条件，建议后于拌合水加入。

③ 本品与其它外加剂复合使用前必须通过混凝土试配试验确定

其效果。

配方来源：廖声金．一种醚类两性聚羧酸减水剂的制备方法．CN102627744A．2012．

配方 279 环保低能耗聚羧酸高性能减水剂

（1）产品特点与用途

环保低能耗聚羧酸高性能减水剂由聚合单体Ⅰ（含有带酚羟基、紫丁香基或/和愈创木基结构的芳香族高分子化合物短棉绒黑液）、聚合活性单体Ⅱ（不饱和有机酸聚氧乙烯醚酯）和聚合小分子单体Ⅲ（苯乙烯、甲基丙烯酸等）在引发剂的作用下接枝共聚而成。本品最大特点在于：充分利用棉纤维制造厂和造纸厂制浆生产废黑液作原料，变废为宝，减轻环境污染，降低生产成本5%～8%，改善混凝土的应用性能，使混凝土不发黏、不扒底，适用于配制高性能混凝土。

（2）产品结构与组成

环保低能耗聚羧酸高性能减水剂的结构式如下：

R
NaO_3SH_2C OCH_3
O
C=O
$\text{-(}CH-CH_2\text{)}_a\text{-(}CH_2-C(CH_3)\text{)}_{b1}\text{-(}CH_2-C(CH_3)\text{)}_{b2}\text{-(}CH-CH\text{)}_c\text{-(}CH_2-C(CH_3)\text{)}_d\text{-}$
CH_3 C=O C=O C=O C=O C=O
ONa ONa ONa ONa $O-(CH_2CH_2O)_n-CH_3$

其中R为C_1～C_{10}的羟基或羧基，a、b、c、d、n为不同时为0的整数。

聚合单体Ⅰ：首先将含有带酚羟基、紫丁香基或/和愈创木基结构的芳香族高分子化合物氧化，然后进行羟甲基化成活性芳香族高分子化合物，最后与不饱和酸接枝成聚合单体Ⅰ。

活性单体Ⅱ为不饱和有机酸聚氧乙烯醚酯。

聚合小分子单体Ⅲ为苯乙烯、甲基丙烯酸、丙烯酸、甲基丙烯酸甲酯、丙烯酸乙酯、丙烯酰胺、2-丙烯酰胺-2-甲基丙磺酸的一种或几种的组合。配方所述的含有带酚羟基、紫丁香或/和愈创木基结构的芳香族高分子化合物通过含有类似木质素或/和木质素结构的工业废料得到。含有类似木质素或/和木质素结构的工业废料为棉短绒黑液或草木类制浆黑液。

制备过程还需加入氧化剂、磺化剂链转移剂和引发剂。所述氧化剂包括 H_2O_2、$KMnO_4$ 和 KCr_2O_7。所述缩合剂包括甲醛、乙醛和糠醛；磺化剂为 $Na_2SO_3 \cdot SO_2$ 和 $NaHSO_3$。所述链转移剂包括烯丙基磺酸钠和甲基丙烯磺酸钠，引发剂为过硫酸铵、双氧水和维生素 C。

(3) 配方

① 配合比　见表 16-17。

表 16-17　环保低能耗聚羧酸高性能减水剂配合比

原料名称	质量份	原料名称	质量份
水	360	H_2O_2	2.8
聚合单体	190	活性大分子单体Ⅱ甲基丙烯酸聚氧乙醇单甲醚酯	180
烯丙基磺酸钠(链转移剂)	5		
2-丙烯酰胺-2-甲基丙磺酸(链转移剂)	4	APS	6
		NaOH	调节 pH=6.5～7.5

其中聚合单体Ⅰ的配合比：

原料名称	质量份	原料名称	质量份
33%棉短绒黑液	600	37%甲醛	32
七水硫酸铁($FeSO_4 \cdot 7H_2O$)	22.5	甲基丙烯酸	25
30%H_2O_2	5		

② 配制方法

a. 聚合单体Ⅰ的制备　取经浓缩的浓度为 33%的棉短绒黑液 600g，加 1000mL 在四口烧瓶中，开搅拌，并升温至 60～65℃，加入 $FeSO_4 \cdot 7H_2O$ 22.5g，搅拌 15min，然后加浓度为 30% 的 H_2O_2 5g，控制反应时间为 3h，反应结束。温度降至 25～30℃，将此经氧化处理的黑液，用 20%的稀 H_2SO_4 调整溶液的 pH 为 12。然后将温度升至 90℃，加入浓度为 37%的甲醛 32g，保温反应 3h，制得羟甲基化黑液。用 20%稀 H_2SO_4 来调整黑液的 pH 值为 2.0～2.5。将温度升至 92℃，然后滴加甲基丙烯酸 25g 和纯净水 100g 的混合液，时间为 2～2.5h，同时一次加 H_2O_2 3.5g 及水 20g 的混合液，继续反应 1h 后结束，制得聚合单体Ⅰ。

b. 环保低能耗聚羧酸减水剂的制备　在 1000mL 四口烧瓶中加入底水 360g、聚合单体Ⅰ190g、链转移剂烯丙基磺酸钠 5g、2-丙烯酰胺-2-甲基丙磺酸 4g，在氮气的保护下，将温度升至 85℃，先加入 H_2O_2 2.8g 及水 10g 的混合液，同时开始滴加活性大单体Ⅱ甲基丙烯酸聚氧乙醇单甲醚酯 180g 与 200g 水的混合液，引发剂 APS 6g 与水 100g 的混合液，时间分别为 3h 和 3.5h。全部滴加完毕后，温度升至 92～95℃，保温反应 1h，反应结束后，冷却至 45～50℃，用 NaOH 调节 pH 为 6.5～7.5，即制得亮棕色聚羧酸高性能减水剂。

(4) 产品技术性能

环保低能耗聚羧酸高性能减水剂匀质性指标见表 16-18。

表 16-18 环保低能耗聚羧酸高性能减水剂匀质性指标

<table>
<tr><th>项目名称</th><th>指标</th><th colspan="2">项目名称</th><th>指标</th></tr>
<tr><td>外观
固含量/%
氯离子含量/%</td><td>亮棕色液体
21.2
0.02</td><td colspan="2">泌水率/%
含气量/%</td><td>79.3
2.5</td></tr>
<tr><td>密度/(g/mol)</td><td>1.07</td><td rowspan="2">凝结时间差/min</td><td>初凝</td><td>-90^{+29}</td></tr>
<tr><td>水泥净浆流动度/mm</td><td>215</td><td>终凝</td><td>$+120^{+15}$</td></tr>
<tr><td>pH 值</td><td>8.6</td><td rowspan="3">抗压强度比/%</td><td>1d</td><td>≥146</td></tr>
<tr><td>碱含量/%</td><td>2.02</td><td>3d</td><td>≥155</td></tr>
<tr><td>减水率/%</td><td>25.1</td><td>7d</td><td>≥150</td></tr>
</table>

(5) 施工方法

本品掺量范围为水泥质量的 0.5%～1.5%，减水剂溶液可与拌合水直接掺入混凝土搅拌机中使用。常用掺量为 0.6%～1.0%，可根据与水泥的适应性、气温的变化和混凝土坍落度等要求，在推荐范围内调整确定最佳掺量。

配方来源：杨芸. 一种环保低能耗聚羧酸高性能减水剂及其制备方法和应用. CN 108058561A. 2013.

配方 280 高性能混凝土抗裂高效减水剂

(1) 产品特点与用途

高性能混凝土抗裂高效减水剂综合了氨基与三聚氰胺高效减水剂的优点，改善了混凝土泌水性，同时在低掺量下，折固含量 0.3%～0.6%时，其减水率可达 25%～35%，使混凝土的抗压抗折大幅度提高，水泥净浆流动度达 240～280mm。配方中由于使用了柠檬酸对各种水泥和外加剂都有极强的适应性和极好的相容性，缓凝时间易于控制，对气温的适应性强，不因温差大而变化。组成材料中使用了硫酸铝，对水泥和矿物掺合料用量有极强的分散性能，显著提高硬化后的混凝土抗裂性能，减小收缩徐变，有效地克服了大体积混凝土干收缩裂缝的问题。

高性能混凝土抗裂高效减水剂制备工艺中反应步骤少，加料后反应温度低，便于操作，能耗低，适用于商品混凝土、高强度高性能混凝土、大体积混凝土、特殊的钢筋混凝土、构筑物工程水工混凝土。

(2) 配方

① 配合比　见表 16-19。

表 16-19　高性能混凝土抗裂高效减水剂配合比

原料名称	质量份	原料名称	质量份
对氨基苯磺酸	195	壬基酚聚氧乙烯醚	6
三聚氰胺	21	脂肪醇聚氧乙烯醚	6
儿茶酚	12	98%柠檬酸溶液	25
苯酚	98	硫酸铝	4
37%甲醛溶液	200	水	380
30%NaOH 溶液	55		

② 配制方法

a. 按配比称重。

b. 将水、对氨基苯磺酸、三聚氰胺、儿茶酚、苯酚分别加入反应釜中，搅拌均匀后，得到 pH 值为 4.5～5.5 的混合物，然后将混合物加热至 80～90℃，并在 1～3h 内滴加完质量浓度为 37%的甲醛溶液，保温反应 3～5h，得到反应物料。

c. 将反应物料降温至 30～40℃后加入质量浓度为 30%的 NaOH 溶液，搅拌均匀，使反应物料的 pH 值调至 8.5～10；然后依次加入壬基酚聚氧乙烯醚、脂肪醇聚氧乙烯醚、质量浓度为 98%的柠檬酸溶液、硫酸铝，搅拌均匀即制得棕红色液体产品，固含量为 35%～39%。

③ 质量份配比范围　对氨基苯磺酸 190～200，三聚氰胺 16～26，儿茶酚 12～17，苯酚 93～103，浓度 37%甲醛溶液 190～210，浓度 30%NaOH 溶液 50～60，壬基酚聚氧乙烯醚 5～7，脂肪醇聚氧乙烯醚 5～7，浓度 98%柠檬酸溶液 25～35，硫酸铝 4～6，水 350～380。

(3) 施工方法

本品掺量范围为水泥质量的0.4%～1.0%，减水剂溶液可与拌合水直接掺入混凝土搅拌机中使用。

配方来源：李惠民. 高性能混凝土抗裂高效减水剂. CN 103121805A. 2013.

配方 281 DT-SRWR 超缓凝型高性能减水剂

(1) 产品特点与用途

DT-SRWR 超缓凝型高性能减水剂由聚羧酸减水剂、保坍剂、硼砂、柠檬酸、保塑剂复合而成的固含量为28%～33%的液体高性能减水剂，适用于大体积混凝土和泵送混凝土。在施工中，加入超缓凝剂，在总放热量不变的情况下，延缓水泥水化的放热速率，降低水泥水化热峰值，是解决大体积混凝土裂缝问题的共键。超缓凝型高性能减水剂能够有效提高新拌混凝土的流动性和工作性，显著改善泵送混凝土泵送性能，并延缓其凝结硬化时间，改善大体积混凝土的温差裂缝问题，同时使混凝土具有较小的坍落度经时损失、较高的力学强度和耐久性。使用 DT-SRWR 超缓减水剂能明显改善混凝土的工作性，减少单方用水量，初凝时间比标准型高性能减水剂延长 10～12h，2h 坍落度经时损失 20%以内，并提高了混凝土的强度和耐久性，增加了结构的承载力。

(2) 配方

① **配合比** 见表 16-20。

表 16-20 DT-SRWR 超缓凝型高性能减水剂配合比

原料名称	质量份	原料名称	质量份
聚醚类聚羧酸减水剂母液(固含量40%)	45	柠檬酸	3.5
保坍剂(固含量40%聚醚类聚羧酸减水剂母液)	5	保塑剂(白糖或葡萄糖酸钠)	5
硼砂	1.5	水	45

② **配制方法** 各组分的固体质量比为：聚醚类聚羧酸减水剂母液（固含量40%）：保坍剂（固含量40%）：硼砂：柠檬酸：保塑剂：水＝45：5：1.5：3.5：5：45，各组分总量为100%。按配比准确称量聚羧酸减水剂母液、保坍剂、硼砂、柠檬酸、保塑剂、水，搅

拌使所有的固体充分溶解，并混合均匀，即制得 DT-SRWR 超缓凝减水剂。

(3) 产品技术性能 见表16-21。

表16-21 掺 DT-SRWR 超缓凝剂的混凝土流动性及硬化体性能

DT-SRWR 掺量/%	坍落度/mm		扩展度/mm		28d 强度/MPa	初凝时间/min	终凝时间/min	混凝土内外温差/℃
	初始	5h后	初始	5h后				
1.0	225	160	615	328	55.3	1597	1690	22

(4) 施工方法

本品的掺量范围为0.5%～1.0%，常用掺量为0.8%，气温低时，掺量应适当减少。

配方来源：刘红霞. 超缓凝高性能减水剂. CN 103011659A. 2012.

配方282 碱激发高性能减水剂

(1) 产品特点与用途

碱激发高性能减水剂由复合碱激发剂、复合减水剂、造纸厂黑液、复合缓凝剂、复合引气剂、复合增稠剂。复合调节剂和余量的水组成，可激发矿渣、粉煤灰、赤泥、磷渣与煤矸石等混合材的胶凝活性，对不同水泥与高掺合料混凝土适应性优良，可大大减少水泥熟料的添加量。

碱激发高性能减水剂具有长主链结构兼有短的横支链结构，具有减水率高、和易性好、增强效果明显、保坍效果好，凝结时间可调，对不同水泥与掺合料适应性优良等特点。本产品生产过程工艺简单，对环境无污染、能耗低、成本低，可以解决造纸厂黑液的环境污染问题，具有很好的实用性。

(2) 配方

① 配合比 见表16-22。

表16-22 碱激发高性能减水剂配合比

原料名称	质量份	原料名称	质量份
复合碱激发剂	10	复合引气剂	0.2
复合减水剂	20	复合增稠剂	0.2
木质素磺酸盐	6	复合调节剂	1.5
复合缓凝剂	2		

② 配制方法

a. 按要求配制复合碱激发剂、复合减水剂、复合缓凝剂、复合引气剂、复合增稠剂、复合调节剂。

(a) 复合碱激发剂组成：氢氧化钠：氢氧化钙：碳酸钠：硅酸钠水溶液＝3：0.5：2：4.5（质量比）。

(b) 复合缓凝剂组成：葡萄糖酸钠：六偏磷酸钠＝7：3（质量比）。

(c) 复合引气剂组成：三萜皂苷：十二烷基硫酸钠＝9：1（质量比）。

(d) 复合调节剂组成：三乙醇胺：糖蜜：乙二醇：丙三醇：脂肪酸钠：磷酸三钠：硫酸钠＝3：1：1：1：1：1：2（质量比）。

(e) 复合减水剂由酯类聚羧酸与改性的醚类聚羧酸复合组成，固含量40%，具有梳性分子结构。

(f) 复合增稠剂由羧丙基甲基纤维素与羧乙基甲基纤维素复合组成，相对分子质量为50000～120000。

b. 按含量要求将复合碱激发剂、复合减水剂、木质素磺酸盐和水共同加入反应釜内，在室温环境下混合反应。

c. 按含量要求依顺序加入复合缓凝剂、复合引气剂、复合增稠剂，搅拌直至完全溶解成均匀的溶液。

d. 按含量要求最后加入复合调节剂搅拌混合均匀，即制得碱激发高性能减水剂。

③ 质量份配比范围

复合碱激发剂5～25，复合减水剂10～40，木质素磺酸盐2～20，复合缓凝剂1～10，复合引气剂0.001～3，复合增稠剂0.03～5，复合调节剂0.05～8。

(3) 产品技术性能

碱激发高性能减水剂质量指标见表16-23。

表16-23 碱激发高性能减水剂质量指标

项目名称		质量指标	项目名称		质量指标
减水率/%		27.2	抗压强度/%	3d	132
				7d	147
坍落度/mm	60min	169	凝结时间/h	初凝	3.2
				终凝	3.8

(4) 施工方法

本品掺量范围为水泥胶凝材料质量的 0.1%～3.0%。

配方来源：严丹. 一种碱激发高性能减水剂及制备方法. CN 103011662A. 2012.

配方 283 JRC-B 型聚羧酸系高保坍零泌水高性能减水剂

(1) 产品特点与用途

JRC-B 型聚羧酸系高保坍零泌水高性能减水剂是将聚羧酸酯类减水剂和聚羧酸醚类减水剂在 30～50℃的环境中进行化合，添加葡萄糖酸钠、木质素磺酸钠激发剂，影响其固有的支链结构从而形成特定的交叉长短支链结构的合成产物。合成过程结束后，常温下进行酸碱度调整，添加防腐剂后形成最终产品。JRC-B 型高性能减水剂具有高稳定性、掺量低、减水率高、水泥适应性广泛、无泌水、保坍能力强、可适用于不同标号混凝土等特点。本品应用于不同标号的混凝土时掺量随混凝土标号调整，比传统萘系等外加剂掺量低，混凝土减水率高，可明显改善混凝土和易性、保水性、可泵性，提高混凝土保坍性，大幅度提高硬化混凝土后期强度，水泥适应面广，尤其对掺合料较多的水泥，本品适应性较强，对环境无污染。特别适用于制作要求低泌水、高保坍、高强、高耐久性混凝土等，可用于配制标准抗压强度等级在 C25 至 C50 及以上的高性能、高泵程混凝土。

(2) 配方

① 配合比 见表 16-24。

表 16-24 JRC-B 型聚羧酸系高保坍零泌水高性能减水剂配合比

原料名称	质量份	原料名称	质量份
聚羧酸酯类减水剂(含固量 20%)	60～80	离子膜碱	0.2～0.5
聚羧酸醚类减水剂(含固量 20%)	15～35	异噻唑啉酮类防腐防霉杀菌剂	0.2～0.5
葡萄糖酸钠	1.0～2.5	去离子水	1.0～3.0
木质素磺酸钠	0.5～1.5		

② 配制方法

a. 将上述组成与配比的去离子水加入反应釜内，加入聚羧酸酯类减水剂和聚羧酸醚类减水剂在 30～50℃的环境中进行化合；

b. 保持温度，添加葡萄糖酸钠，木质素磺酸钠激发剂，从而形成特定结构的合成产物；

c. 合成过程结束后，常温下加入离子膜碱进行酸碱度调整，添加异噻唑啉酮类防腐防霉杀菌剂后形成最终产品。

③ 配方实例　将上述组成与配比的去离子水 1.9kg 加入反应釜内并升温至 30～50℃，加入聚羧酸酯类减水剂 60kg，加入聚羧酸醚类减水剂 35kg，保持温度，添加葡萄糖酸钠 1.0kg，木质素磺酸钠 1.5kg 作为激发剂，搅拌 30min 形成特定结构的合成产物。待冷却至常温后，加入 0.3kg 离子膜碱进行酸碱度调整，添加防腐防霉杀菌剂 0.3kg 后继续搅拌 30min，即为成品。

(3) 产品技术性能

本产品已在多项重大工程中得到应用。经实际数据表明，JRC-B 减水剂在水泥适应性、混凝土保坍性、混凝土和易性、混凝土保水性、可泵性及大幅度提高硬化混凝土后期强度等方面，比传统聚羧酸系外加剂产品有较大提高，表现优异。

(4) 施工方法

本品掺量为水泥用量的 0.5%～1.2%，可根据与水泥的适应性、气温的变化和混凝土坍落度等要求，在推荐范围内调整确定最佳掺量。JRC-B 减水剂溶液按计量可与拌合水直接掺入混凝土搅拌机中使用。

配方来源：何仙琴．聚羧酸系高保坍零泌水高性能减水剂．CN 102173635B．2010．

16.2 建筑垃圾再生骨料混凝土与外加剂

16.2.1 概述

进入 21 世纪以来，随着世界范围内城市化进程的不断加快，建筑业进入高速发展阶段，建筑垃圾的产生和排出数量也在快速增长。根据有关资料的测算，我国每年仅施工建设所产生的建筑废渣就有 4000 万吨，其中约 34%是混凝土块，由此产生的废弃混凝土就有 1360 万吨，而且随着我国经济建设步伐的进一步加快，今后废弃混凝土也必然随之增加。另外，钢渣等固体废弃物也逐年增多。据统计，钢渣的产量占到钢铁生产量的 18%～20%，目前我国积存的钢渣已有 2 亿多吨，而且每年仍以 800 万～900 万吨的排渣量递增，而钢渣废料有 80%未能被有效利用。目前，这些固体废弃物的处理方法主要是运往郊外弃置、填埋或焚烧，这既占用土地又影响环境。

建筑废料中很多是可以利用的。在资源日趋匮乏的今天，简单地遗弃建筑废料是资源的极大浪费。因此使建筑垃圾资源化，应用于建筑工程，既能减少环境污染，又能节约自然资源。这将被认为是发展绿色混凝土、实现建筑资源可持续发展的主要措施之一。它不仅符合生态环境保护的需要，也是可持续发展的需要，既可满足当代人的需要，又不危害后代人满足其需要的能力。

16.2.2 建筑垃圾再生骨料混凝土与外加剂

将废弃混凝土经过清洗、破碎、分级和按一定比例相互配合后得到的骨料称为再生骨料或再生混凝土骨料，而把利用再生骨料作为部分或全部骨料配制的混凝土叫做再生混凝土。

再生骨料由于砂浆含量高，导致其具有表观密度低、吸水率高、泥粉等杂质含量高等特点，使其在实际生产混凝土的过程中出现工作性能变差、力学性能不佳等问题。在利用建筑垃圾再生骨料配制混凝土的过程中，由于再生骨料的压碎值较高、吸水率高、外形扁平且多棱角、表面附着水泥灰浆，使得制备的掺普通减水剂的再生骨料混凝土和易性较差，混凝土坍落度损失较快，不能满足泵送施工和当今高性能混凝土的技术和应用需要。通常的生产方法为增加用水量或者对骨料进行预湿，但是不能从根本上解决再生骨料的使用问题。因此，使用再生混凝土的专用外加剂对再生骨料混凝土的生产至关重要。

16.2.3 建筑垃圾再生骨料混凝土外加剂配方

配方 284 再生骨料表面处理剂

(1) 产品特点与用途

再生骨料表面处理剂是通过采用成膜型良好的聚乙烯醇高分子溶液和硅酸钠、氟硅酸无机物溶液的优化复合，使再生骨料表面形成韧性、防水性均优良的有机无机复合膜，显著降低了再生骨料的吸水率。利用聚乙烯醇在常温下溶解度很低的优点，在拌制混凝土时有效降低有机无机复合膜的溶解速率，使再生骨料在预拌及施工过程中保持较低的吸水率；利用硅酸钠和氟硅酸钠溶液对再生骨料孔隙和微裂纹进行有效填充，明显提高了再生骨料的强度。此外，再生骨料经处理后配制混凝土时，表面膜状的硅酸钠和氟硅酸钠与水泥水化产生的氢氧化钙发生反应，生成硅酸钙和氟硅酸钙，可以显著改善混凝土过渡区的强度，增加骨料与水泥之间的胶结性能。本品适合用作再生骨料混凝土表面的预处理剂。

(2) 配方

① 配合比 见表16-25。

表 16-25 再生骨料表面处理剂配合比

原料名称	质量份	原料名称	质量份
聚乙烯醇(聚合度 17～24)	1	氟硅酸钠(分析纯)	0.8
硅酸钠(模数 3.0～3.5)	5	水	92.2
尿素(含 N>46%)	1		

② 配制方法

a. 按照上述原材料的配比进行称量，备用；

b. 溶解聚乙烯醇：首先将水加热至20℃，然后在20℃水中缓慢加入聚乙烯醇，并不断搅拌，加完聚乙烯醇后继续搅拌10min，然后升温至90～95℃，升温时间控制在60～90min，在90～95℃时保持恒温60min，制得聚乙烯醇溶液，然后冷却至室温备用；

c. 将硅酸钠、尿素、氟硅酸钠溶解于配制好的聚乙烯醇溶液中，混合搅拌均匀，即制得再生骨料表面处理剂。

③ 质量份配比范围 聚乙烯醇0.5～1.5，硅酸钠4～10，尿素0.5～3，氟硅酸钠0.2～1，水88～93.8。

(3) 产品技术性能

再生骨料的强度通过骨料的压碎值来反映，依据标准为JGJ52—2006普通混凝土用砂、石质量及检验方法；再生骨料的吸水率指标通过与普通骨料在拌制混凝土时达到相同和易性的需水量比较来反映，依据标准为GB/T 50080—2002普通混凝土拌合物性能试验方法；再生骨料的吸水率在拌制和施工过程中的增加通过与普通混凝土的坍落度经时损失比较来反映，依据标准为GB/T 50080—2002普通混凝土拌合物性能试验方法；综合效果可通过配制的混凝土28d强度对比来反映，依据标准为GB/T 50081—2002普通混凝土力学性能试验方法。

由再生骨料表面处理剂拌制的混凝土（配合比见表16-26）性能

检测结果见表 16-27。

表 16-26 再生骨料混凝土配合比

原材料	P.O42.5 硅酸盐水泥	S95 矿粉	1 级粉煤灰	细度模数 2.6 中砂	普通碎石	外加剂
质量/kg	240	60	60	780	1080	5.5

表 16-27 性能检测结果

检测项目	指标	未经处理	检测项目	指标	未经处理
压碎值	13.8	15.5	1h 后坍落度	140	50
用水量/kg	178	205	28d 抗压强度/MPa	33.9	25.3
坍落度	180	180			

从表 16-27 可以看出，再生骨料经过表面处理后其性能明显改善，对比未经处理的再生骨料，用水量和坍落度损失值改善尤为明显，说明该再生骨料表面处理剂性能优良，有着良好的应用前景。

(4) 施工方法

再生骨料表面处理剂掺量为再生骨料混凝土胶凝材料总质量的3%～8%，胶凝材料为水泥和粉煤灰。

配方来源：臧军．一种再生骨料表面处理剂及其配制方法．CN 102674730A．2012.

配方 285 再生骨料混凝土制品复合外加剂

(1) 产品特点与用途

面对建筑业的能源巨大消耗，对于建筑垃圾的再生利用已成为不可逆转的趋势。在建筑垃圾的资源化方式上，如今主要是将其破碎成为再生骨料，然后再次利用到混凝土或混凝土制品中。利用再生骨料生产混凝土制品，由于再生骨料较天然骨料有更大的吸水率，因此，在混凝土拌制过程中，需水量将会有很大提高，水灰比的提高会造成水泥用量的增加和混凝土制品强度的降低。所以，在再生混凝土制品中加入一定量的减水成分是必须的。同时，混凝土制品的生产中，需要利用模具来成型制品，只有当混凝土制品达到一定的强度，才能够拆模，因此，在再生混凝土制品中加入一定量的早强成分，可以有效地提高生产效率，加速模具周转，节约成本。

再生骨料混凝土制品复合外加剂的主要特点如下。

① 本品添加于再生骨料混凝土制品中，在水泥掺量不变，坍落度基本相同的条件下，能显著提高混凝土制品的强度；

② 混凝土制品的和易性明显改善，流动性、保水性好，制品成型后，表面特征相较不掺加时平整光滑；

③ 再生骨料混凝土制品早强效果明显，原本三天的拆模时间可以提前到一天，大大提高了模具的使用率，节约成本；

④ 在不改变原有混凝土制品强度的前提下，使用本品可以相应地减少一定的水泥用量，更利于节约成本。

再生骨料混凝土制品复合外加剂适用于制备再生骨料混凝土制品。

(2) 配方

① 配合比　见表16-28。

表16-28　再生骨料混凝土制品复合外加剂配合比

原料名称	质量份	原料名称	质量份
硫酸钠	30	NaOH	0.01
三乙醇胺	1	二水石膏	30
木质素磺酸钙	6	水	32.84
松香酸钠	0.15		

② 配制方法　按配方比例将各组分混合均匀，配制成复合外加剂。

再生骨料混凝土制品复合外加剂质量份配比范围：硫酸钠20～30，三乙醇胺1～2，木钙5～6，松香酸钠0.15～0.2，NaOH 0.01～0.02，二水石膏30～40，水43.84～56.16。

(3) 产品技术性能　见表16-29。

表16-29　再生骨料混凝土制品复合外加剂质量指标

检测项目		标准要求		实测结果	结论
		一等品	合格品		
减水率/%		≥8	≥5	9.1	一等品
泌水率比/%		≤95	≤100	50	一等品
凝结时间差/min	初凝	－90～＋120		－70	合格
	终凝			－54	

续表

检测项目		标准要求		实测结果	结论
		一等品	合格品		
抗压强度比/%	1d	140	130	180	一等品
	3d	130	120	200	一等品
	7d	115	110	130	一等品
	28d	105	100	100	合格品

(4) 施工方法

复合外加剂掺量占再生骨料混凝土制品中胶凝材料总质量的2%～6%。

配方来源：杨德志. 再生骨料混凝土制品复合外加剂及其应用. CN 101767954A. 2008.

配方 286 再生骨料混凝土专用高效减水剂

(1) 产品特点与用途

再生骨料由于砂浆含量高，导致其表观密度低、吸水率高，使其在实际生产混凝土过程中工作性能变差，力学性能不佳。通常的生产方法为增加用水量或者对骨料进行预湿，但是不能从根本上解决再生骨料的使用问题。本品就是针对现有技术的缺陷而开发的一种再生骨料混凝土专用高效减水剂。本品由萘系高效减水剂、蜜胺树脂系减水剂、脂肪族高效减水剂、木质素磺酸钠、葡萄糖酸钠、十二烷基硫酸钠、水玻璃、硅烷以及甲基硅酸钾复合组成。再生骨料混凝土专用高效减水剂主要特点如下：

① 疏水作用。本品可以产生疏水效果，降低再生骨料的吸水作用，有利于混凝土性能的发展。

② 低引气量。本品具有较低的引气量，在保证混凝土的性能基础上，仅引入少量气体，以适应再生骨料的高孔隙率。

③ 高减水率。本品具有较高的减水率，拌制的混凝土具有较大的坍落度，同时坍落度损失小，不离析、不泌水。

④ 辅助增强效果。本品具有较高的强度比，可以起到辅助增强效果，以适应再生骨料强度低的特点。

再生骨料混凝土专用高效减水剂适用于配制再生骨料混凝土及其制品。

(2) 配方

① 配合比　见表16-30。

表16-30　再生骨料混凝土专用高效减水剂配合比

原料名称	质量份	原料名称	质量份
β-萘磺酸盐甲醛缩合物	5	十二烷基硫酸钠	0.3
磺化三聚氰胺甲醛树脂	5	水玻璃	10
水溶性磺化丙酮-甲醛缩聚物	10	甲基硅酸钾	0.1
木质素磺酸钙	10	水	57.6
葡萄糖酸钠	2		

② 配制方法

a. 按配方称取各原料。

b. 将以上各原料混合均匀，搅拌温度40℃，搅拌速度120r/min，搅拌时间10min制得含固量为20%～50%的棕色液体复合高效减水剂。

③ 质量份配比范围　萘系高效减水剂0～50%，三聚氰胺树脂系减水剂0～50%，脂肪族高效减水剂0～50%，木质素磺酸盐10%～50%，葡萄糖酸钠0.1%～5%，十二烷基硫酸钠0.1%～5%，水玻璃0.1%～10%，甲基硅酸钾0.1%～10%，水10%～65%。原料中的萘系高效减水剂为β-萘磺酸盐甲醛缩合物、三聚氰胺树脂系减水剂为磺化三聚氰胺甲醛树脂、木质素磺酸盐可选用木质素磺酸钠、木质素磺酸钙或木质素磺酸镁为减水组分，脂肪族高效减水剂为水溶性磺化丙酮-甲醛缩聚物。

(3) 产品技术性能

再生骨料混凝土专用高效减水剂技术性能指标见表16-31。

表16-31　再生骨料混凝土专用高效减水剂质量指标

专用高效减水剂掺量	普通萘系高效减水剂掺量	减水率	坍落度/mm		强度/MPa	
			初始坍落度	60min坍落度	7d强度	28d强度
3%	0	18%	185	165	23	35
1.5%	0	23%	190	150	21	32
0.5%	0	21%	180	160	22	34
0.5%	0	22%	180	150	22	33

续表

专用高效减水剂掺量	普通萘系高效减水剂掺量	减水率	坍落度/mm		强度/MPa	
			初始坍落度	60min 坍落度	7d 强度	28d 强度
1%	0	23%	185	155	23	35
0.5%	0	21%	180	160	22	26
0 对比例	1.5%	21%	180	110	21	32

(4) 施工方法

再生骨料混凝土专用高效减水剂掺量为混凝土中水泥质量的0.5%～3.0%。

配方来源：张雄. 一种再生混凝土用高效减水剂及其制备方法和用途. CN 103172298A. 2011.

配方 287 再生骨料混凝土早强减水剂

(1) 产品特点与用途

早强减水剂是加速混凝土早期强度发展的外加剂。早强减水剂能促进水泥的水化和硬化，缩短混凝土制品的养护周期，加快施工速度，提高模板和场地的周转率。传统的萘系早强减水剂由于分散性差，减水率低、早强效果不明显、混凝土凝结时间长等因素不能适应再生混凝土的使用要求。再生骨料混凝土早强减水剂掺量低，早强效果好，不含氯离子，防止了钢筋锈蚀，适用于再生混凝土，可以提高再生混凝土制品的早期强度，改善再生混凝土拌合物的和易性。

(2) 配方

① 配合比　再生骨料混凝土早强减水剂配合比见表 16-32。聚羧酸专用减水剂配合比见表 16-33。

表 16-32　再生骨料混凝土早强减水剂配合比

原料名称	作用	质量份	原料名称	作用	质量份
聚羧酸专用减水剂(浓度 40%)	主剂	21.5	硫氰酸钠	早强剂	1.5
三异丙醇胺	早强剂	4	甲酸钙	促凝剂	3
三乙醇胺	早强剂	1.5	水	分散剂	55

表 16-33　聚羧酸专用减水剂配合比

原料名称	质量份	原料名称	质量份
甲氧基聚乙二醇单甲醚(相对分子质量 2000)	126	巯基丙酸	3.56
阻聚剂吩噻嗪	0.62	丙烯酸	15.6
对甲苯磺酸	6.3	过硫酸铵(浓度 7%)	90.5
甲基丙烯酸	32.1	水	208
环己烷	25	氢氧化钠(浓度 30%)	调节 pH 至 6

② 配制方法　按配方将以上组成原料混合搅拌均匀即可。

聚羧酸专用减水剂配制方法：在四口烧瓶中加入 126g 甲氧基聚乙二醇单甲醚加热搅拌熔化，加入阻聚剂吩噻嗪 0.62g，搅拌 10min 后一次加入对甲苯磺酸 6.3g、甲基丙烯酸 32.1g，环己烷 25g，升温至 128℃，进行酯化反应 4.5h，抽真空去除环己烷，得到中间体甲氧基聚乙二醇甲基丙烯酸酯。将水 208g 加入四口烧瓶中升温至 60℃，依次加入巯基丙酸 3.56g，丙烯酸 15.6g，搅拌 10min 开始滴加 7% 浓度的过硫酸铵 60.5g，升温至 80℃保温 1.5h，再次滴加 7%浓度的过硫酸铵 30g，恒温 1h，冷却至 45℃，加入氢氧化钠调节 pH 值至 6。最后加水调节出浓度为 40%的聚羧酸专用减水剂。

(3) 产品技术性能　见表 16-34。

表 16-34　再生骨料混凝土早强减水剂质量指标

检测项目		标准要求(一等品)	实测结果	结论
减水率/%		≥8	22.5～30.5	合格
泌水率比/%		≤95	15～30	合格
含气量/%		≤4.0	1.8～2.0	合格
凝结时间差/min	初凝	－90～＋90	－30～10	合格
	终凝		－40～10	
抗压强度比/%	1d	135	281～305	合格
	3d	130	180～210	合格
	7d	110	160～173	合格
	28d	100	145～150	合格

注：“－”表示凝结时间提前，“＋”表示凝结时间延长。

(4) 施工方法

再生骨料混凝土早强减水剂掺量为占再生粗细骨料混凝土制品中胶凝材料总质量的 2.0%～3.0%。

配方来源：张召伟. 一种用于再生骨料混凝土的早强减水剂. CN 103145368A. 2013.

配方 288 用于再生骨料混凝土的 JPC 聚羧酸减水剂

(1) 产品特点与用途

JPC 聚羧酸减水剂系采用不饱和聚氧烷基单体、一元酸及其衍生物单体、磺酸盐单体以及二元酸及其衍生物单体，经引发剂共聚而成。JPC 减水剂具有较高的减水率，分散性好，可以很好地适应再生骨料制备的混凝土，而且制备工艺简单、无污染、生产能耗低。

在利用建筑垃圾再生骨料配制混凝土的过程中，由于再生骨料的压碎值较高、吸水率高、外形扁平且多棱角、表面附着水泥灰浆，使得制备的掺普通减水剂的再生骨料混凝土和易性较差，混凝土坍落度损失较快，不能满足泵送施工的需求。而现有的聚羧酸减水剂无法满足再生骨料混凝土的需求，生产工艺复杂，生产时间长，效率低。

JPC 聚羧酸减水剂适用于配制再生骨料混凝土及其制品。

(2) 配方

① *配合比* 见表 16-35。

表 16-35 JPC 聚羧酸减水剂配合比

原料名称	质量份	原料名称	质量份
不饱和聚氧烷基单体	35～38.4	二元酸及其衍生物单体	0.5～6
一元酸及其衍生物单体	1.5～6	引发剂过硫酸铵	0.5～5
磺酸盐单体	0.4～4	水	40.6～62.1

② *配制方法* 首先，称取一定量的去离子水和一定量的不饱和聚氧烷基单体投入反应釜中，加热搅拌溶解。然后，分别一次加入二元酸及其衍生物单体、磺酸盐单体，滴加入一定浓度的一元酸及其衍生物（可以事先配制好，也可以滴加的过程同步配制）。其次，在滴加入一元酸及其衍生物单体的同时，滴加事先配制好的一定浓度的引发剂过硫酸铵（浓度为 3%～15%）。滴加时间最好为 2～3.5h。接着，滴加完毕后恒温反应一段时间。反应温度最好控制在 55～75℃，反应时间 0.5～4h。最后，反应结束后，降温至 35～45℃，滴加 30%浓度的氢氧化钠溶液进行中和，制得浓度为 40%的聚羧酸减水剂成品。反应体系浓度应控制在 40%～60%。

(3) 产品技术性能

JPC聚羧酸减水剂含有多种亲水性基团，小分子基团共聚比例较高，分子结构均匀，使得产品具有较高的减水率、分散性好，同时由于分子中含有酯键，酯键在水泥强碱作用下逐步水解，使其一段时间内不断能与水泥发生吸附，降低了混凝土坍落度损失，使得坍落度保留时间可控，可以更好地适应再生骨料制备的混凝土。本品的技术性能见表16-36。

表16-36 JPC聚羧酸减水剂的水泥净浆流动度检测结果

（参照标准GB/T 8077—2012）

折固掺量/%	含气量/%	水泥净浆流动度/mm			混凝土和易性
		初始坍落度	60min坍落度	120min坍落度	
0.18	3.6	245	270	265	良好

(4) 施工方法

JPC聚羧酸减水剂掺量为占再生骨料混凝土水泥质量的0.25%～3.0%。

配方来源：张召伟，龙俊余．一种用于再生骨料混凝土的聚羧酸减水剂及其制备方法．CN 103145363A．2013．

配方289 用于再生混凝土骨料的纳米改性剂

国内外实验和研究资料表明，再生混凝土骨料的界面经过强化处理后，将使其各项性能得到一定程度的提高。目前国内外对于再生骨料的生产和强化处理的方法主要有：破碎干制备方法、破碎湿制备法、热-机械力/热摩擦制备处理方法、颗粒整形处理方法、酸液浸泡处理法、表面强化处理法等，但是利用现有的强化处理方法制得的再生混凝土骨料，在工作性能、力学性能、耐久性能以及可操作性和生产成本等不同方面或多或少存在缺陷，无法满足当今高性能混凝土的技术和应用需求。

用于再生混凝土骨料的纳米改性剂制备工艺简单，将再生混凝土骨料浸入制得的改性剂中，由于纳米碳酸钙浆体和硅溶胶的复合叠加作用，一方面可以渗入再生混凝土骨料的孔隙中，提高再生混凝土骨料的密实度和力学性能，另一方面可以在再生混凝土骨料表面成膜，显著降低再生混凝土骨料的吸水性能，同时纳米碳酸钙和硅溶胶也可以和水泥浆发生作用，从而大幅度增强再生混凝土骨料和水泥浆之间的黏结性能，达到明显提高再生混凝土力学性能和耐久性能的效果。

(1) 用于再生混凝土骨料纳米改性剂的配制方法

a. 采用碳化反应器生成纳米碳酸钙乳液，经脱水处理后形成含水率为40%～60%的纳米碳酸钙浆体；

b. 将纳米碳酸钙浆体与硅溶胶按质量比1∶2混合搅拌5～10min，制得用于再生混凝土骨料的纳米改性剂。

所述的硅溶胶为采用一步水解法制得的粒径范围在10～30mm的中性硅溶胶。

(2) 配制实例

① 采用碳化反应器生成纳米碳酸钙乳液，经脱水处理后形成含水率为60%的纳米碳酸钙浆体；

② 按质量份将纳米碳酸钙浆体1份，与1份硅溶胶混合搅拌10min，制得用于再生混凝土骨料的纳米改性剂。

(3) 技术性能

将再生混凝土骨料浸入纳米改性剂中，捞出沥干，测得骨料的吸水率从9.9%降到7.5%，约降低24%；骨料的压碎指标值从15.6%降到10.3%，约降低34%。

配方来源：孟涛，钱晓倩. 用于再生混凝土骨料的纳米改性剂的制备方法. CN 102153305A. 2010.

配方290 城市垃圾再生混凝土用增强型外加剂

(1) 产品特点与用途

城市垃圾再生混凝土用增强型外加剂由聚羧酸类减水剂、萘系高效减水剂、蜜胺树脂系减水剂、脂肪族高效减水剂、木质素磺酸钠、十二烷基硫酸钠、水玻璃、甲醛硅酸钾、硫氰酸钠、偏磷酸钠、水组成，适用于建筑垃圾再生混凝土及其制品作增强剂。

本品与现有技术相比，具有以下特点：

① 疏水作用。本品可以产生疏水效果，降低再生骨料的吸水作用，有利于混凝土和易性的形成保持和力学性能的发展。

② 低引气量。本增强剂有较低的引气量，在保证混凝土的性能基础上，仅引入少量气体，以适应再生骨料的高孔隙率，相对提升了混凝土力学性能。

③ 高减水率。本品具有较高的减水率，高表面活性及分散效果，

减少拌合用水量，降低因再生骨料吸水作用带来的总用水量提升，降低水胶比，拌制的混凝土具有大坍落度的同时坍落度损失小，不离析、不泌水，提高了强度。

④ 辅助增强效果。本品对水泥及掺合料有显著的早强增强作用，具有较高的强度比，可以起到辅助增强效果，以适应再生骨料强度低的特点。

⑤ 杂质屏蔽效果。本品对于再生骨料中含量较高的泥砂有屏蔽作用，可有效降低因泥砂含量高带来的需水量高、坍落度损失大、强度低等不良效果。

⑥ 本品所用原料来源广泛，生产方法简单，生产效率高，使用效果显著，适合工业化大批量生产。

(2) 配方

① 配合比　见表16-37。

表16-37　城市垃圾再生混凝土用增强型外加剂配合比

原料名称	质量份	原料名称	质量份
聚羧酸系减水剂(聚丙烯酸醚类聚合物)	5～40	十二烷基硫酸钠	1～3
萘系高效减水剂(β-萘磺酸盐甲醛缩合物)	5～40	水玻璃	1～10
三聚氰胺树脂系减水剂(磺化三聚氰胺甲醛树脂)	5～30	甲基硅酸钾	1～10
脂肪族高效减水剂(水溶性磺化丙酮-甲醛缩聚物)	10～40	硫氰酸钠	0.1～3
木质素磺酸盐(木质素磺酸钠、木质素磺酸钙)	10～40	水	10～65
葡萄糖酸钠	0.1～3		

② 配制方法

a. 按配比称取各原料。

b. 将上述各原料搅拌混合均匀，搅拌温度40℃，搅拌速度10r/min，搅拌时间30min，制得固含量为20%～50%的液体增强剂。

(3) 产品技术性能

对C30泵送混凝土，掺增强剂的再生混凝土的工作性能和强度检测结果见表16-38。

表16-38　城市垃圾再生混凝土用增强剂技术性能检测结果

增强剂掺量/%	减水率/%	泥质含量/%	坍落度/mm		强度/MPa	
			初始坍落度	60min坍落度	7d强度	28d强度
1	30	2	185	155	24	39

检测表明：使用了增强剂，建筑垃圾再生混凝土的工作性能，力学性能有明显改善，尤其是对于因再生骨料的吸水量大、泥砂含量高等特性导致的工作性能、坍落度经时损失降低的改善效果十分显著。同时对强度有一定程度的提高。

(4) 施工方法

增强剂的掺量为城市垃圾再生混凝土中胶凝材料总质量的0.5%～5.0%。

配方来源：袁翔，张雄. 城市垃圾再生混凝土用增强剂及其制备方法和用途. CN 103030329A. 2013.

参考文献

[1] 田培，刘加平，王玲等．混凝土外加剂手册．北京：化学工业出版社，2009.

[2] 周广德等．聚羧酸系高效 AE 减水剂与高性能混凝土．混凝土，2000，(3)：46-50.

[3] 建材院水泥研究所．混凝土减水剂．北京：中国建筑工业出版社，1979.

[4] 蒋新元．氨基磺酸系高效减水剂 ASP 性能研究．化学建材，2003，(3)：39-43.

[5] 李东光．水泥混凝土外加剂配方与制备．北京：中国纺织出版社，2011.

[6] 李继业．建筑节能工程材料．北京：化学工业出版社，2012.

[7] 缪昌文．高性能混凝土外加剂．北京：化学工业出版社，2008.

[8] 李东光，翟怀凤．精细化学品配方（七）．南京：江苏科技出版社，2008.

[9] 刘娟红，宋少民．绿色高性能混凝土技术与工程应用．北京：中国电力出版社，2011.

[10] 朱炳喜．混凝土无机界面粘结剂的试验研究．新型建筑材料，2003，(12)：13-15.

[11] 沈春林等．化学建材配方手册．北京：化学工业出版社，1998.

[12] 李崇智等．21 世纪的高性能减水剂．混凝土，2001，(5)：3-6.

[13] 田培等．我国混凝土外加剂现状及发展趋势．施工技术，2009，(4)：11-15.

[14] 李东光主编．实用防水制品配方集锦．北京：化学工业出版社，2009.

[15] 施惠生编著．混凝土外加剂实用技术大全．北京：中国建材工业出版社，2008.

[16] 葛兆明等．蜜胺树脂高效减水剂合成机理．哈尔滨建筑大学学报．1997，(3)：29.